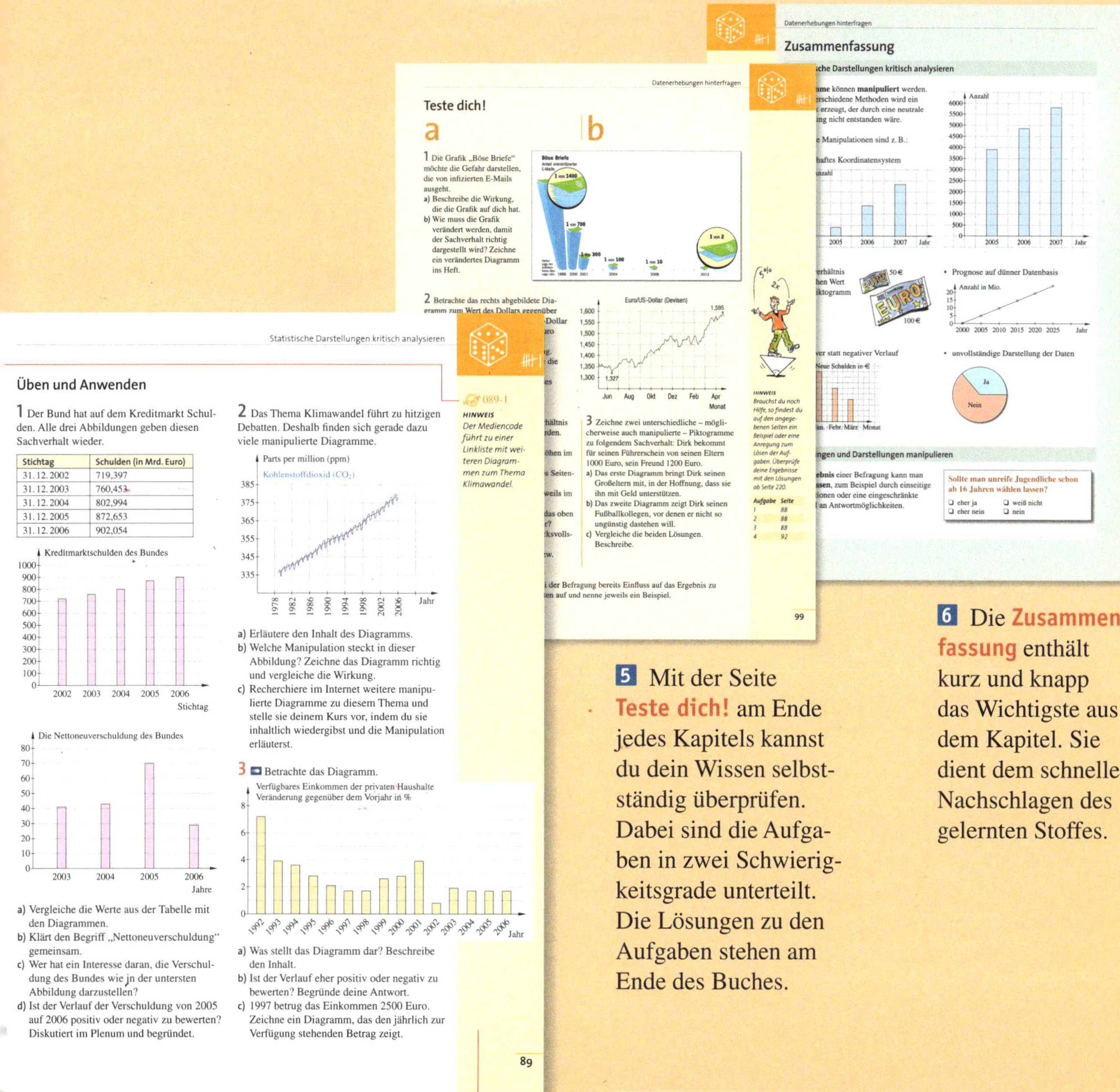

5 Mit der Seite **Teste dich!** am Ende jedes Kapitels kannst du dein Wissen selbstständig überprüfen. Dabei sind die Aufgaben in zwei Schwierigkeitsgrade unterteilt. Die Lösungen zu den Aufgaben stehen am Ende des Buches.

6 Die **Zusammenfassung** enthält kurz und knapp das Wichtigste aus dem Kapitel. Sie dient dem schnellen Nachschlagen des gelernten Stoffes.

089-1

Multimediales Zusatzangebot über Webcode im Internet:

1. Webseite **www.cornelsen.de/zahlen-und-groessen** aufrufen
2. Buchkennung eingeben: **MZG001318**
3. Mediencode eingeben: z. B. 089-1

Auf der Randspalte stehen beispielsweise interessante zusätzliche Informationen, Hinweise, Beispiele und Knobelaufgaben.

Die Farbe der Randspalte und die obere Buchecke stehen für einen bestimmten Bereich in der Mathematik: Arithmetik/Algebra (Blau), Funktionen (Rot), Geometrie (Grün), Stochastik (Gelb).

Was bietet das Buch noch?

Die **Themenseiten** enthalten Interessantes und Wissenswertes aus versc…iedenen Lebensbereichen.

…rnst du z. B. den …er Formen der Gruppen-…bleme lösen, Rechen-…im Internet recherchie-…n präsentieren.

In jedem Kapitel findest du unter den **Vermischten Übungen** weitere Aufgaben zu den Lerneinheiten des gesamten Kapitels.

Zahlen und Größen 10

Gesamtschule Nordrhein-Westfalen
Erweiterungskurs

Herausgegeben von Reinhold Koullen
Udo Wennekers

unter Mitarbeit
der Verlagsredaktion

Cornelsen

Herausgeber:
Reinhold Koullen, Udo Wennekers

Erarbeitet von:
Ilona Gabriel, Wolfgang Hecht, Ines Knospe, Reinhold Koullen, Gabriele Schenk, Matthias Schubert, Herbert Strohmayer, Martina Verhoeven, Udo Wennekers

Unter Verwendung der Materialien von:
Dieter Aits, Ursula Aits, Helga Berkemeier, Henning Heske, Reinhold Koullen, Doris Ostrow, Hans-Helmut Paffen, Jutta Schäfer, Willi Schmitz, Herbert Strohmayer

Redaktion: Kerstin Nolte, Heike Schulz
Herstellung: Regine Schmidt
Illustration: Roland Beier
Technische Zeichnungen: Ulrich Sengebusch†, Christian Görke
Bildredaktion: Peter Hartmann
Gestaltung und technische Umsetzung: Jürgen Brinckmann
Umschlaggestaltung: Hans Herschelmann

Begleitmaterialien zum Lehrwerk
für Schülerinnen und Schüler
Zentrale Prüfung Mathematik
Sekundarstufe I – Nordrhein-Westfalen 978-3-06-001372-2
Orientierungswissen kompakt 10 EK 978-3-06-001674-7

für Lehrerinnen und Lehrer
Lösungsheft 10 EK 978-3-06-001339-5
Kopiervorlagen 10 978-3-06-001337-1

www.cornelsen.de

Unter der folgenden Adresse befinden sich multimediale Zusatzangebote für die Arbeit mit dem Schülerbuch:
www.cornelsen.de/zahlen-und-groessen
Die Buchkennung ist **MZG001318**.

1. Auflage, 1. Druck 2010

Alle Drucke dieser Auflage sind inhaltlich unverändert und können im Unterricht nebeneinander verwendet werden.

Druck: Firmengruppe APPL, aprinta druck, Wemding

ISBN 978-3-06-001318-0

Inhalt gedruckt auf säurefreiem Papier aus nachhaltiger Forstwirtschaft.

Inhalt

* Dieses Kapitel ist auch im Buch der Klasse 9 zu finden und kann wahlweise dort unterrichtet werden.

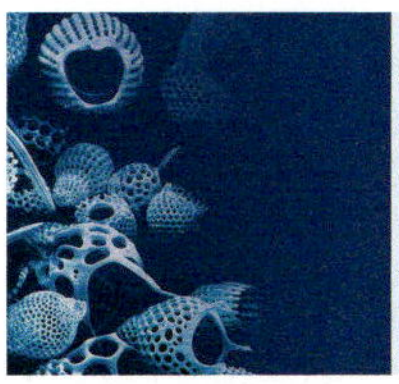

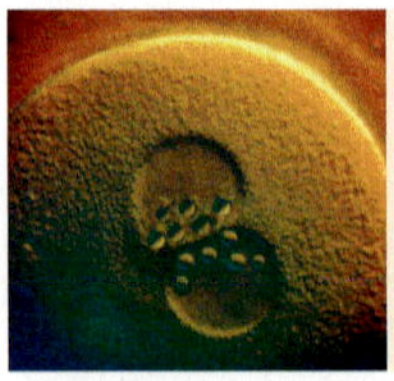

119 **Wachstum**

139 **Trigonometrie**

163 **Die Sinusfunktion**

179 **Anwendungen**

197 **Anhang**

■ Zusätzliche Inhalte, die fakultativ unterrichtet werden können

Pyramide, Kegel, Kugel

In deiner Umwelt findest du viele Gegenstände, die die Form eines geometrischen Körpers haben. Die drei Lichttürme befinden sich auf dem Dach der Bundeskunsthalle in Bonn. Sie haben die Form eines Kegels.

Noch fit?

1 Gib in der in Klammern stehenden Einheit an.

a) 5 cm (mm) **b)** 3000 m (km) **c)** 50 cm (dm) **d)** 67 mm (cm)
e) $7\,cm^2$ (mm^2) **f)** $800\,m^2$ (dm^2) **g)** $5\,dm^2$ (m^2) **h)** $67\,mm^2$ (cm^2)
i) $40\,cm^3$ (mm^3) **j)** $9500\,m^3$ (dm^3) **k)** 3,5 ℓ (cm^3) **l)** $67\,mm^3$ (cm^3)

2 Zeichne das Schrägbild und das Netz eines Quaders mit den Kantenlängen $a = 5\,cm$, $b = 4\,cm$ und $c = 8\,cm$.
a) Berechne sein Volumen und seine Oberfläche.
b) Berechne die Länge der Raumdiagonalen.

ERINNERE DICH
Für das Volumen V eines Prismas gilt:
$V = A_G \cdot h$
Für den Oberflächeninhalt A_O eines Prismas gilt:
$A_O = A_M + 2\,A_G$

3 Zeichne ein Schrägbild und ein Netz eines 5 cm hohen Prismas, dessen Grundfläche ein rechtwinkliges Dreieck mit $a = 3\,cm$, $b = 4\,cm$ und $c = 5\,cm$ ist. Berechne das Volumen, den Mantel und die Oberfläche des Prismas.

4 Eine zylinderförmige Tasse mit Durchmesser $d = 8\,cm$ und Höhe $h = 8\,cm$ wird zu drei Vierteln mit Tee gefüllt. Bestimme die Teemenge, die sich in der Tasse befindet.

5 Berechne den Flächeninhalt und den Umfang der folgenden Flächen.

a)
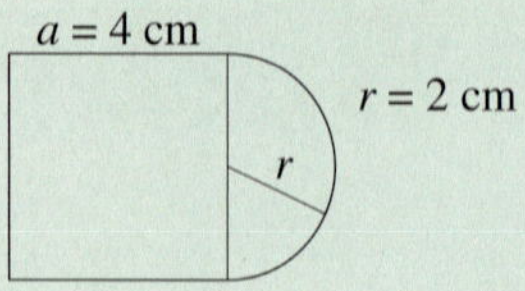

b)
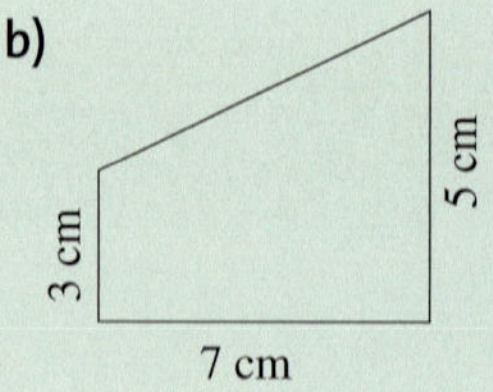

c)
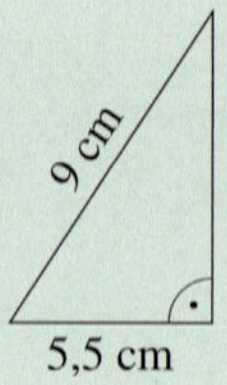

ERINNERE DICH
In der Kavalierperspektive werden die Kanten, die in die Tiefe verlaufen, unter einem Winkel von $\alpha = 45°$ angetragen und um die Hälfte verkürzt. Kreisförmige Grundflächen haben im Schrägbild die Form von Ellipsen, also abgeflachten Kreisen.

6 Zeichne das Schrägbild eines 10 cm hohen zylinderförmigen Glases mit Radius $r = 3\,cm$.
a) Berechne das Volumen des Glases.
b) In welcher Höhe muss der Eichstrich angebracht werden, wenn mit dessen Hilfe 0,2 ℓ abgemessen werden sollen?
c) Cemil möchte einen Strohhalm benutzen, um aus dem Glas zu trinken. Er ist der Meinung, dass der Strohhalm mindestens 15 cm lang sein sollte. Teilst du Cemils Meinung? Begründe.

7 Berechne die Länge der Strecke x.
Erläutere, wie du vorgegangen bist.

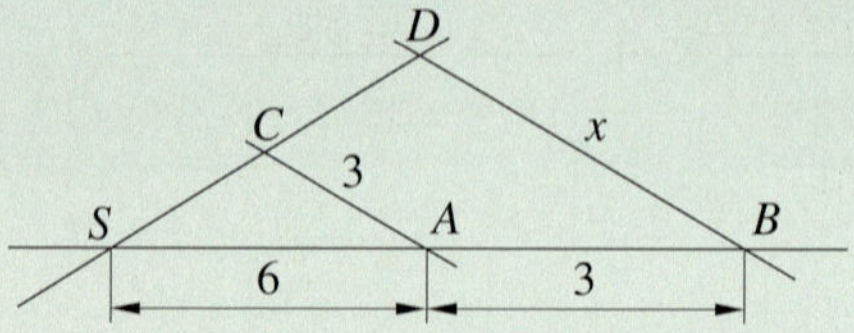

KURZ UND KNAPP

1. Nenne den Unterschied zwischen dem Mantel und der Oberfläche eines Zylinders.
2. Beschreibe den Zusammenhang zwischen Durchmesser und Radius mit Hilfe eines Terms.
3. Ein Eimer hat ein Volumen von 10 ℓ, ein anderer ein Volumen von $1000\,cm^3$. Welcher Eimer ist größer?
4. Bei welchen Körpern gilt die Formel „Volumen = Grundfläche mal Höhe“?
5. Nenne drei Gegenstände in deiner Umgebung, die die Form eines Zylinders besitzen.
6. Wie lautet der Satz des Pythagoras?
7. Nenne den Unterschied zwischen einem Quadrat und einem Rechteck.

Pyramiden und Kegel erkennen und zeichnen

Erforschen und Entdecken

1 Betrachte die folgenden Körper.

a) Welche Körper kennst du bereits? Nenne ihre Eigenschaften.
b) Fasse die Körper in Gruppen mit gleichen Eigenschaften zusammen. Findest du mehrere Einteilungsmöglichkeiten?
Vergleiche deine Lösung mit der deiner Klassenkameraden.
c) Finde in deiner Umwelt weitere Objekte, die die Form dieser Körper besitzen.

2 Welcher Körper passt nicht in die Reihe? Begründet eure Auswahl.

a)
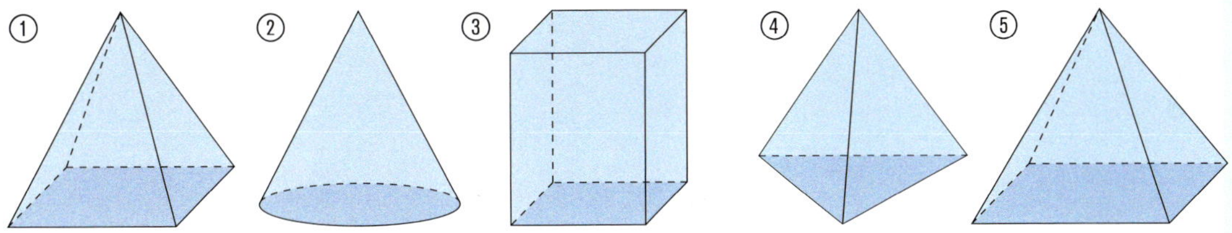

b)
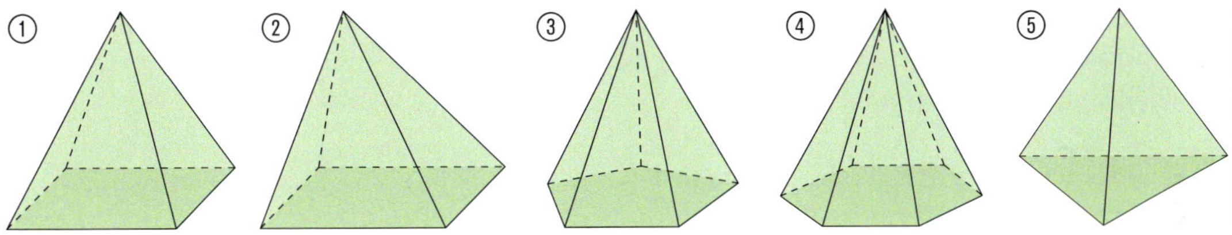

3 Yunus zeichnet das maßstäbliche Schrägbild eines 3 cm hohen pyramidenförmigen Daches mit quadratischer Grundfläche (Seitenlänge $a = 4\,\text{cm}$).
a) Betrachte die folgenden Bilder und erläutere die Arbeitsschritte.

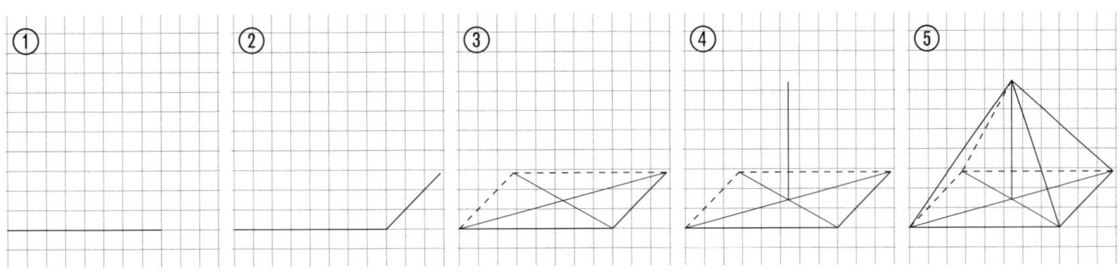

b) Zeichne das Schrägbild der quadratischen Pyramide in dein Heft.
c) Zeichne das Schrägbild einer 4 cm hohen Pyramide mit rechteckiger Grundfläche ($a = 3\,\text{cm}$; $b = 5\,\text{cm}$) in dein Lerntagebuch oder dein Arbeitsheft. Erläutere die einzelnen Arbeitsschritte, sodass es ein fehlender Mitschüler versteht.
d) Was gilt es zu beachten, wenn die Grundfläche ein Kreis ist?

Lesen und Verstehen

Wenn von Pyramiden die Rede ist, denkt man häufig nur an die großen Königspyramiden in Ägypten, deren Grundflächen Quadrate sind.
Es gibt aber auch Pyramiden mit anderen Grundflächen.

> Eine **Pyramide** ist ein Körper mit einem n-Eck als Grundfläche und n Dreiecken als Seitenflächen, die einen gemeinsamen Eckpunkt (die Spitze) haben.

Pyramiden werden nach der Form ihrer Grundfläche benannt. Man unterscheidet zwischen geraden und schiefen Pyramiden. Bei einer geraden Pyramide verläuft die Höhe von der Spitze zum Mittelpunkt der Grundfläche. Andernfalls spricht man von einer schiefen Pyramide.

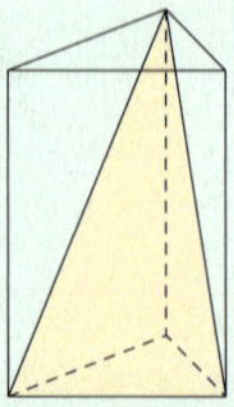
schiefe dreiseitige Pyramide

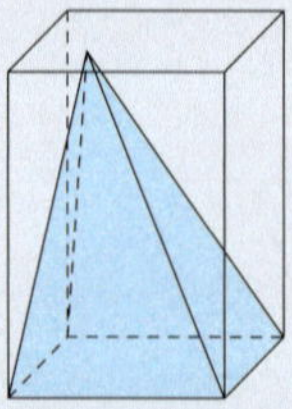
schiefe vierseitige Pyramide

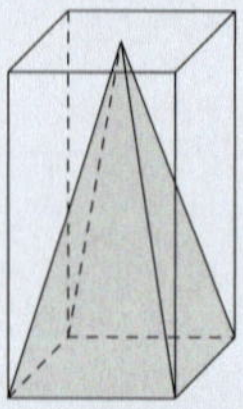
gerade quadratische Pyramide

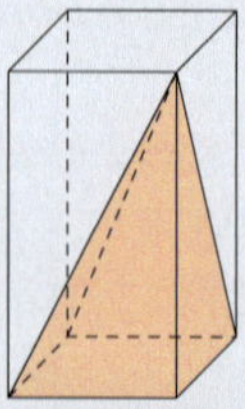
schiefe quadratische Pyramide

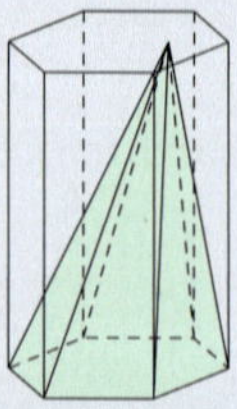
schiefe sechsseitige Pyramide

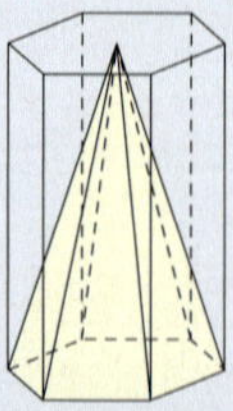
gerade sechsseitige Pyramide

Besteht die Grundfläche aus einem regelmäßigen Vieleck, spricht man von einer **regelmäßigen Pyramide**. Insbesondere heißt eine Pyramide mit quadratischer Grundfläche **quadratische Pyramide**.

> Ein **Kegel** ist ein Körper, der durch einen Kreis und einen Punkt außerhalb der Ebene des Kreises (Spitze des Kegels) festgelegt wird.

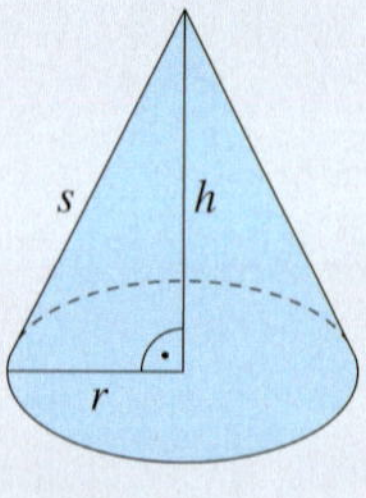

gerader Kegel

Verläuft die Höhe des Kegels von der Spitze zum Kreismittelpunkt, so heißt er gerader Kegel. Andernfalls spricht man von einem schiefen Kegel.

Schrägbilder zeichnen
Beachte: Nicht sichtbare Linien werden gestrichelt eingezeichnet.
1. Zeichne die Grundfläche der Pyramide in der Kavalierperspektive, die des Kegels mit dem Verzerrungswinkel $\alpha = 90°$.
2. Bestimme den Mittelpunkt der Grundfläche.
3. Zeichne – beim Mittelpunkt der Grundfläche beginnend – die Höhe ein.
4. Verbinde die Spitze mit den Eckpunkten des Körpers bzw. den äußersten Punkten der Grundfläche.

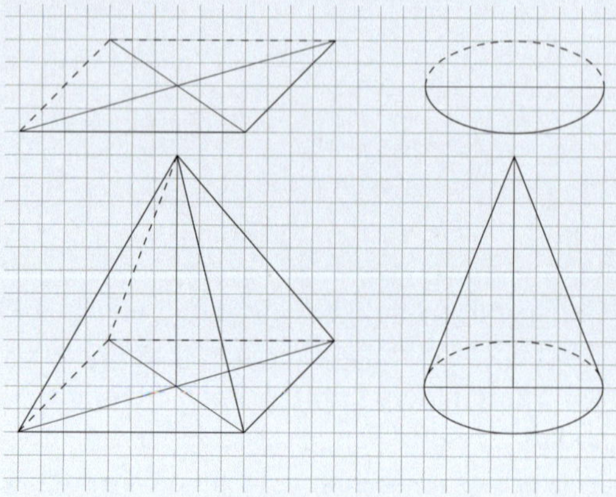

HINWEIS
In der Kavalierperspektive verkürzen sich die in die Tiefe verlaufenden Kanten bei einem Winkel von $\alpha = 45°$ um die Hälfte. Vereinfacht wird die Grundfläche des Kegels gezeichnet, indem man auf die Schrägstellung der Grundfläche verzichtet und die nach hinten laufenden Linien um die Hälfte verkürzt.

Üben und Anwenden

1 Welche der folgenden Körper sind Pyramiden oder Kegel?
Sind die Pyramiden bzw. Kegel gerade oder schief?

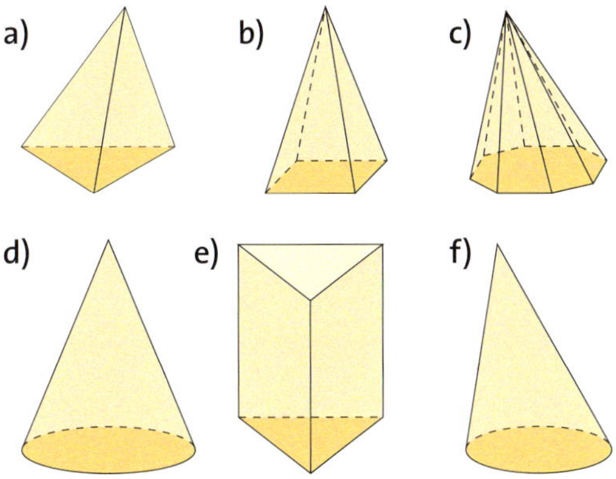

2 In dieser Abbildung einer Pyramide mit dreieckiger Grundfläche sind die Ecken rot und die Kanten grün gefärbt.

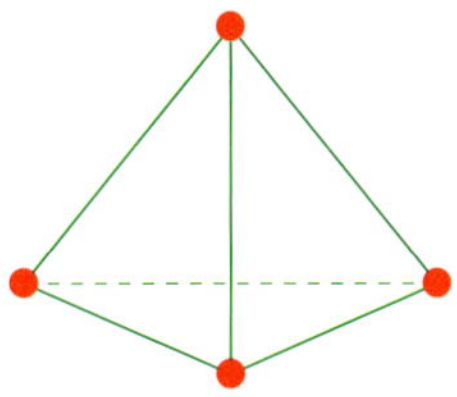

a) Übertrage die folgende Tabelle in dein Heft und vervollständige sie.

Grundfläche der Pyramide	Anzahl an der Pyramide		
	Ecken	Kanten	Flächen
Dreieck	4		
Viereck		8	
Fünfeck			6
Sechseck			
Siebeneck			
Achteck			
Neuneck			
Zehneck			

b) Wie viele Ecken (Kanten; Flächen) besitzt eine Pyramide mit einem 17-Eck als Grundfläche? Begründe.

c) Gib für die Anzahl der Ecken, Kanten und Flächen einer Pyramide mit einem n-Eck als Grundfläche eine Formel an.

d) Beweise, dass für alle Pyramiden gilt: $E + F = K + 2$, wobei E die Anzahl der Ecken, F die Anzahl der Flächen und K die Anzahl der Kanten bezeichnet.

3 Aus welchen Körpern bestehen die folgenden Bauwerke? Beschreibe sie möglichst genau.

4 Nenne Gegenstände oder Gebäude, die die Form einer Pyramide oder eines Kegels besitzen.

5 Die folgende Grafik zeigt eine so genannte Ernährungspyramide. Sie gibt an, welche Lebensmittel viel bzw. wenig gegessen werden sollten.

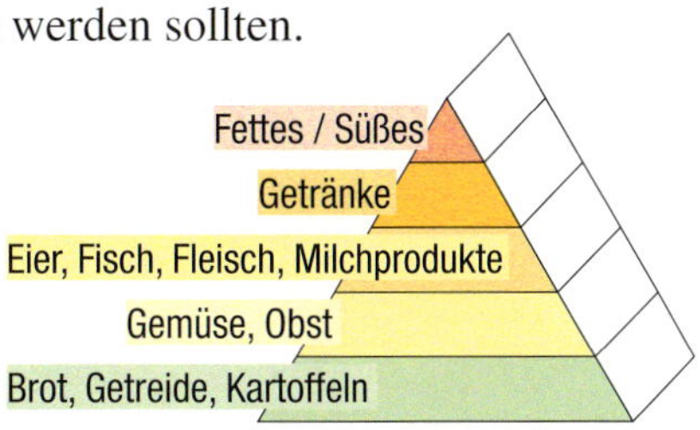

a) Stellt die Abbildung eine Pyramide im mathematischen Sinn dar? Begründe.

b) Zeichne eine Ernährungspyramide, die diesen Namen verdient hat.

BEACHTE
Eine Pyramide, die aus vier gleichseitigen Dreiecken besteht, heißt Tetraeder.

HINWEIS
Wir beschäftigen uns meistens mit regelmäßigen, geraden Pyramiden. Daher wird im Folgenden nicht ständig angegeben, wenn die Pyramide gerade und regelmäßig ist.

6 Zeichne die folgenden Schrägbilder.
- **a)** Pyramide mit quadratischer Grundfläche: Höhe $h = 4\,\text{cm}$; Seitenlänge $a = 5\,\text{cm}$
- **b)** Pyramide mit rechteckiger Grundfläche: Höhe $h = 5\,\text{cm}$; Seitenlängen $a = 2\,\text{cm}$ und $b = 6\,\text{cm}$
- **c)** Kegel: Höhe $h = 6\,\text{cm}$; Radius $r = 3\,\text{cm}$

ERINNERE DICH
Dreiecke sind z. B. dann kongruent, wenn ihre Seiten jeweils gleich lang sind.

7 Überprüfe, ob die folgenden Aussagen richtig sind und verbessere falsche Aussagen. Eine Pyramide mit quadratischer Grundfläche
- **a)** … hat fünf Ecken;
- **b)** … hat acht gleich lange Kanten;
- **c)** … besteht aus einem Quadrat und vier kongruenten Dreiecken;
- **d)** … besteht aus vier gleichschenkligen Dreiecken und einem Quadrat.

8 Zeichne ein Schrägbild eines Würfels mit der Kantenlänge $a = 4\,\text{cm}$, dem ein pyramidenförmiges Dach mit der Höhe $h = 3\,\text{cm}$ aufgesetzt wird.

9 Die Rote Pyramide war mit einer Höhe von 104 m die dritthöchste der ägyptischen Pyramiden. Die Grundfläche war ein Quadrat mit 220 m Seitenlänge. Zeichne ein Schrägbild der Pyramide im Maßstab 1 : 2000.

HINWEIS
Der Bergfried ist der unbewohnte Hauptturm einer mittelalterlichen Burg.

10 Die Bilder zeigen die Jugendburg Ludwigstein in Nordhessen. Der fünfgeschossige, zylinderförmige Bergfried hat einen Durchmesser von 7,50 m und ist bis zum Dachansatz 25 m hoch. Seine Mauer ist im Schnitt 1,75 m stark. Das oberste Geschoss trägt ein niedriges mit Schiefer gedecktes Kegeldach.

- **a)** Schätze die Höhe des Kegeldaches.
- **b)** Zeichne ein maßstäbliches Schrägbild des Bergfrieds.

11 Die unten stehende Abbildung zeigt, wie der links als Schrägbild gezeichnete Körper in einem Zweitafelbild dargestellt werden kann.

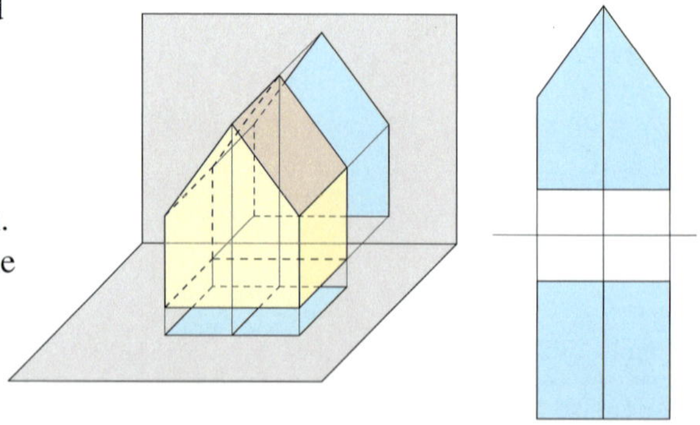

- **a)** Erläutere die Vorgehensweise.
- **b)** Welcher Körper wird durch das folgende Zweitafelbild dargestellt?

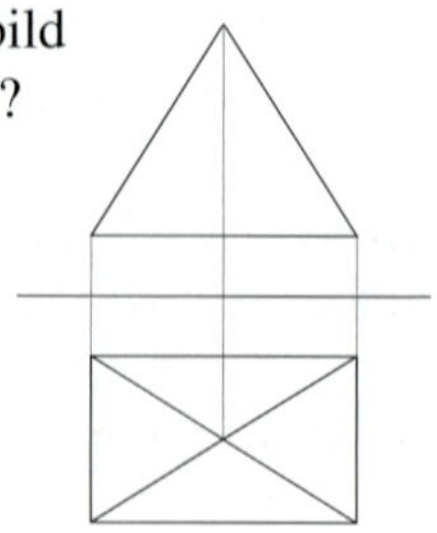

12 Betrachte die folgenden Zweitafelbilder.

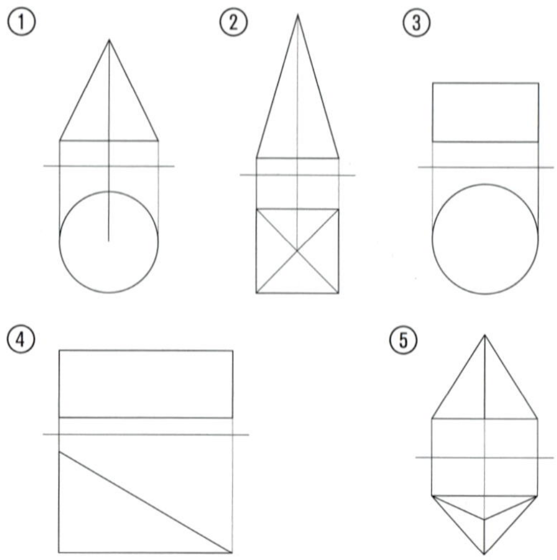

- **a)** Welche der Zweitafelbilder stellen eine Pyramide oder einen Kegel dar?
- **b)** Welche Körper stellen die anderen Zweitafelbilder dar?
- **c)** Zeichne das Schrägbild des Kegels in der Kavalierperspektive.

Mantel und Oberfläche einer Pyramide

Erforschen und Entdecken

1 Handelt es sich bei den folgenden Abbildungen um Netze von Pyramiden? Erkläre genau, wie du vorgehst, um die Frage zu beantworten.

①

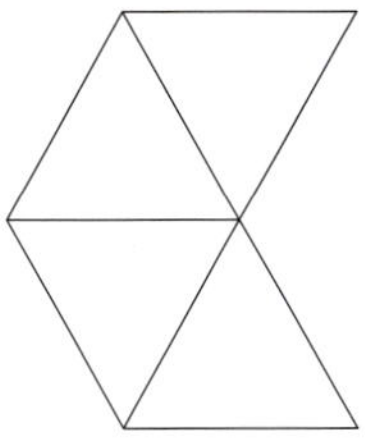

②

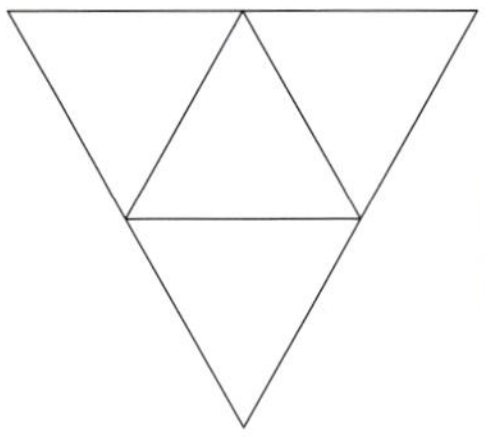

③

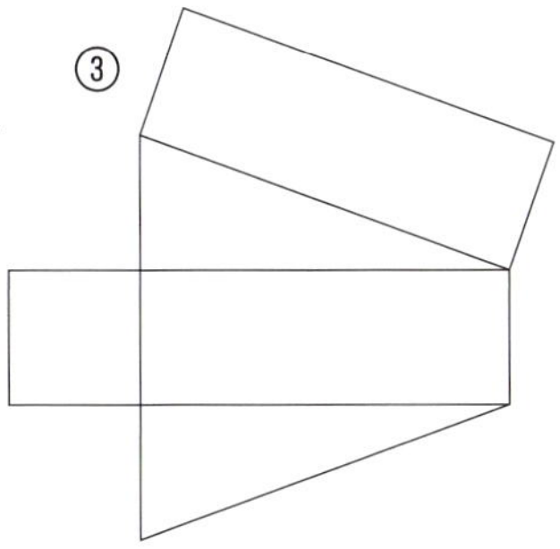

④

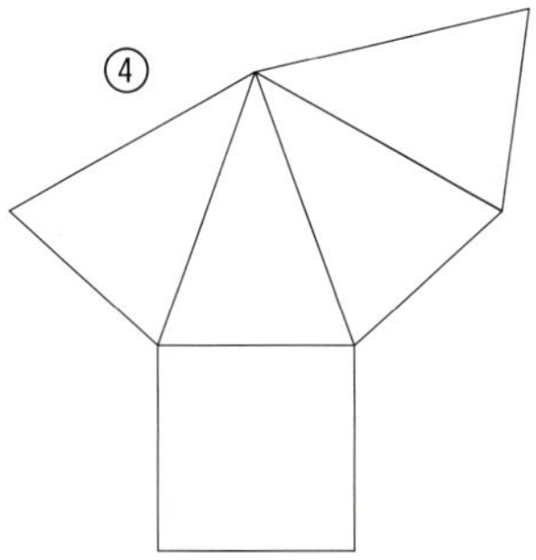

2 Du siehst rechts das Netz einer quadratischen Pyramide.

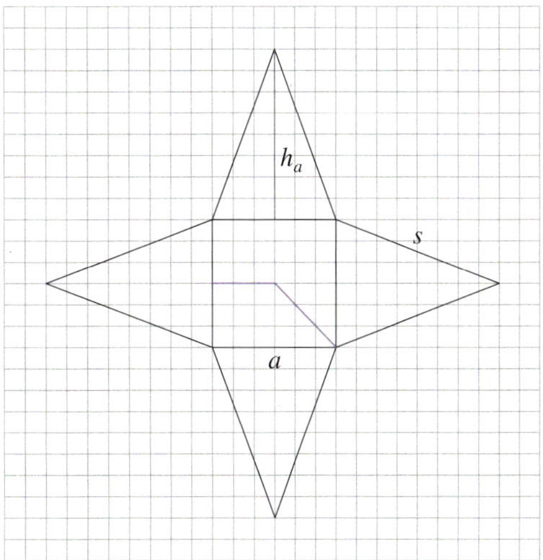

a) Übertrage das Netz ohne die lila markierten Strecken auf ein kariertes Blatt Papier.

b) Begründe, warum es sich um das Netz einer geraden Pyramide handeln muss.

c) Markiere in dem Netz alle Seitenkanten s mit grüner Farbe, alle Seitenhöhen h_a mit blauer Farbe und alle Grundkanten a mit roter Farbe.

d) Bestimme die Längen der Strecken a, h_a und s durch Messung oder durch geeignete Rechnung.

e) Berechne den gesamten Flächeninhalt des Netzes.

3 Übertrage das Netz aus Aufgabe 2 auf ein kariertes Blatt Papier und schneide es aus. Zeichne in das Netz die lila markierten Strecken ein.

a) Zeichne ein Dreieck mit $b = 1{,}5\,\text{cm}$; $c = 3{,}7\,\text{cm}$ und $\alpha = 90°$ sowie ein Dreieck mit $b = 2{,}1\,\text{cm}$, $c = 3{,}7\,\text{cm}$ und $\alpha = 90°$. Schneide die Dreiecke aus und klebe sie als Stützdreiecke auf die markierten Strecken.

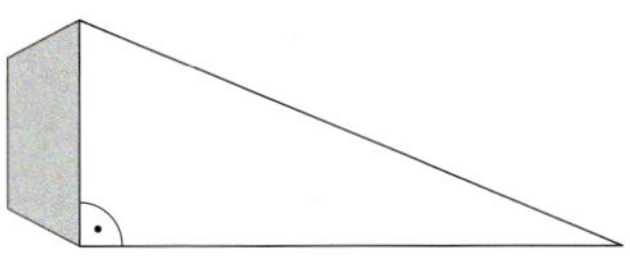

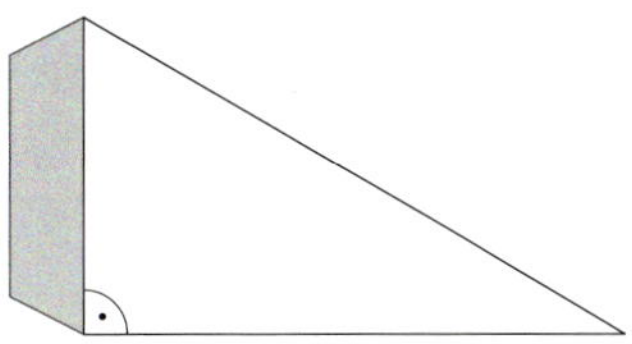

b) Markiere in den Stützdreiecken alle Seitenkanten s mit grüner Farbe, alle Seitenhöhen h_a mit blauer Farbe und alle Körperhöhen h mit brauner Farbe.

c) Klebe das Netz mit den klappbaren Stützdreiecken in dein Heft. Fixiere nur die Grundfläche. Falze die Kanten, sodass sich das Netz zu einer Pyramide aufrichten lässt.

d) Gib mit Hilfe der Stützdreiecke Beziehungen zwischen Seitenkante s, Körperhöhe h, Grundkante a und Seitenhöhe h_a an, die auf den Satz des Pythagoras zurückzuführen sind. Schreibe die Beziehungen neben das Netz im Heft.

Lesen und Verstehen

Der Louvre ist eines der bedeutendsten Gebäude von Paris. Er war ursprünglich ein königliches Schloss. Heute beherbergt er das größte Museum der Welt. Bei der Neugestaltung des Louvre wurde der Haupteingang in den Innenhof, den *Cour Napoleon*, verlegt und durch eine Glaspyramide überdacht. Die Pyramide ist 22 m hoch. Die Grundkante der geraden, quadratischen Pyramide ist 35 m lang.

BEACHTE
$\frac{a}{2}$ stellt die halbe Länge der Grundseite dar. $\frac{d}{2}$ ist die halbe Länge der Diagonalen der Grundfläche.

In einer geraden Pyramide bezeichnet die **Höhe *h*** die Strecke von der Spitze der Pyramide zum Mittelpunkt der Grundfläche, die **Seitenhöhe h_a** die Strecke von der Spitze zum Mittelpunkt der Grundseite *a* und die **Seitenkante *s*** die Strecke von der Spitze zur Ecke der Grundfläche.

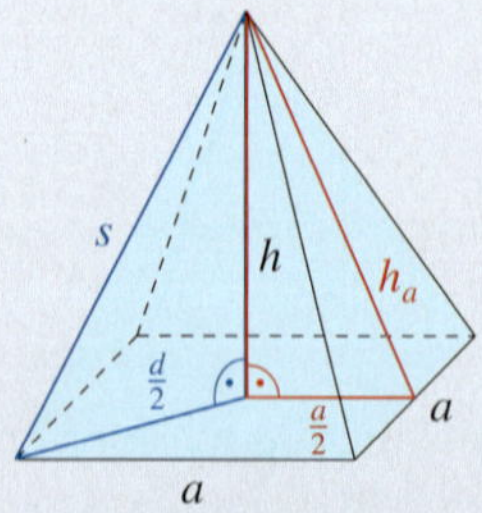

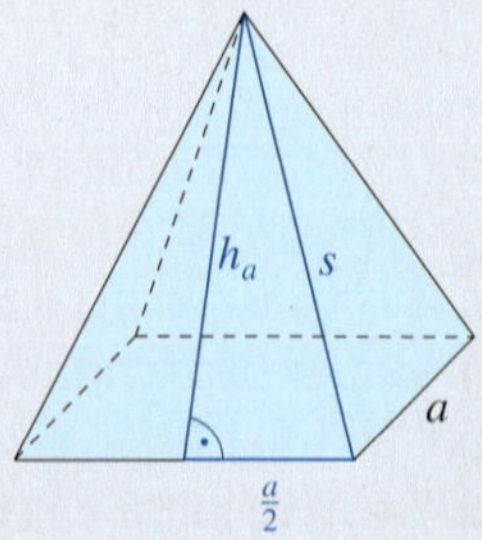

Da h, h_a, a und s die Seitenkanten von rechtwinkligen Dreiecken sind, kann man diese mit Hilfe des Satzes des Pythagoras berechnen:

$h_a^2 = h^2 + (\frac{a}{2})^2$ $s^2 = (\frac{a}{2})^2 + h_a^2$ $s^2 = h^2 + (\frac{d}{2})^2$

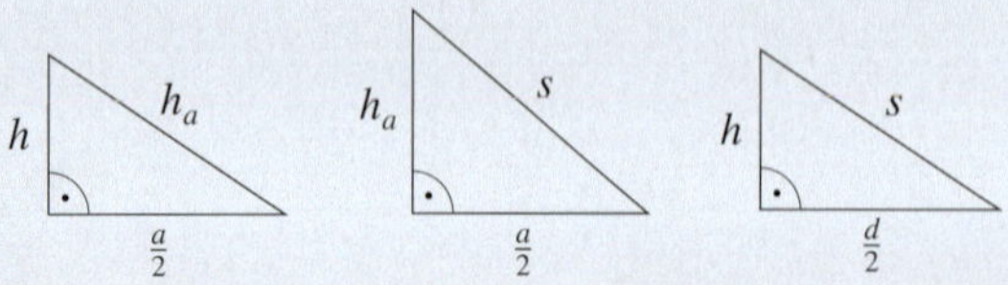

BEISPIEL 1
Wie hoch ist die Seitenhöhe h_a der Glaspyramide des Louvre?

$h_a^2 = h^2 + (\frac{a}{2})^2 = (22\,m)^2 + (\frac{35\,m}{2})^2$
$= 790{,}25\,m^2$
$h_a \approx 28{,}1\,m$

Die Seitenhöhe h_a der Glaspyramide des Louvre beträgt etwa 28,1 m.

Die dreieckigen Seitenflächen einer Pyramide bilden ihre **Mantelfläche A_M**. Nimmt man die Grundfläche A_G zur Mantelfläche A_M hinzu, ergibt sich die **Oberfläche A_O** der Pyramide.

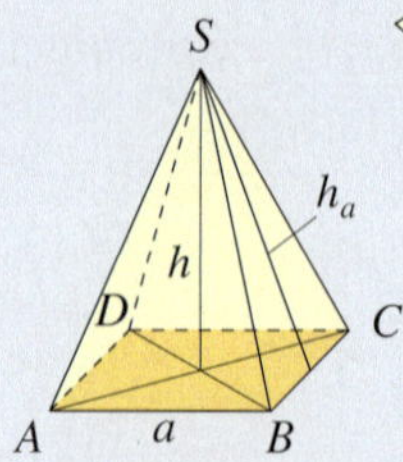

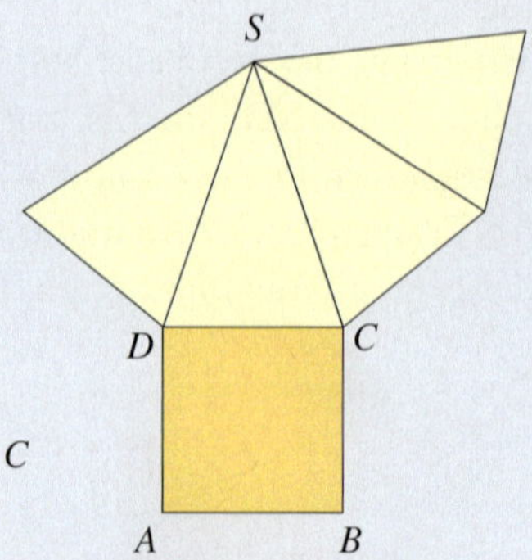

Für Pyramiden mit quadratischer Grundfläche gilt:
$A_M = 4 \cdot (\frac{1}{2} \cdot a \cdot h_a) = 2 \cdot a \cdot h_a$
$A_O = A_M + A_G = 4 \cdot (\frac{1}{2} \cdot a \cdot h_a) + a^2 = 2 \cdot a \cdot h_a + a^2$

BEISPIEL 2
Die vier dreieckigen Seitenflächen der Pyramide des Louvre sind verglast. Wie viel Glas wurde verbaut?
$A_M = 4 \cdot (\frac{1}{2} \cdot 35\,m \cdot 28{,}1\,m) = 1967\,m^2$ Die Größe der Glasfläche beträgt 1967 m².

Üben und Anwenden

1 Beim abgebildeten Netz einer quadratischen Pyramide sind die Grundkanten 3 cm und die Seitenkanten 4 cm lang.

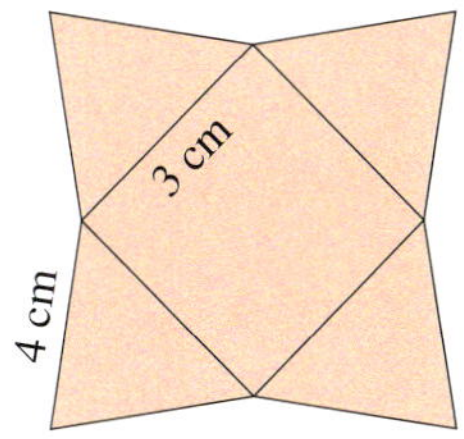

a) Übertrage das Netz in dein Heft und markiere mit verschiedenen Farben alle Strecken gleicher Länge. Zeichne auch die Seitenhöhen ein.
b) Berechne die Länge der Seitenhöhe h_a.
c) Schätze, wie hoch die Pyramide ist. Schneide die Abwicklung gegebenenfalls aus und falte sie zur Pyramide.
d) Berechne die Körperhöhe h.

2 Dargestellt ist die Abwicklung einer regelmäßigen sechsseitigen Pyramide.

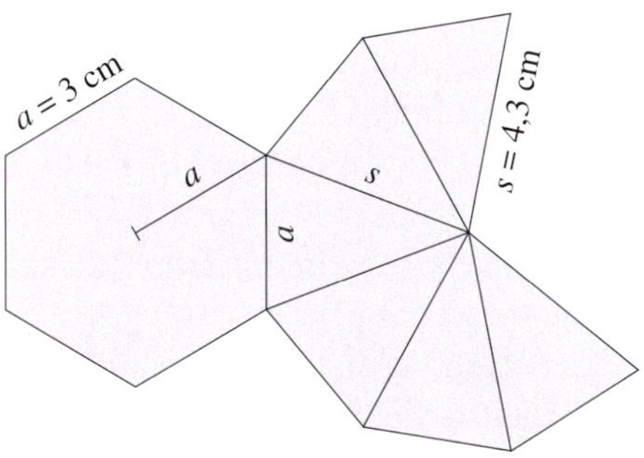

a) Berechne die Seitenhöhe h_a.
b) Berechne die Körperhöhe h.

3 Dargestellt ist die Abwicklung einer regelmäßigen, geraden, dreiseitigen Pyramide.

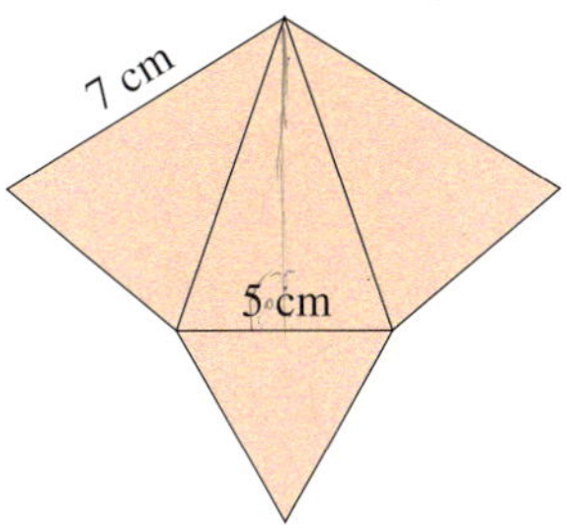

a) Welches Dreieck ist die Grundfläche der Pyramide?
b) Berechne die Seitenhöhe h_a.
c) Berechne die Körperhöhe h.

4 Berechne die fehlenden Längen der geraden quadratischen Pyramide. Gib die Ergebnisse auf Millimeter gerundet an (Maße in cm).

	a	s	h_a	h
a)	12,0	18,97	18,0	16,97
b)	9,6	15,27	14,5	13,68
c)	31,30	26,19	21,0	14,0
d)			12,3	9,8
e)	31,75	24,0	18,0	3,49
f)		31,3	24,9	
g)	8,0	10,0		
h)	7,5	12,8		
i)		16,0	11,5	

5 Überprüfe, ob die folgenden Aussagen richtig sind. In einer quadratischen Pyramide gilt immer …

a) $s > h_a$ b) $h > h_a$ c) $a > h_a$
d) $h < s$ e) $h < a$ f) $a < s$

6 Berechne den Mantel- und den Oberflächeninhalt einer geraden quadratischen Pyramide.

a) $a = 5\,cm$; $h_a = 7\,cm$
b) $a = 3{,}9\,cm$; $h_a = 10{,}2\,cm$
c) $a = 3\,cm$; $s = 6{,}3\,cm$
d) $a = 4{,}7\,m$; $s = 6{,}3\,m$
e) $a = 8\,mm$; $h_a = 12\,mm$
f) $a = 7{,}6\,m$; $h_a = 14{,}3\,m$
g) $a = 4\,dm$; $s = 46\,m$

7 Die Oberfläche einer quadratischen Pyramide mit der Grundseite $a = 3\,cm$ beträgt $33\,cm^2$. Ricarda soll die Höhe der Pyramide bestimmen. Sie rechnet:

$2 \cdot a \cdot h_a + a^2 = A_O$
$2 \cdot 3\,cm \cdot h_a + (3\,cm)^2 = 33\,cm^2$
$6\,cm \cdot h_a + 9\,cm^2 = 33\,cm^2$
$6\,cm \cdot h_a = 24\,cm^2$
$h_a = 4\,cm$

$(\frac{a}{2})^2 + h^2 = h_a^2$
$(1{,}5\,cm)^2 + h^2 = (4\,cm)^2$
$2{,}25\,cm^2 + h^2 = 16\,cm^2$
$h^2 = 13{,}75\,cm^2$
$h = 3{,}7\,cm$

Übertrage die Rechnung in dein Heft. Erkläre jeden Rechenschritt, indem du zum Beispiel die Äquivalenzumformungen ergänzt.

BEACHTE
„Abwicklung" ist ein anderes Wort für (Körper-)Netz.

ZUM WEITERARBEITEN
Zeichne zu der folgenden quadratischen Pyramide drei Netze.

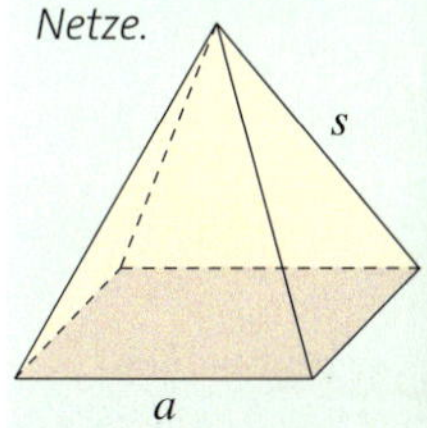

8 Berechne die fehlenden Werte einer quadratischen Pyramide (Längen in m).

	a	h	s	h_a	A_M	A_O
a)	8		10			
b)		14		21		
c)			24	18		
d)	12			20		
e)		9		15		
f)	5,5		7,5			
g)		12,5		17,5		

BEACHTE
Der Mantel der Pyramiden besteht aus einer Glashülle.

9 Im Hof des Louvre sind neben der großen Glaspyramide des Haupteingangs drei weitere kleine Glaspyramiden aufgebaut worden. Diese sind 4,93 m hoch. Ihre quadratischen Grundflächen haben jeweils eine Seitenlänge von 9,02 m.

a) Wie groß ist die Glashülle einer Pyramide?
b) Die Glashülle der großen Pyramide ist ca. 1967 m^2 groß und wiegt ca. 86 t. Die kleinen Pyramiden bestehen aus dem gleichen Glas. Wie schwer ist die Glashülle einer kleinen Pyramide?

10 Berechne von einer quadratischen Pyramide die Mantelfläche und die Oberfläche.

a) $a = 18\,cm$; $h = 22\,cm$
b) $s = 19\,cm$; $h = 17\,cm$
c) $s = 20\,cm$; $h_a = 16\,cm$
d) $a = 15\,cm$; $h_a = 14\,cm$
e) $s = 7{,}4\,cm$; $a = 2\,cm$
f) $d = 12\,cm$; $h = 8\,cm$
g) $d = 15\,cm$; $h_a = 7\,cm$
h) $s = 8\,cm$; $d = 4\,cm$

ERINNERE DICH
d bezeichnet die Diagonale der quadratischen Grundfläche.

11 Berechne die Mantelfläche und die Oberfläche einer Pyramide, deren Seitenkante 10 cm lang ist. Die Grundfläche ist ein …

a) Quadrat mit $a = 4{,}6\,cm$.
b) Rechteck: 5,3 cm lang und 2,9 cm breit.
c) regelmäßiges Sechseck mit $a = 2{,}5\,cm$.

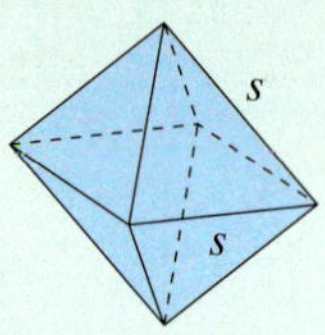

12 Dieser **Oktaeder** wird von acht kongruenten gleichseitigen Dreiecken begrenzt. Berechne die Oberfläche, wenn die Seitenkante $s = 6\,cm$ beträgt.

13 Eine Verpackung hat die Form eines Tetraeders mit einer Kantenlänge von 79 mm. Wie groß ist der Materialverbrauch für die Verpackung?

14 Anton schenkt seinem Vater diesen Briefbeschwerer aus Glas.

Die Mantelfläche der Pyramide besteht aus vier gleichseitigen Dreiecken mit einer Kantenlänge von 12 cm.

a) Bestimme die Mantel- und die Oberfläche des Briefbeschwerers.
b) Anton besitzt noch ein quadratisches Stück Geschenkpapier mit einer Seitenlänge von 20 cm. Reicht das Papier aus, um den Briefbeschwerer zu verpacken? Begründe.

15 Ein Dekaeder ist ein mit zehn gleichen Flächen begrenzter Körper.

a) Überlege, durch welche Flächen ein solcher Körper begrenzt werden kann.
b) Beschreibe ein mögliches Aussehen des Körpers.
c) Überprüfe, indem du ein Modell bastelst.
d) Präsentiere dein Ergebnis.

16 Irina fand in einer Formelsammlung folgende Formel zur Berechnung der Oberfläche einer quadratischen Pyramide:
$A_O = a \cdot (2\,h_a + a)$.
Sie kann nicht glauben, dass diese Formel richtig ist, da sie in der Schule eine andere Formel kennengelernt hat. Beurteile die Gültigkeit der Formel.

17 Stell dir vor, du sollst aus mehreren identischen Pyramiden einen Würfel zusammensetzen. Wie viele Pyramiden benötigst du dafür und welche Form müssen die Pyramiden haben? Vergleicht eure Ergebnisse.

Mantel und Oberfläche eines Kegels

Erforschen und Entdecken

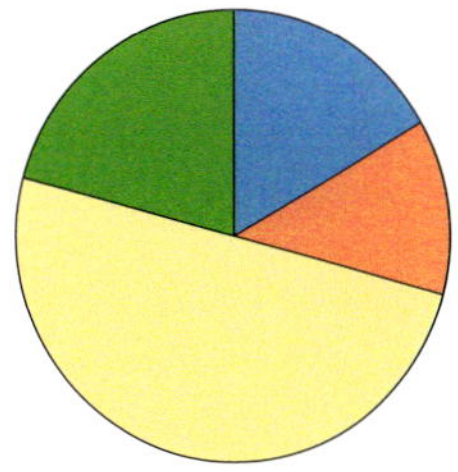

1 Ein Kreis (siehe Skizze rechts) hat einen Radius von $r = 5\,\text{cm}$.

a) Bestimme den Flächeninhalt des gesamten Kreises.

b) Wie groß ist das gelb gefärbte Kreissegment?

c) Wie groß ist das blau gefärbte Kreissegment? Begründe. Vergleiche deine Lösung mit der deines Nachbarn.

d) Bestimme den Flächeninhalt des grünen und des roten Kreissegments.

e) Gib eine Formel an, mit der sich der Flächeninhalt eines Kreissegments in Abhängigkeit vom Radius und der Winkelgröße berechnen lässt. Vergleicht eure Formeln in der Klasse.

2 Zeichne je einen Kreis mit dem Radius $r = 3\,\text{cm}$, $r = 4\,\text{cm}$ und $r = 5\,\text{cm}$ und schneide sie aus. Übertrage dann die folgenden Kreissektoren auf ein Blatt Papier, schneide sie aus und klebe sie mit Klebeband jeweils zum Mantel eines Kegels zusammen.

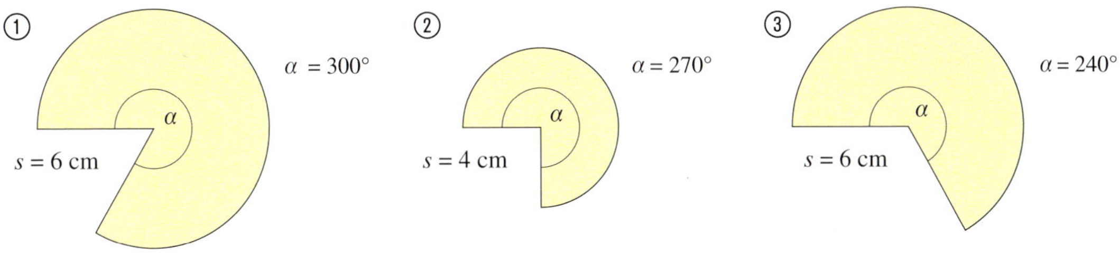

a) Welcher Kreissektor passt zu welchem Kreis und bildet mit ihm zusammen die Oberfläche eines Kegels?

b) Berechne die Flächeninhalte der Kreise und der Kreissektoren.

c) Beschreibe allgemein: Welche Eigenschaften müssen Kreissektor und Kreis haben, damit sie die Oberfläche eines Kegels bilden können?

d) Zu einem Kreis mit $r = 3{,}5\,\text{cm}$ soll ein Kreissektor gefunden werden, der mit dem Kreis die Oberfläche eines Kegels bildet. Bestimme den Radius und den Innenwinkel passender Kreissektoren. Wie bist du vorgegangen? Vergleiche mit deinen Mitschülern. Welchen Einfluss hat der Sektor auf die Eigenschaften des Kegels?

015-1

HINWEIS

Über den Webcode können die Kreise und Kreissektoren zum Ausschneiden ausgedruckt werden.

3 Puzzle die folgenden „Schnipsel" sinnvoll zu einem Beweis für die Mantelfläche eines Kegels zusammen und notiere diesen im Heft.

aus den beiden Gleichungen folgt, dass $\frac{A_M}{\pi \cdot s^2} = \frac{b}{2 \cdot \pi \cdot s}$

weil $b = 2 \cdot \pi \cdot r$ ist, folgt $A_M = \frac{2 \cdot \pi \cdot r \cdot s}{2}$

also ist $A_M = \frac{b \cdot \pi \cdot s^2}{2 \cdot \pi \cdot s}$

(1) $A_M = \frac{\alpha}{360°} \cdot \pi \cdot s^2$

kürzt man den Bruch, so erhält man $A_M = \frac{b \cdot s}{2}$

aus (2) folgt, dass $\frac{\alpha}{360°} = \frac{b}{2 \cdot \pi \cdot s}$

Für die Mantelfläche eines Kegels, den Kreisektor, gilt:

somit folgt für die Mantelfläche des Kegels $A_M = \pi \cdot r \cdot s$

und (2) $b = \frac{\alpha}{360°} \cdot 2 \cdot \pi \cdot s$

aus (1) folgt $\frac{\alpha}{360°} = \frac{A_M}{\pi \cdot s^2}$

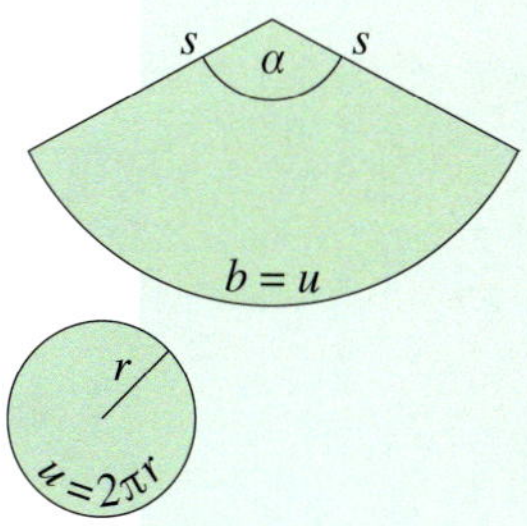

015-2

HINWEIS

Unter dem Webcode kannst du dir die Kärtchen ausdrucken und ausschneiden.

Lesen und Verstehen

Die Spitzen der Lichttürme der Bundeskunsthalle in Bonn sind mit Edelstahl verkleidete Kegel. Der Edelstahlkegel des Lichtturms hat den Grundkreisradius $r = 0{,}76\,\text{m}$ und die Höhe $h = 3{,}31\,\text{m}$.

Die Verkleidung bildet die **Mantelfläche A_M** des Kegels. Jede Strecke von der Spitze des Kegels zu einem Punkt seiner Grundkante heißt **Mantellinie s**.
Schneidet man die Mantelfläche entlang einer Mantellinie auf, so erhält man einen Kreisausschnitt. Der Bogen b dieses Kreisausschnitts entspricht dem Umfang u des Grundkreises vom Kegel. Der Radius des Kreisausschnitts ist die Mantellinie s des Kegels.

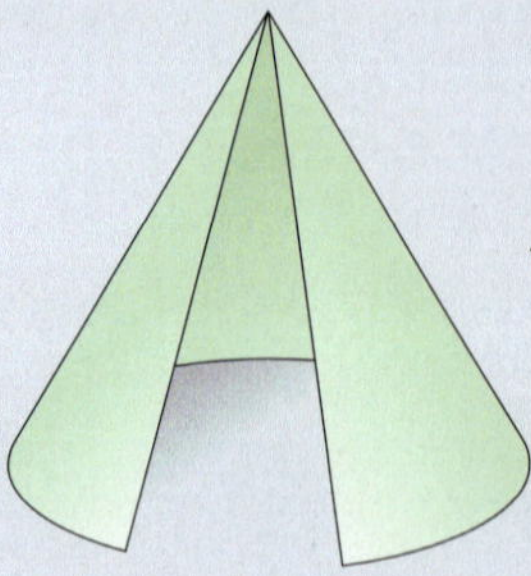

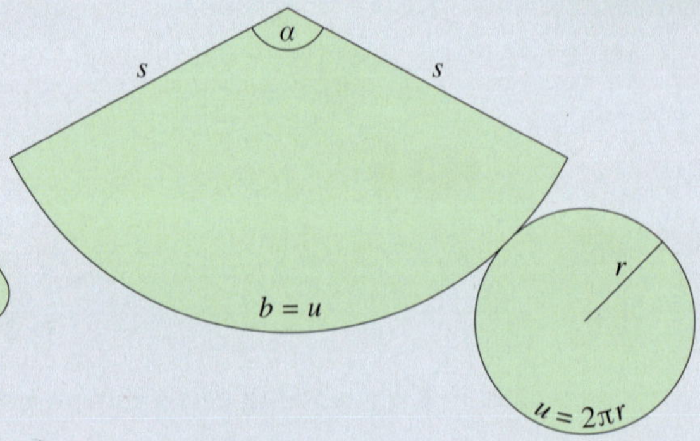

Nimmt man zur Mantelfläche die Grundfläche hinzu, erhält man die **Oberfläche** des Kegels.

HINWEIS
Für die Länge b eines Kreisbogens gilt:
$b = \frac{\alpha}{360°} \cdot 2 \cdot \pi \cdot s$

Für die **Mantelfläche A_M eines Kegels** gilt:

$A_M = \frac{\alpha}{360°} \cdot \pi s^2$

$A_M = \frac{r}{s} \cdot \pi s^2$ (Begründung siehe rechts)

$A_M = \pi r s$

Für die **Oberfläche A_O eines Kegels** gilt:

$A_O = A_G + A_M$

$A_O = \pi r^2 + \pi r s = \pi r (r + s)$

Der Mittelpunktswinkel α ist beim Kegel oft nicht bekannt. Diesen kann man jedoch in der Formel für den Flächeninhalt ersetzen.

Mit $b = \frac{\alpha}{360°} \cdot 2\pi s$ und $u = 2\pi r$ folgt aus $b = u$

$\frac{\alpha}{360°} \cdot 2\pi s = 2\pi r \quad | : 2\pi$

$\frac{\alpha}{360°} \cdot s = r$

$\frac{\alpha}{360°} = \frac{r}{s}$

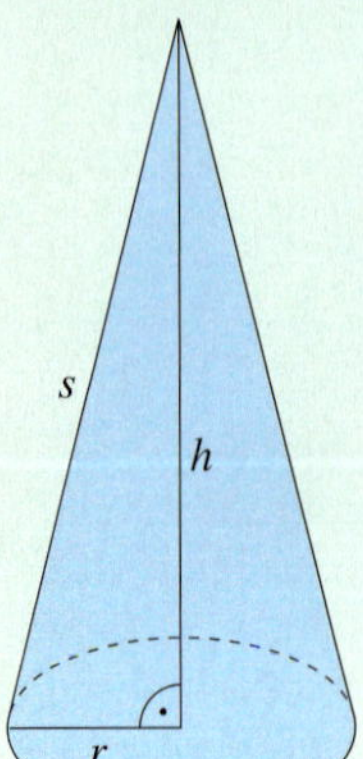

BEISPIEL
Welchen Flächeninhalt hat die Edelstahlummantelung eines Lichtturms der Kunst- und Ausstellungshalle Bonn?
Um den Flächeninhalt der Edelstahlummantelung zu berechnen, benötigt man zunächst die Länge der Mantellinie s. Nach dem Satz des Pythagoras gilt:

$s^2 = r^2 + h^2$

$s^2 = (0{,}76\,\text{m})^2 + (3{,}31\,\text{m})^2$

$s \approx 3{,}4\,\text{m}$

$A_M = \pi \cdot r \cdot s$

$A_M \approx \pi \cdot 0{,}76\,\text{m} \cdot 3{,}4\,\text{m}$

$\approx 8{,}12\,\text{m}^2$

Die Edelstahlummantelung hat also eine Fläche von ca. $8{,}12\,\text{m}^2$.

Üben und Anwenden

1 Berechne den Mantelflächeninhalt des Kegels.

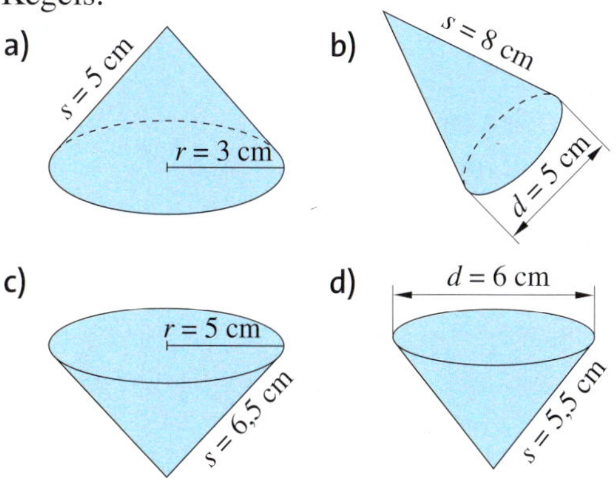

2 Berechne den Mantelflächeninhalt des Kegels.
a) $r = 4\,\text{cm}$; $s = 9\,\text{cm}$
b) $r = 15\,\text{mm}$; $s = 3\,\text{cm}$
c) $r = 0{,}8\,\text{m}$; $s = 250\,\text{cm}$
d) $r = 4\,\text{cm}$; $h = 5\,\text{cm}$

3 Berechne den Oberflächeninhalt des Kegels.

	Radius r	Mantellinie s
a)	5 cm	13 cm
b)	3,4 cm	6,2 cm
c)	7,1 dm	9,4 dm
d)	3 m	5,3 m

4 Berechne den Oberflächenflächeninhalt des Kegels.
a) $d = 50\,\text{cm}$; $s = 40\,\text{cm}$
b) $d = 46\,\text{dm}$; $s = 47{,}5\,\text{dm}$

5 Welchen Oberflächeninhalt hat der Kegel?
a) $r = 0{,}35\,\text{m}$; $s = 0{,}2\,\text{m}$
b) $r = 5{,}4\,\text{cm}$; $h = 7{,}2\,\text{cm}$
c) $r = 3{,}4\,\text{m}$; $h = 8{,}4\,\text{m}$
d) $h = 4{,}7\,\text{cm}$; $s = 5{,}9\,\text{cm}$

6 Berechne den Mantel- und Oberflächeninhalt des Kegels.
a) $r = 4\,\text{cm}$; $h = 8\,\text{cm}$
b) $r = 6\,\text{cm}$; $h = 15\,\text{cm}$
c) $d = 1{,}2\,\text{dm}$; $h = 2{,}4\,\text{dm}$
d) $s = 30\,\text{cm}$; $h = 21\,\text{cm}$

7 Berechne die fehlenden Größen des Kegels. Der Winkel α ist der Mittelpunktswinkel des abgerollten Kegelmantels. (Längen in m; Flächen in m²)

	r	s	h	A_M	A_G	A_O	α
a)		7		66			
b)	9			580			
c)	11					924	
d)	3,6			105			
e)	11	20					
f)		0,8	0,4				

8 Ein Kegel ist durch die Höhe $h = 4\,\text{cm}$ und den Radius $r = 3\,\text{cm}$ gegeben.
a) Berechne den Mantel- und Oberflächeninhalt des Kegels.
b) Wie ändert sich der Mantel- und Oberflächeninhalt, wenn der Radius des Kegels verdoppelt wird?
c) Welche Höhe und welchen Radius könnte ein Kegel mit einem doppelt so großen Oberflächeninhalt haben? Vergleicht eure Ergebnisse.

9 Ein Kegel ist gegeben durch die Mantellinie $s = 10\,\text{cm}$ und den Radius $r = 7\,\text{cm}$. Wie ändert sich der Mantelflächeninhalt, wenn folgende Änderungen vorgenommen werden?
a) r wird halbiert
b) r wird verdoppelt
c) r wird verdreifacht
d) s wird halbiert
e) r und s werden jeweils halbiert
f) r wird halbiert und s wird verdoppelt
g) r und s werden verdoppelt

10 Ein Kreisausschnitt hat den Radius s und den Bogen b. Berechne den Mantelflächeninhalt des Kegels, der aus diesem Kreisausschnitt hergestellt werden kann.
a) $s = 4{,}2\,\text{cm}$; $b = 20\,\text{cm}$
b) $s = 8{,}3\,\text{cm}$; $b = 15\,\text{cm}$
c) $s = 6{,}4\,\text{cm}$; $b = 23{,}6\,\text{cm}$
d) $s = 9{,}3\,\text{cm}$; $b = 35{,}2\,\text{cm}$
e) $s = 7{,}7\,\text{cm}$; $b = 7{,}7\,\text{cm}$

ZUM WEITERARBEITEN
Wie viel m² Rasenfläche muss gemäht werden?

11 Aus einem Blatt im DIN-A4-Format (297 mm × 210 mm) soll ein Kegel gebastelt werden. Dabei soll der Oberflächeninhalt (also der Materialverbrauch) möglichst groß werden.

a) Zeichne auf das Blatt einen Kreis und eine passende Mantelfläche. Worauf musst du achten?

b) Vergleicht eure Kegel im Klassenverband. Wer hat die größte Kegeloberfläche?

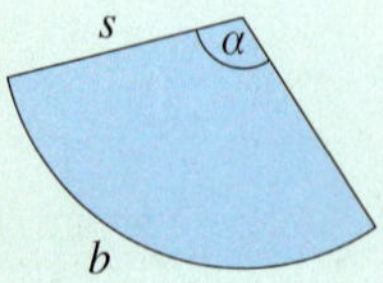

$\alpha = 110°$; $s = 65$ cm

12 Zur Herstellung einer Schultüte wurde ein Karton zugeschnitten (siehe Skizze).

a) Berechne den Umfang der daraus gefertigten Schultüte an der Öffnung.

b) Welche Maße hat ein kleinstmögliches Rechteck, aus dem der Karton für die Schultüte geschnitten werden kann?

c) Wie viel Prozent Abfall würden nach der Frage b) dabei entstehen?

SCHON GEWUSST?
Ein Silo ist ein Speicher für z. B. Getreide, Futtermittel oder Zement.

13 Die Maße eines Kegels betragen $r = 11$ cm und $h = 60$ cm. Der Mantel des Kegels wird abgewickelt. Der entstandene Kreisausschnitt hat einen Flächeninhalt von 27,6 dm². Wie groß ist der Winkel α, der in der Mantelfläche von den Mantellinien eingeschlossen wird?

14 In Einzelhandelsgeschäften werden immer häufiger Wasserspender aufgestellt. Damit die Becher nicht abgestellt werden können, verwendet man Kegelbecher aus Papier. Ein Becher hat einen Radius von 35 mm und eine Höhe von 78 mm.

a) Ermittle die Größe der Papierfläche für die Herstellung eines Kegelbechers, wenn für die Klebelaschen bei jedem Becher 15 % Papier zusätzlich berücksichtigt werden müssen.

b) Wie viele Becher könnten maximal aus einem Quadratmeter Papier hergestellt werden? Warum ist dies in der Realität nicht möglich?

15 Wenn man das Dreieck SMP um die Seite $\overline{MS}$ dreht, entsteht ein Kegel. Berechne die Grundfläche, die Mantelfläche und die Oberfläche dieses Kegels.

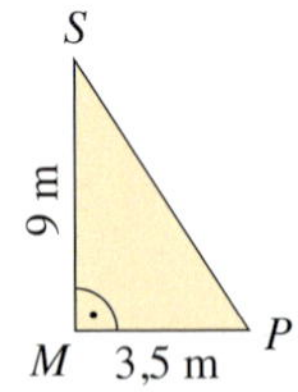

16 Wird eine rechtwinklige Dreiecksfläche mit der Hypotenusenlänge $c = 13$ cm und der Kathetenlänge $a = 7$ cm um a gedreht, wird ein Körper beschrieben.

a) Welcher Körper wird durch diese Drehung erzeugt?

b) Berechne den Oberflächeninhalt dieses Körpers.

17 Betrachte den abgebildeten Körper.

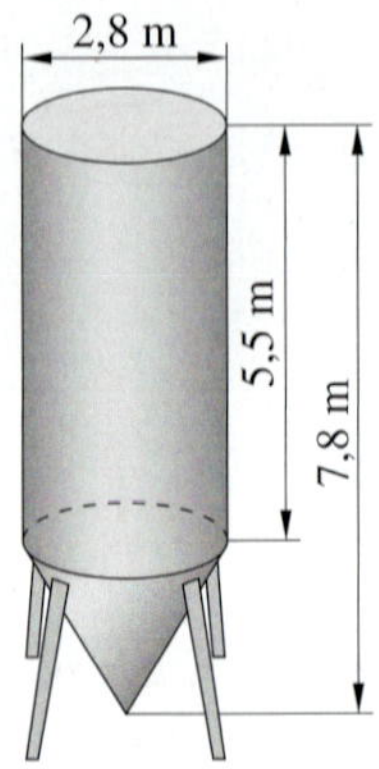

a) Aus welchen Körpern besteht das Silo?

b) Berechne die Oberfläche des Silos.

c) Das Silo soll gestrichen werden. Berechne die benötigte Farbmenge, wenn mit einem Liter Farbe 5 m² gestrichen werden können.

d) 750 ml Farbe kosten 21,95 €. Wie viel kostet die benötigte Farbmenge?

18 Wenn das Trapez $ABCD$ um die Achse $\overline{AD}$ gedreht wird, entsteht ein Körper.

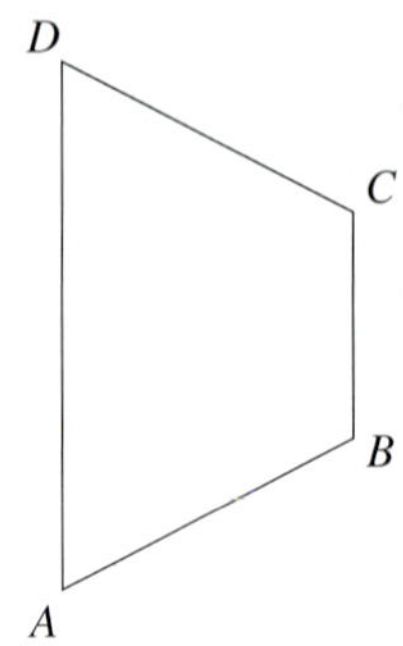

a) Aus welchen Teilkörpern setzt sich der Körper zusammen?

b) Berechne den Oberflächeninhalt des Körpers für $\overline{AB} = \overline{CD} = 5$ cm, $\overline{BC} = 6$ cm und $\overline{AD} = 10$ cm.

Volumen von Pyramide und Kegel

Erforschen und Entdecken

1 Murad hat gelesen, dass die Pyramiden in Mexiko aus Quadern gefertigt wurden. Er möchte sie nachbauen und hat sich von seinem Opa Holzwürfel zuschneiden lassen, die er – wie auf den Fotos abgebildet – zu Pyramiden zusammenstellt.

a) Handelt es sich bei den von Murad gebauten Objekten tatsächlich um Pyramiden? Begründe.

b) Aus wie vielen Würfeln besteht die kleinste von Murad gebaute Pyramide?

c) Wie viele Würfel kommen zum Bau der dann folgenden Pyramidenstufe hinzu? Aus wie vielen Würfeln besteht sie insgesamt?
Gib an, wie viele Würfel Murad benötigen würde, wenn er einen Quader mit gleich großer Grundfläche und Höhe wie bei der Pyramide gebaut hätte.

d) Übertrage die folgende Tabelle in dein Heft und vervollständige sie.

Anzahl Schichten	Anzahl Würfel Pyramide W_P	Anzahl Würfel Quader W_Q	$W_P : W_Q$
2	5	8	5 : 8 = 0,625
3			
4		64	
5			0,44
6			

e) Aus wie vielen Würfeln besteht die Pyramide mit 7 (8, 9, 10) Schichten? Wie viele Würfel benötigt man für den Bau eines Quaders mit gleich großer Grundfläche und Höhe? Berechne den Quotienten $W_P : W_Q$. Was fällt dir auf?

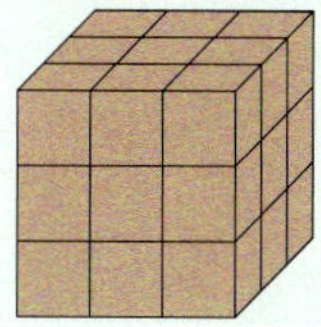

ZUM WEITERARBEITEN
Vergleiche die beiden Möglichkeiten zur Ermittlung des Volumens einer Pyramide. Welche führt zu einem genaueren Ergebnis?

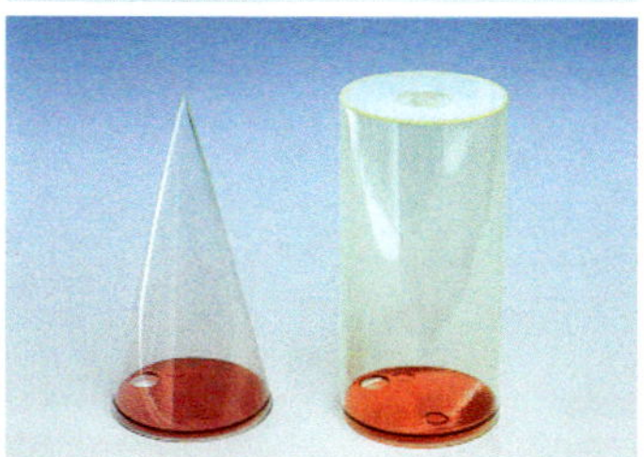

2 Für den folgenden Versuch benötigt ihr diese befüllbaren Körper:

- eine Pyramide und ein Prisma mit gleicher Grundfläche und Höhe,
- einen Kegel und einen Zylinder mit gleicher Grundfläche und Höhe.

Versuchsdurchführung:
Füllt die Pyramide (den Kegel) mit einer Flüssigkeit. Schüttet die Flüssigkeit anschließend aus der Pyramide (dem Kegel) in das Gefäß mit gleicher Grundfläche und Höhe.

a) Wie oft muss der Vorgang wiederholt werden, bis das Prisma (bzw. der Zylinder) vollständig gefüllt ist?

b) Was bedeutet das für das Volumen einer Pyramide bzw. für das Volumen eines Kegels? Stellt eine Formel auf.

Lesen und Verstehen

Die Hawara-Pyramide hatte eine quadratische Grundfläche mit einer Seitenlänge von 105 m. Sie war 58 m hoch. Mittlerweile ist sie stark verwittert, da die ursprüngliche Kalksteinverkleidung in der Antike für andere Bauten verwendet wurde.

HINWEIS
Dreimal kann die Flüssigkeit aus einem Kegel in einen Zylinder mit der gleichen Grundfläche A_G und der gleichen Höhe h gefüllt werden:

einmal gefüllt

zweimal gefüllt

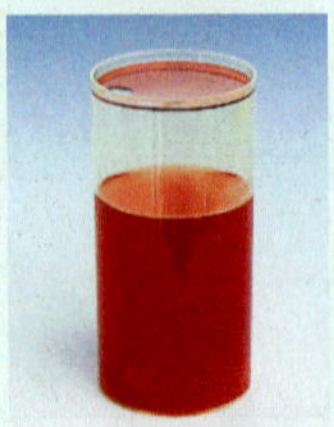

dreimal gefüllt

Das **Volumen V einer Pyramide** wird bestimmt, indem der Flächeninhalt der Grundfläche A_G mit der Höhe h der Pyramide und dem Faktor $\frac{1}{3}$ multipliziert wird:

$V = \frac{1}{3} \cdot A_G \cdot h$

BEISPIEL 1
Wie groß war das Volumen der Hawara-Pyramide?
$A_G = 105\,\text{m} \cdot 105\,\text{m} = 11\,025\,\text{m}^2$
$V = \frac{1}{3} \cdot A_G \cdot h$
$V = \frac{1}{3} \cdot 11\,025\,\text{m}^2 \cdot 58\,\text{m} = 213\,150\,\text{m}^3$

Die Hawara-Pyramide hatte ein Volumen von $213\,150\,\text{m}^3$.

Für Pyramiden mit quadratischer Grundfläche gilt: $V = \frac{1}{3} \cdot a^2 \cdot h$

Wie groß hätte der Radius der Grundfläche sein müssen, wenn die Ägypter einen Kegel gleichen Volumens und gleicher Höhe gebaut hätten?

Die Grundfläche des Kegels ist ein Kreis mit $A_G = \pi \cdot r^2$.

Das **Volumen V eines Kegels** wird bestimmt, indem der Flächeninhalt der Grundfläche A_G mit der Höhe h des Kegels und dem Faktor $\frac{1}{3}$ multipliziert wird:

$V = \frac{1}{3} \cdot A_G \cdot h = \frac{1}{3} \cdot \pi \cdot r^2 \cdot h$

BEISPIEL 2
Wie groß wäre der Radius des Kegels?
$213\,150\,\text{m}^3 = \frac{1}{3} \cdot \pi \cdot r^2 \cdot 58\,\text{m}$
$213\,150\,\text{m}^3 = 60{,}74\,\text{m} \cdot r^2$
$r^2 = 3509{,}37\,\text{m}^2$; $r = 59{,}24\,\text{m}$
Probe: $V = \frac{1}{3} \cdot \pi \cdot (59{,}24\,\text{m})^2 \cdot 58\,\text{m}$
$\approx 213\,150\,\text{m}^3$
Der Kreisradius würde 59,24 m betragen.

Wie viel Material musste bewegt werden, um die Hawara-Pyramide zu erbauen? Das Bauwerk wurde aus Lehmziegeln errichtet. Ein Kubikmeter Lehm wiegt – abhängig von der Verdichtung des Materials – zwischen 1,5 und 2 t.

Die **Masse m** eines Körpers wird aus dem Produkt des Volumens V und der **Dichte ϱ (sprich: rho)** berechnet.
Allgemein gilt also: $m = V \cdot \varrho$

Für eine Pyramide mit quadratischer Grundfläche gilt:
$m = \frac{1}{3} \cdot a^2 \cdot h \cdot \varrho$

Für einen Kegel gilt:
$m = \frac{1}{3} \cdot \pi \cdot r^2 \cdot h \cdot \varrho$

BEISPIEL 3
Wie groß war die Masse der Pyramide?

$m = V \cdot \varrho = 213\,150\,\text{m}^3 \cdot 1{,}5\,\frac{\text{t}}{\text{m}^3} = 319\,725\,\text{t}$

Höchstgewicht der Pyramide:

$m = 213\,150\,\text{m}^3 \cdot 2\,\frac{\text{t}}{\text{m}^3} = 426\,300\,\text{t}$

Es wurden etwa zwischen 320 000 und 426 000 Tonnen Material zum Bau der Pyramide verwendet.

Üben und Anwenden

1 Berechne das Volumen der quadratischen Pyramide. Gib das Ergebnis auf zwei Nachkommastellen gerundet an.
a) $a = 7\,\text{cm}$; $h = 11\,\text{cm}$
b) $a = 6{,}3\,\text{cm}$; $h = 10{,}7\,\text{cm}$
c) $a = 14{,}3\,\text{dm}$; $h = 21{,}7\,\text{dm}$
d) $a = 82{,}4\,\text{cm}$; $h = 110{,}8\,\text{cm}$
e) $a = 121{,}6\,\text{cm}$; $h = 135{,}4\,\text{cm}$

2 Berechne von der quadratischen Pyramide die fehlenden Größen und das Volumen. Runde auf eine Nachkommastelle.

	a	s	h_a	h
a)	5 cm			7,5 cm
b)	5,6 cm		7 cm	
c)			12 m	8 m
d)			17,9 mm	8,7 mm
e)	3 cm	6,3 cm		
f)	4,7 cm	7,9 cm		
g)		18 cm	16 cm	
h)		65,8 m	57,3 m	

3 Wie hoch ist die quadratische Pyramide?
a) $V = 100\,\text{m}^3$; $a = 2\,\text{m}$
b) $V = 892{,}8\,\text{cm}^3$; $a = 9{,}3\,\text{cm}$
c) $V = 36\,\text{cm}^3$; $a = 2{,}4\,\text{cm}$
d) $V = 270\,000\,\text{cm}^3$; $a = 7{,}1\,\text{dm}$
e) $V = 101{,}25\,\text{m}^3$; $a = 4{,}5\,\text{m}$

4 Berechne das Volumen des Kegels.
a) $r = 14\,\text{cm}$; $h = 25\,\text{cm}$
b) $r = 5{,}4\,\text{dm}$; $h = 8\,\text{dm}$
c) $r = 5{,}2\,\text{cm}$; $h = 15\,\text{cm}$
d) $r = 3{,}8\,\text{cm}$; $h = 10\,\text{cm}$
e) $r = 2{,}45\,\text{m}$; $h = 7{,}8\,\text{m}$

5 Der Grundkreis eines Kegels hat einen Durchmesser von 58 cm. Der Kegel ist 80 cm hoch. Welches Volumen hat der Kegel?

6 Wenn trockener Sand mit Hilfe eines Förderbands aufgeschüttet wird, entsteht ein annähernd kegelförmiger Schütthaufen. Welche Bodenfläche bedeckt der Sand, wenn $4000\,\text{m}^3$ bis auf 8 m Höhe aufgeschüttet werden?

7 Berechne den fehlenden Wert des Kegels.

	r	h	V
a)	5 cm	12 cm	
b)		9,5 dm	34,5 dm^3
c)	4,5 cm		70,4 cm^3
d)	27 mm	4,3 cm	
e)	1,5 dm		1767 cm^3
f)	0,3 dm		56, 55 cm^3
g)		1,4 m	718,38 dm^3

8 Eine Pyramide hat eine rechteckige Grundfläche mit den Längen a und b. Berechne jeweils den fehlenden Wert.

	a	b	h	V
a)	7 cm	9 cm	12 cm	
b)	5,8 mm	9,3 mm	16 mm	
c)	8 m	12 m		456 m^3
d)	12,3 cm	24,6 cm		1400 cm^3
e)		10 m	10 m	500 m^3
f)	24 m		635 dm	965,2 m^3

9 Ein kegelförmig aufgeschütteter Sandhaufen hat einen Umfang von 13,8 m. Er ist 2,1 m hoch. Wie groß ist sein Volumen?

10 Angenommen, die ursprüngliche Kalksteinverkleidung der Hawara-Pyramide (siehe S. 20) war 50 cm dick. Aus wie viel m^3 Kalkstein bestand die Verkleidung der Pyramide?

11 Eine quadratische Pyramide soll gemauert werden. Die Grundkante soll 2,4 m betragen, die Höhe 1,5 m.
a) Wie viel m^3 Mauerwerk enthält der Bau?
b) Wie viele Mauersteine und wie viel m^3 Mörtel werden mindestens benötigt, wenn man für einen Kubikmeter Mauerwerk mit 380 Steinen und 300 ℓ Mörtel rechnet?

12 Ein Kegel hat ein Volumen von $75{,}4\,\text{cm}^3$.
a) Bestimme seine Höhe, wenn der Radius $r = 3\,\text{cm}$ ist.
b) Bestimme seinen Radius, wenn die Höhe $h = 3\,\text{cm}$ ist.

13 Berechne aus dem Netz der quadratischen Pyramide ihr Volumen.

a)

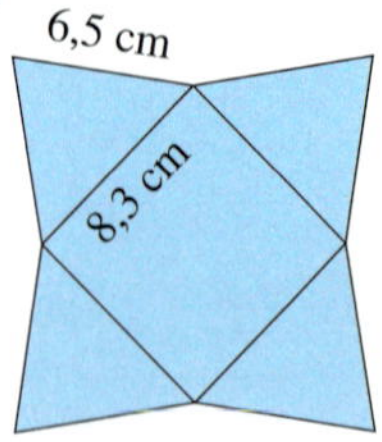

b)

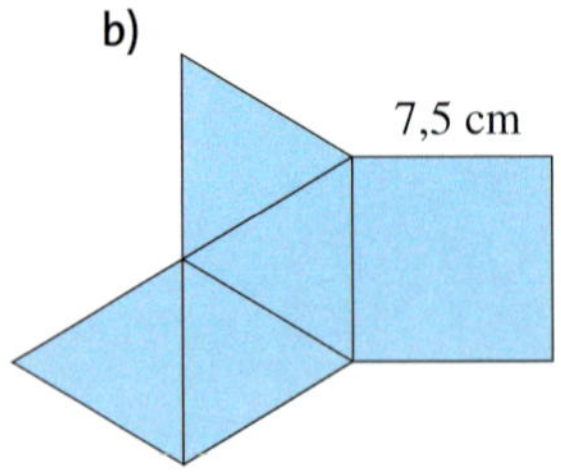

14 Beweise mit Hilfe der folgenden Abbildung, dass für Pyramiden mit quadratischer Grundfläche gilt:
$V = \frac{1}{3} \cdot a^2 \cdot h$.

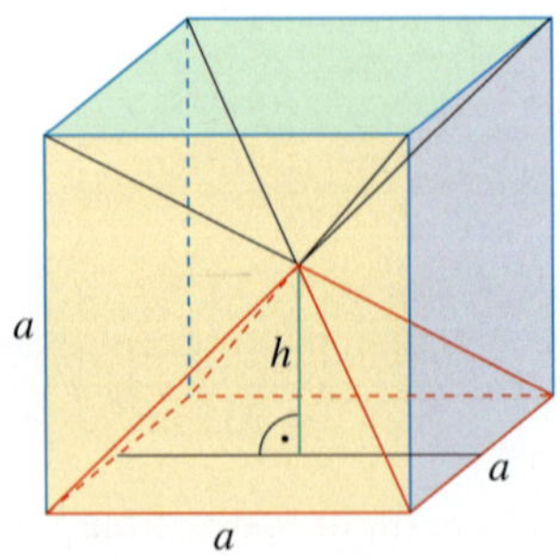

15 Ein Würfel hat eine Kantenlänge von 10 cm. Aus dem Würfel soll eine quadratische Pyramide mit möglichst großem Volumen herausgearbeitet werden.

a) Welches Volumen hat die Pyramide?
b) Vergleiche das Volumen des Würfels mit dem der Pyramide.

16 Ein Quader hat die Kantenlängen $a = 3$ cm, $b = 4$ cm und $c = 5$ cm. Aus dem Quader soll eine Pyramide mit rechteckiger Grundfläche so herausgearbeitet werden, dass das Volumen möglichst groß wird.

a) Als Grundfläche kommen drei Rechtecke in Frage. Welche Größe besitzen diese Rechtecke?
b) Spielt die Auswahl der Grundfläche bei der Bestimmung des Volumens eine Rolle? Begründe.
c) Zeichne ein Schrägbild des Quaders und in diesen Quader das Schrägbild einer Pyramide mit maximalem Volumen.

17 Wie ändert sich das Volumen einer quadratischen Pyramide, wenn die Höhe halbiert (verdoppelt) und die Länge der Quadratseite beibehalten werden soll?

18 Eine Pyramide mit quadratischer Grundfläche hat ein Volumen von 1 ℓ.

a) Wie lang könnten die Seite des Quadrats und die Höhe der Pyramide sein? Findest du mehrere Beispiele?
b) Berechne den Oberflächeninhalt der gefundenen Pyramiden.
c) Tragt die Ergebnisse im Klassenverband zusammen und vergleicht die Oberflächeninhalte. Welche Pyramide hat den kleinsten Oberflächeninhalt?
d) Ein Kegel soll ebenfalls ein Volumen von einem Liter besitzen. Welche Abmessungen sollten der Radius des Kreises und die Höhe des Kegels besitzen, damit der Oberflächeninhalt minimal wird?

19 Ein Trinkpäckchen hat die Form eines **Tetraeders**, einer dreiseitigen Pyramide, die von vier kongruenten gleichseitigen Dreiecken begrenzt ist. Eine Seitenkante ist 13,7 cm lang.

a) Berechne das Volumen.
b) Vergleiche das Volumen mit der Inhaltsangabe.

20 Die Skizze zeigt ein Werkstück. Es hat die Form einer quadratischen Pyramide, aus der eine kegelförmige Vertiefung herausgearbeitet wurde. Die Höhe dieses Kegels beträgt $\frac{3}{7}$ der Höhe der Pyramide.

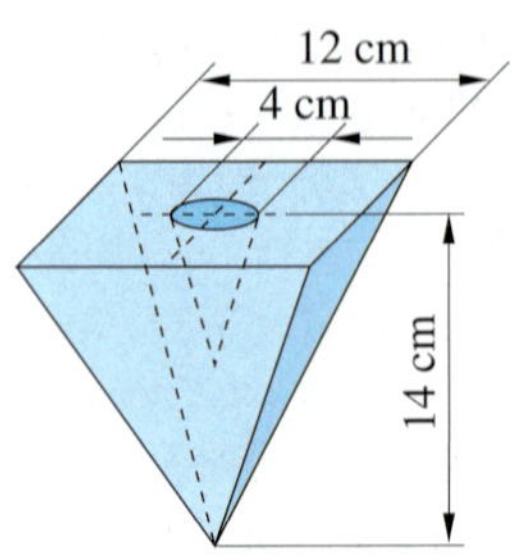

a) Berechne das Volumen des Werkstücks.
b) Das Werkstück ist aus Aluminium gefertigt, $1\,cm^3$ Aluminium wiegt 2,7 g. Wie schwer ist das Werkstück?

ZUM WEITERARBEITEN
Wie viele 500-g-Packungen Salz kann man wohl mit einem Haufen füllen?

HINWEIS
Ergänze die bisher in diesem Kapitel erlernten Formeln zu Pyramiden und Kegeln in deiner dynamischen Formelsammlung. Lege dazu jeweils ein neues Tabellenblatt an.

Volumen und Oberfläche einer Kugel

Erforschen und Entdecken

1 Betrachte die folgenden Körper.

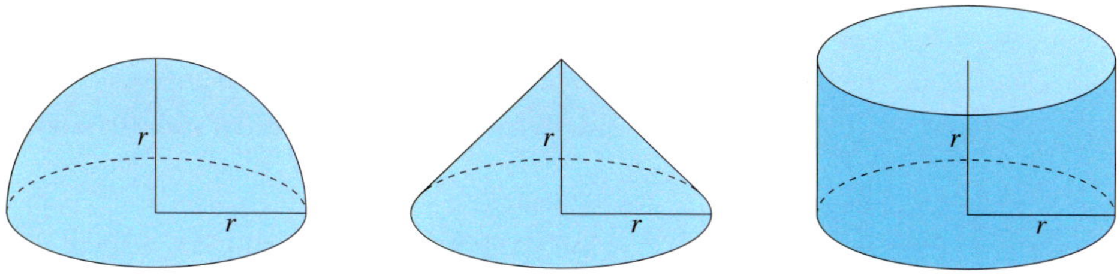

a) Um welche Körper handelt es sich?
b) Die Körper haben den gleichen Radius, der gleichzeitig auch die Körperhöhe ist. Ordne die Körper nach der Größe ihres Volumens und skizziere die Schrägbilder in deinem Heft. Beginne mit dem kleinsten Körper.
c) Schreibe das Volumen der Körper (in Abhängigkeit vom Radius r) unter deine Schrägbildskizzen, sofern dir die Formel für das Volumen bekannt ist.
d) Stelle eine Vermutung für das Volumen einer Kugel auf.

2 Für den folgenden Versuch benötigt ihr:
- einen Messbehälter mit Überlauf (z. B. aus der Chemie-Sammlung) oder ein großes Gefäß (z. B. einen Eimer, ein Aquarium, eine Babybadewanne)
- verschieden große Kugeln (z. B. Murmeln oder schwere Bälle, die nicht schwimmen)
- einen Messbecher, ein Maßband und viel Wasser

Versuchsvorbereitung:
Messt mit dem Maßband den Umfang der Kugeln und berechnet ihren Radius.
Übertragt die Tabelle in euer Heft und ergänzt die Werte.

Kugel	Umfang	Radius	verdrängte Wassermenge
z. B. Golfball	$u =$	$r =$	$V =$
…			

Versuchsdurchführung:
① Stellt das Gefäß an einer Stelle auf, die nass werden darf, etwa auf dem Schulhof, und füllt es randvoll mit Wasser.
② Legt eine Kugel vorsichtig auf das Wasser und lasst sie versinken. Es wird Wasser über die Kante des Gefäßes in das Überlaufgefäß oder auf den Boden laufen.
③ Stellt fest, wie viel Wasser durch die Kugel verdrängt wurde. Ihr könnt die Überlaufmenge entweder einfach ablesen oder die Kugel vorsichtig aus dem Becken entfernen und das Becken mit Hilfe des Messbechers wieder auffüllen.
④ Führt den Versuch mit allen Kugeln/Bällen durch und tragt die Werte in die Tabelle ein.
⑤ Überprüft mit Hilfe eurer Messwerte in der Tabelle die Formel aus Aufgabenteil 1 d).

3 Erkundige dich im Internet oder in Büchern über die Technik der „Handkaschierung“ beim Bau von Globen. Über den Webcode gelangst du zu passenden Seiten im Internet.
a) Welche Form haben die Flächen, die beim Bekleben eines Globus eingesetzt werden?
b) Wie viele dieser Flächen benötigt man beim Bau und wie groß ist eine dieser Flächen ungefähr? Beachte, dass die Flächengröße abhängig vom Durchmesser des Globus ist.

www 023-1

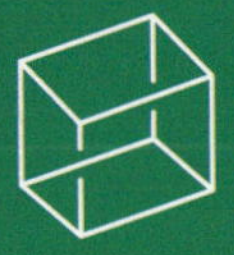

Lesen und Verstehen

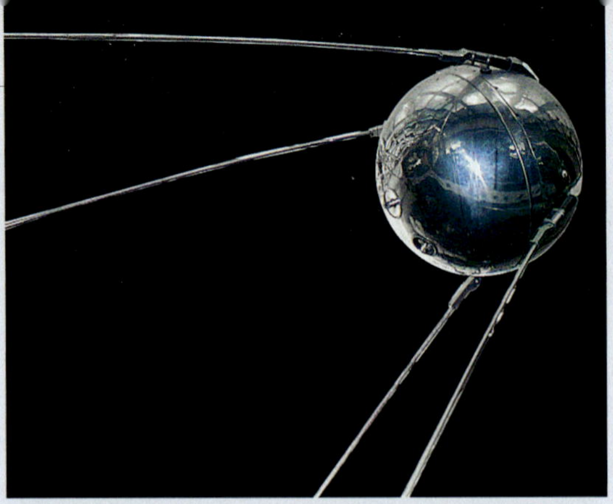

Erstmals im Oktober 1957 gelang es sowjetischen Forschern, einen künstlichen Satelliten in eine Umlaufbahn um die Erde zu entsenden. Dieser Satellit mit dem Namen Sputnik 1 war eine hochglanzpolierte Aluminiumkugel und hatte einen Außendurchmesser von 58 cm. Wie groß war das Volumen von Sputnik 1?

ERINNERE DICH
1000 cm³ = 1 dm³

Das **Volumen *V* einer Kugel** mit dem Radius *r* lässt sich wie folgt berechnen:

$V = \frac{4}{3} \cdot \pi \cdot r^3$

BEISPIEL 1
Sputnik 1 hatte einen Radius von 29 cm.
Also gilt für sein Volumen:
$V = \frac{4}{3} \cdot \pi \cdot (29\,\text{cm})^3 \approx 102\,160{,}4\,\text{cm}^3$
Sputnik 1 hat ein Volumen von ca. $102\,\text{dm}^3$.

Der Oberflächeninhalt von Sputnik 1 soll lediglich einen Quadratmeter betragen haben. Kann das sein?

ERINNERE DICH
$10\,000\,cm^2 = 100\,dm^2 = 1\,m^2$

Für die **Oberfläche A_O einer Kugel** mit dem Radius *r* gilt:

$A_O = 4\pi \cdot r^2$

BEISPIEL 2
$A_O = 4\pi \cdot r^2 = 4\pi \cdot (29\,\text{cm})^2 \approx 10\,568{,}3\,\text{cm}^2$
Der Oberflächeninhalt von Sputnik 1 war mit $1{,}06\,\text{m}^2$ etwas größer als $1\,\text{m}^2$.

Sputnik 1 war aus 2 mm starkem Aluminiumblech gefertigt. In seinem Innern transportierte er unter anderem zwei Funksender, Akkus und ein Wärmeregulationssystem.
Wie viel Aluminiumblech war zur Herstellung des Satelliten mindestens notwendig?

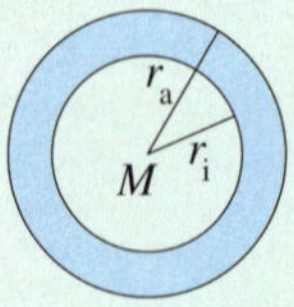

Bei einer **Hohlkugel** mit dem Innenradius r_i und Außenradius r_a berechnet sich das Volumen *V* wie folgt:

$V = \frac{4}{3} \cdot \pi \cdot r_a^3 - \frac{4}{3} \cdot \pi \cdot r_i^3$
$\;\;= \frac{4}{3} \cdot \pi \cdot (r_a^3 - r_i^3)$

BEISPIEL 3
$V = \frac{4}{3} \cdot \pi \cdot (r_a^3 - r_i^3)$
$\;\;= \frac{4}{3} \cdot \pi \cdot ((290\,\text{mm})^3 - (288\,\text{mm})^3)$
$\;\;= 2\,099\,120{,}1\,\text{mm}^3$

Das Aluminiumblech hatte ein Volumen von ca. $2{,}1\,\text{dm}^3$.

Aluminium besitzt eine Dichte von $2700\,\frac{\text{kg}}{\text{m}^3}$. Wie schwer war die Aluminiumhülle von Sputnik 1?

Die **Masse *m* einer Kugel** wird aus dem Produkt seines Volumens *V* und seiner **Dichte ϱ (sprich: rho)** berechnet.
Es gilt:

$m = V \cdot \varrho = \frac{4}{3} \cdot \pi \cdot r^3 \cdot \varrho$

BEISPIEL 4
Sputnik 1 bestand aus
$2{,}1\,\text{dm}^3 = 0{,}0021\,\text{m}^3$ Aluminiumblech.
$m = 0{,}0021\,\text{m}^3 \cdot 2700\,\frac{\text{kg}}{\text{m}^3} = 5{,}67\,\text{kg}$
Die Hülle aus Aluminiumblech wog ca. 5,7 kg.

Üben und Anwenden

1 Berechne das Volumen der Kugel. Gib in der in Klammern stehenden Maßeinheit an.
a) $r = 2{,}4\,\text{cm}$ (mm^3) b) $r = 1{,}57\,\text{m}$ (dm^3)
c) $r = 6{,}89\,\text{dm}$ (m^3) d) $r = 20{,}5\,\text{cm}$ (m^3)
e) $d = 16\,\text{cm}$ (mm^3) f) $d = 3{,}8\,\text{dm}$ (cm^3)
g) $d = 7{,}45\,\text{m}$ (dm^3) h) $d = 25{,}56\,\text{cm}$ (m^3)

2 Stelle die Volumen- und die Oberflächenformel der Kugel nach r um. Erkläre deine Umformungen deinem Nachbarn.

3 Berechne den Radius der Kugel. Gib auf zwei Nachkommastellen gerundet an.
a) $V = 13{,}45\,\text{m}^3$ b) $V = 102{,}5\,\text{dm}^3$
c) $V = 345{,}046\,\text{cm}^3$ d) $V = 4200\,\text{mm}^3$
e) $V = 657{,}4\,\text{m}^3$ f) $V = 800{,}04\,\text{cm}^3$

4 Berechne den Durchmesser der Kugel in der in Klammern angegebenen Maßeinheit. Runde auf zwei Stellen nach dem Komma.
a) $V = 12{,}67\,\text{m}^3$ (dm)
b) $V = 3700\,\text{mm}^3$ (cm)
c) $V = 305{,}4\,\text{dm}^3$ (cm)
d) $V = 451{,}7\,\text{dm}^3$ (m)
e) $V = 157{,}905\,\text{cm}^3$ (mm)

5 Annika meint, dass sich das Volumen einer Kugel verdoppelt, wenn der Kugelradius verdoppelt wird. Überprüfe Annikas Behauptung an einem Beispiel und korrigiere – falls notwendig – ihre Aussage.

6 Nach internationalem Regelwerk muss ein Fußball einen Umfang zwischen 68 cm und 70 cm besitzen, ein Volleyball einen Umfang zwischen 65 cm und 67 cm und ein Basketball einen Umfang zwischen 75 cm und 78 cm. Bestimme das maximale und das minimale Volumen aller drei Bälle.

7 Eine Kugel hat den Radius $r = 5\,\text{cm}$.
a) Berechne das Volumen der Kugel.
b) Welchen Radius hat die Kugel mit dem doppelten (dreifachen, vierfachen, fünffachen) Volumen (siehe Randspalte)?

8 Wie schwer ist ein Golfball, wenn $1\,\text{cm}^3$ Material 1,15 g wiegt?

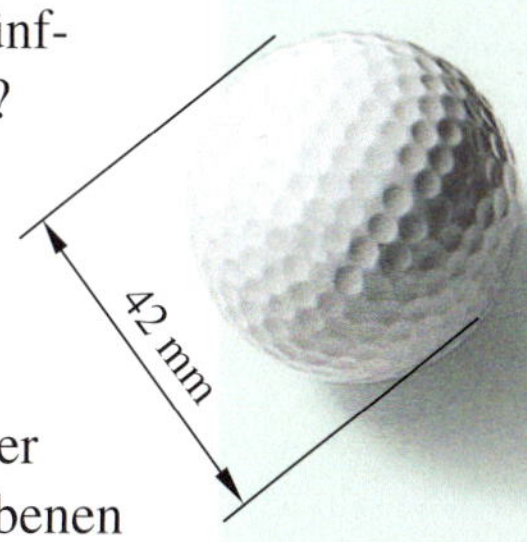

9 Berechne den Oberflächeninhalt einer Kugel. Gib in der in Klammern angegebenen Maßeinheit an.
a) $r = 4{,}3\,\text{cm}$ (mm^2) b) $r = 1{,}85\,\text{m}$ (dm^2)
c) $r = 7{,}83\,\text{dm}$ (m^2) d) $r = 10{,}7\,\text{cm}$ (m^2)
e) $d = 46\,\text{cm}$ (mm^2) f) $d = 2{,}4\,\text{dm}$ (cm^2)
g) $d = 7{,}19\,\text{m}$ (dm^2) h) $d = 23{,}45\,\text{cm}$ (m^2)

10 Berechne den Radius der Kugel. Gib auf zwei Nachkommastellen gerundet an.
a) $A_O = 14{,}32\,\text{m}^2$ b) $A_O = 105{,}6\,\text{dm}^2$
c) $A_O = 244{,}075\,\text{cm}^2$ d) $A_O = 3400\,\text{mm}^2$
e) $A_O = 552{,}1\,\text{m}^2$ f) $A_O = 700{,}08\,\text{cm}^2$

11 Berechne den Durchmesser der Kugel. Gib in der in Klammern angegebenen Maßeinheit an. Runde dabei auf eine Nachkommastelle.
a) $A_O = 22{,}58\,\text{m}^2$ (dm)
b) $A_O = 2800\,\text{mm}^2$ (cm)
c) $A_O = 105{,}9\,\text{dm}^2$ (cm)
d) $A_O = 321{,}67\,\text{dm}^2$ (m)
e) $A_O = 257{,}604\,\text{cm}^2$ (mm)
f) $A_O = 1300{,}58\,\text{cm}^2$ (dm)

12 Von einer Kugel sind die folgenden Angaben bekannt. Ergänze die Tabelle in deinem Heft.

	r	d	u	V	A_O
a)	3 cm				
b)		22 m			
c)			56,55 m		
d)				$7238{,}23\,\text{mm}^3$	
e)					$66{,}48\,\text{dm}^2$
f)		1 m			
g)					$1\,\text{m}^2$
h)			1 m		

BEACHTE
Ist r^3 gegeben und es soll r bestimmt werden, so muss die dritte Wurzel gezogen werden: $\sqrt[3]{r^3} = r$.
Die dritte Wurzel aus 8, also $\sqrt[3]{8}$, lässt sich mit dem Taschenrechner z. B. mit folgenden Tippfolgen bestimmen:
8 2nd y^x 3 =
oder
8 SHIFT x^3 =
Lies gegebenenfalls in der Anleitung deines Taschenrechners nach.

13 Berit meint, dass sich der Oberflächeninhalt einer Kugel verdoppelt, wenn der Kugelradius verdoppelt wird. Überprüfe Berits Behauptung an einem Beispiel und korrigiere – falls notwendig – ihre Aussage.

14 Wie verändert sich der Oberflächeninhalt einer Kugel, wenn sich der Durchmesser …
a) halbiert?
b) verdreifacht?
c) verzehnfacht?

15 Arbeitet zu zweit. Eine Kugel besitzt einen Oberflächeninhalt von $10\,cm^2$.
a) Berechne den Radius der Kugel.
b) Wie verändert sich der Radius, wenn sich der Oberflächeninhalt verdoppelt (halbiert)?

16 In der Eisdiele von Luigi hat eine Eiskugel einen Durchmesser von 5 cm und wird für 0,60 € verkauft.
Die Eiskugel in Paolos Eisdiele hat einen Radius von 3 cm. Paolo verkauft sie für 80 Cent. Welche Eisdiele verkauft ihr Eis günstiger?

17 Das Pantheon in Rom ist der größte und vollkommenste Rundbau der antiken römischen Baukunst. Ein architektonisches Meisterwerk ist bei diesem Bauwerk die Halbkugelkuppel, deren Durchmesser 43,3 m beträgt.

Wie groß ist die Oberfläche einer solchen Halbkugel?

18 Die Erde hat annähernd die Form einer Kugel.

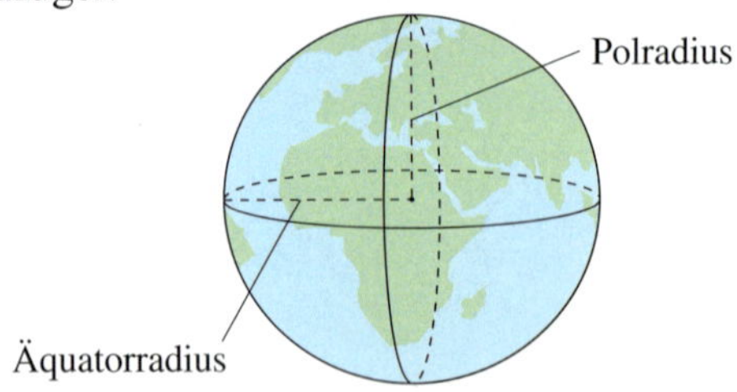

a) Berechne das Volumen einer Kugel aus dem Äquatorradius $r_Ä = 6\,378\,388$ m und dem Polradius $r_P = 6\,356\,912$ m.
b) In einem Lexikon wird die Oberfläche der Erde mit $510\,100\,933{,}5\,km^2$ angegeben. Ist das möglich?
c) Mit 6 371 229 m wird der mittlere Radius der Erde angegeben. Durchschnittlich wiegt $1\,m^3$ der Erde 5,517 t. Wie schwer ist die Erde nach diesen Angaben?

19 Ein Marmorwürfel hat eine Seitenlänge von 15 cm. Aus ihm soll eine möglichst große Kugel herausgearbeitet werden.
a) Berechne jeweils das Volumen von Würfel und Kugel.
b) Um wie viel Prozent weicht das Volumen der Kugel von dem des Würfels ab?
c) Berechne jeweils die Oberfläche von Würfel und Kugel.
d) Um wie viel Prozent weicht die Oberfläche der Kugel von der des Würfels ab?

20 Bei Leichtathletikwettkämpfen werden beim Kugelstoßen genormte Stahlkugeln benutzt.
Die Kugeln haben unterschiedliche Massen. $1\,cm^3$ Stahl wiegt 7,86 g.

Altersklasse	Kugelmasse
Frauen	4 kg
männliche Jugend B	5 kg
männliche Jugend A	6,25 kg
Männer	7,26 kg

a) Berechne für jede angegebene Kugelart das Volumen.
b) Berechne für jede Kugel den Radius und den Durchmesser.

21 Die folgende Abbildung zeigt den Mond.

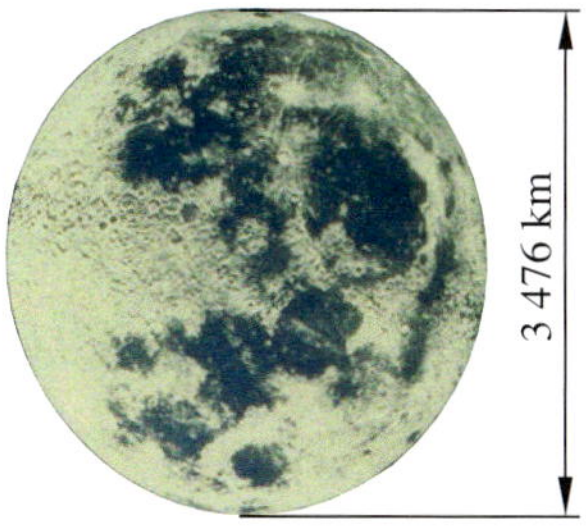

a) Berechne die Oberfläche des Mondes.
b) Bei Vollmond kann man 59 % der gesamten Mondoberfläche im Laufe einer Nacht sehen. Wie viel km^2 sind das?

22 Das „Atomium" ist ein Wahrzeichen von Brüssel. Das Bauwerk wurde zur Weltausstellung 1958 errichtet und besteht aus neun begehbaren Kugeln, die durch Rohre miteinander verbunden sind. Jede Kugel hat einen Durchmesser von 18 m.

a) Berechne das Fassungsvermögen einer begehbaren Kugel in m^3.
b) Berechne den Oberflächeninhalt einer Kugel in m^2.

23 Von einer Hohlkugel sind die folgenden Angaben bekannt. Ergänze die folgende Tabelle in deinem Heft.

	r_a	r_i	V
a)	7 cm	4 cm	
b)	12 cm	11,5 cm	
c)	38 dm	2,4 m	
d)	45 cm	3,5 dm	
e)	54 mm		70 606,2 mm^3
f)	18 mm		3849,5 mm^3

24 Die Inuit können aus Eisblöcken Iglus bauen, die die Form einer Halbkugel haben.

a) Wie groß ist das Volumen im Innenraum?
b) Gib an, wie viel m^3 Eis für ein solches Iglu verarbeitet werden.
c) Berechne die innere und die äußere Oberfläche des Iglus.

25 Die Lunge eines erwachsenen Menschen hat etwa 850 000 000 Lungenbläschen. Ein fast kugelförmiges Lungenbläschen hat einen Durchmesser von 0,185 mm.

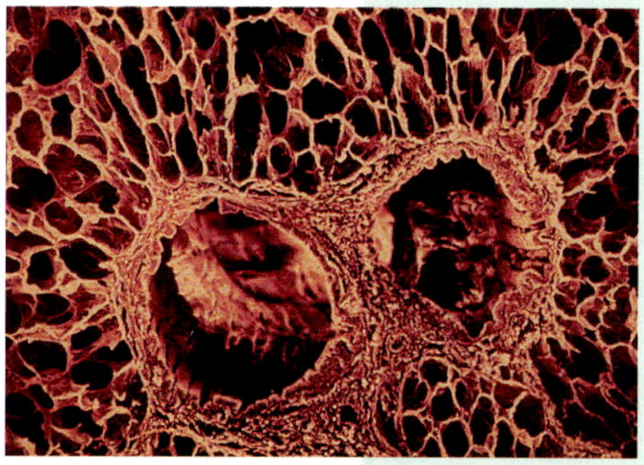

a) Berechne die gesamte Lungenoberfläche, an der Sauerstoff und Kohlenstoffdioxid ausgetauscht werden.
Gib das Ergebnis in Quadratmetern an.
b) Berechne das Volumen, das insgesamt in den Lungenbläschen aufgenommen werden kann. Gib das Lungenvolumen in Litern an.

26 Aus 1 kg Blei sollen Kügelchen hergestellt werden. Blei hat die Dichte von $11{,}3\,\frac{g}{cm^3}$. Wie viele Kügelchen von 2 mm Durchmesser lassen sich optimal herstellen?

27 Im Bad tropft es alle zehn Sekunden von einem Wasserrohr. Frau Wehrhahn fängt die Tropfen mit einem zylindrischen Gefäß auf. Das Gefäß hat einen Durchmesser von 20 cm und eine Höhe von 9 cm. Arbeitet im Team.
a) Wann ist die Schale voll?
b) Wie viel Liter gehen an einem Tag verloren?

SCHON GEWUSST?
Inuit bedeutet „Mensch" und ist die Bezeichnung für arktische Volksgruppen.

ZUM WEITERARBEITEN
Bewerte das Modell zur Berechnung der Lunge des Menschen.

BEACHTE
Wenn bei einer Hohlkugel vom Volumen die Rede ist, so ist das Materialvolumen gemeint.

Die Pyramiden von Gizeh

In der vierten Dynastie des alten ägyptischen Reiches (ca. 2600 bis 2475 v. Chr.) ließen seine Herrscher, die Pharaonen, Pyramiden als Grabstätten errichten.

Die dreieckigen Seitenflächen der Pyramiden, die zu einer zentralen Spitze zusammenlaufen, veranschaulichen die Strahlen der Sonne, die auf den Pharao niederscheinen.

Cheops-Pyramide

Die Cheops-Pyramide ist die früheste und größte der drei Pyramiden von Gizeh und die höchste Pyramide der Welt. Diese Pyramide wird auch Große Pyramide genannt. Sie zählt zu den Sieben Weltwundern der Antike.
Der Name stammt von „Cheops“ ab, der griechischen Bezeichnung für den ägyptischen Pharao Chufu (ca. 2620 – 2580 v. Chr.).

Die ursprüngliche Höhe der Cheops-Pyramide betrug 280 Königsellen (1 Königselle ≈ 52,3 cm).
Die Seiten der quadratischen Grundfläche waren 440 Königsellen lang.
Heute ist die Pyramide etwa 138,50 m hoch und hat eine Seitenlänge von ca. 225 m.

1 Lies den Text unter dem Foto. Zeichne ein maßstäbliches Schrägbild der Cheops-Pyramide (sowohl heutige als auch ursprüngliche Größe ineinander; Maßstab z. B. 1 : 2000).

2 Bestimme das Volumen der ursprünglichen und der heutigen Cheops-Pyramide. Wie viel Gestein ist seit dem Bau vor ca. 4600 Jahren verwittert (absolute und prozentuale Werte)?

3 Ein Lexikon gibt das ursprüngliche Gesamtvolumen der Pyramide nach Abzug der Hohlräume mit 2,5 Mio. m^3 an. Ist das möglich? Wie groß sind dann die Hohlräume?

„Ich schätze, dass man mit den Steinen der Cheops-Pyramide eine 3 m hohe und 30 cm breite Mauer um ganz Frankreich errichten kann."

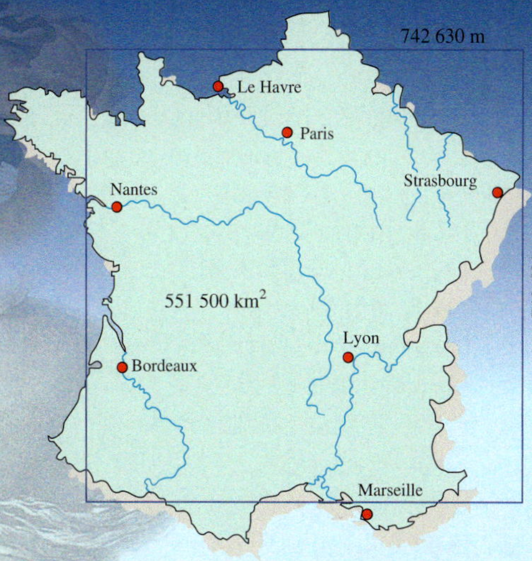

Diese Schätzung stammt von Napoleon Bonaparte, der die Pyramiden am 27. September 1798 auf seinem Ägyptenfeldzug besichtigte.

4 Überprüfe, ob die Aussage von Napoleon richtig sein kann.

Chefren-Pyramide und Mykerinos-Pyramide

Zu den drei Pyramiden von Gizeh zählen neben der Cheops-Pyramide auch die Chefren-Pyramide und die Mykerinos-Pyramide.

Pyramide des Chafre (auch Chefren-Pyramide genannt)	
Höhe	ursprünglich 143,5 m
Bodenfläche	Quadrat mit 210 m Seitenlänge
Gewicht	ca. 5,18 Mio. t
Erbauer	Pharao Chafre, auch Chephren genannt (ca. 2570 – 2530 v. Chr.), Sohn des Chufu

Pyramide des Menkaure (auch Mykerinos-Pyramide genannt)	
Höhe	ursprünglich 62,18 m
Bodenfläche	Quadrat mit 108,5 m Seitenlänge
Gewicht	0,57 Mio. t
Erbauer	Pharao Menkaure, auch Mykerinos genannt (ca. 2530 – 2510 v. Chr.), Enkel des Chufu

5 Fertige von den drei Pyramiden von Gizeh Modelle im Maßstab 1 : 2500 an.

6 Berechne das Volumen der Chefren-Pyramide und der Mykerinos-Pyramide.

7 Vergleiche die Masse der beiden Pyramiden und überprüfe, ob die Pyramiden aus dem gleichen Gestein gebaut wurden.

8 Erfinde eigene Aufgaben rund um das Thema „Pyramiden". Löse sie und tausche die Aufgaben mit deinen Mitschülern aus.

Vermischte Übungen

1 Berechne die Mantelfläche A_M, die Oberfläche A_O und das Volumen V des Kegels.

a) $h = 25\,\text{cm}$; $r = 14\,\text{cm}$
b) $h = 80\,\text{mm}$; $r = 54\,\text{mm}$
c) $h = 15\,\text{cm}$; $s = 15{,}9\,\text{cm}$
d) $h = 42\,\text{mm}$; $d = 6\,\text{cm}$
e) $s = 8\,\text{cm}$; $d = 12\,\text{cm}$
f) $s = 3\,\text{m}$; $u = 6{,}28\,\text{m}$
g) $h = 15{,}2\,\text{cm}$; $u = 30{,}5\,\text{cm}$

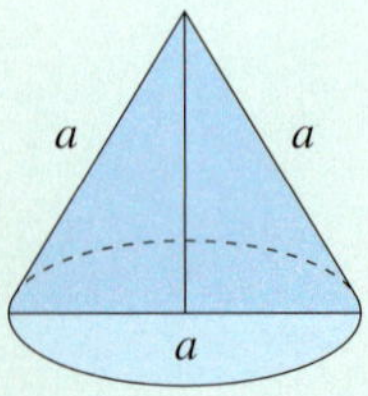

2 Der Achsenschnitt eines Kegels ist ein gleichseitiges Dreieck mit der Seitenlänge $a = 14\,\text{cm}$.

a) Berechne Volumen und Oberflächeninhalt des Kegels.
b) Stelle Terme auf, mit denen sich das Volumen und der Oberflächeninhalt in dem angegebenen Sonderfall bestimmen lassen.

ZUM WEITERARBEITEN
Der Künstler Albert Sous baute sein 9 m hohes Atelier mit 4,5 m Radius aus Edelstahlschrott und Flaschen. Aus wie vielen Flaschenböden (Durchmesser 7,6 cm) besteht die Kuppel?

3 Berechne das Volumen der geraden Pyramide aus den Angaben zur Grundfläche und der gegebenen Körperhöhe.

a) Die Grundfläche ist ein rechtwinkliges Dreieck mit $\gamma = 90°$, $a = 15\,\text{cm}$, $b = 12\,\text{cm}$. Die Körperhöhe ist $h = 13\,\text{cm}$.
b) Die Grundfläche ist ein Parallelogramm mit $a = 3{,}5\,\text{cm}$ und $h_a = 3{,}4\,\text{cm}$. Die Körperhöhe ist $h = 9{,}6\,\text{cm}$.
c) Die Grundfläche ist ein regelmäßiges Sechseck mit $a = 3{,}4\,\text{cm}$. Die Körperhöhe ist $h = 5{,}3\,\text{cm}$.

4 Berechne das Volumen der zusammengesetzten Körper (Maße in cm).

a)
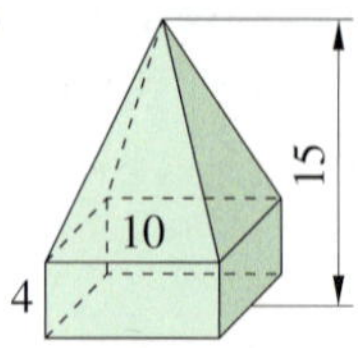

b)
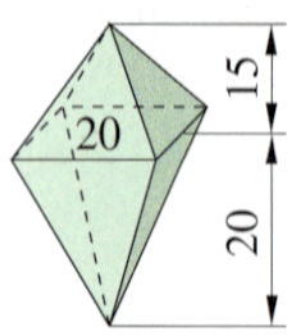

c)
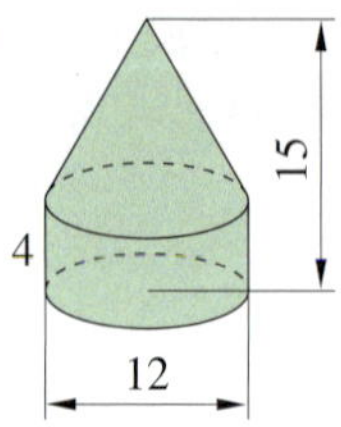

d)
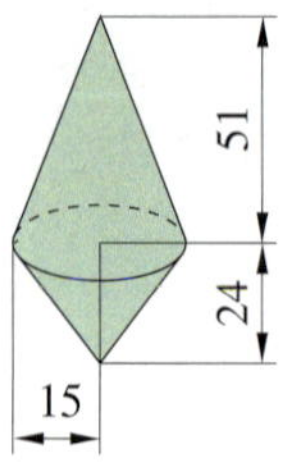

5 Eine Sandsteinpyramide hat eine rechteckige Grundfläche mit 2,3 m Länge und 1,7 m Breite. Die Pyramide ist 2,7 m hoch.

a) Berechne das Volumen der Pyramide.
b) Wie schwer ist die Pyramide, wenn $1\,\text{dm}^3$ Sandstein 2,6 kg wiegt?

6 Betrachte die beiden Körper.

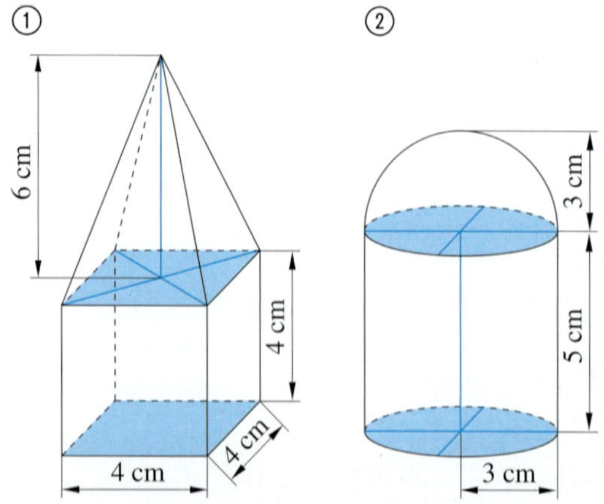

a) Aus welchen Grundkörpern bestehen sie?
b) Berechne die Volumina der zusammengesetzten Körper.
c) Berechne den Oberflächeninhalt der beiden zusammengesetzten Körper.

7 Gruppenarbeit
Das Wahrzeichen von Karlsruhe steht auf dem Marktplatz der Stadt. Es ist die rote Sandsteinpyramide, das Grabmal des Stadtgründers, des Markgrafen Karl Wilhelm von Baden-Durlach.

a) Welches Volumen und welchen Mantelflächeninhalt hat die Pyramide ungefähr?
b) Wie schwer ist das Grabmal ($\varrho = 2{,}6\,\frac{\text{kg}}{\text{dm}^3}$)?

8 Aus einem quaderförmigen Sandsteinblock wird, wie in der Skizze dargestellt, eine Pyramide gehauen.

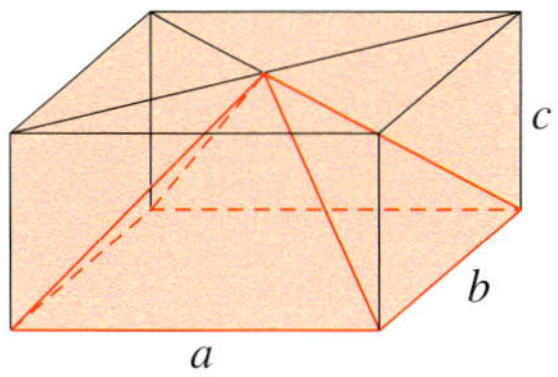

Die Maße des Blocks sind $a = 2{,}8\,\text{m}$, $b = 1{,}9\,\text{m}$ und $c = 2{,}9\,\text{m}$.

a) Welches Volumen hat die Pyramide?

b) Wie viel wiegt die Pyramide, wenn $1\,\text{dm}^3$ Sandstein 2,6 kg wiegt?

c) Wie viel kg Sandsteinabfall entstehen bei der Herstellung der Pyramide?

9 Aus einem Holzwürfel mit 15 cm Kantenlänge soll nach der Skizze ein möglichst großer Kegel gedreht werden.

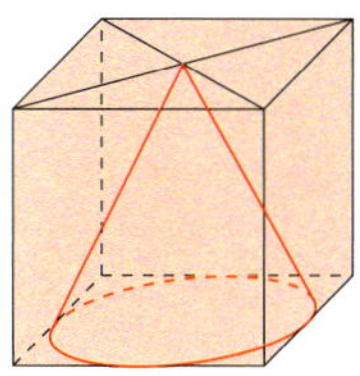

a) Welches Volumen hat der Kegel?

b) Wie schwer ist der Kegel, wenn $1\,\text{dm}^3$ Holz 0,65 kg wiegt?

c) Berechne den Holzabfall in Prozent.

10 Vergleiche das Volumen und die Oberfläche der folgenden Körper.

① Kugel mit Radius $r = 1\,\text{cm}$

② Kegel mit Radius $r = 1\,\text{cm}$ und Höhe $h = 2\,\text{cm}$

③ quadratische Pyramide mit Grundseite $a = 2\,\text{cm}$ und Höhe $h = 2\,\text{cm}$

④ Würfel mit Kantenlänge $a = 1\,\text{cm}$

11 In einer Glasfabrik werden Kelchgläser mit einem annähernd kegelförmigen Kelch hergestellt. Jedes Kelchglas hat die in der Zeichnung angegebenen Maße.
Überprüfe mit einer Rechnung, ob 0,2 ℓ Flüssigkeit in ein Kelchglas passen?

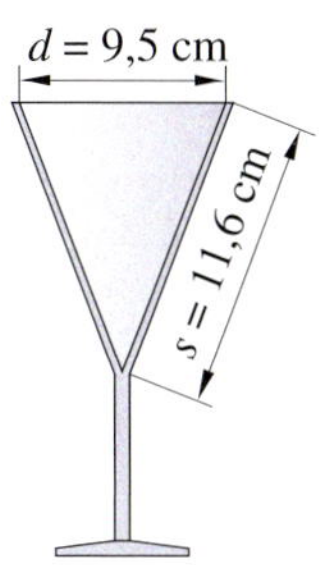

12 Der Hund Laika war 1957 das erste Lebewesen im Weltall. Er wurde mit Sputnik 2 in eine Erdumlaufbahn gebracht. Der kegelförmige Satellit Sputnik 2 hatte eine Höhe von ca. 1,5 m und einen Durchmesser von ca. 1,2 m. Berechne das Volumen und die Oberfläche von Sputnik 2.
Ist das Modell zur Berechnung günstig gewählt? Bewerte.

13 Diese beiden Keksverpackungen erscheinen etwa gleich groß. Beide Verpackungen sind gerade und insgesamt 20 cm hoch. Dose ① hat eine quadratische Grundfläche mit einer Seitenlänge von 8 cm. Dose ② besitzt eine kreisförmige Grundfläche mit $r = 5\,\text{cm}$. Die beiden aufgesetzten „Dächer“ sind jeweils 8 cm hoch.

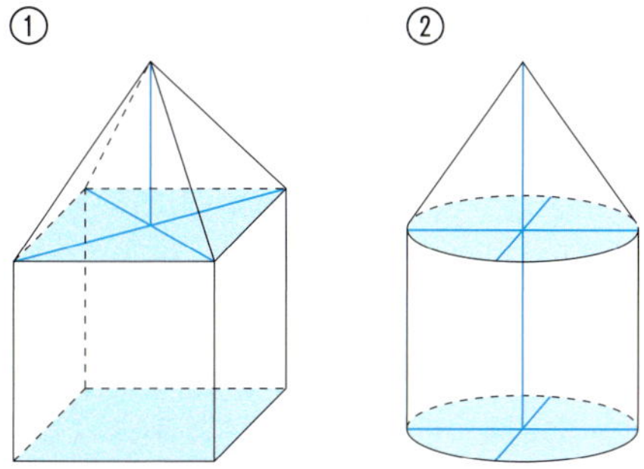

a) Aus welchen Grundkörpern bestehen die beiden Verpackungen?

b) Berechne die Volumina der beiden Verpackungen.

c) Um wie viel Prozent ist das Volumen der einen Verpackung größer als das der anderen?

d) Welche Veränderungen könnte man an der kleineren Verpackung vornehmen, damit das Volumen genauso groß ist wie bei der anderen Verpackung?

14 Ein kegelförmiges Glas hat einen oberen Durchmesser von 6 cm und eine Höhe von 10 cm. Das Glas wird bis zu einer Höhe von 2 cm unter der Oberkante mit Flüssigkeit gefüllt.
Wie viel Flüssigkeit befindet sich im Glas?
Wie viel Prozent des gesamten Glasvolumens sind das?

HINWEIS
Ergänze die in diesem Kapitel erlernten Formeln zur Kugel in deiner dynamischen Formelsammlung.

15 Auf einer Internetseite über den Freizeitpark „Tropical Islands“ in Brandenburg findet man die folgenden Informationen.

Der Tropical Islands Dome hat eine Grundfläche von 66 000 m^2. Mit einer Länge von 360 m, einer Breite von 210 m und einer Höhe von 107 m ist die Halle so groß, dass in ihr 8 Fußballfelder Platz finden.

HINWEIS
„Dome“ ist das englische Wort für Kuppel.

a) Skizziere die Grundfläche des Tropical Islands Dome möglichst genau und überprüfe, ob tatsächlich acht Fußballfelder in der Halle Platz finden.
b) Beschreibe die Oberfläche des Tropical Islands Dome möglichst präzise. Verwende geeignete Fachbegriffe.
c) Bestimme den Oberflächeninhalt und das Volumen der Halle.

ZUM WEITERARBEITEN
Wie oft passt das Volumen des Mondes rechnerisch in die Erde?

16 Von dem Würfel mit $a = 8{,}25$ dm wird eine Pyramide abgeschnitten (siehe Zeichnung).

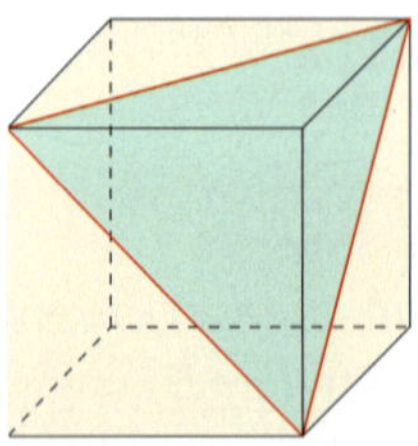

a) Berechne das Volumen der Pyramide.
b) Berechne das Volumen des Restkörpers.

17 Sammelt im Internet oder durch Befragungen Aussagen über die Wasservergeudung durch tropfende Wasserhähne.
a) Sortiert die Aussagen der Größe nach. Warum variieren die Informationen? Von welchen Aspekten ist die Wassermenge abhängig?
b) Schließt euch begründet einer Meinung an. Von welchen Annahmen seid ihr dabei ausgegangen?

18 Betrachte den Heißluftballon.

a) Wie viel Liter Luft sind (ungefähr) in diesem Heißluftballon?
b) Wie viel m^2 Nylon sind für die Herstellung der Ballonhülle mindestens notwendig?

19 Nach: RP-Online vom 22. 6. 2004:

„Eis ist mein Leben“, sagt Gianni Mucignat, der seit 26 Jahren Eisverkäufer ist. Er hat es nicht nur zu zwei Eiscafés gebracht, sondern auch zum Weltrekord im Hochstapeln: 539 Kugeln à 16 ml setzte er auf ein normales Hörnchen. Die Pyramide war 60 Zentimeter hoch.
„Die Arme taten mir so weh, dass ich abbrechen musste“, erinnert sich Mucignat. Immerhin hatte er 1990 beim Weltrekordstapeln 17 Kilogramm Eis auf seiner Hand zu tragen. Nun will er seinen eigenen Rekord brechen und 600 Eiskugeln auf eine Waffel bekommen.

a) Bestimme den Durchmesser einer Eiskugel.
b) Angenommen, die Kugeln wurden zu einer quadratischen Pyramide verarbeitet. Bestimme die Seitenlänge einer Grundseite dieser Pyramide.
c) Die Dichte von Eis beträgt in etwa $1\frac{g}{cm^3}$. Überprüfe, ob das angegebene Gewicht richtig sein kann.
d) Welches Gewicht hätte ein Eis mit 600 Kugeln?
e) Steffen meint, dass eine Pyramide mit 600 Eiskugeln fast 67 cm hoch sein muss. Überlege, wie Steffen zu dieser Behauptung kommt. Bist du der gleichen Ansicht wie Steffen?

Teste dich!

a

1 Berechne den Oberflächeninhalt und das Volumen der Pyramide.

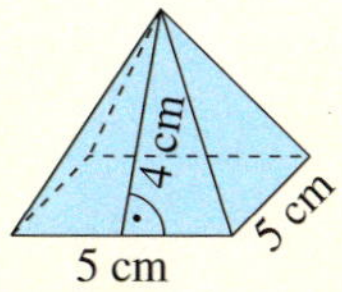

2 Berechne den Oberflächeninhalt und das Volumen des Kegels.

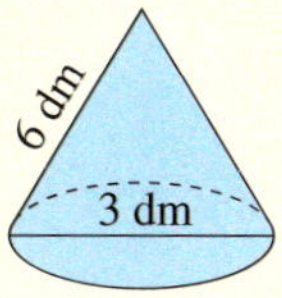

3 Der Radius einer Kugel beträgt 37 mm. Berechne den Oberflächeninhalt und das Volumen der Kugel.

4 Zeichne das Schrägbild eines Zylinders mit $r = 3\,\text{cm}$ und $h = 5\,\text{cm}$. Auf dem Zylinder steht ein auf der Grundfläche stehender Kegel mit gleichem Radius und gleicher Höhe.

5 Einem Würfel mit einer Kantenlänge von 6 cm wird ein 5 cm hohes pyramidenförmiges Dach aufgesetzt.

a) Berechne das Volumen des entstandenen Körpers.

b) Berechne die Mantelfläche der Pyramide.

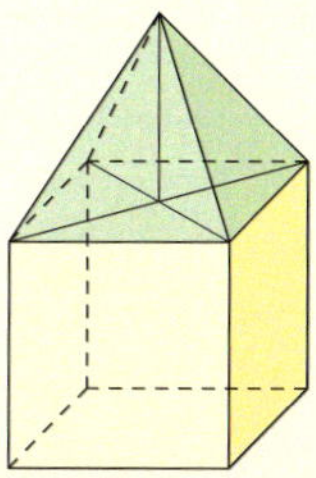

b

1 Berechne den Oberflächeninhalt und das Volumen der Pyramide.

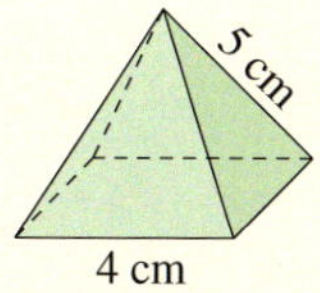

2 Berechne den Oberflächeninhalt und das Volumen des Kegels.

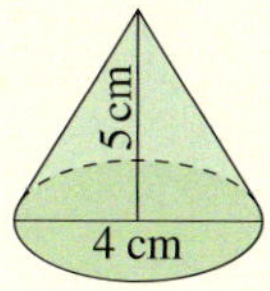

3 Eine Kugel hat ein Volumen von 300 ml. Berechne den Radius und den Oberflächeninhalt der Kugel.

4 Zeichne einen auf der Grundfläche stehenden Kegel mit $r = 3\,\text{cm}$ und $h = 5\,\text{cm}$, auf dessen Spitze eine auf der Spitze stehende quadratische Pyramide mit $a = 2\,\text{cm}$ und $h = 3\,\text{cm}$ balanciert.

5 Berechne das Volumen und den Oberflächeninhalt des abgebildeten Körpers.

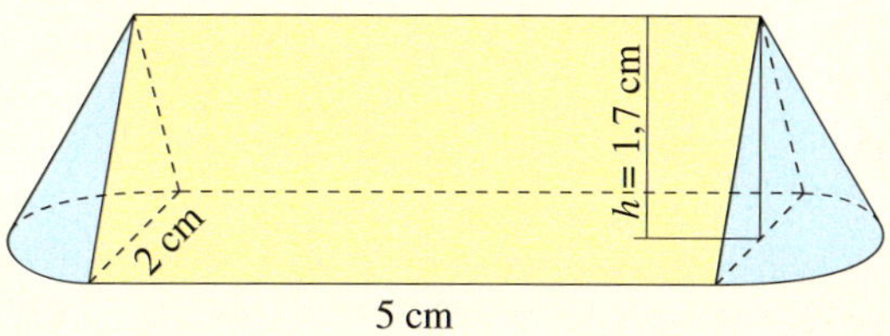

6 Die Dichte von Gold beträgt $19{,}3\,\frac{\text{g}}{\text{cm}^3}$. Ein Juwelier hat eine 1 kg schwere Goldkugel in seiner Hand.

a) Berechne den Radius, wenn die Kugel aus massivem Gold ist.

b) Welchen Radius hätte eine 500 g schwere Goldkugel?

7 Eine Aluminiumkugel (Dichte $2{,}7\,\frac{\text{g}}{\text{cm}^3}$) hat einen Durchmesser von 25 cm. Berechne ihr Volumen und ihre Masse.

HINWEIS

Brauchst du noch Hilfe, so findest du auf den angegebenen Seiten ein Beispiel oder eine Anregung zum Lösen der Aufgaben. Überprüfe deine Ergebnisse mit den Lösungen ab Seite 220.

Aufgabe	Seite
1	12, 20
2	16, 20
3	24
4	8
5	12, 16, 20
6	24
7	24

Zusammenfassung

→ Seite 8

Pyramiden und Kegel erkennen und zeichnen

Eine **Pyramide** ist ein Körper mit einem n-Eck als Grundfläche und n Dreiecken als Seitenflächen, die einen gemeinsamen Eckpunkt (die Spitze) haben. Pyramiden werden nach ihrer Grundfläche benannt.

Ein **Kegel** ist ein Körper, der durch einen Kreis und einen Punkt außerhalb der Ebene des Kreises (Kegelspitze) festgelegt wird.

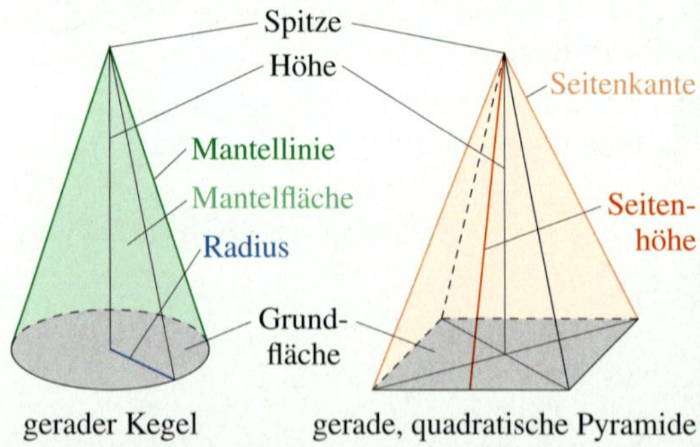

→ Seiten 12, 16, 20

Oberflächenberechnung bei Pyramide, Kegel und Kugel

Die dreieckigen Seitenflächen einer Pyramide bilden ihre **Mantelfläche A_M**. Nimmt man die Grundfläche A_G zur Mantelfläche A_M hinzu, ergibt sich die **Oberfläche A_O der Pyramide**. Für Pyramiden mit quadratischer Grundfläche gilt:
$A_O = 2 \cdot a \cdot h_a + a^2$

Die **Mantelfläche A_M** und die **Oberfläche A_O eines Kegels** mit dem Radius r und der Mantellinie s lassen sich mit folgenden Formeln berechnen:
$A_M = \pi \cdot r \cdot s \qquad A_O = \pi \cdot r \cdot (r + s)$

Für die **Oberfläche A_O einer Kugel** mit dem Radius r gilt: $A_O = 4\pi \cdot r^2$

Berechne den Oberflächeninhalt einer quadratischen Pyramide mit $a = 4\,\text{cm}$ und $h = 5\,\text{cm}$.

1. Schritt: Berechnung von h_a mit dem Satz des Pythagoras
$(\frac{a}{2})^2 + h^2 = h_a^2$
$(2\,\text{cm})^2 + (5\,\text{cm})^2 = h_a^2;\ h_a \approx 5{,}4\,\text{cm}$

2. Schritt: Verwendung der Formeln
$A_M = 4 \cdot \frac{1}{2} \cdot a \cdot h_a = 2 \cdot 4\,\text{cm} \cdot 5{,}4\,\text{cm} = 43{,}2\,\text{cm}^2$
$A_O = 2 \cdot a \cdot h_a + a^2 = 43{,}2\,\text{cm}^2 + 16\,\text{cm}^2$
$= 59{,}2\,\text{cm}^2$

Berechne den Oberflächeninhalt eines Kegels mit $r = 3\,\text{m}$ und $s = 4\,\text{m}$.
$A_M = \pi \cdot 3\,\text{m} \cdot 4\,\text{m} \approx 37{,}7\,\text{m}^2$
$A_O = \pi \cdot 3\,\text{m} \cdot (3\,\text{m} + 4\,\text{m}) \approx 66\,\text{m}^2$

→ Seiten 20, 24

Volumenberechnung bei Pyramide, Kegel und Kugel

Das **Volumen V einer Pyramide** bestimmt man, indem man den Flächeninhalt der Grundfläche A_G mit der Höhe h der Pyramide und dem Faktor $\frac{1}{3}$ multipliziert.
Es gilt also: $V = \frac{1}{3} \cdot G \cdot h$

Für das **Volumen V eines Kegels** gilt:
$V = \frac{1}{3} \cdot \pi \cdot r^2 \cdot h.$

Das **Volumen V einer Kugel** mit Radius r lässt sich mit der folgenden Formel berechnen: $V = \frac{4}{3} \cdot \pi \cdot r^3$

Vergleiche das Volumen einer quadratischen Pyramide mit $a = 10\,\text{cm}$ und $h = 5\,\text{cm}$, eines Kegels mit $r = 5\,\text{cm}$ und $h = 10\,\text{cm}$ und einer Kugel mit $r = 5\,\text{cm}$.
$V_{\text{Pyramide}} = \frac{1}{3} \cdot (10\,\text{cm})^2 \cdot 5\,\text{cm} \approx 166{,}67\,\text{cm}^3$

$V_{\text{Kegel}} = \frac{1}{3} \cdot \pi \cdot (5\,\text{cm})^2 \cdot 10 \approx 261{,}8\,\text{cm}^3$

$V_{\text{Kugel}} = \frac{4}{3} \cdot \pi \cdot (5\,\text{cm})^3 \approx 523{,}6\,\text{cm}^3$

Quadratische Funktionen

Ein Vulkanausbruch!
Glühendheiße Lava schießt aus dem Krater und wird in einem parabelförmigen Bogen ausgeworfen. Später erstarrt sie zu besonders fruchtbarer Erde.

Noch fit?

ERINNERE DICH

Die binomischen Formeln fassen Berechnungsschritte beim Auflösen von Klammern zusammen.

1. binomische Formel:
$(a+b)^2 = a^2 + 2ab + b^2$

2. binomische Formel:
$(a-b)^2 = a^2 - 2ab + b^2$

3. binomische Formel:
$(a+b)(a-b) = a^2 - b^2$

Präge dir diese Formeln gut ein.

1 Berechne die Aufgaben ohne Taschenrechner.

a) $-7 \cdot 8$ b) $-9 \cdot (-11)$ c) $-14 \cdot 3$ d) $-\frac{3}{4} \cdot 2$ e) $\frac{2}{5} \cdot (-3)$
f) $60 : (-4)$ g) $-48 : 3$ h) $-70 : (-14)$ i) $12 : (-\frac{1}{2})$ j) $2\frac{3}{4} : 2$
k) $\frac{3}{5} \cdot \frac{1}{2}$ l) $\frac{9}{14} \cdot \frac{1}{3}$ m) $\frac{6}{7} : 3$ n) $9\frac{2}{3} : (-\frac{1}{3})$ o) $4\frac{1}{12} : \frac{1}{3}$

2 Löse die Klammern auf. Die binomischen Formeln (siehe Randspalte) helfen dabei.

a) $(x+y)^2$ b) $(x-2)^2$ c) $(x+4)^2$ d) $(a+5)^2$ e) $(m+6)^2$
f) $(2+x)^2$ g) $(x+4)^2$ h) $(a-12)^2$ i) $(x-3)(x+3)$ j) $(a-5)(a+5)$

3 Übertrage in dein Heft und ergänze.

a) $u^2 + 6u + 9 = (■ + 3)^2$ b) $x^2 - 8x + 16 = (■ - 4)^2$ c) $y^2 - 24y + 144 = (y - ■)^2$
d) $v^2 + 9v + 20{,}25 = (v + ■)^2$ e) $9z^2 - 24z + 16 = (■ - 4)^2$ f) $4a^2 + 12ab + 9b^2 = (2a + ■)^2$

4 Schreibe die Summe als Produkt. Wende dazu die binomischen Formeln „rückwärts" an.

a) $r^2 - 10r + 25$ b) $m^2 + 12m + 36$ c) $x^2 + 4xy + 4y^2$ d) $v^2 - 24vw + 144w^2$

5 Lineare Funktionen können mit der Funktionsgleichung $f(x) = mx + n$ beschrieben werden.

a) Erläutere die Bedeutung der Variablen m und n.
b) Zeichne die linearen Funktionen mit Hilfe eines Steigungsdreiecks.
① $m = 3$; $n = 2$ ② $m = -\frac{1}{2}$; $n = 5$ ③ $m = \frac{2}{3}$; $n = -20$

6 Welche Funktionsgleichungen gehören zu den rechts abgebildeten Funktionen?

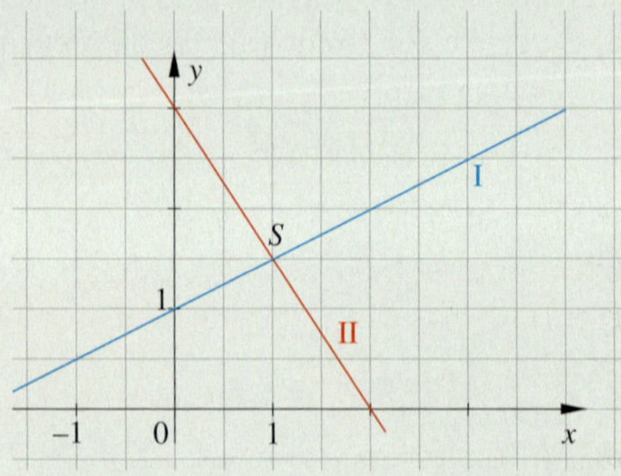

7 Lege zunächst eine Wertetabelle von $x = -3$ bis $x = 3$ an. Zeichne dann die Funktionen und gib jeweils die Schnittpunkte der Funktionen mit den Koordinatenachsen an.

a) $f(x) = 3x - 2$ b) $f(x) = -\frac{3}{4}x + 4$
c) $f(x) = -x - 1$ d) $f(x) = \frac{2}{3}x + 2$

ZUM KNOBELN

Vor fünf Jahren war Emmi so alt wie Hans heute ist. Zusammen sind sie heute 33 Jahre alt. Wie alt sind die beiden?

8 Gegeben ist die Funktion $f(x) = 3x - 4$.

a) Die folgenden Punkte liegen auf dem Graphen der Funktion. Gib die fehlenden Koordinaten an. $P(-2|y)$; $Q(12|y)$; $R(x|-25)$; $S(x|-0{,}5)$
b) Bestimme den Schnittpunkt der Funktion mit der x-Achse.
c) Bestimme den Schnittpunkt der Funktion mit der Funktion $g(x) = -2x + 6$.

KURZ UND KNAPP

1. Der Flächeninhalt eines Kreises mit dem Radius $r = 4\,\text{cm}$ beträgt ____ cm^2.
2. Wie lange benötigt man für eine Strecke von 315 km bei einer Geschwindigkeit von $90\,\frac{\text{km}}{\text{h}}$?
3. Setze <, > oder = ein: $\sqrt{24} \cdot \sqrt{6}$ ■ $\sqrt{36} + \sqrt{25}$
4. Wie lang ist die Diagonale in einem Rechteck mit $a = 6\,\text{cm}$ und $b = 8\,\text{cm}$?
5. Notiere jeweils die Quadratzahlen folgender Zahlen:
   11; 12; 13; 14; 15; 20; 25; 0,2; 0,4; 1,2

Lineare und quadratische Funktionen

Erforschen und Entdecken

1 Wenn Autofahrer plötzlich bremsen müssen, legt das Auto trotzdem noch einen von der Geschwindigkeit abhängigen Anhalteweg zurück. Er setzt sich zusammen aus dem Reaktionsweg und dem Bremsweg.

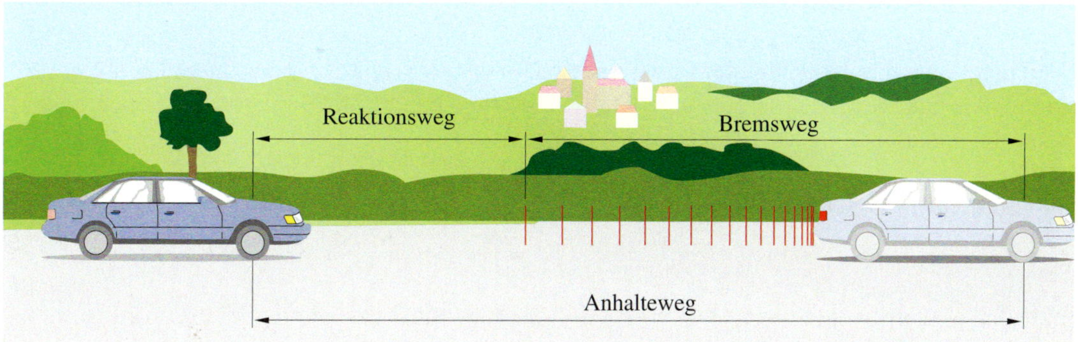

In der Fahrschule lernt man die folgenden Faustregeln:
- Der **Reaktionsweg** ist die Tachometeranzeige geteilt durch 10 und anschließend mit 3 multipliziert.
- Der **Bremsweg** ist die Tachometeranzeige geteilt durch 10 und anschließend mit sich selbst multipliziert.

Da jeder Geschwindigkeit x in $\frac{\text{km}}{\text{h}}$ mit Hilfe der Faustregel ein Bremsweg in m zugeordnet werden kann, lässt sich der Zusammenhang durch eine Zuordnung beschreiben.

a) Berechne den Bremsweg für die folgenden Geschwindigkeiten. Vervollständige die Wertetabelle im Heft.

Geschwindigkeit x (in $\frac{\text{km}}{\text{h}}$)	20	40	60	80	120	140	160	180	200
Bremsweg $f(x)$ (in m)	4	16	36	64	144	196	256	324	400

b) Ist die Zuordnung *Geschwindigkeit* → *Bremsweg* eine Funktion? Zeichne ihren Graphen.

c) Mit welchen der folgenden Funktionsgleichungen kann man den Bremsweg berechnen? Begründe.
① $f(x) = \frac{1}{10}x^2$ ② $f(x) = (0{,}1x)^2$ ③ $f(x) = \frac{1}{100}x^2$ ④ $f(x) = \frac{1}{10}x$

d) Erkläre, warum es vor dem Bremsweg einen Reaktionsweg gibt.

e) Gib für die Berechnung des Reaktionswegs eine Funktionsgleichung an, erstelle eine Wertetabelle und zeichne den Graphen. Welche Unterschiede gibt es zu dem Graphen zum Bremsweg?

2 Welche dieser Funktionen gehört zur abgebildeten Kurve? Diskutiert zu zweit, wie ihr vorgehen könnt, um das herauszufinden. Vergleicht eure verschiedenen Lösungsstrategien.

$f(x) = \frac{1}{x}$ $f(x) = x + 2$ $f(x) = 2x^2$ $f(x) = x^2$ $f(x) = 2x$

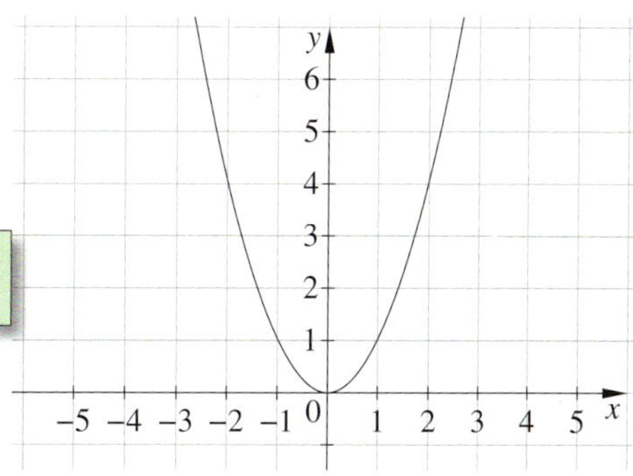

HINWEIS
Diese Faustregeln gelten nur für trockene und ebene Fahrbahnen.

HINWEIS
Ein Tachometer zeigt die Geschwindigkeit des Fahrzeugs an.

ZUM WEITERARBEITEN
Wie verändert sich der Bremsweg (der Anhalteweg), wenn sich die Geschwindigkeit verdoppelt?

Lesen und Verstehen

Eine Stadt möchte für Jugendliche einen Skatepark anlegen. Dazu gehört auch eine Quarterpipe. Sie soll auf einem 200 cm langen Stahlgerüst befestigt werden und der längste Träger soll 120 cm hoch sein.
Wie hoch sind die anderen Träger?

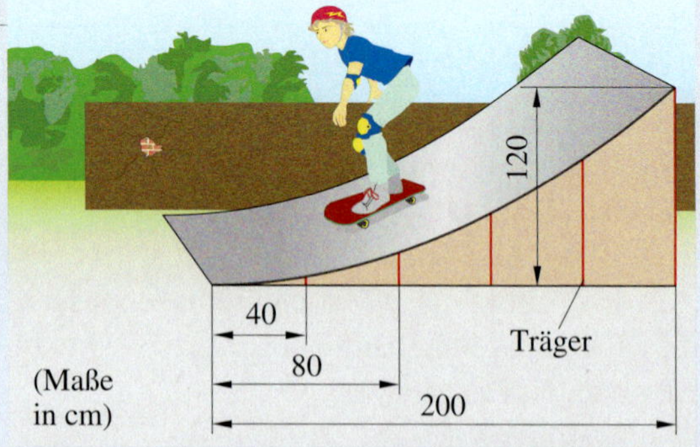

Die Trägerlänge lässt sich mit der Funktionsgleichung $f(x) = 0{,}003\,x^2$ berechnen. Die Träger sind im Abstand von 40 cm angebracht. Die Trägerlänge bei 40 cm Stahlgerüstlänge berechnet man folgendermaßen: $f(40) = 0{,}003 \cdot 40^2 = 4{,}8$ [cm]

Die berechneten Trägerlängen:

x (in cm)	40	80	120	160	200
f(x) (in cm)	4,8	19,2	43,2	76,8	120

HINWEIS
In vielen Anwendungssituationen, wie z. B. bei der Quarterpipe, betrachtet man nur positive x-Werte, da die Längen der Träger nur positiv sein können.

Überträgt man die Trägerlängen in ein Koordinatensystem und verbindet sie, ergibt sich eine Kurve.
Die Funktionsgraphen linearer Funktionen sind Geraden.
Die Funktion $f(x) = 0{,}003\,x^2$ ist nicht linear.

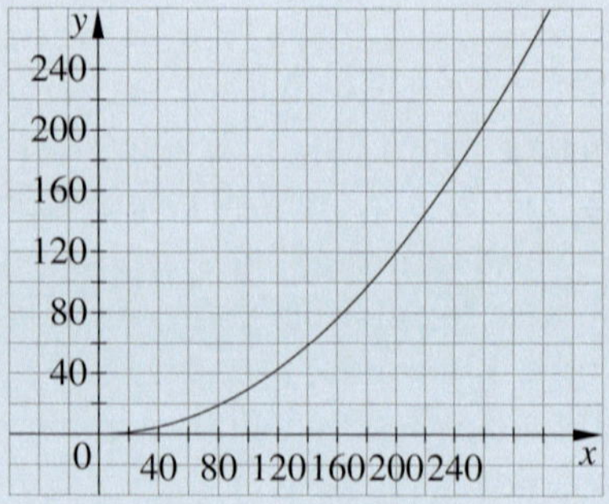

Eine Funktion, in der eine Variable mit dem Exponenten 2 vorkommt und bei der keine höhere Potenz der Variablen vorhanden ist, nennt man **quadratische Funktion**. Der Graph einer quadratischen Funktion ist eine **Parabel**.

Für jede quadratische Funktion der Form $f(x) = ax^2$ gilt:
Wenn man den x-Wert mit dem Faktor n vervielfacht, dann wird der zugehörige Funktionswert mit n^2 vervielfacht.

BEISPIEL
Die Länge der Träger erhöht sich nicht gleichmäßig wie bei linearen Funktionen. Verdoppelt man den Abstand der Träger ($n = 2$), so vervierfacht sich die Trägerlänge ($n^2 = 2^2 = 4$).

Üben und Anwenden

BEACHTE
Hinweise zu Reaktions-, Brems- und Anhalteweg findest du auf Seite 37.

1 Berechne die fehlenden Werte. Ergänze die Tabelle im Heft.

Geschwindigkeit (in $\frac{km}{h}$)	25 20	45 40	65 60	85 80	125 100
Reaktionsweg $f_R(x) = 0{,}3\,x$					
Bremsweg $f_B(x) = 0{,}01\,x^2$					
Anhalteweg $f_A(x) = 0{,}01\,x^2 + 0{,}3\,x$					

2 Ergänze die Tabelle mit Hilfe der Funktionsgleichung $f(x) = 0{,}3\,x$ für den Reaktionsweg.

x (in m)	20	40		60		70	
f(x) (in m)			15		20		25

3 Fülle die Tabelle für den Bremsweg $f(x) = 0{,}01\,x^2$ aus.

x (in m)	20	40	50		70	80	90
f(x) (in m)				36			

4 In der Fahrschule lernt man eine Faustregel für die Länge des Sicherheitsabstandes zum vorausfahrenden Fahrzeug:

Sicherheitsabstand r (in m) $= \frac{\text{Geschwindigkeit}}{2}$

a) Wie lautet die zugehörige Funktionsgleichung?
b) Ist die zugehörige Funktion eine quadratische Funktion? Begründe.
c) Welchen Sicherheitsabstand muss man bei $30\,\frac{\text{km}}{\text{h}}$ ($50\,\frac{\text{km}}{\text{h}}$, $120\,\frac{\text{km}}{\text{h}}$) einhalten?
d) Ein Fahrer hält einen Abstand von 50 m ein. Wie schnell darf er dann maximal fahren?

5 Lies in Aufgabe 1 die Funktionsgleichung für Bremsweg und Reaktionsweg nach. Überprüfe, ob die folgenden Aussagen richtig sind.
a) Wenn man mit einer niedrigeren Geschwindigkeit fährt, verkürzt sich der Bremsweg.
b) Wenn der Bremsweg doppelt so lang ist, war die Geschwindigkeit auch doppelt so groß.
c) Wenn man mit $90\,\frac{\text{km}}{\text{h}}$ statt mit $30\,\frac{\text{km}}{\text{h}}$ fährt, verdreifacht sich der Bremsweg.
d) Fährt man mit $100\,\frac{\text{km}}{\text{h}}$ statt mit $50\,\frac{\text{km}}{\text{h}}$, so verdoppelt sich der Reaktionsweg.
e) Wenn man doppelt so schnell fährt, wird der Bremsweg viermal so lang.

6 Entscheide mit Hilfe der Funktionsgleichung, ob es sich um eine lineare oder um eine quadratische Funktion handelt. Erstelle jeweils eine Wertetabelle und zeichne den Graphen.
a) $f(x) = 4x$
b) $f(x) = 3x^2$
c) $f(x) = 2x + 3$
d) $f(x) = 0{,}4x^2$
e) $f(x) = x^2 - 2$
f) $f(x) = -x + x^2$
g) $f(x) = x(x - 4)$
h) $f(x) = 3x$
i) $f(x) = (x + 2)(x - 3)$
j) $f(x) = 12$

7 Die Träger einer 150 cm langen Skateboard-Rampe haben jeweils einen Abstand von 25 cm.
a) Berechne die Trägerlängen mit Hilfe der Funktionsgleichung $f(x) = 0{,}0025x^2$.
b) Zeichne die Rampe im Maßstab 1 : 10.

8 Woran kann man anhand eines Graphen erkennen, ob die zugrunde liegende Funktion linear oder quadratisch ist?

9 Durch die Wertetabellen ist eine Funktion gegeben. Zeichne jeweils den Graphen und gib an, ob es sich um eine lineare oder um eine quadratische Funktion handelt.

a)

x	−3	−2	−1	0	1	2	3
$f(x)$	−5	−3	−1	1	3	5	7

b)

x	−3	−2	−1	0	1	2	3
$f(x)$	8	3	0	−1	0	3	8

c)

x	−3	−2	−1	0	1	2	3
$f(x)$	−9	−4	−1	0	−1	−4	−9

d)

x	−6	−4	−2	0	2	4	6
$f(x)$	−2	−1	0	1	2	3	4

NACHGEDACHT
Welchen Vorteil hat die Darstellung einer Funktion in einer Wertetabelle?

ZUM WEITERARBEITEN
Kannst du in Aufgabe 9 jeweils eine Funktionsgleichung finden?

10 Für vier Funktionen wurden jeweils eine Funktionsgleichung, ein Punkt des Graphen und eine Beschreibung notiert.
a) Welche Karten gehören zusammen?
b) Zeichne jede der Funktionen.

Jeder Zahl wird das Produkt aus ihrem Vorgänger und ihrem Nachfolger zugeordnet.

Das Dreifache der Zahl wird um zwei erhöht.

$R(3|7)$

$f(x) = 3x + 2$

$Q(4|15)$

$f(x) = x^2 + 1$

$f(x) = x^2 - 1$

$P(5|17)$

$f(x) = x^2 - 2$

Jeder Seitenlänge eines Quadrats wird der um zwei verminderte Flächeninhalt des Quadrats zugeordnet.

$S(4|17)$

Jeder Zahl wird ihr um eins erhöhtes Quadrat zugeordnet.

c) Erstellt nun selbst solche Karten. Denkt euch eine Funktionsgleichung einer quadratischen Funktion aus, findet eine Wortvorschrift, gebt einen Punkt des Graphen an und erstellt eine kleine Wertetabelle. Anschließend werden eure Karten gemischt. Jeder Schüler erhält eine Karte und es müssen sich jeweils die vier zueinander passenden Partner zusammenfinden.

www 039-1
HINWEIS
Unter dem Webcode findest du eine Vorlage für das Spiel in Aufgabe 10.

HINWEIS
Überprüfe deine Vermutung, indem du einen Punkt des Graphen in die Funktionsgleichung einsetzt.

11 Welcher Graph gehört zu welcher Funktionsgleichung?

a) $f(x) = x + 1$ **b)** $f(x) = x^2$
c) $f(x) = -2x - 2$ **d)** $f(x) = -x^2 + 2$

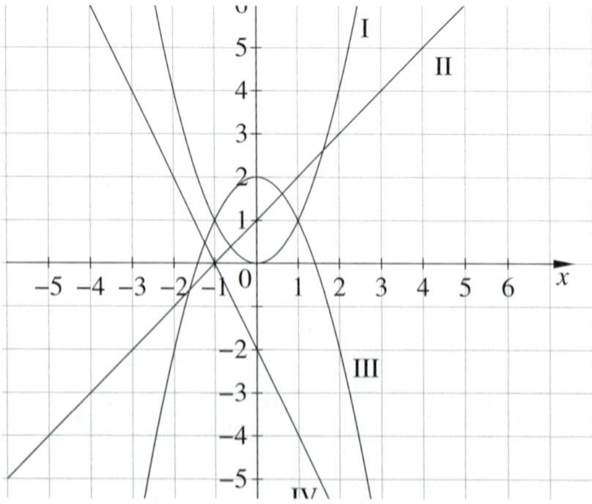

12 Die Grundseite eines Dreiecks ist 4 cm lang. Berechne den Flächeninhalt des Dreiecks für verschiedene Höhen.

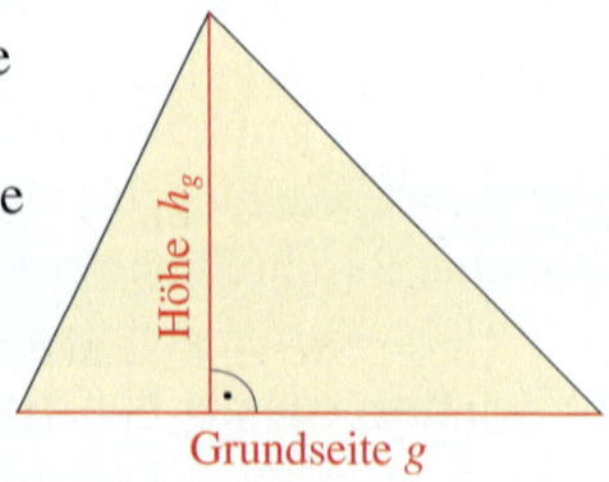

a) Stelle den Flächeninhalt des Dreiecks für verschiedene Höhen in einer Tabelle dar.
b) Zeichne die Funktion.
c) Überprüfe, ob es sich bei der Funktion *Höhe → Flächeninhalt* um einen linearen oder quadratischen Zusammenhang handelt? Woran erkennt man das?

040-1
BEACHTE
Parabeln tauchen z. B. bei Brücken, Flugbahnen, Bremswegen oder Parabolspiegeln auf. Informiere dich mit Hilfe der Internetlinks über Hintergründe.

13 Der Radius eines Kreises wird schrittweise erhöht. Berechne und beschreibe, wie sich Umfang und Flächeninhalt verändern.

Radius *r* (in cm)	2	4	6	8	10
Umfang *u* (in cm)					
Flächeninhalt *A* (in cm²)					

14 Eine kleine Pizza mit einem Radius von 12 cm kostet 3,20 €. Eine Familienpizza mit einem Radius von 24 cm kostet 10,80 €. Der Radius der großen Pizza ist nur doppelt so groß wie der der kleinen Pizza.
Ist der deutlich höhere Preis gerechtfertigt?

15 Galileo Galilei führte verschiedene Versuche zum freien Fall durch. Er baute zum Beispiel eine Fallrinne und ließ eine Kugel hinunterlaufen, um den Zusammenhang zwischen der zurückgelegten Strecke und der von der Kugel dafür benötigten Zeit zu untersuchen.
Er stellte fest, dass der Weg proportional zum Quadrat der Zeit ist.

Max hat den gleichen Versuch durchgeführt und folgende Werte erhalten:

Zeit (in s)	1	2	3	4	5
Weg (in cm)	10	40	90	160	250

a) Zeige, dass die Funktion *Zeit → Weg* durch die Funktionsgleichung $f(x) = 10x^2$ beschrieben werden kann. Zeichne die Funktion.
b) Welchen Weg hat die Kugel nach 6 s (8 s; 10 s) zurückgelegt?
c) Wie lange braucht die Kugel etwa für einen Weg von 50 cm?
d) Warum schafft die Kugel in 2 s einen viermal so langen Weg wie in 1 s?

16 Wenn ein Gegenstand fällt, kann die Bewegung durch eine Funktion mit der Gleichung $h(t) = 5t^2$ beschrieben werden. Dabei gibt $h(t)$ die Fallhöhe in Metern und t die Fallzeit in Sekunden an.
a) Maren wirft einen Stein in einen Brunnen. Er prallt nach 5 s auf dem Boden auf. Wie tief ist der Brunnen?
b) Erstelle eine Wertetabelle und zeichne die Funktion h für Fallzeiten von 1 s bis 8 s.
c) Ermittle mit Hilfe deiner Zeichnung, wie lange ein Stein etwa benötigt, um 150 m tief zu fallen.

Graph der quadratischen Funktion $f(x) = ax^2$

Erforschen und Entdecken

1 Wenn man aufmerksam die Umgebung betrachtet, findet man manchmal Bögen, die wie eine Parabel verlaufen. Findet Beispiele von Parabeln in eurer Umgebung. Beschreibt den Verlauf der Parabeln. Gibt es einen höchsten oder tiefsten Punkt?

BEACHTE
Das linke Bild zeigt die Veranstaltungshalle Kölnarena, das rechte Bild die Golden Gate Bridge in San Francisco.

2 Zeichne den Graphen zu der Funktion $f(x) = x^2$ in ein Koordinatensystem.

a) Lege nun auch Wertetabellen für die folgenden Funktionen an. Zeichne jeden Graphen in einer anderen Farbe in dasselbe Koordinatensystem ein.
$g(x) = 1{,}5x^2$; $h(x) = 3x^2$; $i(x) = 0{,}75x^2$; $k(x) = 0{,}5x^2$

b) Beschreibe den Verlauf der Funktionsgraphen und vergleiche jeweils mit dem Verlauf von $f(x) = x^2$. Was stellst du zum Faktor vor x^2 fest?

c) Ordne Funktionsgleichung und Graph einander zu. Begründe deine Entscheidungen.
Funktionen: ① $f(x) = 0{,}3x^2$ ② $f(x) = 2x^2$ ③ $f(x) = 3{,}5x^2$ ④ $f(x) = 0{,}4x^2$

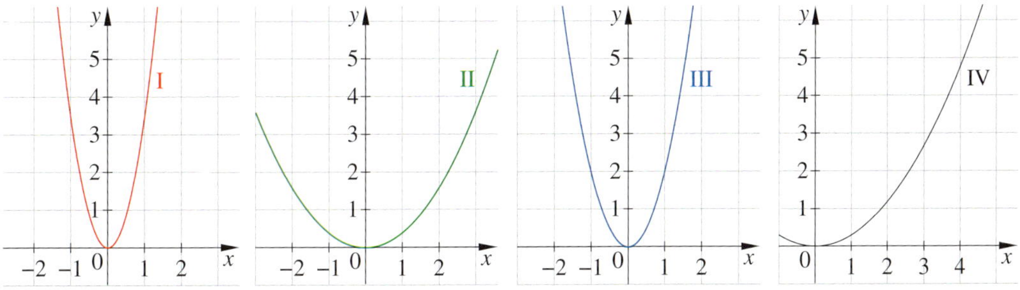

3 Arbeitet zu zweit. Findet mindestens drei Funktionsgleichungen, deren Parabeln nach unten geöffnet sind. Wie geht ihr vor?

4 Nach der Fahrschulen-Faustformel kann der Bremsweg mit einer Funktionsgleichung der Form $f(x) = ax^2$ berechnet werden, wobei x die Geschwindigkeit des Autos, $f(x)$ den Bremsweg und a einen Bremsfaktor angibt. Bei der Faustformel für trockene Straßen wird der Bremsfaktor $a = 0{,}01$ benutzt.

a) Bei erfahrenen Fahrern und optimalen Straßenverhältnissen ist $a = 0{,}005$. Bei einer verschneiten Straße ist $a = 0{,}019$. Wird der Bremsweg jeweils länger oder kürzer?

b) Zeichne die beiden Funktionsgraphen mit $a = 0{,}005$ und $a = 0{,}019$ in ein Koordinatensystem. Vergleiche den Verlauf der beiden Funktionen. Wie verändert sich der Bremsweg bei verschneiten Straßen?

c) Zeichne nun noch die Graphen für $a = 0{,}025$ und $a = 0{,}008$ ein. Welcher der beiden Graphen könnte den Bremsweg für eine nasse Straße beschreiben? Begründe.

HINWEIS
Zeichne in Aufgabe 4 b) ein Koordinatensystem so: 1 cm auf der x-Achse entspricht 10 $\frac{km}{h}$. 1 cm auf der y-Achse entspricht 20 m.

Lesen und Verstehen

Welchen Verlauf haben die Graphen von quadratischen Funktionen der Form $f(x) = ax^2$?
Die Graphen für $a = \frac{1}{4}$; $a = 2$; $a = -1$ und $a = -3$ werden untersucht.
Die Wertetabelle für die Funktion $f(x) = x^2$ wird angelegt. Um die Wertetabellen für die weiteren Funktionen zu erhalten, werden die Werte mit dem Faktor a multipliziert. Diese Funktionen werden in ein Koordinatensystem gezeichnet. Bei allen Funktionen liegen die Punkte auf einer Parabel.

x	-2	-1	0	1	2
$f(x) = x^2$	4	2	0	1	4
$f(x) = \frac{1}{4}x^2$	1	$\frac{1}{4}$	0	$\frac{1}{4}$	1
$f(x) = -x^2$	-4	-2	0	-1	-4
$f(x) = -3x^2$	-12	-3	0	-3	-12

Der **Graph einer quadratischen Funktion** $f(x) = ax^2$ ist eine zur y-Achse symmetrische Parabel.
Den tiefsten bzw. höchsten Punkt nennt man **Scheitelpunkt**. Er liegt bei quadratischen Funktionen der Form $f(x) = ax^2$ im Punkt $S(0|0)$.

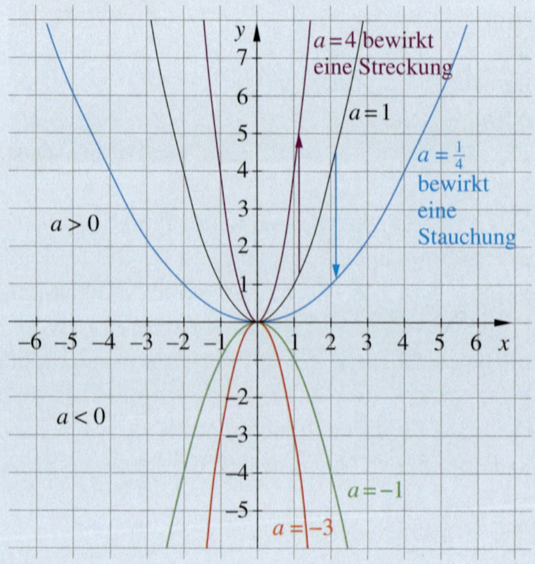

ERINNERE DICH
$1 \cdot x^2 = x^2$
$2 \cdot x^2 = 2x^2$

Bei der Funktion $f(x) = x^2$ ist $a = 1$. Diese Kurve bezeichnet man als **Normalparabel**. Verläuft eine Parabel enger als die Normalparabel, so heißt sie **gestreckt** (z. B. $f(x) = -3x^2$), verläuft sie weiter als eine Normalparabel, nennt man sie **gestaucht** (z. B. $f(x) = \frac{1}{4}x^2$).
Bei der Funktion $f(x) = -x^2$ ist die Parabel an der x-Achse gespiegelt und **nach unten geöffnet**. Für den Faktor a kann man verschiedene Fälle unterscheiden:

ERINNERE DICH
$|a|$ bedeutet „Betrag von a". Es ist der Abstand der Zahl a zur null gemeint. $|3|$ steht also für die Zahl 3 und ihre Gegenzahl -3.

Der **Faktor a** bestimmt die **Form** und die **Öffnungsrichtung** einer Parabel zur Funktion $f(x) = ax^2$.
Für $a = 1$ entsteht die Normalparabel.
Für $a < 0$ ist die Parabel nach unten geöffnet, für $a > 0$ nach oben geöffnet.
Für $0 < |a| < 1$ entsteht eine gestauchte Parabel, für $|a| > 1$ eine gestreckte Parabel.

Üben und Anwenden

HINWEIS
Parabeln können sowohl im positiven als auch im negativen Bereich gestreckt oder gestaucht sein.

1 Erstelle eine Wertetabelle von $-2{,}5$ bis $2{,}5$ mit der Schrittweite $0{,}5$ für die Funktionen $f_1(x) = \frac{1}{2}x^2$ und $f_2(x) = 1{,}5x^2$.
Zeichne beide Funktionsgraphen in ein gemeinsames Koordinatensystem.
Vergleiche die beiden entstandenen Graphen mit der Normalparabel.

2 Zeichne jeweils beide Graphen in ein Koordinatensystem. Gib an, ob die Parabeln gestaucht oder gestreckt sind und in welche Richtung sie geöffnet sind.

a) $f_1(x) = 0{,}4x^2$ $\quad f_2(x) = 2{,}5x^2$
b) $g_1(x) = -2x^2$ $\quad g_2(x) = -0{,}75x^2$
c) $h_1(x) = 1{,}9x^2$ $\quad h_2(x) = -2{,}2x^2$

3 Gegeben sind die Faktoren a einer quadratischen Funktion $f(x) = ax^2$. Entstehen daraus gestauchte oder gestreckte Parabeln? In welche Richtung sind die Parabeln geöffnet?

a) $a = 1{,}1$ b) $a = -0{,}7$ c) $a = \frac{3}{4}$
d) $a = \frac{3}{2}$ e) $a = -2{,}8$ f) $a = -\frac{8}{7}$
g) $a = 0{,}45$ h) $a = 4{,}5$ i) $a = -\frac{5}{4}$
j) $a = -3{,}2$ k) $a = 0{,}9$ l) $a = -0{,}2$

4 Gegeben ist ein Punkt einer Parabel mit der Funktionsgleichung $f(x) = ax^2$. Bestimme den Faktor a, indem du die Parabel mit der Normalparabel $f(x) = x^2$ vergleichst.

BEISPIEL Der Punkt $P(2|12)$ ist gegeben. Zur Normalparabel gehört der Punkt $P(2|4)$. Da die y-Koordinate sich verdreifacht hat, ist $a = 3$.

a) $P(1|3)$ b) $P(2|8)$
c) $P(3|18)$ d) $P(4|64)$
e) $P(1{,}5|6{,}75)$ f) $P(2{,}5|2{,}5)$
g) $P(-1{,}5|13{,}5)$ h) $P(-2|3{,}2)$
i) $P(2|-6)$ j) $P(0{,}8|-0{,}32)$
k) $P(-0{,}5|-0{,}7)$ l) $P(3|4{,}5)$

5 Gib jeweils die zugehörige Funktionsgleichung an.

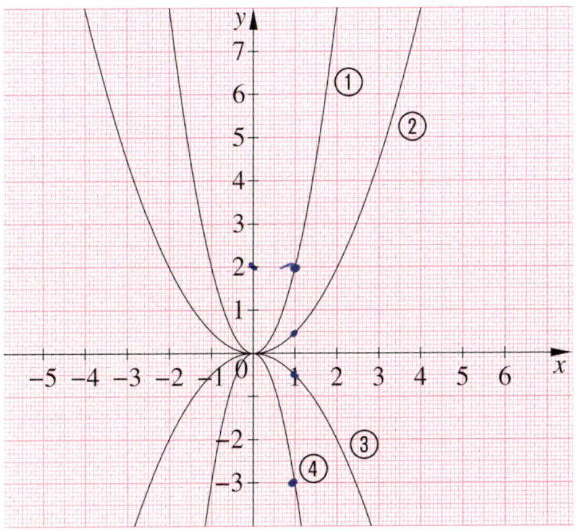

6 Ein unbeladener Lkw, der mit $80\,\frac{\text{km}}{\text{h}}$ fährt, hat einen Bremsweg von 46 m. Bei Nässe erhöht sich der Bremsweg bei gleicher Geschwindigkeit sogar auf 82 m. Stelle für trockene und nasse Fahrbahnen jeweils eine Funktionsgleichung für den Bremsweg auf.

7 Zeichne die Parabeln und gib jeweils die Koordinaten von drei Punkten an, die auf der Parabel liegen.

a) $f(x) = 1{,}3x^2$ b) $f(x) = -0{,}5x^2$
c) $f(x) = -\frac{3}{4}x^2$ d) $f(x) = 2\frac{1}{2}x^2$

8 Die Storebælt-Brücke in Dänemark verbindet die beiden großen Inseln Seeland und Fünen. Mit einem Abstand von 1624 m zwischen den Brückenpfeilern ist sie zurzeit die längste Hängebrücke Europas.

Die Tragseile der Hängebrücke bilden eine Parabel. Die Stahlbetonpfeiler ragen 254 m aus dem Wasser heraus. Der tiefste Punkt des Tragseils befindet sich 77 m über dem Wasserspiegel. Fertige eine Skizze an und bestimme die Gleichung der quadratischen Funktion $f(x) = ax^2$, die den Verlauf des Tragseils beschreibt.

HINWEIS
Erstelle die Skizze so, dass der tiefste Punkt der Brücke im Ursprung des Koordinatensystems liegt.

9 Arbeitet zu zweit. Wählt einen der unten genannten Gegenstände aus und erkundet, ob man seine Form mit Hilfe einer Parabel darstellen kann.

a) Findet eine passende Parabelgleichung oder ein anderes mathematisches Modell. Beachtet auch den Webcode.
b) Notiert eure Überlegungen, stellt sie übersichtlich auf einem Plakat oder einer Folie dar und präsentiert sie in der Klasse.

Regenbogen

Kreishälfte

Kette

Brückenbogen am Glenfinnan-Viadukt

www 043-1

BEACHTE
Unter dem Webcode gibt es eine Linkliste mit sehr hilfreichen Links für Aufgabe 9.

Methode: Nutzung eines Funktionenplotters

044-1

HINWEIS
Unter dem Webcode gibt es Links zu Online-Funktionenplottern bzw. zum Download von Freeware Funktionenplottern.

Ein Funktionenplotter ist ein Computerprogramm, das Graphen von Funktionen zeichnen kann. Wenn du viele Funktionsgraphen untersuchen musst, ermöglicht der Funktionenplotter einen schnellen Überblick über den Verlauf der Graphen. Im Internet gibt es viele Freeware-Funktionenplotter, die in ähnlicher Weise arbeiten. Inzwischen enthalten auch viele Taschenrechner einen Funktionenplotter, zum Beispiel die grafikfähigen Taschenrechner (GTR) und Taschenrechner mit Computeralgebrasystemen (CAS).

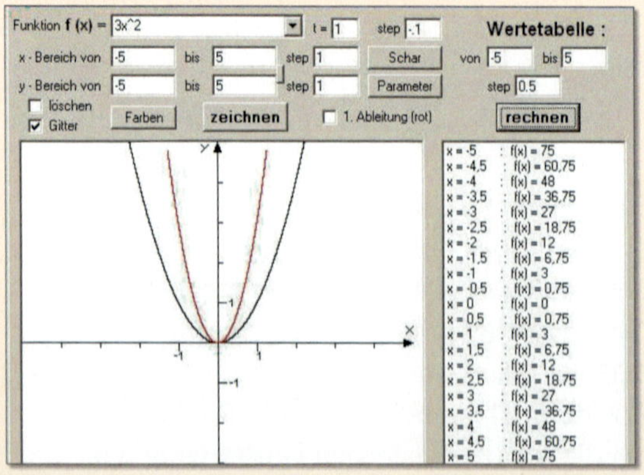

1. Eingabe der Funktionsgleichung
Zunächst wird die Funktionsgleichung in eine Eingabezeile eingegeben.
Häufig wird der Exponent mit Hilfe der Taste [^] eingegeben.

ZUR INFORMATION
Der Definitionsbereich gibt alle Werte an, die für x eingesetzt werden können. Der Wertebereich gibt alle Werte an, die f(x) annehmen kann.

2. Festlegung des Zeichenbereichs
Bei den meisten Funktionenplottern kann man angeben, in welchem Bereich der Graph gezeichnet werden soll (Definitionsbereich und Wertebereich) und wie die Achsen skaliert und beschriftet werden sollen.

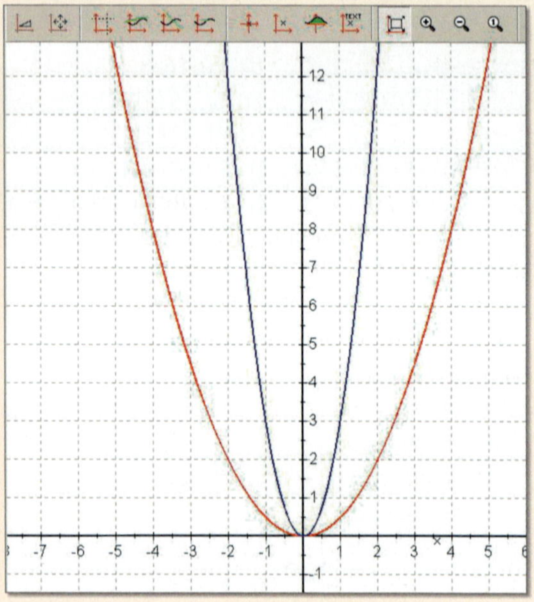

3. Sonstige Ausgabemöglichkeiten
Einige Funktionenplotter zeigen auch die zugehörige Wertetabelle an und berechnen wichtige Punkte des Graphen, wie z. B. die Nullstellen einer Funktion.
Außerdem kann man mehrere Funktionen mit unterschiedlichen Farben in ein Koordinatensystem zeichnen lassen und in die Graphen hineinzoomen.

10 Zeichne mit Hilfe eines Funktionenplotters die Graphen zu den angegebenen Funktionen.

a) $f_1(x) = 20x^2$ b) $f_2(x) = -9x^2$
c) $f_3(x) = -\frac{3}{7}x^2$ d) $f_4(x) = 8\frac{2}{3}x^2$

11 Zeichne den Graphen der Funktion. Gib die Koordinaten von drei Punkten an, die auf dem Graphen liegen.

a) $f_1(x) = 18x^2$ b) $f_2(x) = -0{,}49x^2$
c) $f_3(x) = -12x^2$ d) $f_4(x) = -\frac{1}{3}x^2$

12 Zeichne mit einem Funktionenplotter eine möglichst stark gestauchte Funktion. Wie gehst du vor?

13 Finde mit Hilfe eines Funktionenplotters eine Funktion, deren Graph durch die angegebenen Punkte verläuft.

a) $P(1|2{,}5)$; $Q(-3|22{,}5)$ und $R(4|40)$
b) $P(-2|-2{,}8)$; $Q(0|0)$ und $R(3|-6{,}3)$
c) $P(-5|45)$; $Q(-1|1{,}8)$ und $R(3|16{,}2)$
d) $P(-10|20)$; $Q(-5|5)$ und $R(-1|0{,}2)$

Quadratische Funktionen in Scheitelpunktform

Erforschen und Entdecken

1 Verschiedene Graphen wurden gezeichnet.

a) Welcher Graph gehört zu welcher Funktion? Überlege zunächst allein. Diskutiert dann zu zweit darüber, wie ihr vorgehen könnt, um Funktionen und Graphen einander zuzuordnen. Präsentiert eure Überlegungen in der Klasse.

$f_1(x) = x^2$

$f_2(x) = x^2 - 3$

$f_3(x) = x^2 + 2$

$f_4(x) = x^2 + 4$

$f_5(x) = x^2 - 0{,}5$

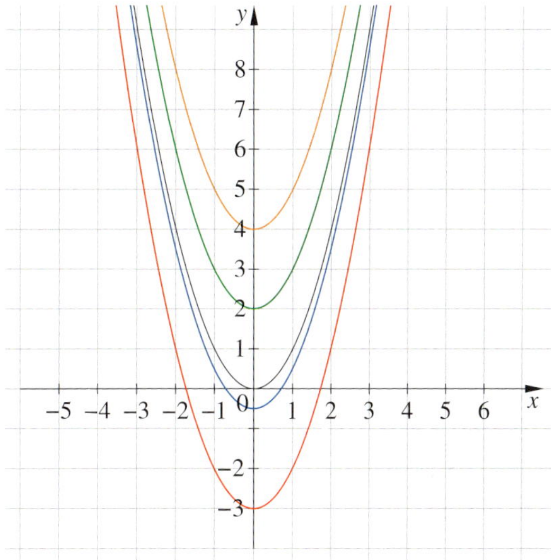

b) Wie wird der Graph der Funktion $g(x) = x^2 - 1$ verlaufen? An welcher Stelle liegt sein Scheitelpunkt? Begründe.

2 Zeichne mit Hilfe eines Funktionenplotters eine Parabel zu der Funktion $f(x) = (x - 1)^2 + 2$ mit Werten für x von -3 bis 5. Lass auch eine Wertetabelle von dieser Funktion berechnen.

a) Vergleiche mit der Normalparabel. Was fällt dir an der Wertetabelle und am Graphen auf?

b) Setze in $f(x) = (x - \square)^2 + 2$ für den Platzhalter nacheinander verschiedene Zahlen ein. Was verändert sich, was bleibt gleich?
Setze danach in $f(x) = (x - 1)^2 + \square$ für den Platzhalter nacheinander verschiedene Zahlen ein.
Wie verändern sich die Graphen jeweils? Was bewirkt eine Veränderung an diesen beiden Stellen?

c) Experimentiere nun mit dem Faktor a und denke dir Funktionen der Form $f(x) = a(x - \square)^2 + \square$ aus. Lass die Funktionen zeichnen und beschreibe ihren Verlauf und den Scheitelpunkt.

d) Wovon ist der Verlauf einer quadratischen Funktion abhängig? Notiere die Entdeckungen.

3 Arbeitet in kleinen Gruppen. Findet eine Funktionsgleichung einer Parabel, die

a) ihren Scheitelpunkt im Punkt $S(0|-3)$ hat.

b) durch $P(3|8)$ und $Q(-3|20)$ verläuft.

Vergleicht eure Ergebnisse in der Klasse und erklärt eure Vorgehensweisen.

HINWEIS
Aufgabe 3 könnt ihr auch mit einem Funktionenplotter bearbeiten.

Lesen und Verstehen

BEACHTE
Diese Schablone ist nur für ein Koordinatensystem mit der Längeneinheit 1 cm auf beiden Achsen geeignet.

Jannik möchte die Funktion $f(x) = (x-2)^2 + 1$ zeichnen.
Er besitzt eine Parabelschablone, mit der er den Graphen einer Normalparabel zeichnen kann. Viele Parabeln entstehen durch eine Verschiebung der Normalparabel. Um die Schablone richtig anzulegen, muss Jannik wissen, wo sich der Scheitelpunkt der Funktion befindet.

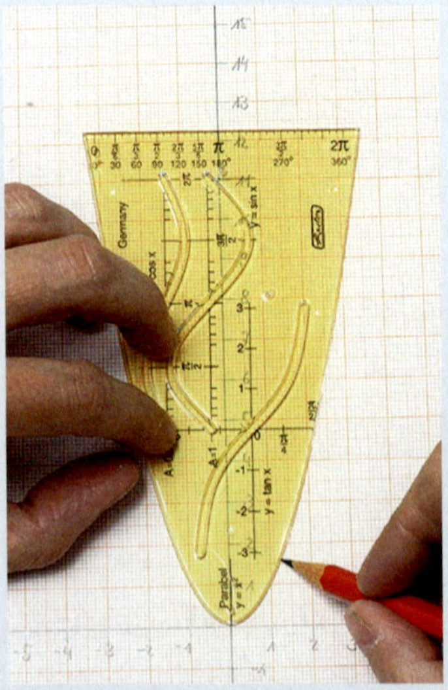

1. Er legt die Normalparabelschablone mit dem Scheitelpunkt im Ursprung an.

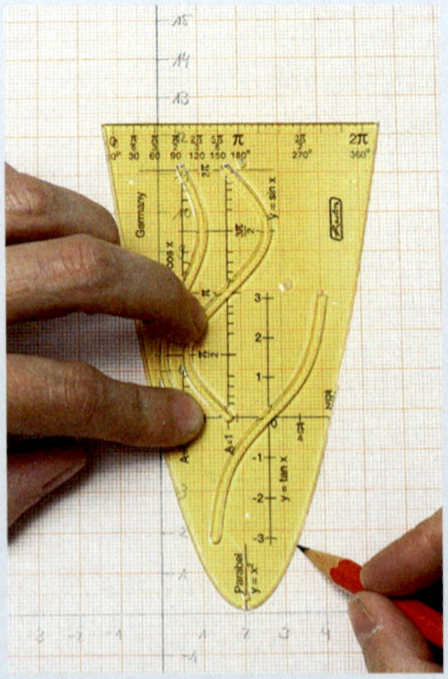

2. Durch Verschiebung um 2 Längeneinheiten nach rechts erhält er die Funktion $f(x) = (x-2)^2$. Diese Funktion hat an der Stelle $(2|0)$ ihren niedrigsten Punkt.

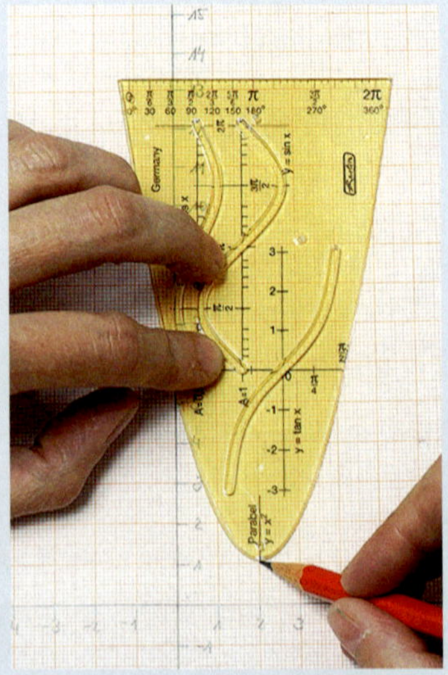

3. Durch Verschiebung um 1 Längeneinheit nach oben erhält er die Funktion $f(x) = (x-2)^2 + 1$. Jannik markiert den Scheitelpunkt $S(2|1)$ und zeichnet mit der Schablone den Graphen.

046-1

BEACHTE
Unter dem Webcode findest du eine Vorlage für eine Parabelschablone.

Der Graph einer quadratischen Funktion der Form $f(x) = a(x - x_s)^2 + y_s$ hat den Scheitelpunkt $S(x_s|y_s)$. Er geht aus der Normalparabel durch Verschiebung und Streckung bzw. Stauchung hervor.

- x_s zeigt die Verschiebung in Richtung der x-Achse.
- y_s zeigt die Verschiebung in Richtung der y-Achse.
- a bestimmt die Form und Öffnungsrichtung der Parabel.

Da man in dieser Funktionsgleichung die Koordinaten des Scheitelpunkts direkt ablesen kann, heißt sie **Funktion in Scheitelpunktform**.

BEACHTE
Da der Scheitelpunkt jeweils der höchste oder niedrigste Punkt des Graphen ist, bezeichnet man seine y-Koordinate auch als ***Maximum*** *bzw.* ***Minimum der Funktion****.*

BEISPIELE

Lies aus der Gleichung den Scheitelpunkt sowie Form und Öffnungsrichtung der Parabel ab.

a) $f(x) = (x-4)^2 + 3$
$x_s = 4$ und $y_s = 3$;
Scheitelpunkt $S(4|3)$;
$a = 1$; Parabel nach oben geöffnet

b) $f(x) = -(x+7)^2$
$x_s = -7$ und $y_s = 0$;
Scheitelpunkt $S(-7|0)$;
$a = -1$; Parabel nach unten geöffnet

c) $f(x) = 0{,}5x^2 - 9$
$x_s = 0$ und $y_s = -9$;
Scheitelpunkt $S(0|-9)$;
$a = 0{,}5$; gestauchte Parabel; nach oben geöffnet

Üben und Anwenden

1 Gib den Scheitelpunkt der Parabel an und zeichne die Parabel.

a) $f(x) = x^2 + 1$ b) $f(x) = x^2 + 4$
c) $f(x) = x^2 - 1$ d) $f(x) = x^2 - 3{,}5$
e) $f(x) = x^2 + 5{,}5$ f) $f(x) = x^2 - 2$

2 Zeichne die verschobene Normalparabel mit dem gegebenen Scheitelpunkt und gib ihre Gleichung an.

a) $S(0|1{,}5)$ b) $S(0|-2{,}5)$ c) $S(0|-1)$

3 Eine verschobene Normalparabel hat den Scheitelpunkt $S(0|-4)$. Nenne die Koordinaten von vier weiteren Punkten, die auf der Parabel liegen, und gib die Funktionsgleichung der Parabel an.

4 Eine quadratische Funktion der Form $f(x) = x^2 + y_s$ ist eine entlang der y-Achse verschobene Normalparabel.

a) Stimmt die Aussage? Begründe sie.
b) Welche Koordinaten besitzt der Scheitelpunkt dieser Funktion?

5 Eine Parabel der Form $f(x) = x^2 + y_s$ geht durch den angegebenen Punkt. Gib ihre Funktionsgleichung an.

BEISPIEL $P(-2|5)$ bedeutet:
$f(-2) = (-2)^2 + y_s = 5$. Also muss $y_s = 1$ sein.

a) $A(-4|13)$ b) $B(1|3{,}1)$
c) $C(-0{,}4|-3{,}24)$ d) $D(2|3{,}7)$
e) $E(-5|19)$ f) $F(-0{,}5|1)$

6 Gib den Scheitelpunkt der abgebildeten Parabel an. Welche Funktionsgleichung gehört zu der Parabel, $f(x) = x^2 - 5$ oder $f(x) = (x + 5)^2$? Woran kannst du das erkennen?

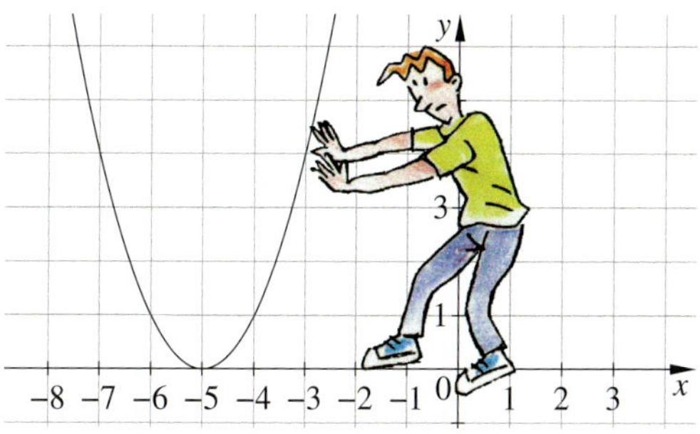

7 Nenne die Koordinaten des Scheitelpunkts der Parabel.

a) $f(x) = (x - 1)^2$ b) $f(x) = -(x - 4)^2$
c) $f(x) = -(x + 3)^2$ d) $f(x) = (x - 0{,}75)^2$
e) $f(x) = (x + \frac{1}{2})^2$ f) $f(x) = (x - \frac{1}{3})^2$
g) $f(x) = x^2 + 6$ h) $f(x) = (x - 6)^2$
i) $f(x) = (x + 1{,}5)^2$ j) $f(x) = x^2 - 2{,}5$

8 Zeichne die nach oben geöffneten Normalparabeln mit dem gegebenen Scheitelpunkt und gib ihre Gleichung an.

a) $S(3{,}5|0)$ b) $S(0{,}5|0)$ c) $S(-5{,}5|0)$
d) $S(-3{,}5|0)$ e) $S(1{,}5|0)$ f) $S(4{,}5|0)$

9 Sally meint: „In der Funktion $f(x) = 4(x - 3)^2 + 2$ liegt der Scheitelpunkt bei $S(-3|2)$." Hat sie Recht?

10 Notiere den Scheitelpunkt der verschobenen Normalparabel und zeichne sie mit Hilfe einer Schablone.

a) $f(x) = (x - 4)^2 + 3$
b) $f(x) = (x + 2{,}5)^2 + 0{,}5$
c) $f(x) = -(x - 4)^2 + 1$
d) $f(x) = -(x - 1{,}5)^2 + 2$
e) $f(x) = (x + 1{,}5)^2 - 2{,}5$
f) $f(x) = -(x - 1)^2 - 3$
g) $f(x) = (x + 0{,}8)^2 - 3$
h) $f(x) = (x - 1{,}7)^2 + \frac{1}{2}$
i) $f(x) = (x + \frac{3}{5})^2 - \frac{3}{4}$

11 Das Parabel-Ratespiel

Meine Parabel ist um den Faktor 0,25 gestaucht und nach unten geöffnet. Ihr Scheitelpunkt liegt auf der x-Achse bei 4.

Meine Parabel ist um 4 Einheiten nach links und um 3 Einheiten nach unten verschoben. Sie ist nach unten geöffnet und um den Faktor 2 gestreckt.

a) Gib jeweils die Funktionsgleichung der Parabeln an.
b) Erstelle selbst solche Rätsel. Schreibe auf die Vorderseite einer Karteikarte eine Beschreibung der Parabel und auf die Rückseite die Funktionsgleichung. Lass anschließend deine Mitschüler raten.

ZUM WEITERARBEITEN
Sammelt im Klassenverband verschiedene Lösungsstrategien für Aufgabe 9 und vergleicht sie.

www 047-1
BEACHTE
Unter dem Webcode befindet sich Übungsmaterial zur Bearbeitung in Vierergruppen.

048-1

HINWEIS
Unter dem Webcode befindet sich eine Datei zu Aufgabe 16.

12 Beschreibe den Funktionsgraphen und gib den Scheitelpunkt an.

a) $f(x) = 8x^2 + 1$
b) $f(x) = 0{,}5x^2 - 1$
c) $f(x) = -(x - 5)^2 - 2$
d) $f(x) = \frac{1}{2}(x + 3)^2 + 4$
e) $f(x) = 5(x - 4)^2 - 9$
f) $f(x) = 1{,}5(x - 2)^2$
g) $f(x) = -0{,}8(x - 14)^2 + 4{,}5$
h) $f(x) = -2{,}5x^2 - 4$

13 Bestimme die Funktionsgleichungen der verschobenen Normalparabeln.

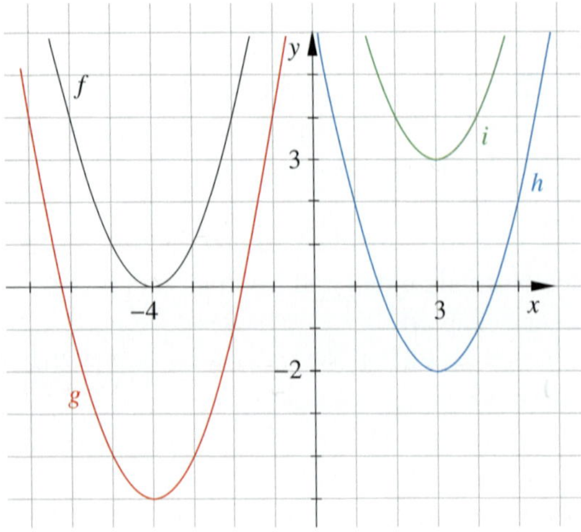

BEACHTE
Graphen können steigen und fallen. Zum Beispiel fällt der Graph von $f(x) = x^2$ für $x < 0$ und steigt für $x > 0$.

14 Für welche Werte von x steigt der Graph der Funktion?

a) $f(x) = (x + 2)^2 + 3$
b) $f(x) = -(x - 3)^2 + 4$
c) $f(x) = (x - 4)^2 - 1$
d) $f(x) = -x^2 + 3$
e) $f(x) = -2(x + 1)^2$
f) $f(x) = 0{,}5(x + 1{,}5)^2 - 1$

15 Stefan sollte das Maximum bzw. das Minimum der quadratischen Funktionen bestimmen. Korrigiere seine Fehler.

a)	$f(x) = 2(x-3)^2 + 1$	Minimum $S(-3 \mid 1)$
b)	$f(x) = -(x+4)^2 - 1$	Minimum $S(-4 \mid -1)$
c)	$f(x) = \frac{1}{2}(x-4)^2 - 2$	Maximum $S(4 \mid -2)$
d)	$f(x) = 4x^2 - 4$	Minimum $S(4 \mid -4)$
e)	$f(x) = (x+3)^2$	Maximum $S(0 \mid -3)$
f)	$f(x) = -4 + 2(x-1)^2$	Minimum $S(-4 \mid 1)$

16 Mit einem Funktionenplotter wurde das folgende Parabelbild gezeichnet. Dabei wurden die Parabeln in der Scheitelpunktform eingegeben und nur in einem bestimmten Bereich gezeichnet.

a) Welche Funktionen wurden benutzt?
b) Denke dir selbst ein Bild aus und zeichne es mit einem Funktionenplotter.

17 Entnimm der Zeichnung die entsprechenden Maße für die Sprungbahn des Delfins. Gib die Funktionsgleichung an.

18 Ein parabelförmiger Torbogen hat eine Spannweite von 4 m und eine Höhe von 3 m.

a) Fertige eine Skizze an und gib die Funktionsgleichung für den Verlauf des Bogens in Scheitelpunktform an.
b) Wie hoch ist der Torbogen über dir, wenn du einen Meter vom rechten Rand entfernt stehst?

Allgemeine Form und Scheitelpunktform

Erforschen und Entdecken

1 Der größte Abstand zwischen Brücke und Wasseroberfläche beträgt 122 m.
Arbeitet zu zweit. Skizziert den parabelförmigen Teil der Brücke im Koordinatensystem oder arbeitet mit einem Funktionenplotter. Welche Annahmen müsst ihr machen, um den Bogen zu modellieren? Stellt eine passende Funktionsgleichung auf. Präsentiert und vergleicht eure Lösungen in der Klasse.

HINWEIS
Das Foto zeigt das Viadukt Garabit in Frankreich. Es wurde zwischen 1864 und 1888 von Gustave Eiffel gebaut, der auch den nach ihm benannten Eiffelturm in Paris gebaut hat.

2 Die Flugkurve eines Basketballs verläuft annähernd parabelförmig.

a) Welche der folgenden Funktionsgleichungen beschreiben die Flugkurve des Basketballs und warum?
$f(x) = -0{,}25x^2 + x + 3$
$g(x) = -0{,}5(x-3)^2 + 4$
$h(x) = -0{,}25(x-2)^2 + 4$
$i(x) = 0{,}25x^2 + x + 1{,}75$

b) Welche Wege gibt es, um die maximale Höhe des Basketballs zu bestimmen?

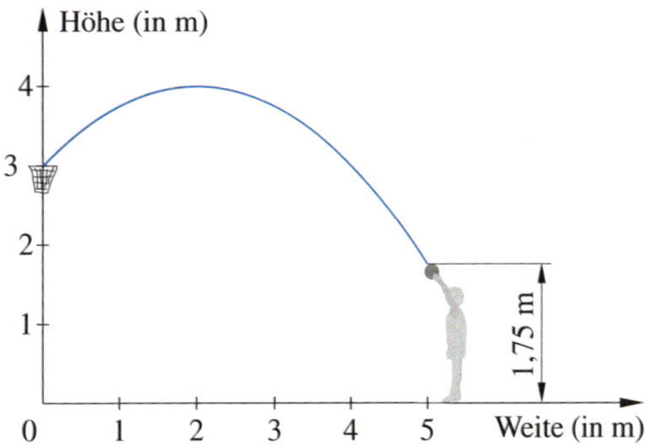

3 Kann man eigentlich jede quadratische Funktion in der Scheitelpunktform $f(x) = (x - x_s)^2 + y_s$ angeben? Probiere es mit den folgenden Funktionen aus. Die binomischen Formeln (siehe Randspalte) helfen dabei.

① $f(x) = x^2 + 4x + 4$ ② $g(x) = x^2 + 2x$ ③ $h(x) = x^2 - 10x + 20$ ④ $i(x) = x^2 - 6x + 9$

a) Welche der Funktionsterme lassen sich in die Scheitelpunktform umwandeln? Erkläre, wie du dabei vorgehst.

b) Warum lassen sich zwei der Funktionsterme nicht unmittelbar in die Scheitelpunktform umwandeln? Wie müsste der Funktionsterm verändert werden, damit dies möglich ist?

ERINNERE DICH

1. binomische Formel
$(a+b)^2 = a^2 + 2ab + b^2$

2. binomische Formel
$(a-b)^2 = a^2 - 2ab + b^2$

3. binomische Formel
$(a+b)\cdot(a-b) = a^2 - b^2$

4 Sarah hat mit einem Funktionenplotter Parabeln gezeichnet. Sie schreibt für die blaue Parabel zwei Funktionsgleichungen auf.

Scheitelpunktform:
$f(x) = (x-1)^2 - 3$

Allgemeine Form:
$f(x) = x^2 - 2x + 1 - 3 = x^2 - 2x - 2$

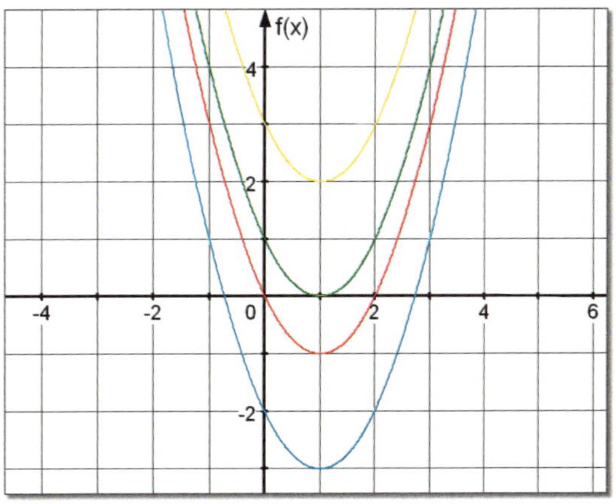

a) Wie hat sie die beiden Gleichungen ermittelt? Beschreibe.

b) Stelle für die drei anderen Parabeln die Scheitelpunktform auf und wandle sie jeweils in die allgemeine Form um.

c) Vergleiche die allgemeinen Formen der vier Parabeln. Inwiefern unterscheiden sie sich?

Lesen und Verstehen

Die Funktionsgleichung in der **allgemeinen Form** $f(x) = ax^2 + bx + c$ kann man in die Scheitelpunktform umformen, um den Scheitelpunkt direkt ablesen zu können. Die Funktionsgleichung wird um den Term ergänzt, der nötig ist, um die 1. oder 2. binomische Formel anwenden zu können. Dieser Term wird **quadratische Ergänzung** genannt. Um die Gleichheit beizubehalten, wird der Term addiert und zusätzlich wieder subtrahiert.

HINWEIS
Es gilt:
$a^2 + 2 \cdot a \cdot b + b^2 = (a + b)^2$
Bei $f(x) = x^2 + 6x$ *entspricht das x dem a und 6x entspricht 2ab. Gesucht wird der Wert b. Anhand des mittleren Terms* $2 \cdot a \cdot b$ *lässt sich das b herausfinden.*
$(x^2 + 6 \cdot x + ...) = (x + ...)^2$
$b = 3$, *denn* $2 \cdot 3 \cdot x = 6x$
$(x^2 + 2 \cdot x \cdot 3 + 3^2 = (x + 3)^2$

BEISPIEL 1

$f(x) = x^2 + 6x$
$= x^2 + 2 \cdot 3x$
$= (x^2 + 2 \cdot 3x + 3^2) - 3^2$
$= (x + 3)^2 - 9$
Scheitelpunkt (Minimum) bei $S(-3|-9)$

Die quadratische Ergänzung ist $(\frac{6}{2})^2 = 3^2 = 9$

BEISPIEL 2

$f(x) = x^2 - 8x + 1$
$= (x^2 - 8x + 16) - 16 + 1$
$= (x - 4)^2 - 15$
Scheitelpunkt (Minimum) bei $S(4|-15)$.

Die quadratische Ergänzung ist $(\frac{8}{2})^2 = 4^2 = 16$

Wenn die Funktion in der allgemeinen Form $f(x) = ax^2 + bx + c$ gegeben ist, muss zunächst der Faktor a ausgeklammert werden. Dann wird in der Klammer die quadratische Ergänzung addiert und subtrahiert. Schließlich wird der Faktor a vor der Klammer mit den Termen in der eckigen Klammer multipliziert.

BEISPIEL 3

$f(x) = -2x^2 + 4x - 6$
$= -2[x^2 - 2x + 3]$
$= -2[(x^2 - 2x + 1) - 1 + 3]$
$= -2[(x - 1)^2 + 2]$
$= -2(x - 1)^2 - 4$
Scheitelpunkt (Maximum) bei $S(1|-4)$

Die quadratische Ergänzung ist $(\frac{2}{2})^2 = 1^2 = 1$

Jede quadratische Funktion in der allgemeinen Form $f(x) = ax^2 + bx + c$ kann mit Hilfe der quadratischen Ergänzung in die Scheitelpunktform $f(x) = a(x - x_s)^2 + y_s$ umgeformt werden.

Üben und Anwenden

1 Forme die Funktionsgleichung in die Form $f(x) = x^2 + bx + c$ um.

a) $f(x) = (x - 3)^2$
b) $f(x) = (x + 4)^2$
c) $f(x) = (x + 1{,}2)^2 - 4$
d) $f(x) = (x + 1{,}5)^2$
e) $f(x) = (x - 2{,}5)^2 - 1$
f) $f(x) = (x - 5)^2$

2 Forme um in die allgemeine Form $f(x) = ax^2 + bx + c$.

a) $f(x) = 2(x - 4)^2 + 1$
b) $f(x) = 13(x - 1)^2 - 8$
c) $f(x) = -0{,}5(x + 2{,}5)^2 + 2$

3 Bestimme die Funktionsgleichung in der Form $f(x) = x^2 + bx + c$, wenn die zugehörige Normalparabel den gegebenen Scheitelpunkt S hat.

a) $S(2|4)$ b) $S(-1|-5)$ c) $S(3{,}5|0)$
d) $S(3|-9)$ e) $S(0|-3)$ f) $S(7|-7)$
g) $S(5|3)$ h) $S(4|16)$ i) $S(-3|4)$

4 Forme die Terme mit Hilfe der binomischen Formeln um.

a) $x^2 + 8x + 16$ b) $x^2 - 10x + 25$
c) $x^2 - 16x + 64$ d) $x^2 - 18x + 81$
e) $x^2 + 14x + 49$ f) $x^2 + 12x + 36$
g) $x^2 + 9x + 20{,}25$ h) $x^2 - 5x + 6{,}25$

5 Welche Zahl muss addiert werden, damit die Summe als Quadrat geschrieben werden kann? Übertrage in dein Heft und ergänze.

a) $x^2 + 8x + □ = (x + ○)^2$
b) $x^2 - 18x + □ = (x - ○)^2$
c) $x^2 + 5x + □ = (x + ○)^2$
d) $x^2 + 13x + □ = (x + ○)^2$
e) $x^2 - 14x + □ = (◇ - ○)^2$
f) $x^2 + 7x + □ = (◇ + ○)^2$
g) $x^2 + x + □ = (◇ + ○)^2$
h) $x^2 - x + □ = (◇ - ○)^2$

6 Bestimme die quadratische Ergänzung und schreibe als Quadrat eines Binoms.

a) $x^2 + 10x + □$ b) $a^2 + 12a + □$
c) $x^2 - 24x + □$ d) $m^2 - 12m + □$
e) $y^2 - 7y + □$ f) $x^2 + 9x + □$
g) $4x^2 - 12x + □$ h) $25x^2 + 30x + □$

7 Forme in die Scheitelpunktform um, gib die Koordinaten des Scheitelpunktes an und zeichne die Parabeln.

a) $f(x) = x^2 + 2x + 1$
b) $f(x) = x^2 - 4x + 4$
c) $f(x) = x^2 - 2x - 4$
d) $f(x) = x^2 + 10x + 19$
e) $f(x) = x^2 - 6x + 8$
f) $f(x) = x^2 + 2x$
g) $f(x) = x^2 - 2x$
h) $f(x) = x^2 + 2x - 1$
i) $f(x) = x^2 - 4x + 3$
j) $f(x) = x^2 - 2x + 6$
k) $f(x) = x^2 + 8x + 12$

8 Welche Funktionsgleichung gehört zu welchem Funktionsgraphen? Begründe.

① $f(x) = x^2 - 8x + 13$
② $g(x) = x^2 - 4x + 2$
③ $h(x) = x^2 - 3$
④ $i(x) = x^2 + 8x + 14$

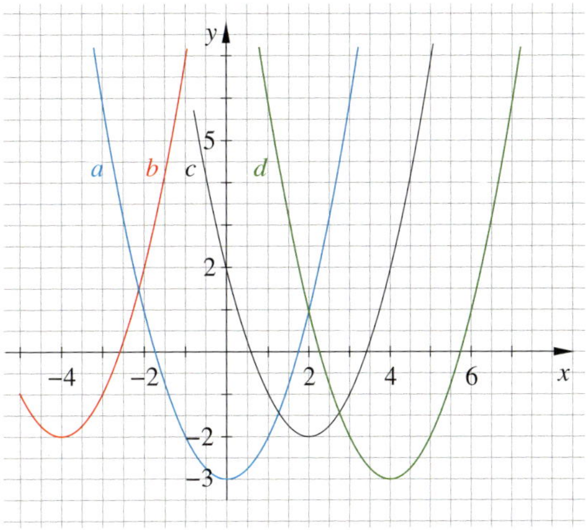

9 Forme in die Scheitelpunktform um. Gib den Scheitelpunkt an und beschreibe den Verlauf des Graphen.

a) $f(x) = 2x^2 - 8x + 8$
b) $f(x) = 6x^2 - 24x + 23$
c) $f(x) = \frac{1}{2}x^2 - 2x + 4$
d) $f(x) = -\frac{1}{3}x^2 + 2x + 1$
e) $f(x) = -x^2 + 4x + 4$
f) $f(x) = 3x^2 - 12x + 18$
g) $f(x) = 4x^2 - 8x + 2$
h) $f(x) = 1{,}5x^2 - 6x + 10$

HINWEIS
$(a \pm b)^2$ ist das Quadrat des Binoms $a \pm b$.

10 Ein Stein wird mit einer Anfangsgeschwindigkeit von $30\,\frac{\text{m}}{\text{s}}$ senkrecht nach oben geworfen. Seine Flughöhe lässt sich näherungsweise durch $f(x) = -15x^2 + 30x$ berechnen. Dabei gibt x die Zeit in Sekunden und $f(x)$ die Höhe in Metern an.

a) Berechne die Höhe des Steins nach 0,5 s, 1 s und 2 s.
b) Bestimme den Zeitpunkt, an dem der Stein seine maximale Höhe erreicht hat. In welcher Höhe befindet er sich dann?

11 Zeige, dass jede Parabel mit der Funktionsgleichung $f(x) = x^2 + bx + c$ ihren Scheitelpunkt in $S\left(\frac{-b}{2} \middle| c - \frac{b^2}{4}\right)$ hat.

12 Melina hat noch einige Probleme beim Umwandeln in die Scheitelpunktform. Erkläre, welche Fehler sie gemacht hat.

ⓐ $f(x) = x^2+6x-2$
$= (x^2+6x+6)-6-2$
$= (x+6)^2-8$
$S(-6|-8)$

ⓑ $f(x) = x^2-10x+3$
$= (x^2-10x+5)-5+3$
$= (x-5)^2-2$
$S(5|-2)$

ⓒ $f(x) = 2x^2-6x-4$
$= 2[x^2-3x-2]$
$= 2[(x^2-3x+1{,}5^2)-1{,}5^2-2]$
$= 2[(x-1{,}5)^2-4{,}25]$
$= 2(x-1{,}5)^2-4{,}25$
$S(1{,}5|-4{,}25)$

ⓓ $f(x) = -3x^2-9x+12$
$= -3[x^2+3x+12]$
$= -3[(x^2+3x+1{,}5)-1{,}5+12]$
$= -3[(x+1{,}5)^2-10{,}5]$
$= -3(x+1{,}5)^2+31{,}5$
$S(-1{,}5|31{,}5)$

13 An welcher Stelle hat die Funktion ihren höchsten bzw. ihren niedrigsten Punkt? Forme um in die Scheitelpunktform.

a) $f(x) = x^2 + 4x + 7$
b) $f(x) = x^2 + 6x$
c) $f(x) = -x^2 + 8x + 1$
d) $f(x) = 0{,}4x^2 - 5x + 3$
e) $f(x) = -\frac{1}{4}x^2 + x + 1$
f) $f(x) = 5x^2 - 30x + 55$
g) $f(x) = 2x^2 - 32x + 131$

14 Ein Wasserstrahl aus einem Gartenschlauch beschreibt eine Parabel mit der gegebenen Gleichung. Forme in die Scheitelpunktform um, zeichne die Parabel und bestimme die größte Höhe des Wasserstrahls.

a) $f(x) = -0{,}1x^2 + 0{,}5x + 1{,}5$
b) $f(x) = -0{,}25x^2 + x + 1{,}6$
c) $f(x) = -0{,}3x^2 + 1{,}8x + 1{,}5$
d) $f(x) = -0{,}15x^2 + 0{,}36x + 2{,}6$
e) $f(x) = -0{,}22x^2 - 0{,}44x + 1{,}28$

15 Arbeite mit einem Funktionenplotter. Gib die Funktionen in allgemeiner Form ein und notiere mit Hilfe des Graphen die Scheitelpunktform.

a) $f(x) = 1{,}2x^2 - 7{,}2x + 14{,}8$
b) $f(x) = 7{,}8x^2 - 70{,}2x + 158$
c) $f(x) = -2{,}5x^2 + 95x - 844{,}45$
d) $f(x) = 1{,}3x^2 + 1{,}04x - 8{,}408$

16 Das Bürogebäude namens „Berliner Bogen“ steht in Hamburg.
Der obere Parabelbogen lässt sich näherungsweise mit der Funktionsgleichung $f(x) = -0{,}0294x^2 + 2{,}0571x$ beschreiben.

a) Skizziere den Bogen in einem Koordinatensystem.
b) Wie hoch ist der Bogen an seiner höchsten Stelle?
c) Welche Spannweite hat der Bogen?

17 Eine parabelförmige, 8 m breite Brücke ist an der höchsten Stelle 6 m hoch.

a) Skizziere den Brückenbogen in einem Koordinatensystem.
b) Ermittle eine passende Funktionsgleichung. Gib an, unter welchen Einschränkungen der Bogen durch die Gleichung modelliert werden kann.

18 Der Parabelbogen einer Brücke lässt sich mit der Gleichung $f(x) = -0{,}5x^2 + 2{,}5x$ beschreiben. Dabei gibt x den Abstand vom linken Pfeiler der Brücke und $f(x)$ die zugehörige Brückenhöhe an.

a) Wie hoch ist die Brücke am höchsten Punkt?
b) Ein Lkw ist 2,40 m hoch und 2,20 m breit. Passt der Lkw mit einem rechteckigen Querschnitt unter der Brücke durch?

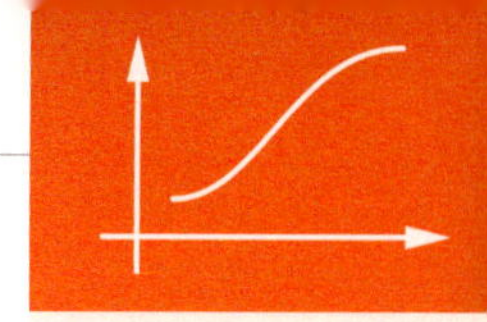

Nullstellen von quadratischen Funktionen

Erforschen und Entdecken

1 In einem Berliner Erholungspark sind Gärten aus aller Welt angelegt. Im arabischen Garten gibt es viele hintereinander angeordnete Springbrunnen mit jeweils einem einzelnen, bogenförmigen Strahl.
Arbeitet zu zweit. Modelliert einen Wasserstrahl im Koordinatensystem. Schätzt dabei mit Hilfe des Fotos das Maximum.
Welche Breite überspannt der Wasserstrahl?

2 Zeichne die quadratischen Funktionen in ein Koordinatensystem:
$f_1(x) = -x^2 + 1$; $f_2(x) = x^2 + 6x + 9$; $f_3(x) = (x-2)(x-4)$; $f_4(x) = (5-x)x$; $f_5(x) = -x^2 + 10x - 25$

a) Zeichne jeweils die Symmetrieachse der Parabeln ein.
b) Gib von jeder Funktion die Koordinaten des Scheitelpunkts und die Koordinaten der Schnittpunkte mit der x-Achse an.
c) Welcher Zusammenhang besteht zwischen der x-Koordinate des Scheitelpunkts und den x-Koordinaten der Schnittpunkte mit der x-Achse?
d) Kann man bereits am Funktionsterm erkennen, ob und wo die Funktion die x-Achse schneidet?

HINWEIS
Nutze in Aufgabe 2 und 3 einen Funktionenplotter oder deine Parabelschablone.

3 Erkunde durch Zeichnungen, welche Funktionsgleichung eine Funktion hat, die diese Bedingungen erfüllt. Gibt es mehrere Lösungen? Vergleicht untereinander.

Die Funktion schneidet die x-Achse bei $x = 1$ und $x = 3$ und hat ihren Scheitelpunkt bei $S(2|1)$.

Die Funktion schneidet die x-Achse nicht. Sie schneidet die y-Achse bei $y = 6$ und ihr Scheitelpunkt liegt bei $S(1|8)$.

Die Funktion berührt die x-Achse nur in einem Punkt. Sie geht durch die Punkte $A(1|5)$ und $B(5|5)$.

4 Eine Kugel wird aus einer Höhe von 2 m senkrecht nach oben geworfen. Ihre Anfangsgeschwindigkeit beträgt $20\,\frac{\text{m}}{\text{s}}$. Wenn man den Luftwiderstand nicht berücksichtigt, gilt für die Höhe der Kugel näherungsweise $h(t) = -5t^2 + 20t + 2$.
(t: Zeit in s, $h(t)$: Höhe in m)

a) Welche maximale Höhe erreicht die Kugel?
b) Nach wie vielen Sekunden trifft die Kugel auf den Boden? Überlegt euch zu zweit, wie man das ermitteln kann. Präsentiert der Klasse eure Überlegungen und vergleicht sie.

5 Arbeitet zu zweit. Notiert jeweils eine Funktionsgleichung, deren Parabel die x-Achse
- in zwei Punkten schneidet,
- in einem Punkt schneidet,
- gar nicht schneidet.

Wie kann man das an der Funktionsgleichung erkennen?

Lesen und Verstehen

ERINNERE DICH
$f(x)$ ist eine andere Schreibweise für den Funktionswert y.

Der Querschnitt der Fahrradlampe hat annähernd die Form einer Parabel, deren Verlauf durch die Funktionsgleichung $f(x) = -0{,}15625\,x^2 + 3{,}6$ beschrieben werden kann, wenn man sie wie abgebildet in ein Koordinatensystem legt. Welchen Durchmesser hat die Lampe?

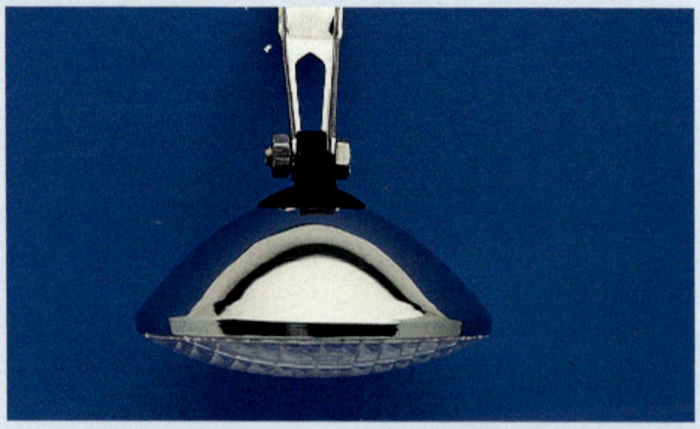

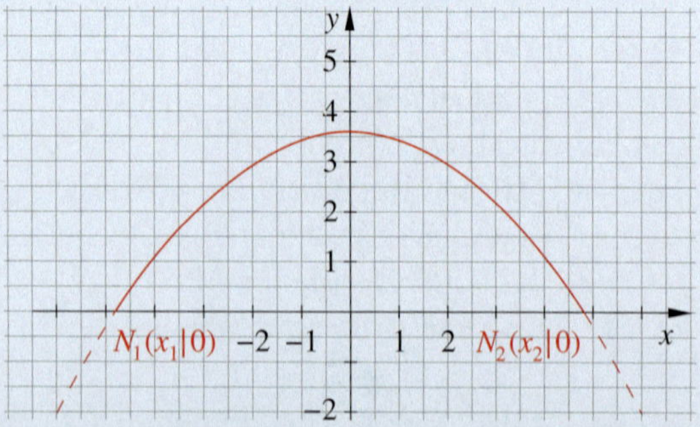

Der Durchmesser des Reflektors ist der Abstand der Punkte N_1 und N_2.
Da N_1 und N_2 auf der x-Achse liegen, ist die y-Koordinate bei beiden Punkten gleich null.
Um die x-Koordinate von N_1 und N_2 zu berechnen, wird in die Funktionsgleichung für y der Wert null eingesetzt. $\quad 0 = -0{,}15625\,x^2 + 3{,}6 \quad | + 0{,}15625\,x^2$
Anschließend wird die Gleichung nach x^2 aufgelöst. $\quad 0{,}15625\,x^2 = 3{,}6 \quad | : 0{,}15625$
Durch Wurzelziehen erhält man die beiden Lösungen. $\quad x^2 = 23{,}04 \quad |$ Wurzel ziehen
$x_1 = -4{,}8$ und $x_2 = 4{,}8$
Die Nullstellen der Funktion $f(x) = -0{,}15625\,x^2 + 3{,}6$ liegen also bei $x_1 = -4{,}8$ und $x_2 = 4{,}8$.
Der Durchmesser der Fahrradlampe beträgt damit 9,6 cm.

HINWEIS
*Man nennt die Nullstellen einer quadratischen Funktion auch Lösungen der **quadratischen Gleichung** $f(x) = 0$.*

> Eine Funktion hat die **Nullstelle** x_n, wenn $f(x_n) = 0$ ist. Die Nullstelle ist die x-Koordinate des Schnittpunktes des Graphen mit der x-Achse.
> Eine quadratische Funktion kann zwei, eine oder keine Nullstellen besitzen.

BEISPIEL

Bestimme aus den Graphen die Nullstellen. Überprüfe rechnerisch.

a) $f(x) = x^2 + 2x - 3$

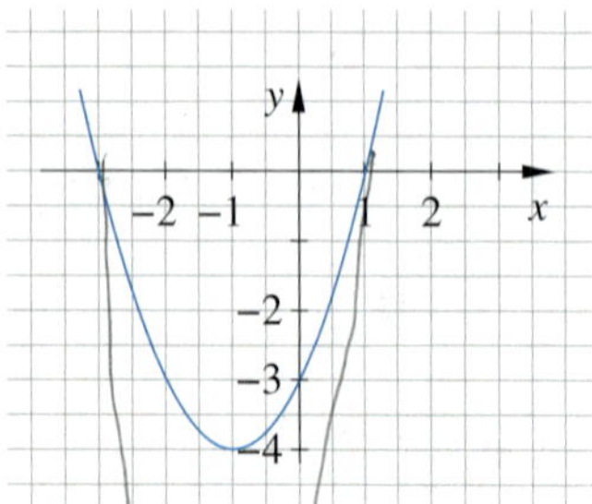

zwei Nullstellen
$x_1 = -3$; $x_2 = 1$
$f(-3) = (-3)^2 + 2\,(-3) - 3$
$f(-3) = 0$
$f(1) = 1^2 + 2 \cdot 1 - 1$
$f(1) = 0$

b) $f(x) = x^2 + 2x + 1$

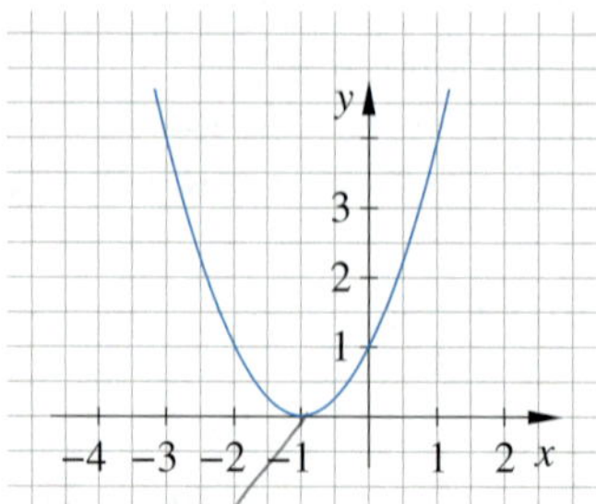

eine Nullstelle
$x = -1$
$f(-1) = (-1)^2 + 2 \cdot (-1) + 1$
$f(-1) = 0$

c) $f(x) = x^2 + 1$

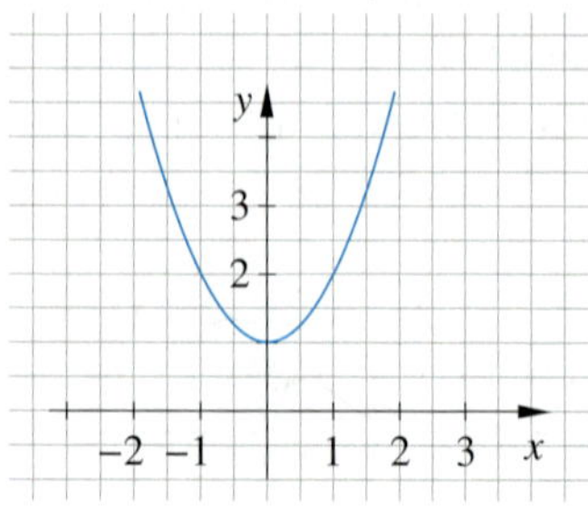

keine Nullstelle

Üben und Anwenden

1 Lies die Nullstellen ab und überprüfe durch eine Rechnung.

a)

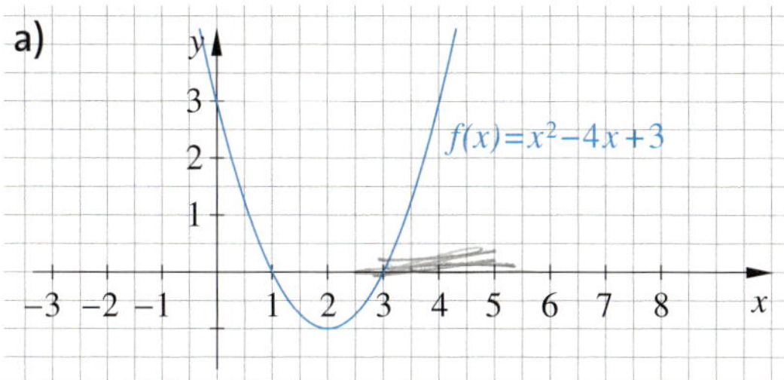

b)

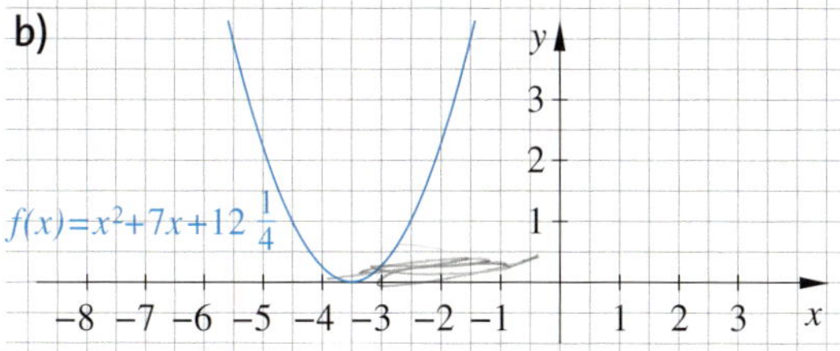

c)

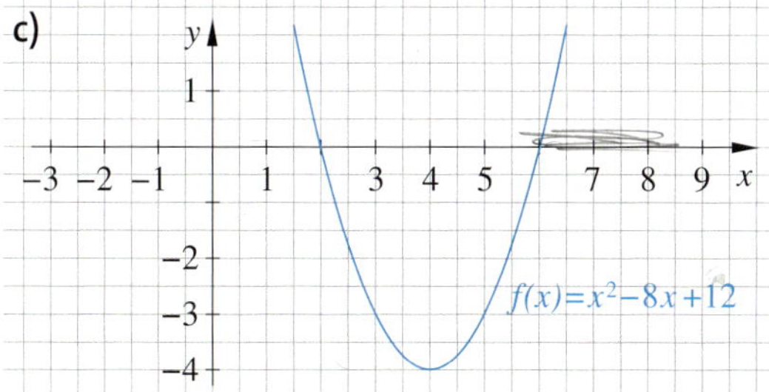

2 Die folgende Wertetabelle gehört zu einer quadratischen Funktion.

x	−3	−2	−1	0	1	2
f(x)	8,25	2,25	−1,75	−3,75	−3,75	−1,75

a) An welcher Stelle vermutest du den Scheitelpunkt?
b) An welchen Stellen liegen vermutlich die Nullstellen?

3 Die folgende Wertetabelle gehört zu einer quadratischen Funktion.

x	−4	−3	−2	−1	0	1	2	3	4
f(x)	5	0	−3	−4	−3				

a) Ergänze die Wertetabelle.
b) Wo liegen vermutlich der Scheitelpunkt und die Nullstellen der Funktion?
c) Bestimme die Funktionsgleichung der Funktion und überprüfe durch Einsetzen der Werte aus der Tabelle.

4 Beschreibe den Graphen der Funktion und begründe, ob die Funktion keine, eine oder zwei Nullstellen hat.

a) $f(x) = x^2 - 1$ b) $f(x) = x^2 + 2$
c) $f(x) = x^2 - 4$ d) $f(x) = (x-2)^2$
e) $f(x) = (x+3)^2$ f) $f(x) = (x-1)^2 - 1$
g) $f(x) = (x+2)^2 + 1$ h) $f(x) = x^2 - 6$

5 Beschreibe den Funktionsgraphen (Öffnung, Streckungs-/Stauchungsfaktor, Scheitelpunkt) und entscheide, wie viele Nullstellen die Funktion hat.

a) $f(x) = -x^2 + 6$
b) $f(x) = -0{,}5x^2 - 7$
c) $f(x) = -\frac{3}{4}(x - \frac{1}{2})^2 + 4{,}5$
d) $f(x) = 3{,}2(x+1)^2 - 2$
e) $f(x) = 1{,}8(x - 2{,}3)^2$

6 Überprüfe, ob die angegebenen Stellen Nullstellen der Funktionen sind.

a) $f(x) = x^2 - 6{,}25$ $x_1 = 2{,}5$; $x_2 = -2{,}5$
b) $f(x) = -x^2 + 9$ $x_1 = 3$; $x_2 = 6$
c) $f(x) = x^2 - 5x + 6$ $x_1 = 2$; $x_2 = 4$
d) $f(x) = x^2 - 5{,}5x + 2{,}5$ $x_1 = 0{,}5$; $x_2 = -5$

7 Gib die Nullstellen der Funktion an.

a) $f(x) = x^2 - 36$ b) $f(x) = x^2 - 4$
c) $f(x) = -x^2 + 16$ d) $f(x) = -x^2 + 121$
e) $f(x) = -x^2 + 9$ f) $f(x) = -x^2 + 64$
g) $f(x) = 0{,}25x^2 - 4$ h) $f(x) = 2x^2 - 8$
i) $f(x) = 1{,}5x^2 - 24$ j) $f(x) = -0{,}75x^2 + 9$

8 Volkan meint: „Die Funktion $f(x) = -(x+2)^2 - 7$ hat auf jeden Fall zwei Nullstellen, denn ihr Scheitelpunkt liegt über der x-Achse und sie ist nach unten geöffnet." Begründe, ob Volkan Recht hat.

9 Der Querschnitt eines Tunnels verläuft parabelförmig.

a) Erstelle eine Funktionsgleichung der Form $f(x) = ax^2 + y_s$.
b) Wie breit ist der Tunnel?

NACHGEDACHT
Bei welchen Funktionen lassen sich die Nullstellen direkt aus dem Funktionsterm ablesen? Begründe.

055-1

HINWEIS
Unter dem angegebenen Webcode gibt es ein Arbeitsblatt zur Bestimmung der Anzahl von Nullstellen.

Rund ums Auto

Crashtests

Das Auto fährt immer schneller. 64 $\frac{km}{h}$ zeigt der Tacho jetzt an. Achtung, die Wand! Ungebremst prallt das Fahrzeug auf. Scheiben splittern, der Motorraum wird zusammengequetscht, ruckartig schleudern die Insassen nach vorn. Aber der Aufprall war geplant, die Insassen sind Crashtest-Dummys, mit Sensoren ausgestattete Puppen. Der geplante Unfall wird mit Messelektronik und Kameras überwacht. Diese Crashtests müssen von Fahrzeugherstellern gemacht werden, damit sie die Sicherheitstechnik ihrer Autos überprüfen und verbessern können, bevor ein richtiger Unfall geschieht.

BEISPIEL
Wenn ein 65 kg schwerer Mensch mit einer Geschwindigkeit von 30 $\frac{km}{h}$ (≈ 8,3 $\frac{m}{s}$) auf ein Hindernis aufprallt, dann beträgt seine Aufprallenergie etwa 2257 Nm. Das entspricht einem Sturz aus ungefähr 3,5 m Höhe.

Zur Untersuchung der Auswirkungen auf Fahrgäste berechnet man die **Aufprallenergie**. Sie hängt ab von der Geschwindigkeit und der Masse des Fahrzeugs.

Man kann sie mit folgender Formel berechnen: $E = \frac{1}{2}m \cdot v^2$

E Aufprallenergie in Nm (Newtonmeter); m Masse des aufprallenden Teils in kg; v Geschwindigkeit beim Aufprall in $\frac{m}{s}$ (Meter pro Sekunde)
Die Energie, die beim Aufprall auf das Fahrzeug einwirkt, kann man mit einem Sturz aus großer Höhe vergleichen.
Zur Berechnung der **Fallhöhe** gilt die Formel: $h = v^2 : 19{,}62$

1 Ergänze die Tabelle, sodass man die Aufprallenergie ablesen kann.

	Kleinwagen; 1153 kg	Mittelklassewagen; 1505 kg	Kleintransporter; 7500 kg	Schulbus; 10 037 kg
30 $\frac{km}{h}$				
50 $\frac{km}{h}$				
100 $\frac{km}{h}$				
130 $\frac{km}{h}$				

2 Berechne die mit einem Aufprall vergleichbare Fallhöhe zu Geschwindigkeiten von 30 $\frac{km}{h}$, 50 $\frac{km}{h}$, 100 $\frac{km}{h}$ und 130 $\frac{km}{h}$ für deine Körpermasse (für einen Erwachsenen mit 75 kg).

3 Stelle den Zusammenhang zwischen Geschwindigkeit v und Fallhöhe h grafisch dar. Zeichne den Funktionsgraphen im Heft oder arbeite mit einem Funktionenplotter.

4 Es gibt zwei Organisationen, die Crashtests durchführen. Während die europäische Organisation Autos mit einer Geschwindigkeit von 64 $\frac{km}{h}$ gegen eine Wand krachen lässt, sind es bei der amerikanischen Organisation 56 $\frac{km}{h}$.
Berechne für die vier Fahrzeuge aus Aufgabe 1 den Unterschied in Newtonmetern, der sich zwischen einer Geschwindigkeit von 56 $\frac{km}{h}$ und 64 $\frac{km}{h}$ ergibt.

Kraftstoffverbrauch

Durch Reibung wird der Verbrauch von Kraftstoff erhöht. Es gibt einerseits Rollreibung auf der Straße und andererseits Reibungsverluste durch den Luftwiderstand. Die Arbeit zur Überwindung des Luftwiderstandes wächst mit dem Quadrat der Geschwindigkeit.
Der Kraftstoffverbrauch nimmt bei Autos etwa quadratisch mit der Geschwindigkeit zu. Für einen Autotyp wurde folgende Funktionsgleichung ermittelt:
$f(x) = 0{,}000\,49\,x^2 + 0{,}0294\,x + 0{,}5$
Dabei ist x die Geschwindigkeit in $\frac{\text{km}}{\text{h}}$, $f(x)$ ist der Verbrauch in ℓ pro 100 km.

5 Zeichne eine Parabel, an der man den Kraftstoffverbrauch bei steigender Geschwindigkeit ablesen kann. Wähle selbst geeignete Werte.

6 Kraftstoffverbrauch eines Kleinwagens
a) Wie viel ℓ Kraftstoff verbraucht der Kleinwagen etwa auf 100 km, wenn er im Schnitt mit $50\,\frac{\text{km}}{\text{h}}$ ($70\,\frac{\text{km}}{\text{h}}$) gefahren wird?
b) ➡ Bei welcher Geschwindigkeit verbraucht der Kleinwagen rechnerisch genau 5 ℓ Kraftstoff pro 100 km? Berechne und überprüfe, ob dein Ergebnis zutreffen kann.

7 ➡ 1 ℓ Benzin verbrennt zu 2,33 kg CO_2. 1 ℓ Diesel verbrennt zu 2,64 kg CO_2.
Arbeitet in Kleingruppen. Sucht aus Zeitschriften und dem Internet Autotests heraus, in denen über den durchschnittlichen Verbrauch berichtet wird. Berechnet, wie viel CO_2 ausgewählte Fahrzeuge im Jahr ungefähr ausstoßen. Informiert auf einem Plakat über den CO_2-Ausstoß und die Auswirkungen auf die Umwelt.

Anzahl der Pkw in Deutschland

Am 1. Januar 2001 waren in Deutschland insgesamt 43 772 260 Pkw gemeldet.
Am 1. Januar 2003 waren es 44 657 303, zwei Jahre später 45 375 526 und am 1. Januar 2007 waren 46 569 657 Pkw in Deutschland gemeldet.

8 Stelle eine Wertetabelle mit sinnvoll gerundeten Zahlen zu den in Deutschland gemeldeten Pkw auf. Zeichne ein entsprechendes Diagramm.
a) Steigt die Anzahl linear an?
b) Zeichne in das gleiche Koordinatensystem die Anzahl der Haushalte ein. Notiere drei Aussagen zum Vergleich der Anzahl der Haushalte mit der Anzahl der Pkw.

Jahr	2001	2003	2005	2007
Anzahl der Haushalte	38,1 Mio.	38,9 Mio.	39,2 Mio.	39,8 Mio.

c) ➡ Ist es nötig, ein Auto zu besitzen? Welche Gründe sprechen dafür, welche dagegen?

Vermischte Übungen

1 Das Foto wurde zum Jahr der Mathematik 2008 veröffentlicht. Was hat die Situation auf dem Bild mit Parabeln zu tun?

NACHGEDACHT
Nenne Funktionsgleichungen, deren Graphen man ganz einfach mit Hilfe der Schablone für die Normalparabel zeichnen kann.

2 Welche dieser Funktionen sind linear, welche sind quadratisch? Erkläre jeweils, woran man das erkennen kann.

$f(x) = 9x$ $f(x) = 4x^2 + 3$ $f(x) = 0{,}8$

$f(x) = 4x^3$ $f(x) = 5x + 3$ $f(x) = -x^2$

3 Ergänze im Heft die Wertetabellen für die angegebenen Funktionen.

a) $f(x) = 7x^2$ $(-3)^2$

x	−3	−2	−1	0	1	2	3
f(x)	63			0			

b) $f(x) = -0{,}5x^2$

x	−1,5	−1	−0,5	0	0,5	1	1,5
f(x)		−0,5					

c) $f(x) = -3x^2$

x	−1,5	−1	−0,5	0	0,5	1	1,5
f(x)							

d) $f(x) = -0{,}2x^2$

x	−15	−10	−5	0	5	10	15
f(x)							

e) $f(x) = \frac{1}{3}x^2$

x	−30	−20	−10	0	10	20	30
f(x)							

HINWEIS
Ein Koordinatensystem wird in vier Quadranten (= Viertel) eingeteilt.

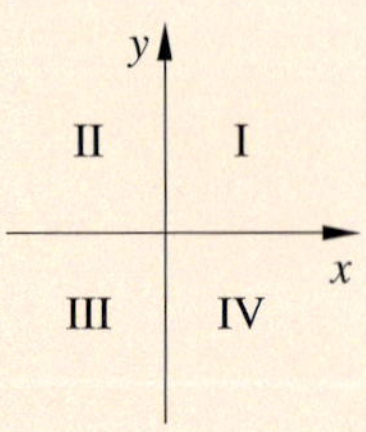

4 Stelle zu den drei Funktionen $f_1(x) = x^2$; $f_2(x) = x$ und $f_3(x) = \frac{1}{x}$ jeweils Wertetabellen mit den Werten für x von −4 bis +4 auf. Zeichne dann die drei Funktionen in das gleiche Koordinatensystem. Vergleiche den Verlauf ihrer Graphen.

5 Gib jeweils eine passende Funktionsgleichung an. Wo gibt es mehrere Möglichkeiten?

a) Die Funktion ist symmetrisch zur y-Achse. Sie geht durch den Punkt $(1|3)$.
b) Die lineare Funktion verläuft durch den Punkt $(3|3)$.
c) Die quadratische Funktion hat den Scheitelpunkt $(0|0)$ und läuft durch den Punkt $(1|5)$.
d) Der parabelförmige Graph der Funktion verläuft durch den Punkt $(2|4)$.
e) Der Graph der Funktion sieht aus wie der Graph der Funktion $f(x) = x^2$, ist aber an der x-Achse gespiegelt.
f) Der parabelförmige Graph der Funktion verläuft durch die Punkte $(-1|2)$ und $(1|2)$.

6 Wie verläuft der Graph der Funktion $f_1 = 0{,}8x^2$ im Vergleich zum Graphen der Funktion $f_2 = -0{,}8x^2$? Beschreibe. Zeichne die Graphen mit Hilfe eines Funktionenplotters.

7 Zeichne den Graph der Funktion mit einem Funktionenplotter und gib die Koordinaten von drei Punkten an, die auf dem Graphen liegen.

a) $f(x) = 18x^2$
b) $f(x) = -0{,}7x^2$
c) $f(x) = 12x^2$
d) $f(x) = -8x^2$
e) $f(x) = -1{,}3x^2$
f) $f(x) = 2{,}05x^2$
g) $f(x) = -0{,}08x^2$
h) $f(x) = 0{,}49x^2$
i) $f(x) = 1\frac{1}{2}x^2$
j) $f(x) = -\frac{1}{7}x^2$

8 Nenne jeweils mindestens drei Funktionsgleichungen, deren Graph

a) gestreckt ist.
b) gestaucht ist.
c) in den Quadranten III und IV verläuft.
d) eine Gerade ist.

9 Zeichne die folgenden Parabeln in ein gemeinsames Koordinatensystem ein. Beschreibe die Parabeln mit den Begriffen „nach oben geöffnet“, „nach unten geöffnet“, „gestaucht“ und „gestreckt“ und gib ihre Scheitelpunkte an.

a) $f(x) = \frac{1}{4}x^2$
b) $f(x) = -0{,}5\,(x-2)^2 + 1$
c) $f(x) = 1{,}5\,(x+3)^2 - 2$
d) $f(x) = -2x^2 + 7$

10 Erstelle jeweils eine Wertetabelle und zeichne die Graphen der Funktionen in ein Koordinatensystem. Nenne die Eigenschaften der beiden Funktionen und lies ihre Schnittpunkte ab.

① $f(x) = x^2 - 2x + 2$ ② $g(x) = -x + 4$

11 Gib die Funktionsgleichungen der verschobenen Normalparabeln an.

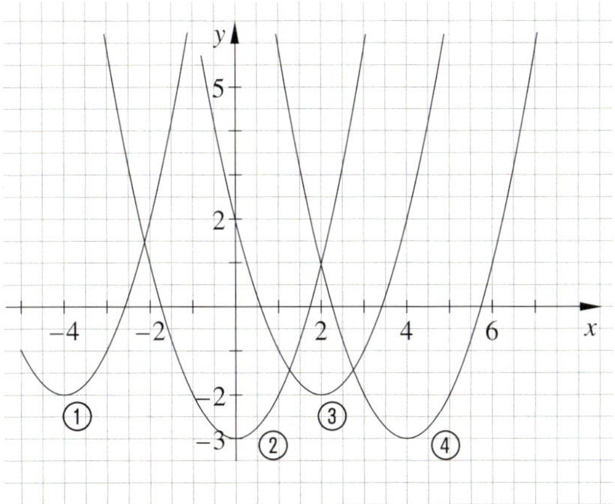

12 Beschreibe den Funktionsgraphen und gib den Scheitelpunkt an.

a) $f(x) = 1{,}5\,(x-1)^2$
b) $f(x) = -\frac{1}{2}(x+4)^2$
c) $f(x) = -4\,(x+1{,}5)^2 - 2$
d) $f(x) = 0{,}8\,(x-2)^2 + 3$
e) $f(x) = 2{,}5\,(x+5)^2 - 2$
f) $f(x) = -\frac{1}{3}x^2 + 5$

13 Bestimme mögliche Funktionsgleichungen in Scheitelpunktform für Normalparabeln mit dem Scheitelpunkt S.

a) $S(0\,|\,2)$ b) $S(-4\,|\,3{,}5)$ c) $S(-1\,|\,0)$
d) $S(1\,|\,3)$ e) $S(4{,}5\,|\,-2)$ f) $S(-7\,|\,-2)$

14 Die Müngstener Brücke ist die höchste Eisenbahnbrücke Deutschlands.
Die Spannweite des großen Bogens beträgt 170 m. Der Scheitelpunkt dieses Bogens liegt 73,3 m über dem Ende des Bogens.

a) Skizziere den oberen Parabelbogen in einem Koordinatensystem, bei dem die x-Achse auf Höhe des Bogenendes und die y-Achse durch den Scheitelpunkt verläuft.
b) Begründe, dass die Funktionsgleichung von der Form $f(x) = ax^2 + y_s$ ist $(a < 0)$.
c) Im Koordinatensystem geht die obere Parabel durch den Punkt $P(75\,|\,16{,}23)$. Bestimme den Faktor a und gibt die Funktionsgleichung an.

WUSSTEST DU SCHON?
Die Müngstener Brücke ist mit 107 m Höhe die höchste Eisenbahnbrücke Deutschlands. Sie liegt zwischen Remscheid und Solingen und überspannt die Wupper.

15 Forme in die Scheitelpunktform um und beschreibe den Funktionsgraphen.

a) $f(x) = x^2 + 4x + 7$
b) $f(x) = x^2 - 6x$
c) $f(x) = x^2 - 16x + 3$
d) $f(x) = x^2 - 4x + 12$
e) $f(x) = -x^2 + 5x - 9{,}75$
f) $f(x) = -x^2 + 8x + 1$
g) $f(x) = 3x^2 + 30x + 82$
h) $f(x) = -2x^2 + 8x + 4$

16 Eine Brücke hat eine Höhe von 4 m und eine Spannweite von 6 m. Der Brückenbogen kann durch eine Funktion der Form $f(x) = a \cdot x^2$ beschrieben werden.

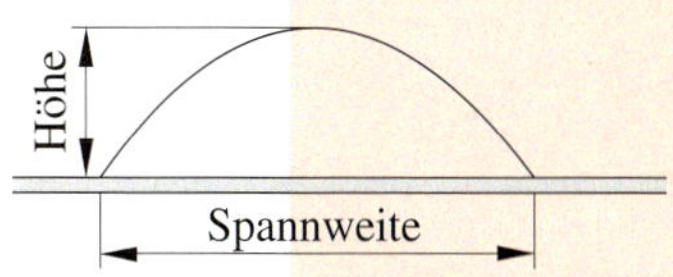

a) Wie groß ist der Faktor a?
b) Wie verändert sich der Faktor a, wenn die Höhe (die Spannweite) vergrößert wird?

17 Die Glienicker Brücke verbindet Potsdam und Berlin. Ermittle mit Hilfe der Zeichnung eine Funktionsgleichung und erkläre, wie du vorgehst. Gilt die Funktionsgleichung für alle x?

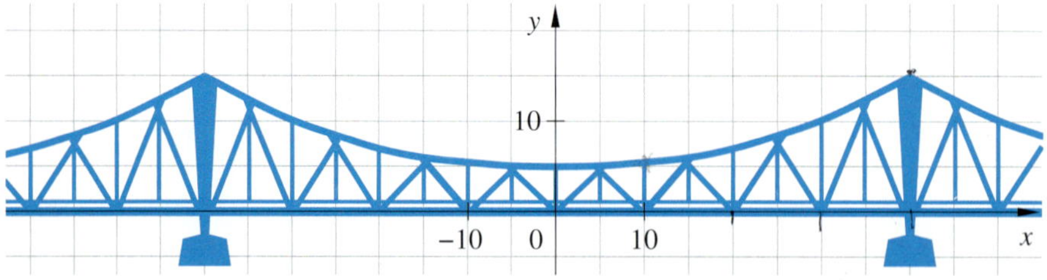

ZUM WEITERARBEITEN
Es gibt eine Briefmarke mit dem Motiv Glienicker Brücke, da sie in der deutschen Geschichte eine wichtige Rolle gespielt hat. Suche im Internet oder Lexikon nach Informationen darüber.

18 Bestimme die Nullstellen der Funktionen.

a) $f(x) = x^2 - 169$
b) $f(x) = 2x^2 - 72$
c) $f(x) = -0{,}5x^2 + 12{,}5$
d) $f(x) = -\frac{3}{4}x^2 + 2$
e) $f(x) = x^2 - 5$
f) $f(x) = -x^2 + 3$

19 Gegeben ist die Funktion $f(x) = x^2 - 2x - 3$.

a) In welchem Bereich ist der Graph der Funktion steigend?
b) In welchem Bereich liegen die Funktionswerte unterhalb der x-Achse?

20 Ein Tunnel hat einen parabelförmigen Querschnitt mit der Funktionsgleichung $f(x) = -0{,}24x^2 + 6$.

a) Wie breit ist der Tunnel?
b) Der Boden des 20 m langen Tunnels soll asphaltiert werden. Wie groß ist die Fläche?

21 Die Flugbahn eines Golfballs kann durch eine Parabel mit der Funktionsgleichung $f(x) = -0{,}0125x^2 + 1{,}5x$ beschrieben werden, wobei x die Entfernung vom Abschlag in m und $f(x)$ die Höhe des Golfballs in m angibt.

a) Ein 8 m hoher Baum steht 10 m vom Abschlag entfernt. In welcher Höhe fliegt der Golfball über den Baum?
b) Wie weit fliegt der Golfball?
c) Berechne die maximale Höhe des Golfballs.

22 Sarah hat in ihrem Lerntagebuch aufgeschrieben, wie sie die Nullstellen einer quadratischen Funktion berechnen kann.

Bei einer quadratischen Funktion, die in Scheitelpunktform gegeben ist, kann man die Nullstellen ganz einfach berechnen.

$f(x) = (x-1)^2 - 4 = 0$

$(x-1)^2 - 4 = 0 \quad | +4$

$(x-1)^2 = 4 \quad |$ Wurzel ziehen

$x_1 - 1 = 2$ und $x_2 - 1 = -2$

$x_1 = 3 \qquad x_2 = -1$

Es gibt zwei Nullstellen $x_1 = 3$ und $x_2 = -1$.

a) Erkläre die einzelnen Schritte.
b) Überprüfe durch Zeichnen, ob die angegebenen Stellen Nullstellen sind.
c) Wende das Verfahren auf die folgenden Funktionen an.
① $f(x) = (x-2)^2 - 9$
② $g(x) = (x+3)^2 - 1$
③ $h(x) = (x-5)^2 - 4$

23 Wandle in die Scheitelpunktform um und berechne die Nullstellen.

a) $f(x) = x^2 + 7x + 10$
b) $f(x) = x^2 - 9x + 18$
c) $f(x) = x^2 + x - 20$
d) $f(x) = x^2 - 7{,}5x + 9$

24 Ist eine Funktion der Form $f(x) = a(x - x_s)^2 + y_s$ eine quadratische Funktion? Begründe.

25 Arbeitet zu zweit. Zeichnet mit einem Funktionenplotter die Normalparabel $f(x) = x^2$.

a) Zeichnet nun die folgenden Funktionen in verschiedenen Farben in dasselbe Koordinatensystem ein und vergleicht ihren Verlauf mit dem Verlauf der Normalparabel.
① $f(x) = (x - 3)^2$
② $f(x) = x^2 - 4$
③ $f(x) = (x + 3)^2$
④ $f(x) = (x - 1{,}5)^2 + 4$
⑤ $f(x) = (x + 2{,}5)^2 - 3$
⑥ $f(x) = (x - 1{,}5)^2 - 2$
b) Gebt die Scheitelpunkte der gezeichneten Funktionen an.

26 Arbeitet zu zweit. Findet jeweils eine Funktion, deren Graph den angegebenen Scheitelpunkt besitzt. Wie geht ihr dabei vor?

a) $S(2\|0)$	b) $S(-3\|0)$	c) $S(5\|0)$
d) $S(-3\|1)$	e) $S(6\|2)$	f) $S(-2\|-4)$
g) $S(1\|5)$	h) $S(3\|0)$	i) $S(-1\|2)$
j) $S(2\|-1)$	k) $S(1\|-3)$	l) $S(-2\|-4)$

27 Forme um in die allgemeine Form $f(x) = ax^2 + bx + c$.
a) $f(x) = 3(x - 4)^2 - 5$
b) $f(x) = 0{,}25(x + 6)^2 - 3$
c) $f(x) = -5(x - 11)^2 + 0{,}5$
d) $f(x) = -\frac{1}{3}(x - 6)^2 - 12$
e) $f(x) = \frac{3}{4}(x + 12)^2 - 8$

28 Notiere die Funktionsgleichungen der abgebildeten Funktionen. Was haben sie alle gemeinsam?

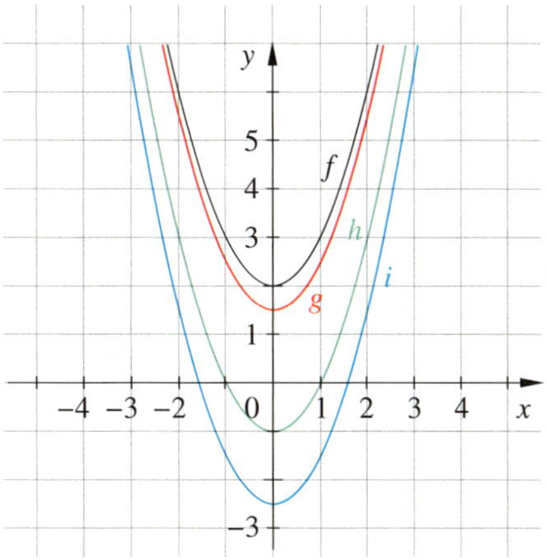

29 Überprüfe, ob an den angegebenen Punkten der Graph der Funktion die x-Achse schneidet.

a) $f(x) = (x - 3)^2$	$N_1(3\|0)$, $N_2(-3\|0)$
b) $f(x) = (x - 4)(x + 2)$	$N_1(4\|0)$, $N_2(2\|0)$
c) $f(x) = (x - 1)(x - 2)$	$N_1(1\|0)$, $N_2(2\|6)$
d) $f(x) = (x + 8)^2$	$N_1(8\|1)$, $N_2(-8\|1)$
e) $f(x) = (x + 2)^2 + 5$	$N_1(2\|5)$, $N_2(-2\|5)$
f) $f(x) = (x + 8)^2 - 8$	$N(8\|-8)$

30 Gib die Nullstellen der Funktion an.

a) $f(x) = (x + 8)^2$	b) $f(x) = x^2 - 49$
c) $f(x) = -0{,}5x^2 + 32$	d) $f(x) = -x^2 - 4x$
e) $f(x) = x^2 + 4x + 5$	f) $f(x) = 25x^2$

31 Mit der Funktion $f(x) = -0{,}3x^2 + 4x$ wird der Lauf eines Sprinters während der ersten zehn Sekunden eines 100-m-Laufs beschrieben, wobei $f(x)$ die Geschwindigkeit in $\frac{m}{s}$ und x die Zeit in s ist.
Welche Geschwindigkeit hat er nach 2 (3; 5; 7; 10) Sekunden?

32 Ein Flugzeug fliegt vom Flughafen Köln/Bonn nach Berlin. Zeichne eine passende Parabel zur Funktionsgleichung $f(x) = -3200 \cdot (x - 0{,}5)^2 + 800$, wobei $f(x)$ die Geschwindigkeit in $\frac{km}{h}$ und x die Zeit in h ist. Überlege vorher die Einteilung der Achsen. Nach welcher Zeit landet das Flugzeug in Berlin?

ZUM WEITERARBEITEN
Nenne eine Funktionsgleichung, deren Graph keine Nullstelle hat.

NACHGEDACHT
Kann der Zusammenhang zwischen Fluggeschwindigkeit und Flugzeit tatsächlich durch einen parabelförmigen Graphen beschrieben werden?

33 Die verschobenen Normalparabeln wurden mit einem Funktionenplotter gezeichnet.

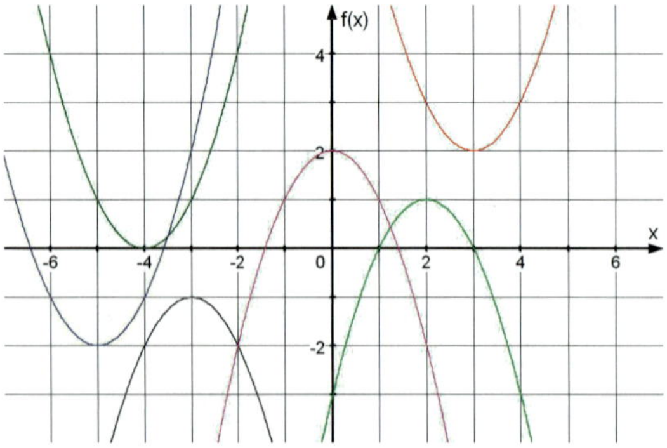

a) Gib jeweils die Gleichung der Parabel in Scheitelpunktform und in allgemeiner Form an. Berechne anschließend die Nullstellen der Funktionen und überprüfe anhand des Bildes.

b) Zeichne selbst mindestens vier Graphen in ein Koordinatensystem. Tauscht eure Bilder untereinander. Bestimmt die Funktionsgleichungen.

WUSSTEST DU SCHON?
Wenn man eine Kette so festhält, dass sie durchhängt, entstehen zwar parabelähnliche Formen, aber keine Parabeln.

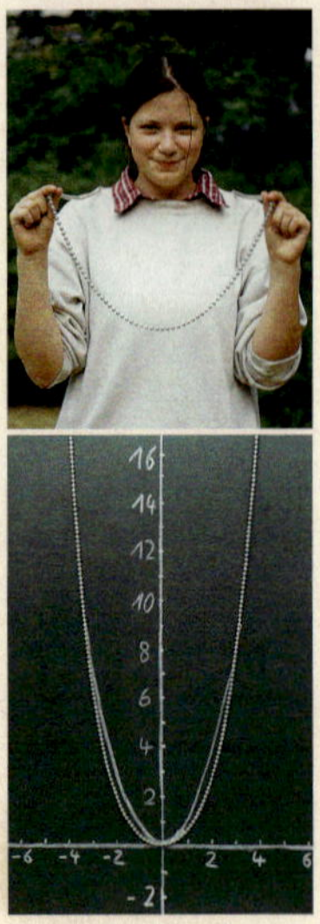

34 Gegeben sind die Funktionen $f(x) = (x + 1)^2 - 4$ und $g(x) = -x^2 + 2x - 7$.

a) Von welcher Funktion kann man leichter den Scheitelpunkt ablesen und warum?

b) Bei welcher Funktion kann man leichter die Anzahl der Nullstellen erkennen und wie?

c) Gib Scheitelpunkt und Nullstellen der beiden Funktionen an.

d) Zeichne die Funktionen f und g in ein Koordinatensystem. In welchen Punkten schneiden sich die beiden Funktionsgraphen?

35 Bestimme mit Hilfe einer Zeichnung die Schnittpunkte der Funktionen f und g.

a) $f(x) = x^2$; $\quad g(x) = x + 6$

b) $f(x) = -x^2 + 3$; $\quad g(x) = x + 1$

c) $f(x) = x^2 + 1$; $\quad g(x) = -0{,}25x^2 + 6$

d) $f(x) = (x - 3)^2$; $\quad g(x) = -(x - 4)^2 + 1$

e) $f(x) = (x + 4)^2 - 2$; $\quad g(x) = -(x + 2)^2 + 2$

f) $f(x) = -2(x - 1)^2 + 3$; $\quad g(x) = 5x^2$

36 Welche quadratische Funktion hat ihren Scheitelpunkt bei $S(2|3)$ und ihre Nullstellen bei $x_1 = -1$ und $x_2 = 5$?

37 Die Flugbahnen der Kugeln von zwei Kugelstoßern wurden beim Training analysiert. Ein Kugelstoßer stößt die Kugel aus einer Höhe von 1,7 m ab. Die parabelförmige Flugbahn seiner Kugel lässt sich mit der Gleichung $f(x) = -\frac{5}{98}x^2 + x + 1{,}7$ beschreiben, die Flugbahn der Kugel des anderen Kugelstoßers durch $g(x) = -\frac{5}{72}x^2 + x + 1{,}8$.

a) Welche Kugel fliegt weiter?

b) Welche Kugel fliegt höher?

38 Auf der Expo Real, einer Messe für Immobilien, wurde das Modell einer elfgeschossigen Wohnbrücke namens „living bridge", die in Duisburg gebaut wird, präsentiert. Die Brücke hat eine Höhe von 43,20 m, bezogen auf die Straße. Die Spannweite des großen Bogens beträgt 230 m.
Die acht kleinen Bögen besitzen jeweils eine Spannweite von 21,30 m und eine Höhe von 17 m über der Wasseroberfläche.

a) Bestimme eine Funktionsgleichung für den großen Parabelbogen. Lege den Koordinatenursprung in den Scheitelpunkt des Bogens.

b) Bestimme die Funktionsgleichung für einen kleinen Parabelbogen, wenn sich die x-Achse auf Höhe der Wasseroberfläche befindet und die y-Achse Symmetrieachse des Bogens ist.

c) Der Boden der ersten Brückenebene befindet sich 10 m über der Wasseroberfläche. Welche Breite besitzen die kleinen Parabelbögen an dieser Stelle?

Teste dich!

a | b

1 Beschreibe den Funktionsgraphen möglichst genau: Scheitelpunkt der Parabel, Öffnung, Form (gestreckt/gestaucht) und Anzahl der Nullstellen.

a) $f(x) = (x-3)^2 + 2$ **b)** $f(x) = (x+2)^2$ **c)** $f(x) = -x^2 + 4$
d) $f(x) = -(x+1{,}5)^2 - 1$ **e)** $f(x) = 2x^2 - 5$ **f)** $f(x) = 0{,}75\,(x-2)^2 + 3$

a

2 Bestimme die Funktionsgleichungen der verschobenen Normalparabeln.

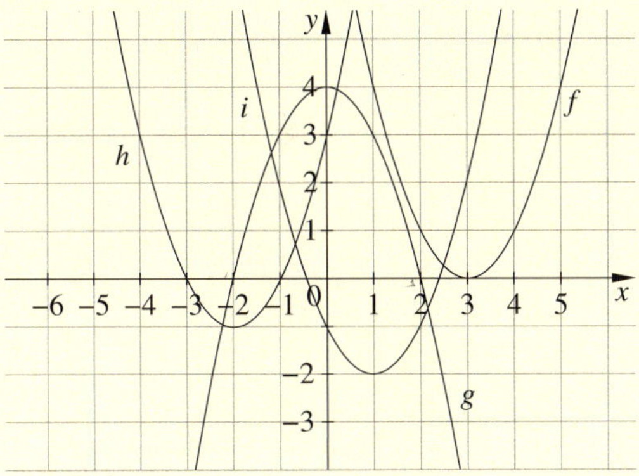

3 Berechne den Scheitelpunkt der Funktionen.

a) $f(x) = x^2 + 4x + 1$
b) $f(x) = x^2 - 6x + 3$
c) $f(x) = x^2 - 12x + 4$
d) $f(x) = x^2 + 8x - 2$

4 Bestimme die Nullstellen der Funktionen und gib ihre Anzahl an.

a) $f(x) = x^2 + 2{,}25$
b) $f(x) = -0{,}5x^2 + 2$
c) $f(x) = x^2 + 5x$

5 Der Parabelbogen einer Brücke lässt sich durch die Funktionsgleichung $f(x) = -\frac{1}{9}x^2 + 10$ beschreiben.

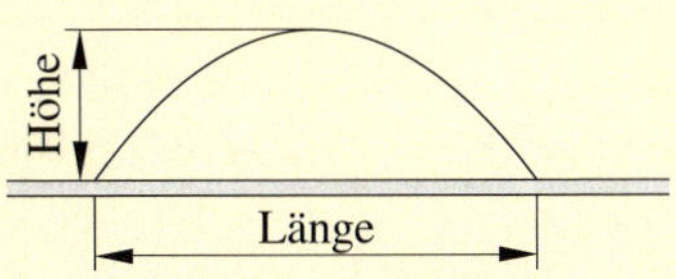

a) Wie hoch und wie lang ist die Brücke?
b) Die Fahrbahnbreite beträgt ca. $\frac{2}{3}$ ihrer Länge. Berechne die Fahrbahnfläche.

b

2 Bestimme die Funktionsgleichungen der verschobenen Parabeln.

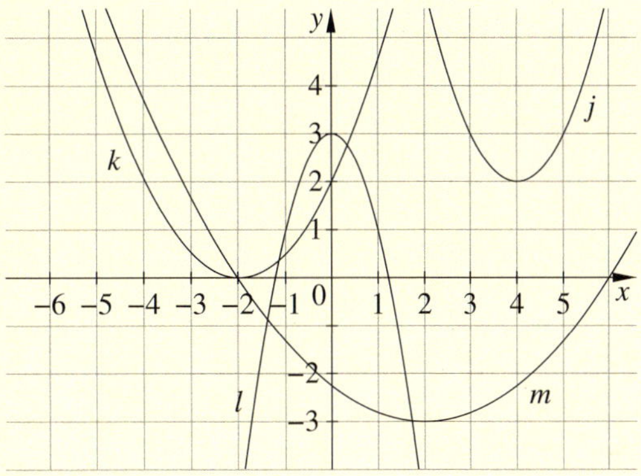

3 Berechne den Scheitelpunkt der Funktionen.

a) $f(x) = x^2 - \frac{1}{2}x + 2$
b) $f(x) = 2x^2 - 8x - 4$
c) $f(x) = 0{,}5x^2 - 5x + 2$
d) $f(x) = -3x^2 - 9x + 12$

4 Bestimme die Nullstellen der Funktionen und gib ihre Anzahl an.

a) $f(x) = x^2 - 6x + 8$
b) $f(x) = x^2 - x - 3{,}75$
c) $f(x) = 2x^2 + 3x - 20$

5 Ein Stein wird nach oben geworfen. Seine Flugbahn kann mit der Gleichung $f(x) = -5x^2 + 25x + 1{,}75$ beschrieben werden (x: Zeit in s, $f(x)$: Höhe in m).

a) In welcher Höhe befindet sich der Stein nach 1 Sekunde bzw. nach 4 Sekunden?
b) Zu welchem Zeitpunkt erreicht der Stein seine größte Höhe? In welcher Höhe befindet er sich dann?
c) Nach wie vielen Sekunden trifft der Stein etwa auf dem Boden auf?

HINWEIS
Brauchst du noch Hilfe, so findest du auf den angegebenen Seiten ein Beispiel oder eine Anregung zum Lösen der Aufgaben. Überprüfe deine Ergebnisse mit den Lösungen ab Seite 220.

Aufgabe	Seite
1	38, 50
2	42
3	46, 50
4	54
5	50, 54

Zusammenfassung

→ Seite 38

Lineare und quadratische Funktionen

Eine Funktion, in der eine Variable mit dem Exponenten 2 vorkommt und bei der keine höhere Potenz der Variablen vorhanden ist, nennt man **quadratische Funktion**.
Der Graph einer quadratischen Funktion ist eine **Parabel** mit dem Scheitelpunkt S.

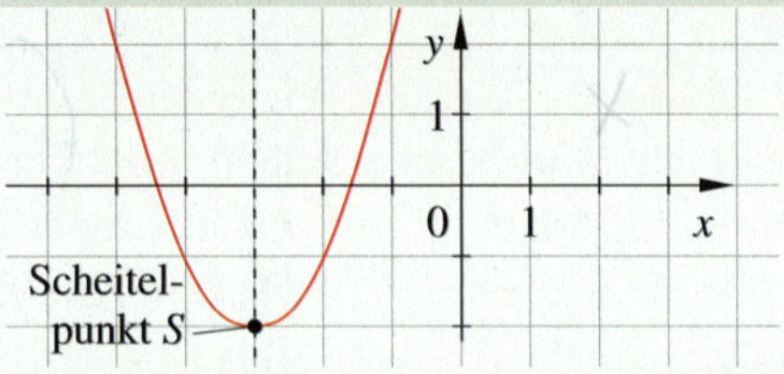

$f(x) = x^2 + 6x + 7$

→ Seite 42

Graph der quadratischen Funktion $f(x) = ax^2$

Der Graph einer quadratischen Funktion $f(x) = ax^2$ ist eine zur y-Achse symmetrische Parabel mit dem Scheitelpunkt $S(0|0)$. Der Faktor a bestimmt die Form und die Öffnungsrichtung der Parabel.

Für $a = 1$ entsteht die Normalparabel.

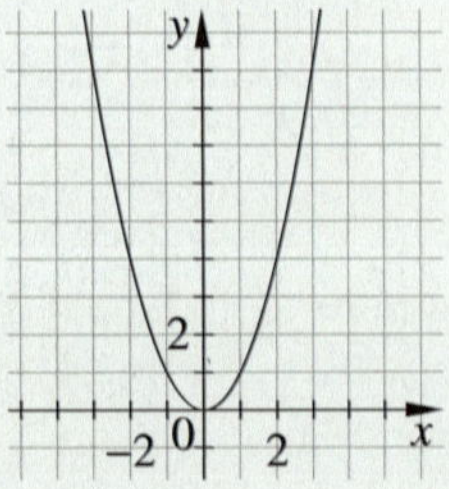

Ist a negativ, so ist die Parabel nach unten geöffnet.

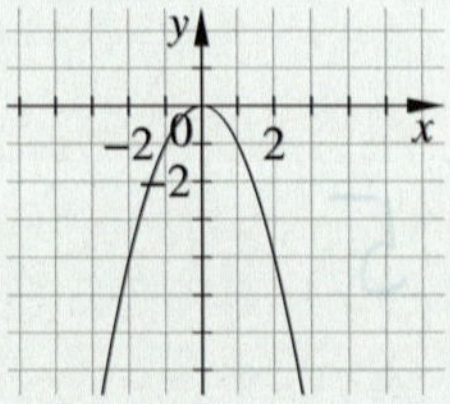

Für $|a| > 1$ entsteht eine gestreckte Parabel.

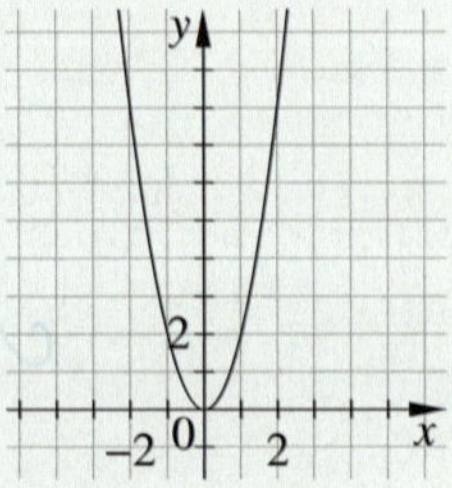

Für $|a| < 1$ entsteht eine gestauchte Parabel

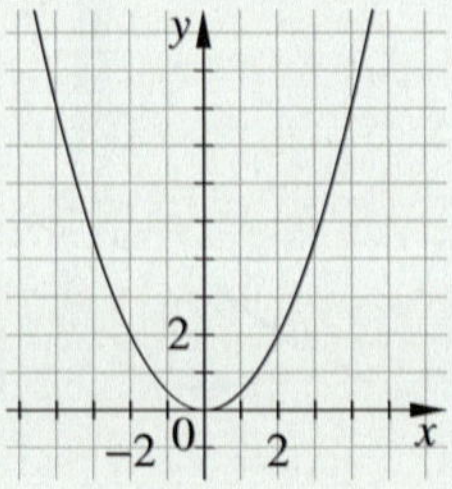

→ Seiten 46, 50

Allgemeine Form und Scheitelpunktform

Aus der Scheitelpunktform kann man den Scheitelpunkt direkt ablesen.
Scheitelpunktform: $f(x) = a(x - x_s)^2 + y_s$
Scheitelpunkt: $S(x_s|y_s)$
a bestimmt die Form und Öffnungsrichtung der Parabel.

$f(x) = 2(x - 3)^2 - 1$
Scheitelpunkt $S(3|-1)$
$a = 2$,
$|2| > 1$, also gestreckte Parabel,
$2 > 0$, also nach oben geöffnet

Jede quadratische Funktion in der **allgemeinen Form** $f(x) = ax^2 + bx + c$ kann mit Hilfe der **quadratischen Ergänzung** in die Scheitelpunktform $f(x) = a(x - x_s)^2 + y_s$ umgeformt werden.

$f(x) = x^2 + 6x + 1$
$\quad = x^2 + 6x + \left(\frac{6}{2}\right)^2 - \left(\frac{6}{2}\right)^2 + 1$
$\quad = (x + 3)^2 - 8$
Scheitelpunkt $S(-3|-8)$, verschobene Normalparabel

→ Seite 54

Nullstellen von quadratischen Funktionen

Die Nullstelle x_n einer Funktion ist die x-Koordinate des Schnittpunktes des Graphen mit der x-Achse. Es gilt $f(x_n) = 0$.
Eine quadratische Funktion hat zwei, eine oder keine Nullstellen.

$f(x) = 0 = -3x^2 + 48 \quad | : (-3)$
$0 = x^2 - 16 \quad | + 16$
$16 = x^2 \quad |$ Wurzel ziehen
$x_1 = 4$ und $x_2 = -4$

Quadratische Gleichungen

Die Flugkurve des Skifahrers beschreibt unter dem Einfluss seiner Anfangsgeschwindigkeit und der Fallbeschleunigung einen Parabelbogen, den Graphen einer quadratischen Funktion. Mit der zugehörigen quadratischen Gleichung können z. B. Höhe und Weite des Sprunges berechnet werden.

Noch fit?

1 Löse die Gleichungen.

a) $2x + 5 = 25$ b) $8x - 7 = 73$ c) $-5x - 12 = -4$
d) $10 - 3x = 5x - 14$ e) $3(x + 4) = 48$ f) $4(x - 5) = 2(x + 3)$
g) $10 - 7(x - 2) = 12x - 14$ h) $\frac{1}{2}(x - 8) = \frac{1}{4}(x - 12)$ i) $-\frac{1}{3}(x + 12) = (x - 8) \cdot 3$

2 Überprüfe, ob die Zahlen -2; 2; 1 oder $\frac{1}{2}$ Lösungen der gegebenen Gleichungen sind. Beachte, dass es bei manchen Aufgaben mehrere Lösungen gibt. Woran liegt das?

a) $x - \frac{1}{2}x = 7 - 3x$ b) $x(x + 2) = 0$ c) $x \cdot x - 4 = 0$ d) $\frac{1}{x} + 1{,}5 = 1$
e) $2x + 4 \cdot x^2 = 2$ f) $(x + 1) \cdot (x - 1) = 3$ g) $\frac{(x+1)}{(x-1)} = \frac{1}{3}$ h) $x^2 = 2x$

3 Faktorisiere (schreibe die Summe als Produkt).

BEISPIEL $21s - 35s^2 = 7s(3 - 5s)$

a) $14a - 6b$ b) $20x^2 - 36x$ c) $64m^2 - 24m$ d) $32a + 56a^2 + 16$
e) $5y^2 - 15 + 20y$ f) $4t^2 + 16t + 12$ g) $0{,}5z^2 + 2z + 4z$ h) $\frac{1}{4}b^2 - \frac{1}{2}b + 2$

4 Welche linearen Funktionen wurden hier gezeichnet?

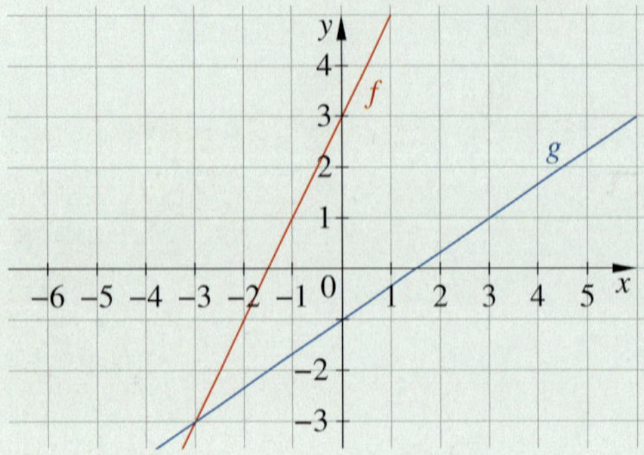

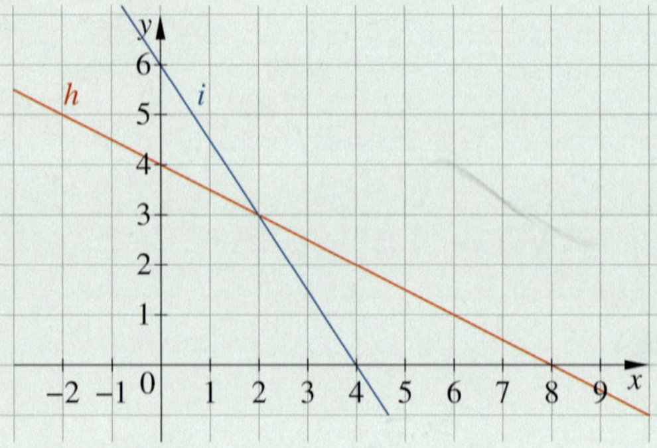

a) Gib die Funktionsgleichungen der vier Funktionen an.
b) Gib die Nullstellen der Funktionen an.
c) Bestimme rechnerisch den Schnittpunkt der Funktionen und überprüfe das Ergebnis mit Hilfe der Zeichnungen.

ERINNERE DICH
Eine lineare Funktion hat die Funktionsgleichung $f(x) = mx + n$. Welche Bedeutung haben m und n?

5 Berechne die Wurzeln (ohne Taschenrechner).

a) $\sqrt{144}$ b) $\sqrt{2{,}25}$ c) $\sqrt{361}$ d) $\sqrt{289}$ e) $\sqrt{625}$ f) $\sqrt{\frac{64}{169}}$ g) $\sqrt{2{,}56}$

6 Für welche Werte von a lässt sich die Wurzel berechnen? Begründe.

a) $\sqrt{a}$ b) $\sqrt{a + 1}$ c) $\sqrt{a^2}$ d) $\sqrt{a^2 + 1}$ e) $\sqrt{a^2 - 4}$

Kurz und knapp

1. In einem rechtwinkligen Dreieck mit den Katheten $a = 12$ cm und $b = 5$ cm ist die Hypotenuse $c =$ __ cm lang.
2. Berechne Volumen und Oberflächeninhalt eines Zylinders mit $r = 2{,}5$ dm und $h = 4$ cm.
3. Zwei Dreiecke sind zueinander ähnlich, wenn …
4. Wie viel Zinsen erhält man für 25 000 € bei einem Zinssatz von 3,25 % nach 15 Monaten?
5. Berechne ohne Taschenrechner: $\sqrt{125} \cdot \sqrt{20}$; $\sqrt{243} : \sqrt{3}$
6. Die Summe von zwei Zahlen ergibt 50, ihre Differenz beträgt 28. Wie lauten die Zahlen?

Rein quadratische Gleichungen lösen

Erforschen und Entdecken

1 Zur Schätzung der Tiefe eines Brunnens dient folgende Faustregel:

Lass einen Stein in den Brunnen fallen. Zähle die Sekunden, bis du den Aufprall hörst. Multipliziere diese Sekundenzahl mit sich selbst und dann mit 5. Das ergibt die Tiefe des Brunnens in Metern.

a) Wie tief ist der Brunnen, wenn die Zeit bis zum Aufprall drei Sekunden beträgt?
b) Gib die zu diesem Text passende Funktionsgleichung an.
c) Der abgebildete Brunnen hat eine Tiefe von 85 m. Wie lange dauert es ungefähr, bis ein Stein auf dem Grund des Brunnens aufprallt, wenn der Brunnen kein Wasser enthält?
d) Führt selbst einen ähnlichen Versuch durch. Lasst z. B. einen Softball aus dem obersten Stock eures Schulgebäudes fallen und stoppt die Zeit bis zu seinem Auftreffen auf dem Schulhof. Wie hoch ist das Gebäude an dieser Stelle?

2 Familie Klose hat ihre quadratische Terrasse mit quadratischen Platten auslegen lassen. Für die 12,25 m² große Terrasse wurden 196 Platten benötigt.
a) Wie lang und wie breit ist die Terrasse?
b) Welche Seitenlängen haben die quadratischen Platten?

3 Arbeitet in einer Vierergruppe.
a) Ordnet den Zahlenrätseln eine passende Gleichung zu und überprüft, welche der angegeben Zahlen Lösungen der Gleichungen sind.
b) Die Gleichungen in den rötlichen Kästchen nennt man **rein quadratische Gleichungen**. Wie viele Lösungen kann eine rein quadratische Gleichung haben? Unter welchen Bedingungen hat sie gar keine Lösung?

Subtrahiert man vom doppelten Quadrat einer Zahl 2, so erhält man 30. 1

$x^2 + 15 = 40$

Multipliziert man das Doppelte einer Zahl mit dem Dreifachen der Zahl, so erhält man 150. 4

$x = -5$

$3(x^2 + 2) = 6$

$x = 2$

Addiert man 15 zum Quadrat einer Zahl, so erhält man 40. 2

$x = -2$

$x = 4$

$\frac{1}{2}x^2 + 8 = 10$

$2x^2 - 2 = 30$

$6x^2 = 150$

$x = -4$

Halbiert man das Quadrat einer Zahl und addiert 8, so erhält man 10. 5

$x = 5$

Multipliziert man die Summe aus dem Quadrat einer Zahl und 2 mit der Zahl 3, so erhält man 6. 3

$x = 0$

067-1

HINWEIS
Unter dem Webcode kannst du dir die Kärtchen ausdrucken und ausschneiden.

Lesen und Verstehen

Im Jahr 1770 erschien von Leonhard Euler die „Vollständige Anleitung zur Algebra“. Darin stellte der berühmte Mathematiker u. a. das folgende Zahlenrätsel.

> Es wird eine Zahl gesucht, deren Hälfte mit ihrem 3. Theil mulipliciret 24 gebe.

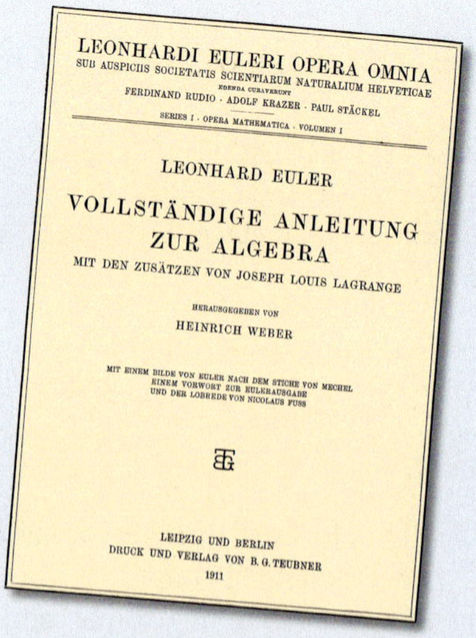
LEONHARDI EULERI OPERA OMNIA
SUB AUSPICIIS SOCIETATIS SCIENTIARUM NATURALIUM HELVETICAE
EDENDA CURAVERUNT
FERDINAND RUDIO · ADOLF KRAZER · PAUL STÄCKEL
SERIES I · OPERA MATHEMATICA · VOLUMEN I

LEONHARD EULER
VOLLSTÄNDIGE ANLEITUNG ZUR ALGEBRA
MIT DEN ZUSÄTZEN VON JOSEPH LOUIS LAGRANGE
HERAUSGEGEBEN VON
HEINRICH WEBER
MIT EINEM BILDE VON EULER NACH DEM STICHE VON MECHEL
EINEM VORWORT ZUR EULERAUSGABE
UND DER LOBREDE VON NICOLAUS FUSS

LEIPZIG UND BERLIN
DRUCK UND VERLAG VON B. G. TEUBNER
1911

Viele von Eulers Zahlenrätsel führen auf **quadratische Gleichungen**. Das sind Gleichungen, in denen die Variable in der zweiten Potenz („hoch 2“) aber in keiner höheren Potenz vorkommt.

Im Beispiel handelt es sich um einen Spezialfall einer quadratischen Gleichung, eine **rein quadratische Gleichung**, da hier die Variable nur in der zweiten Potenz vorkommt und nicht noch in der ersten Potenz.

Rein quadratische Gleichungen lassen sich in folgende Form umformen:

$$x^2 = d$$

Es hängt von der Variable d ab, wie viele Lösungen eine rein quadratische Gleichung hat.

BEACHTE
Um die Probe zu machen, müssen nacheinander alle Lösungen in die erste, noch nicht umgeformte Gleichung eingesetzt werden. So wird verhindert, dass ein Fehler beim Umformen der Gleichung gemacht wird.

BEISPIEL 1

Das Zahlenrätsel kann man wie folgt lösen.
gesucht Zahl: x
Hälfte der Zahl: $\frac{1}{2}x$
Dritter Teil der Zahl: $\frac{1}{3}x$

Quadratische Gleichung: $\frac{1}{2}x \cdot \frac{1}{3}x = 24$

$$\frac{1}{6}x^2 = 24 \quad | \cdot 6$$
$$x^2 = 144$$

Es gibt zwei Zahlen für x, deren Quadrat 144 ist: $x_1 = 12$ und $x_2 = -12$.

Probe:

$\frac{1}{2} \cdot 12 \cdot \frac{1}{3} \cdot 12 = 24$; $6 \cdot 4 = 24$; $24 = 24$

$\frac{1}{2} \cdot (-12) \cdot \frac{1}{3} \cdot (-12) = 24$; $(-6) \cdot (-4) = 24$; $24 = 24$

> Gleichungen, bei denen die Variable nur in der zweiten Potenz vorkommt, heißen **rein quadratische Gleichungen**.
> Alle rein quadratischen Gleichungen lassen sich auf die Form $x^2 = d$ zurückführen.
> Wenn $\boldsymbol{d > 0}$ ist, hat die Gleichung $x^2 = d$ **zwei Lösungen**: $x_1 = \sqrt{d}$ und $x_2 = -\sqrt{d}$.
> Wenn $\boldsymbol{d < 0}$ ist, hat die Gleichung $x^2 = d$ **keine Lösung**.
> Wenn $\boldsymbol{d = 0}$ ist, hat die Gleichung $x^2 = d$ **genau eine Lösung**: $x = 0$.

BEISPIEL 2

1) $x^2 - 64 = 0 \quad | +64$
$x^2 = 64 \quad |$ Wurzel ziehen
Es ist $d > 0$, die Gleichung hat zwei Lösungen:
$x_1 = 8$ und $x_2 = -8$

2) $4x^2 + 12 = 12 \quad | -12$
$4x^2 = 0 \quad | :4$
$x^2 = 0 \quad |$ Wurzel z.
Es ist $d = 0$, die Gleichung hat genau eine Lösung:
$x = 0$

3) $-2x^2 = 128 \quad | :(-2)$
$x^2 = -64$
Es ist $d < 0$, die Gleichung hat keine Lösung, da das Quadrat einer Zahl immer positiv ist.

Üben und Anwenden

1 Gib ohne zu rechnen die Anzahl der Lösungen an.

a) $x^2 = 1$ b) $x^2 = -6$ c) $x^2 = 2{,}5$
d) $x^2 = 0$ e) $x^2 - 25 = 0$ f) $x^2 + 9 = 0$

2 Löse die quadratischen Gleichungen. Runde gegebenenfalls auf zwei Dezimalstellen.

a) $x^2 = 81$ b) $x^2 = 36$ c) $x^2 = 121$
d) $x^2 = 169$ e) $x^2 = -100$ f) $x^2 = 0{,}64$
g) $x^2 = 0{,}09$ h) $x^2 = 225$ i) $x^2 = -49$
j) $x^2 = 8$ k) $x^2 = 40$ l) $x^2 = 110$

3 Löse die Gleichungen.

a) $x^2 = \frac{4}{9}$ b) $x^2 = \frac{36}{49}$ c) $x^2 = \frac{256}{400}$
d) $x^2 = \frac{144}{169}$ e) $x^2 = \frac{225}{361}$ f) $x^2 = \frac{16}{81}$
g) $x^2 = \frac{289}{441}$ h) $x^2 = \frac{484}{676}$ i) $x^2 = \frac{64}{100}$
j) $x^2 = \frac{1156}{1225}$ k) $r^2 = \frac{25}{121}$ l) $z^2 = \frac{529}{784}$
m) $a^2 = \frac{196}{900}$ n) $s^2 = \frac{1296}{625}$ o) $y^2 = \frac{1936}{2025}$

4 Welche quadratische Gleichung hat zwei, eine bzw. keine Lösung?
Begründe mit Hilfe einer Rechnung und einer Zeichnung.

a) $x^2 - 3 = 0$ b) $x^2 + 2 = 0$
c) $-x^2 + 8 = 0$ d) $x^2 + 6 = 0$
e) $-x^2 = 0$ f) $x^2 - 5 = 0$

5 Gib eine rein quadratische Gleichung an, die die Lösungen $x_1 = 0{,}8$ und $x_2 = -0{,}8$ hat.

6 Gib eine rein quadratische Gleichung an, die keine Lösung hat.

7 Löse die Gleichungen. Forme sie zuerst um.

a) $2x^2 = 50$ b) $3x^2 = 48$
c) $2{,}5x^2 = 302{,}5$ d) $4{,}7x^2 = 1057{,}5$
e) $12{,}9x^2 = 116{,}1$ f) $\frac{4}{9}x^2 = 16$
g) $\frac{3}{4}x^2 = 36{,}75$ h) $3x^2 = 27$
i) $5x^2 = 180$ j) $\frac{7}{6}x^2 = 42$

8 Berechne die Lösungen.

a) $x^2 + 18 = 99$ b) $x^2 + 252 = 877$
c) $x^2 - 24 = 172$ d) $x^2 + 145 = 266$
e) $x^2 - 66 = 295$ f) $x^2 - 321 = 208$

9 Multipliziert man eine Zahl mit sich selbst und addiert zu diesem Produkt 65, so erhält man 690.

10 Subtrahiert man 17 vom Vierfachen des Quadrats einer Zahl, so erhält man 239.

11 Der Bremsweg eines Pkw wird nach der Faustformel $s = \left(\frac{v}{10}\right)^2$ berechnet.

a) Erläutere die Bedeutung der Variablen s und v.
b) Mit welcher Geschwindigkeit darf man höchstens fahren, wenn der Bremsweg höchstens 10 m [30 m, 50 m, 80 m] betragen soll? Löse mit Hilfe einer quadratischen Gleichung.

TIPP
Vergleiche noch einmal mit S. 37.

12 Die Seite eines Quadrats ist 7 cm lang. Wie lang ist seine Diagonale?

13 Die Diagonale eines Quadrats ist 162 cm lang. Wie lang sind seine Seiten?
Begründe, warum es für die Seitenlänge des Quadrats nur eine Lösung gibt.

14 Die Länge eines rechteckigen Reitplatzes für Turnierpferde ist doppelt so lang wie die Breite. Der Flächeninhalt des Reitplatzes beträgt 242 m².
Wie lang sind seine Seiten?

15 Eine 45,6 m² große Terrasse wird mit quadratischen Steinplatten so ausgelegt, dass keine Fugen entstehen. 285 Platten werden verarbeitet. Berechne die Seitenlänge einer Platte.

16 Paul behauptet, dass man eine quadratische Gleichung auch durch eine Zeichnung lösen kann. Mit einem Funktionenplotter hat er seine Lösung dargestellt.

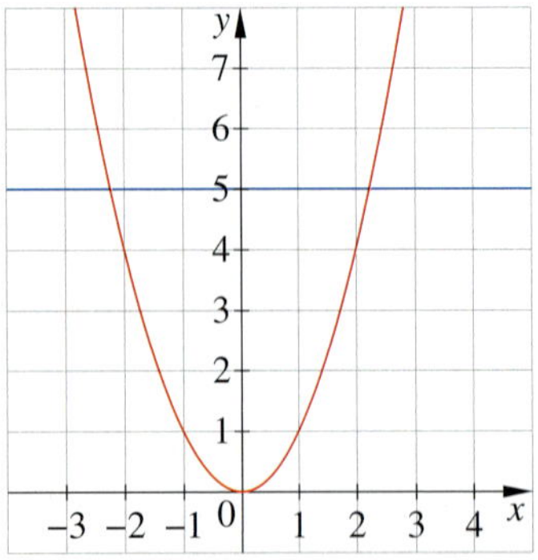

a) Begründe, dass man mit Hilfe der Zeichnung die Gleichung $x^2 = 5$ lösen kann.
b) Wie kann man die Lösung ablesen?
c) Löse auf ähnliche Weise:
① $x^2 = 2$ ② $-x^2 = -4$
③ $x^2 - 1{,}5 = 0$ ④ $-x^2 - 3 = 0$

NACHGEDACHT
Löse die Gleichungen in Aufgabe 17 rechnerisch. Gibt es einen Zusammenhang zu den zeichnerischen Lösungen von Lena und Till?

17 Die Schüler der Klasse 10c sollen folgende Gleichungen zeichnerisch lösen.

A) $-\frac{1}{4}x^2 - 2 = 0$ B) $-\frac{1}{2}x^2 + 2 = 0$ C) $2x^2 - 2 = 0$

a) Lena hat die folgenden Graphen gezeichnet. Ordne jeweils die richtige Gleichung zu. Gib ihre Lösungen an.

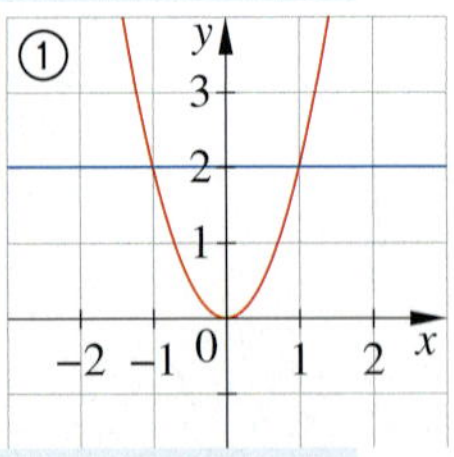

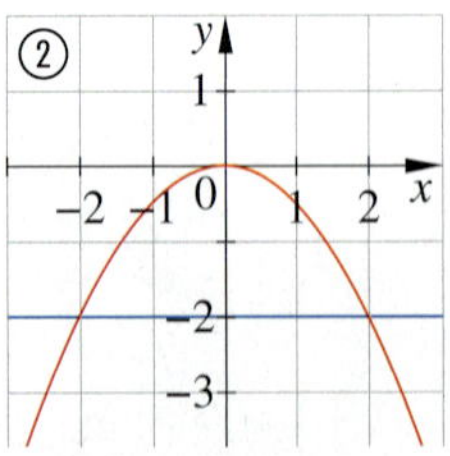

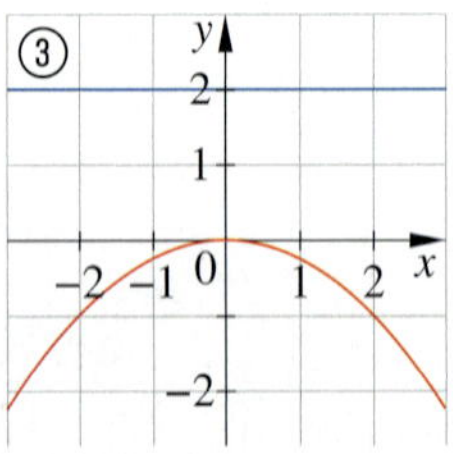

b) Till hat jeweils eine andere zeichnerische Lösung gefunden. Welche Unterschiede bestehen? Vergleiche beide Lösungen und bewerte sie.

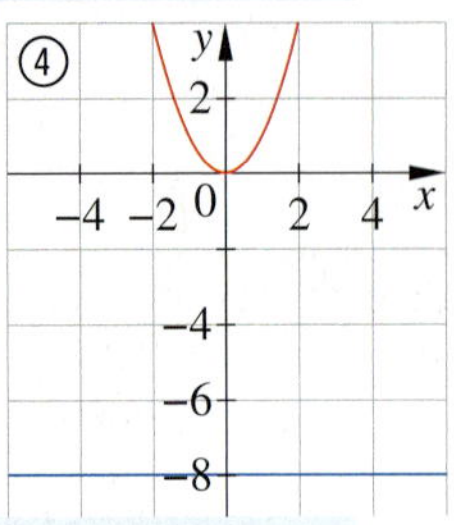

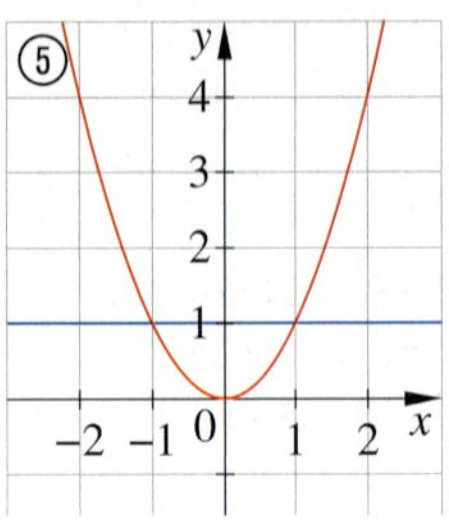

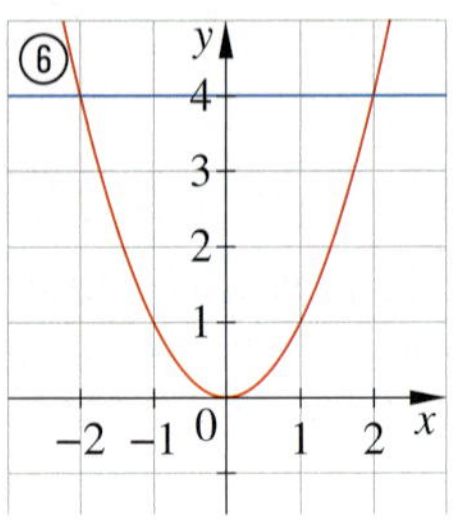

18 Vervollständige die Aussagen.
a) Eine rein quadratische Gleichung $x^2 = d$ hat genau dann zwei Lösungen, wenn die Normalparabel die Gerade $y = d$ ….
b) Die Gleichung $x^2 = d$ hat keine Lösung, wenn …

19 Berechne die Lösungen. Runde auf zwei Nachkommastellen. Begründe, wenn eine Aufgabe nicht zu lösen ist.
a) $2x^2 + 7 = 169$
b) $3x^2 - 145 = 287$
c) $\frac{1}{3}x^2 + 231 = 819$
d) $2{,}4x^2 + 14 = 345{,}6$
e) $2{,}5x^2 - 16{,}5 = 143{,}5$
f) $\frac{1}{4}x^2 - \frac{2}{5} = 35\frac{3}{5}$
g) $\frac{3}{5}x^2 + \frac{3}{10} = 135\frac{3}{10}$
h) $2{,}7x^2 - 712 = -850$

20 Ein kreisförmiges Blumenbeet in einem Park hat einen Flächeninhalt von $50\,m^2$. Welchen Radius hat das Beet?

21 Geschenkverpackungen für Weinflaschen haben oft die Form von Quadern mit einer quadratischen Grundfläche. Eine Verpackung hat eine Länge von 37 cm und ein Volumen von 2,8 ℓ.
a) Welche Seitenlänge hat die quadratische Grundfläche?
b) Welchen Durchmesser hätte eine zylinderförmige Verpackung mit gleichem Volumen und gleicher Höhe?

22 Im rechtwinkligen Dreieck ist die Hypotenuse 5,4 cm lang. Die beiden Katheten sind gleich lang. Welche Länge haben sie?

23 Das Wohnzimmer ist $50{,}75\,m^2$ groß. Die Decke soll mit Stuckleisten verziert werden.

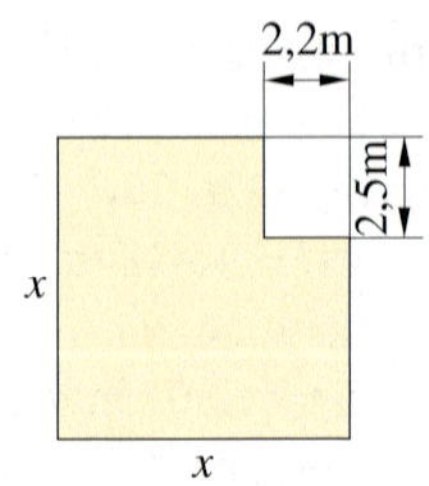

a) Berechne die Länge der Wand x.
b) Wie viel Meter Stuckleisten werden mindestens benötigt?

Allgemein quadratische Gleichungen lösen

Erforschen und Entdecken

1 Der arabische Mathematiker Ibn Musa Al-Khwarizmi (ca. 780–850 n. Chr.) beschäftigte sich mit quadratischen Gleichungen. Er schrieb das Lehrbuch *„Al-kitab al-mukhtasar fi hisab al-jabr wa'l-muqabala"* (*„Ein kurz gefasstes Buch über die Rechenverfahren durch Ergänzen und Ausgleichen"*). Dort stellt er die Grundzüge der Algebra mit praktischen Anwendungen dar und deutet sie geometrisch. Sein Buch wurde ab dem 12. Jahrhundert mehrfach ins Lateinische übersetzt. Aus dem Titel wurde der Begriff **Algebra** abgeleitet.
Die Abbildung zeigt die geometrische Lösung der Gleichung $x^2 + 6x = 16$ nach Al-Khwarizmi.

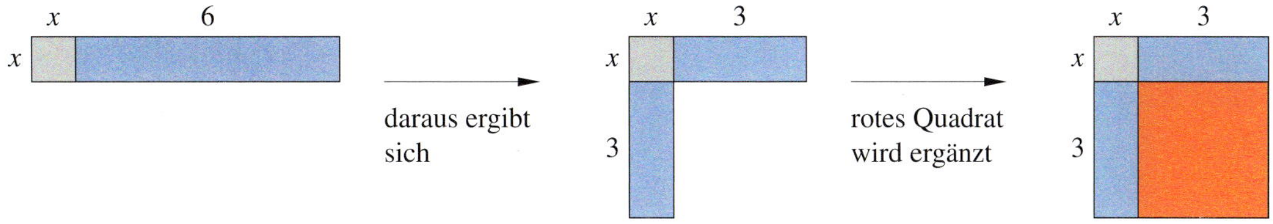

a) Ordne den Zeichnungen eine bzw. zwei der folgenden Gleichungen zu und erläutere das Verfahren von Al-Khwarizmi.

$(x+3)^2 = 25$ | $x^2 + 2 \cdot 3x + 3^2 = 16 + 3^2$ | $x^2 + 2 \cdot 3x = 16$ | $x^2 + 6x = 16$

b) Wie groß ist x in diesem Beispiel? Orientiere dich an der rechten Zeichnung.
c) Mit diesem Verfahren gewinnt man nur eine Lösung der quadratischen Gleichung. Zeige, dass auch $x = -8$ eine Lösung der Gleichung ist.
d) Stelle auch die Gleichung $x^2 + 4x = 32$ geometrisch dar und löse sie wie Al-Khwarizmi. Finde auch hier eine zweite Lösung.

071-1
HINWEIS
Unter dem Webcode kannst du dir die Kärtchen zum Ausschneiden ausdrucken.

2 Der berühmte Mathematiker Leonhard Euler beschäftigte sich auch mit der Lösung von allgemein quadratischen Gleichungen. In der „Vollständigen Anleitung zur Algebra" (1770) ist die Herleitung einer Formel enthalten, die hier in einem Ausschnitt zitiert wird.
a) Erläutere die einzelnen Umformungsschritte.
b) Löse die Gleichung $x^2 + 6x - 27 = 0$, indem du die Lösungsformel von Leonhard Euler benutzt.
Tipp: Überlege zunächst, welchen Wert du für die Variablen p und q einsetzen musst.

Da nun (in einer quadratischen Gleichung) alle Glieder auf eine Seite des Zeichens = gebracht werden können, so wird die Form dieser Gleichung sein: $ax^2 + bx + c = 0$.

Eine solche Gleichung kann durch Theilung (durch a) also eingerichtet werden, daß das erste Glied blos allein das reine Quadrat der unbekanten Zahl x^2 enthalte: hernach laße man das zweyte Glied auf eben der Seite, wo x^2 steht …

Solcher Gestalt wird unsere Gleichung diese Form bekommen:

$$ax^2 + bx + c = 0$$
$$x^2 + \frac{b}{a}x + \frac{c}{a} = 0$$
$$x^2 + px + q = 0$$

… wo p und q bekante Zahlen, sowohl positive als auch negative andeuten: und jetzo kommt alles darauf an, wie der wahre Werth von x gefunden werden soll … Wir können den Werth von x bestimmen:

$$x^2 + px + q = 0$$
$$x^2 + px = -q$$
$$x^2 + 2 \cdot \frac{p}{2}x = -q$$
$$x^2 + 2 \cdot \frac{p}{2}x + \left(\frac{p}{2}\right)^2 = -q + \left(\frac{p}{2}\right)^2$$
$$\left(x + \frac{p}{2}\right)^2 = -q + \left(\frac{p}{2}\right)^2$$
$$x_1 + \frac{p}{2} = \sqrt{-q + \left(\frac{p}{2}\right)^2}; \quad x_2 + \frac{p}{2} = -\sqrt{-q + \left(\frac{p}{2}\right)^2}$$

In dieser Formel ist nun die Regel enthalten, nach welcher alle Quadratgleichungen aufgelößt werden können, und damit man nicht immer nöthig habe, die obigen Operationen von neuem anzustellen, so ist genug, daß man den Inhalt dieser Formel dem Gedächtnis wohl einpräge.

Lesen und Verstehen

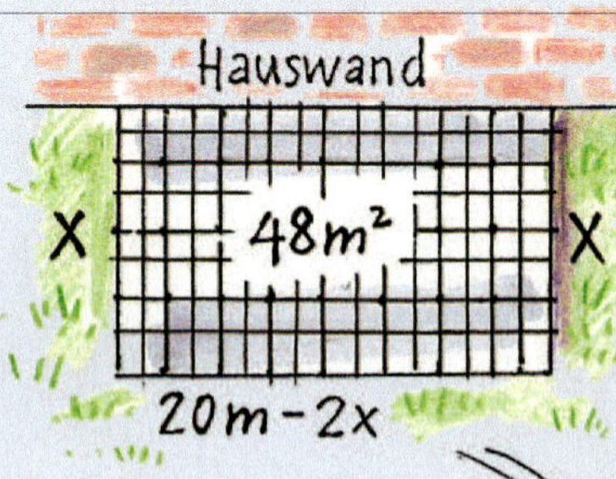

Miriam hat entlang der Hauswand einen Auslauf für ihre Kaninchen gebaut. Der Auslauf hat einen Flächeninhalt von $48\,m^2$. Die Länge des Zauns beträgt 20 m. Welche Seitenlängen hat der Auslauf?

Das Problem lässt sich durch systematisches Probieren oder mit einer quadratischen Gleichung lösen.

1. Aufstellen einer quadratischen Gleichung.

2. Die Gleichung wird umgeformt in die Normalform $x^2 + px + q = 0$.

3. Kann die binomische Formel angewandt werden? Falls nicht, wird wie beim Umformen in die Scheitelpunktform auf beiden Seiten die quadratische Ergänzung $(\frac{p}{2})^2$ addiert. Anschließend wird die binomische Formel angewandt.

> Quadratische Gleichungen können in die **Normalform $x^2 + px + q = 0$** umgeformt werden. Diese kann man quadratisch ergänzen, um beim Lösen die binomische Formel anwenden zu können.

BEACHTE
Löst man eine quadratische Gleichung, so ermittelt man die Nullstellen der zugehörigen Funktion, die sich ergibt, wenn alle Terme auf eine Seite des Gleichheitszeichens gebracht wurden.

BEISPIEL 1

Auslaufbreite: x

Auslauflänge: $20 - 2x$

Flächeninhalt: $x \cdot (20 - 2x)$ [in m^2]

Gleichung: $x \cdot (20 - 2x) = 48$

$20x - 2x^2 = 48 \quad | -48$

$20x - 2x^2 - 48 = 0 \quad | : (-2)$

Normalform: $\mathbf{x^2 - 10x + 24 = 0} \quad | + (\frac{10}{2})^2$

$\underbrace{x^2 - 10x + (\tfrac{10}{2})^2}_{\text{Binomische Formel}} + 24 = (\tfrac{10}{2})^2 \quad | - 24$

$(x - 5)^2 = 25 - 24$

$(x - 5)^2 = 1$

$x_1 - 5 = 1$ und $x_2 - 5 = -1$

$x_1 = 6$ und $x_2 = 4$

Probe: $6 \cdot (20 - 2 \cdot 6) = 6 \cdot 8 = 48$

$4 \cdot (20 - 2 \cdot 4) = 4 \cdot 12 = 48$

Die Lösungen sind $x_1 = 6$ und $x_2 = 4$.
Der Auslauf ist 6 m breit und 8 m lang oder 4 m breit und 12 m lang. In beiden Fällen beträgt der Flächeninhalt $48\,m^2$.

www 072-1

HINWEIS
Unter dem Webcode wird gezeigt, wie die p-q-Formel hergeleitet wird.

Wendet man das Lösungsverfahren auf die Variablen p und q der Normalform an, so erhält man die ***p-q*-Formel** zum Lösen quadratischer Gleichungen.

> Quadratische Gleichungen in der Normalform $x^2 + px + q = 0$ haben die Lösungen
>
> $x_1 = -\frac{p}{2} + \sqrt{(\frac{p}{2})^2 - q}$ und $x_2 = -\frac{p}{2} - \sqrt{(\frac{p}{2})^2 - q}$
>
> Den Radikanden $(\frac{p}{2})^2 - q$ nennt man **Diskriminante *D*.** Aus D kann die Anzahl der Lösungen abgelesen werden. Es gibt drei mögliche Fälle.
>
> $D > 0$: zwei Lösungen $\quad D = 0$: eine Lösung $\quad D < 0$: keine Lösung

BEISPIEL 2

1) $x^2 - 10x - 11 = 0$, also $p = -10$, $q = -11$

$x_1 = -\frac{-10}{2} + \sqrt{(\frac{-10}{2})^2 + 11}$ und $x_2 = -\frac{-10}{2} - \sqrt{(\frac{-10}{2})^2 + 11}$

$x_1 = 5 + \sqrt{25 + 11}$ $\quad x_2 = 5 - \sqrt{25 + 11}$

$x_1 = 5 + \sqrt{36}$ $\quad x_2 = 5 - \sqrt{36}$

$x_1 = 11$ $\quad x_2 = -1$

2) $-2x^2 - 12x - 20 = 0 \quad | : (-2)$

$x^2 + 6x + 10 = 0$, also $p = 6$, $q = 10$

$x_1 = -\frac{6}{2} + \sqrt{(\frac{6}{2})^2 - 10}$

$x_1 = -3 + \sqrt{9 - 10}$

$x_1 = -3 + \sqrt{-1}$

Schon x_1 zeigt, dass es keine Lösung gibt, da $D < 0$.

Üben und Anwenden

1 Löse die Gleichungen.

a) $(x+3)^2 = 9$ b) $(x+12)^2 = 169$
c) $(x-8)^2 = 81$ d) $(x-24)^2 = 144$
e) $(8+y)^2 = 121$ f) $(a-0{,}5)^2 = 2{,}25$
g) $(x-0{,}2)^2 = 0{,}49$ h) $(y-45)^2 = 625$
i) $(9-y)^2 = 256$ j) $(-3{,}5+x)^2 = 49$

2 Wende die binomischen Formeln an und löse die Gleichungen. Zur Kontrolle findest du die Lösungen in der Randspalte.

a) $x^2 + 12x + 36 = 121$
b) $x^2 - 16x + 64 = 225$
c) $x^2 + 36x + 324 = 361$
d) $x^2 - 17x + 72{,}25 = 144$
e) $x^2 + 28x + 196 = 324$
f) $x^2 + 1{,}8x + 0{,}81 = 1{,}96$

3 Wie viele Lösungen haben die quadratischen Gleichungen?
Begründe und gib die Lösungen an.

a) $(a+12)^2 - 27 = 457$
b) $(y-14)^2 + 45 = 25$
c) $(z-4)^2 - 40 = -36$
d) $(b+15)^2 + 12 = 12$
e) $(m-1)^2 + 35 = 179$
f) $(17+n)^2 + 16 = 33 - 17$
g) $(\frac{1}{2}s + 29)^2 - 42 = 102$
h) $(0{,}25u - 12)^2 = 0$

4 Stelle eine zu dem Zahlenrätsel passende quadratische Gleichung auf und löse sie.

a) Quadriert man die Summe aus einer Zahl und neun, so erhält man 49.
b) Die Summe aus dem Quadrat einer Zahl und 25 ergibt 146.
c) Multipliziert man den Vorgänger einer Zahl mit sich selbst, so erhält man 225.
d) Multipliziert man den Vorgänger und Nachfolger einer Zahl, so erhält man 168.

5 Die vier Seiten eines quadratischen Platzes werden um jeweils 5,5 m verlängert. Der neue Flächeninhalt des Platzes beträgt nun 1560,25 m^2.

a) Welche Seitenlänge hatte der alte Platz?
b) Wurde der Flächeninhalt um mehr als 25 % vergrößert? Begründe.

6 Für einen Park wird ein kreisrundes Blumenbeet geplant. Im Endausbau wird der Durchmesser des Beets um 4 m vergrößert. Die Beetfläche ist nun 3500 m^2 groß.

a) Welchen Radius sollte das Beet ursprünglich haben?
b) Um wie viel Prozent wurde die ursprüngliche Fläche vergrößert?

7 Ein Prisma mit quadratischer Grundfläche besitzt ein Volumen von 1983,75 cm^3 bei einer Körperhöhe von 15 cm.
Die Seiten der Grundflächen werden jeweils um den Wert x verlängert. Das neue Volumen beträgt jetzt 2940 cm^3.
Fertige eine Skizze an. Berechne für beide Prismen die Seitenlänge der quadratischen Grundfläche.

8 Ergänze auf beiden Seiten der Gleichung dieselbe Zahl, sodass du die linke Seite der Gleichung als Quadrat schreiben kannst.
Bestimme dann die Lösung der Gleichung.

a) $x^2 + 12x + \square = 45 + \square$
b) $x^2 - 18x + \square = 115 + \square$
c) $x^2 + 14x + \square = 176 + \square$
d) $x^2 - 28x + \square = 165 + \square$
e) $x^2 - 32x + \square = 105 + \square$
f) $x^2 + 50x + \square = 275 + \square$
g) $x^2 + 44x + \square = 245 + \square$
h) $x^2 - 6x + \square = 567 + \square$

9 Erkläre mit eigenen Worten, wie man in Aufgabe 8 auf die quadratische Ergänzung kommt.

10 Löse die Gleichungen. Führe zur Kontrolle die Probe durch.

a) $x^2 - 18x = -56$ b) $x^2 - 34x = -145$
c) $x^2 + 54x = -504$ d) $x^2 - 12x = -20$
e) $x^2 + 64x = -183$ f) $x^2 - 26x = -133$

11 Bestimme die Lösungen der Gleichungen. Welche Gleichung hat keine Lösung?

a) $x^2 + 0{,}4x = 5{,}25$ b) $x^2 - 3{,}2x = -1{,}75$
c) $x^2 - 1{,}6x = -2$ d) $x^2 + 7{,}4x = -5{,}85$
e) $x^2 + 4{,}2x = 7{,}84$ f) $x^2 - 5{,}2x = -2{,}35$

12 Daniela und Marvin haben die Gleichung $x^2 - \frac{1}{2}x - 1{,}5 = 0$ gelöst, indem sie mit einem Funktionenplotter Zeichnungen angefertigt haben.

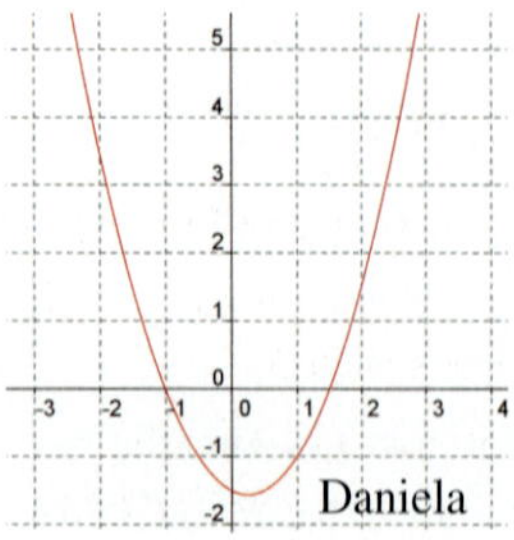

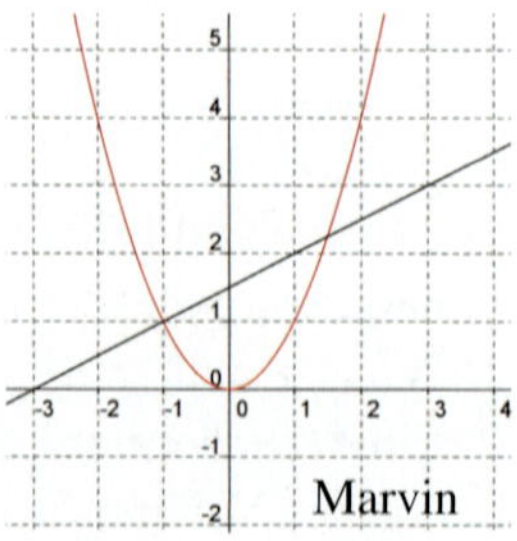

a) Vergleicht zu zweit die beiden Zeichnungen. Erklärt die Lösungswege von Daniela und Marvin und lest die Lösung aus der Zeichnung ab.
b) Löst die folgenden Gleichungen durch eine geeignete Zeichnung.
① $x^2 - 3{,}5x + 3 = 0$
② $-x^2 + x + 6 = 0$
③ $x^2 - 4{,}5x + 4{,}5 = 0$
c) Warum hat die Gleichung $x^2 = -\frac{1}{2}x - 4$ keine Lösung? Begründet eure Überlegungen graphisch.

BEACHTE
Die Probe wird immer an der gegebenen Gleichung durchgeführt, da es sein kann, dass man sich schon bei den ersten Umformungen verrechnet hat.

13 Löse mit Hilfe der p-q-Formel. Forme zunächst in die Normalform um und bestimme p und q. Mache die Probe.

a) $x^2 + 4x = 12$ b) $x^2 + 6x = 55$
c) $x^2 - 12x = 108$ d) $6x + x^2 = 27$
e) $x^2 = 40 - 18x$ f) $47 + 46x = x^2$

14 Bilde die Normalform und löse.

a) $2x^2 - 16x = -30$ b) $2x^2 + 4x = 16$
c) $3x^2 - 36x = -96$ d) $2x^2 - 20x + 50 = 32$
e) $0{,}4x^2 + 2{,}3x = 20$ f) $0{,}8x^2 - 4{,}8x = 3{,}2$

15 Bestimme x.

a) $x^2 - \frac{4}{9}x = -\frac{4}{81}$ b) $x^2 - 2{,}4x + 1{,}44 = 0$
c) $x^2 + \frac{6}{13}x = -\frac{9}{169}$ d) $x^2 + 7{,}8x = -15{,}21$
e) $x^2 + \frac{12}{15}x = -\frac{36}{225}$ f) $x^2 - 1{,}6x = -0{,}64$

16 Finde die Fehler in Kevins Hausaufgaben und korrigiere sie.

1) $x^2 - 8x + 15 = 0$
$x_1 = -\frac{8}{2} + \sqrt{\left(\frac{8}{2}\right)^2 - 15}$
$= -4 + \sqrt{16 - 15}$
$= -4 + 1$
$= -3$
$x_2 = -4 - 1 = -5$

2) $x^2 + 5x - 14 = 0$
$x_1 = -\frac{5}{2} + \sqrt{\left(\frac{5}{2}\right)^2 - 14}$
$= -\frac{5}{2} + \sqrt{\frac{25}{4} - 14}$
$= -\frac{5}{2} + \sqrt{-\frac{31}{4}}$
$D < 0$, also hat die Gleichung keine Lösung

17 Bestimme die Nullstellen der Funktion.

a) $f(x) = 3x^2 + 12x + 12$
b) $f(x) = -2x^2 + 4x - 5$
c) $f(x) = -4x^2 + 24x$
d) $f(x) = 2x^2 - 12x + 20$
e) $f(x) = 5x^2 + 20x + 2$
f) $f(x) = 4x^2 - 16$

18 Ein Rechteck hat einen Flächeninhalt von 28 cm² und einen Umfang von 23 cm. Wie lang sind die Seiten des Rechtecks?

19 In einem rechtwinkligen Dreieck ist das Hypotenusenquadrat 400 cm² groß. Eine Kathete ist 4 cm kürzer als die andere. Berechne die Längen der Katheten.

20 Das kleinere Rechteck liegt auf dem größeren.

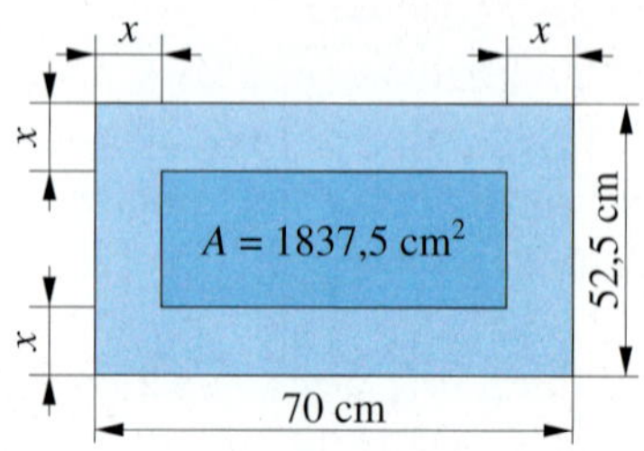

a) Bestimme den Flächeninhalt des größeren Rechtecks.
b) Das innere Rechteck hat zu allen Seiten des äußeren Rechtecks gleiche Abstände. Bestimme diesen Abstand.

21 Melina und Jan haben die Gleichung $x^2 + 10x = 0$ auf unterschiedliche Weise gelöst. Beachte den Hinweis in der Randspalte.

Melina	Jan
$x^2 + 10x = 0$	$x^2 + 10x = 0$
$x^2 + 10x + 25 = 25$	$x(x + 10) = 0$
$(x+5)^2 = 25$	$x_1 = 0$ und
$x_1 + 5 = 5$ und $x_2 + 5 = -5$	$x_2 + 10 = 0$
$x_1 = 0$ $x_2 = -10$	$x_2 = -10$

a) Erläutere und vergleiche die beiden Lösungswege.

b) Melina behauptet, dass man mit Jans Methode nicht alle quadratischen Gleichungen lösen kann. Was meinst du?

c) Löse die folgenden Gleichungen mit beiden Methoden.
① $x^2 - 6x = 0$ ② $x^2 + 12x = 0$
③ $x^2 - 24x = 0$ ④ $2x^2 - 18x = 0$

22 Löse die Gleichungen.

a) $x^2 + 14x = 0$ b) $x^2 + 20x + 36 = 0$
c) $x^2 - 7x = 6$ d) $-4x + x^2 = 0$
e) $x^2 - 49 = 0$ f) $4x^2 = 36x$
g) $0{,}5x^2 - 2{,}5x = 0$ h) $(2x - 3)(x - 1) = 0$

23 Die Diagonale eines Rechtecks ist 7,5 cm lang. Sein Umfang beträgt 21 cm. Berechne die Seitenlängen des Rechtecks.

24 An einer Straßenkreuzung wird ein Gehweg angelegt.

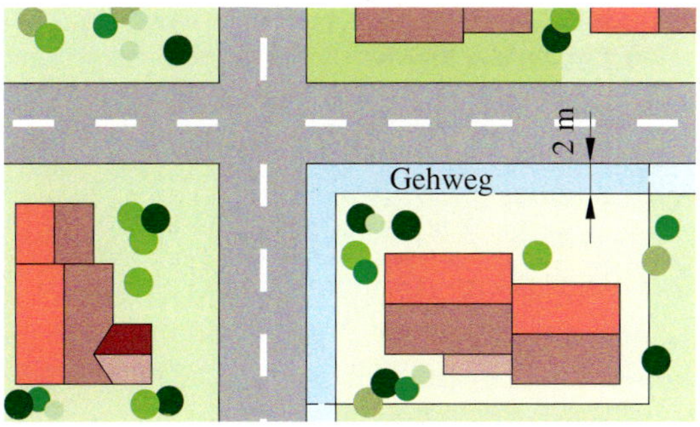

Von den Grundstücken wird ein 2 m breiter Streifen benötigt. Das Eckgrundstück mit 609 m² wird dadurch um 96 m² kleiner. Wie lang und breit war das Grundstück vorher?

25 Bei einem runden Fernkabel wird ein Gesamtquerschnitt von etwa 70 cm² angegeben. Dabei ist das Kabel mit einer 3,5 cm starken Isolierschicht umgeben. Welchen Durchmesser hat das eigentliche Kabel? Gib einen sinnvoll gerundeten Wert an.

26 Um den Innenraum von Fertigungshallen möglichst gut zu beleuchten, werden Industriegebäude manchmal mit einem Sägezahndach aus Glas versehen.

Zunächst sollen die zu erwartenden Kosten für das Glasdach überschlagen werden.
1 m² Sicherheitsglas kostet einschließlich Zuschnitt, Montage und Mehrwertsteuer etwa 375 €. Die Metallsparren, die das Glas tragen, braucht man zunächst nicht zu berücksichtigen. Jede Stirnfläche hat die Form eines rechtwinkligen Dreiecks. Eine Kathete dieses Dreiecks ist um 1 m, die andere um 0,5 m kürzer als die Hypotenuse.

a) Berechne die Längen der Hypotenuse und der Katheten.

b) Bestimme den Flächeninhalt einer dreieckigen Stirnfläche.

c) Wie viel m² Glas werden für das gesamte Dach geplant? Verwende das Maß aus der Grafik oben.

d) Wie hoch sind die etwa zu erwartenden Kosten für das Glasdach?

27 Ein Rechteck hat den Flächeninhalt A. Finde den Faktor, mit dem beide Seiten des Rechtecks multipliziert werden müssen, damit sich der Flächeninhalt verdoppelt (verdreifacht, vervierfacht). Ist eine Gesetzmäßigkeit erkennbar?
Notiere deine Vorgehensweise und Ergebnisse und stelle sie in der Klasse vor.

HINWEIS
Das Umformen einer quadratischen Gleichung in ein Produkt, wie in Aufgabe 21, nennt man auch Faktorisieren.

HINWEIS
Ein Koeffizient ist ein Faktor, der zu einer Variable gehört. Der Koeffizient des Terms $7x^2$ lautet 7.

28 Timo hat mit einer Tabellenkalkulation ein kleines Programm erstellt, mit dem er quadratische Gleichungen löst.

B8 =WENN((-B4/2)^2-B5>=0;-B4/2+WURZEL((-B4/2)^2-B5);"Keine Lösung")

	A	B	C	D	E
1	**Lösen von quadratischen Gleichungen**				
2	**Normalform**	**x² + px + q**			
3	Gib die Koeffizienten p und q ein:				
4	p =	-1			
5	q =	-12			
6					
7	Lösungsmenge:				
8	x₁ =	4			
9	x₂ =	-3			

HINWEIS
Beim Einfügen der WENN-Funktion wird folgende Erläuterung angezeigt:
Wenn(Prüfung; [Dann_Wert]; [Sonst_Wert])

a) In der Zelle **B8** benutzt er eine WENN-Abfrage, um eine Fallunterscheidung durchzuführen. Erkläre den Aufbau des Befehls.
b) Erläutere die Terme, die er innerhalb der WENN-Abfrage benutzt.
c) Gib die Formel an, die er in Zelle **B9** eingeben muss, um gegebenenfalls die zweite Lösung zu berechnen.
d) Erstelle selbst ein Tabellenblatt, mit dem die Lösungen berechnet werden.
e) Erstelle ein Tabellenblatt für die Lösung einer quadratischen Gleichung der Form $ax^2 + bx + c = 0$.

29 Untersuche mit Hilfe deines Tabellenblattes aus der vorherigen Aufgabe, ob die folgenden Aussagen für quadratische Gleichungen in Normalform richtig sind.
a) Wenn $p = q$ ist, dann hat die quadratische Gleichung immer genau eine Lösung.
b) Wenn $p = 0$ ist und $q > 0$ ist, dann hat die Gleichung genau zwei Lösungen.
c) Wenn $q = 0$ ist, dann sind die Lösungen der Gleichung $x_1 = 0$ und $x_2 = -p$.
d) Wenn q negativ ist, gibt es immer zwei Lösungen.
e) Stelle mit Hilfe deines Tabellenblatts eigene Aussagen auf, die wahr sind.

30 Bestimme die Nullstellen der Funktionen. Nutze dazu dein Tabellenkalkulationsblatt.
a) $f(x) = x^2 + 6{,}5x - 12$
b) $f(x) = x^2 - 14x + 24$
c) $f(x) = x^2 + 2{,}75x - 5$
d) $f(x) = 3x^2 - 27x + 42$

31 Bestimme jeweils die Koordinaten der Schnittpunkte der Funktionen f und g.
a) $f(x) = x^2$ und $g(x) = x + 2$
b) $f(x) = -x^2 + 4$ und $g(x) = 0{,}5x - 1$
c) $f(x) = x^2 - 2x + 2$ und $g(x) = -2x^2 + 4x + 2$
d) $f(x) = x^2 - 4x + 5$ und $g(x) = -0{,}5x^2 + 2x - 1$

32 Wie viele Schnittpunkte können eine Gerade und eine Parabel bzw. zwei Parabeln haben? Verfasse einen Eintrag im Merkheft, in dem du alle möglichen Fälle skizzierst und erläuterst. Erkläre, wie die Anzahl der Schnittpunkte und die Lösungen einer quadratischen Gleichung zusammenhängen.

33 Der Bogen einer Brücke kann annähernd durch die Funktion $f(x) = -0{,}4x^2 + 3x$ beschrieben werden.
a) Wie breit ist die Brücke?
b) Gib die maximale Höhe der Brücke an.

34 Bei einem Schachturnier mit n Teilnehmern soll jeder gegen jeden spielen.
a) Wie viele Spiele gibt es, wenn 6 (10, 15) Teilnehmer anwesend sind?
b) Welche Formel gilt für die Anzahl der Partien? Begründe.
① $n + (n-1) + \ldots + 1$ ② n^2
③ $(n-1) + (n-2) + \ldots + 1$ ④ $2n$
⑤ $\frac{1}{2} \cdot n \cdot (n-1)$
c) Bei einem Schachturnier wurden 66 Partien gespielt. Wie viele Spieler waren es?
d)
> **Schachturnier der SV**
> Am Samstag wurden beim Schachturnier der SV 175 Partien gespielt. Gewinner war …

Melissa meint, die Angaben in der Schülerzeitung seien falsch. Was meinst du? Begründe.

HINWEIS
Das Kapital K_0 wächst um Zins und Zinseszins in zwei Jahren auf $K_2 = K_0 \cdot (1 + \frac{p}{100})^2$.

35 Peter bringt zu Beginn eines Jahres 1200 € auf eine Bank. Nach genau zwei Jahren erhält er mit Zinsen 1273,08 €. Wie hoch ist der Zinssatz? (siehe Randspalte)

36 999 € ergaben nach zwei Jahren insgesamt 83,60 € Zinsen. Gib den Zinssatz an.

37 Zur Finanzierung des Kanalisationsbaus erlassen die Kommunen Abwassergebühren. Fast alle Städte und Gemeinden erheben auch für Regenwasser Gebühren.
Die Gemeinde, in der Bauer Peters wohnt, verlangte im Jahr 2009 bei bebauten Flächen 1,78 € pro m^2 und bei unbebauten Flächen 1,37 € pro m^2.
Bauer Peters hat auf seiner rechteckigen Wiese eine Scheune gebaut.
Die Scheune ist 2,5-mal so lang wie breit. Die Gesamtfläche des Grundstücks beträgt 793,5 m^2.

a) Berechne Länge und Breite der Scheune. Verwende die Skizze (Maße in m).
b) Gib den Flächeninhalt der durch die Scheune bebauten Fläche an und berechne die unbebaute Fläche.
c) Wie hoch waren im Jahr 2007 die Abwassergebühren, die Bauer Peters für sein Grundstück bezahlen musste?

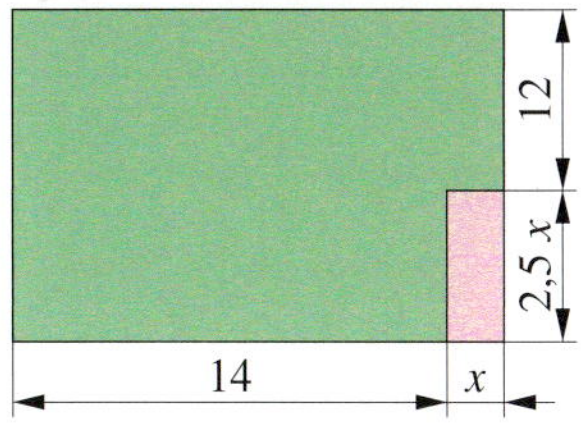

38 Sein Wohnhaus hat Herr Peters in die Mitte eines 616 m^2 großen rechteckigen Grundstücks so gebaut, dass es von jeder Grundstücksgrenze gleich weit entfernt ist.
a) Wie lang sind die Grundstücksgrenzen? Verwende die Skizze (Maße in m).
b) Berechne die Grundfläche des Wohnhauses von Herrn Peters.
c) Gib den Flächeninhalt der gepflasterten Garageneinfahrt und des Eingangswegs an. Diese Flächen zählen zu den bebauten Flächen.
d) Berechne die nach der Abwassergebührenordnung jährlich entstehenden Kosten (siehe Aufgabe 37).
e) Bauer Peters baut an die eine Seite seines Hauses ein Überdach für sein Brennholz, was als bebaute Fläche zählt. Durch das Überdach nimmt der Anteil der bebauten Fläche seines Grundstücks um 20 % zu. Wie hoch sind die Abwasserkosten in dem Baujahr der Überdachung, wenn diese seit Juli existiert?

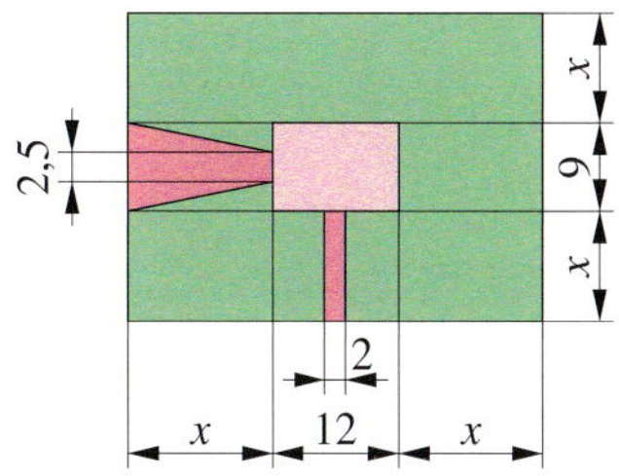

39 Zum Bewässern der Gewächse im Blumengarten wird auf dem Petershof das Regenwasser in einer Tonne gesammelt.
a) Schätze, wie viel Liter Regenwasser die Tonne fassen kann.
b) Berechne das Volumen der Regentonne. Gib an, wie viel Liter Regenwasser in die Tonne passen.
c) Da die bisherige Tonne zu wenig Regenwasser auffangen kann, ersetzt Herr Peters sie durch eine neue, die bei gleicher Höhe das doppelte Fassungsvermögen hat. Wie groß ist der Durchmesser der neuen Tonne?

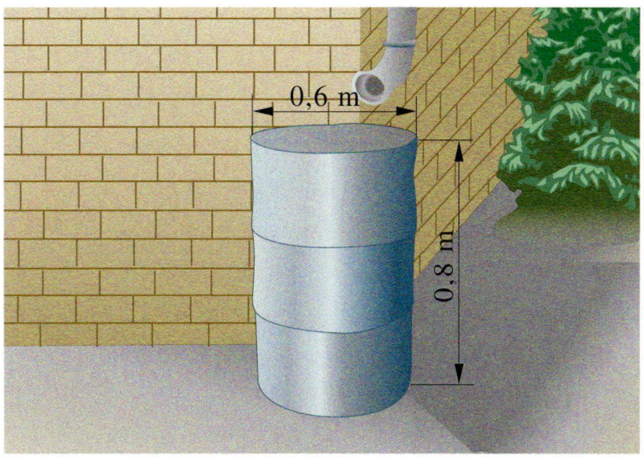

ZUM WEITERARBEITEN
Recherchiere, wie viel Regen im Jahr in deiner Region fällt. Wie oft würde die im Bild links gezeigte Tonne gefüllt werden?

Gewinnoptimierung – Mit dieser Schülerband ist zu rechnen!

Eine Schülerband spielt seit zwei Jahren zusammen und will sich für das SchoolJam Schülerband-Festival bewerben. Dafür müssen sie einen Demo-Song aufnehmen und einschicken.
Sie möchten gleich eine ganze CD mit eigenen Songs aufnehmen und diese bei ihren Auftritten zum Verkauf anbieten.

Deutschlands beste Schülerband gesucht

SchoolJam ist ein bundesweites Schülerband-Festival, das jährlich veranstaltet wird. Gesucht werden die besten Schülerbands Deutschlands. Mitmachen können Schüler der Schulklassen 5–13 sowie Berufsschüler bis 21 Jahre.

Die Siegerband darf dann als ***„Beste Schülerband Deutschlands"*** beim größten deutschen Open-Air-Festival ***„Rock am Ring"*** auftreten.

Aber für wie viel Geld sollen sie die CD verkaufen?
Um dies festzustellen, erhoben sie eine Online-Umfrage unter Freunden, Familienangehörigen und Mitschülern, die zum Ergebnis rechts führte.

- Bei einem Preis von 10,– € könnte die Band 100 CDs verkaufen.
- Senken sie die Preise um einen Euro, dann kaufen sich fünf weitere Personen die CD.
- Steigern sie den Preis um einen Euro, dann kaufen die CD fünf Personen weniger.

1 Wie viele CDs könnte die Schülerband verkaufen, wenn sie die CD für 9 € (8 €, 5 €, 12 €) anbieten würde? Übertrage die folgende Wertetabelle in dein Heft und vervollständige sie.

Absatz								100							
Preis (in €)	3	4	5	6	7	8	9	10	11	12	13	14	15	16	17

2 Zeichne die Funktion *Absatzmenge* → *Preis* in ein geeignetes Koordinatensystem und zeige, dass die zugehörige Funktionsgleichung $f(x) = -0{,}2x + 30$ lautet.

3 Wie viel Geld nimmt die Band ein, wenn sie 100 CDs zu einem Preis von 10 € verkauft? Ändern sich die Einnahmen, wenn sie die CDs zu einem Preis von 8 € (12 €) verkauft? Beachte bei der Berechnung, dass die Band zu diesen Preisen eine andere Absatzmenge hat.

4 Bestimme eine Funktionsgleichung, die die Einnahmen in Abhängigkeit vom Verkaufspreis darstellt. Ermittle den Scheitelpunkt dieser Funktion und zeichne ihren Graphen in ein geeignetes Koordinatensystem. Überprüfe die rechnerischen Lösungen mit Hilfe eines Funktionenplotters. Welche Bedeutung hat der Scheitelpunkt für die Problemstellung?

Um die CD zu produzieren, hatte die Schülerband Fixkosten in Höhe von 500 € (für die Aufnahmen im Tonstudio, das Leihen von Instrumenten und Geräten, u. ä.). Für die Herstellung jeder einzelnen CD fallen außerdem Kosten in Höhe von 1,50 € an.

5 Wie hoch sind die Kosten der Band, wenn sie 100 CDs produzieren lässt? Bestimme eine Funktionsgleichung, die die Kosten in Abhängigkeit von der produzierten Stückzahl darstellt.

6 Berechne den Gewinn der Schülerband, wenn sie 100 CDs zu 10 € verkauft. Zeige, dass die Funktion $f(x) = -0{,}2x^2 + 28{,}5x - 500$ den Gewinn der Band in Abhängigkeit von der produzierten (und verkauften) Stückzahl angibt.

a) Welche Bedeutung haben die Nullstellen der „Gewinnfunktion“?
b) Wie viele CDs sollte die Band herstellen lassen, wenn sie einen maximalen Gewinn erzielen möchte?
c) Überprüfe die rechnerischen Lösungen mit Hilfe eines Funktionenplotters.

7 Die Schülerband hat sich dazu entschlossen, die CD für einen Preis von 11 € zu verkaufen.
Bestimme die Höhe der Kosten, die die Band hatte.
Wie viele CDs muss die Band mindestens verkaufen, damit sie keinen Verlust macht?

8 Bisher hat die Band einen Gewinn von 103 € erzielen können.
Wie viele CDs konnten bislang verkauft werden? Welche Annahmen hältst du in diesem Beispiel für realistisch, welche für unrealistisch? Begründe.

9 Die Band hat weitere 150 CDs produzieren lassen. Wie hoch ist der Gewinn, wenn sie 5 CDs an Freunde verschenkt, 80 % zu 11 € und den Rest mit 15 % Rabatt verkauft?

Vermischte Übungen

1 Löse die quadratischen Gleichungen.
a) $x^2 + 9x - 52 = 0$
b) $x^2 + x - 56 = 0$
c) $x^2 + 21{,}5x - 102 = 0$
d) $x^2 - 17{,}6x - 7{,}2 = 0$
e) $x^2 - 12{,}5x = 0$
f) $3x^2 - 1{,}5x = 0$
g) $2x^2 + 4x - 30 = 0$
h) $5x^2 + 28x - 12 = 0$

2 Der abgebildete Wasserstrahl kann annähernd durch die Funktionsgleichung $h(x) = -5{,}2x^2 + 0{,}4$ beschrieben werden. Dabei ist $h(x)$ die Höhe in m über dem Wasserspiegel.

a) In welcher Höhe kommt der Wasserstrahl aus dem Brunnen?
b) In welcher Entfernung vom Baumstamm trifft der Strahl das Wasser, wenn die „Nase" 20 cm lang ist?

3 Ein Würfel hat eine Oberfläche von $37{,}5\,\text{cm}^2$. Welche Kantenlänge hat er?

4 Eine 2 m hohe quadratische Säule hat eine Oberfläche von $35\,200\,\text{cm}^2$. Wie lang ist eine Seite der Grundfläche?

5 Der Umfang eines rechteckigen Feldes beträgt 1034 m. Die Entfernung von einer Ecke zur diagonal gegenüberliegenden Ecke ist 407 m. Wie lang ist jede Seite des beschriebenen Feldes?

6 Die Summe von zwei Zahlen ergibt 39. Das Produkt der beiden Zahlen ist 368. Wie lauten die beiden Zahlen?

7 Wanted! Gesucht ist eine quadratische Gleichung mit …
a) der Lösung $x_1 = -5$ und $x_2 = 3$
b) keiner Lösung
c) einer Lösung
d) gleicher Lösung wie $x^2 - 5x - 24 = 0$

8 Vergrößert man den Radius eines Kreises um 2 cm, so entsteht ein Kreis, dessen Flächeninhalt dreimal so groß ist wie der des ersten Kreises. Bestimme den Radius des ersten Kreises.

9 Die Seite einer Raute ist 20 cm lang. Die Längen ihrer Diagonalen unterscheiden sich um 8 cm.
a) Wie lang sind die Diagonalen?
b) Welchen Flächeninhalt hat die Raute?

10 Im Stadion führt die Laufbahn um ein rechteckiges Fußballfeld.
An die Torseiten grenzen zwei Halbkreisflächen. Die Gesamtfläche aus dem Fußballfeld und den beiden Halbkreisflächen ist der Innenbereich der Laufbahn.

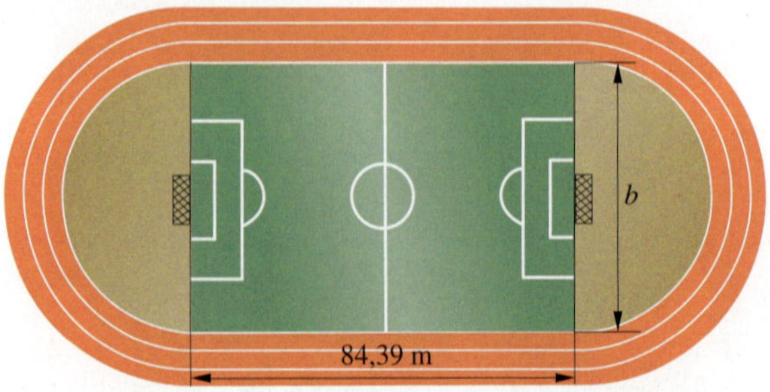

a) Laufbahnen entsprechen internationalen Vereinbarungen, um die Leistungen der Läufer vergleichbar zu machen. Diese Vereinbarungen legen für den Innenbereich eine Fläche von $10\,345{,}86\,\text{m}^2$ fest. Berechne die Breite b des Innenbereichs. Verwende dazu das Maß aus der Grafik.
b) Bedeutende Leichtathletikwettbewerbe finden meist in Stadien statt, in denen acht Laufbahnen angelegt worden sind. Wie groß ist die für die acht Laufbahnen benötigte Fläche, wenn jede Bahn eine Breite von 1,22 m hat?

ZUM WEITERARBEITEN
Ein Bäcker kann im Ofen 192 Brötchen backen. Dabei beträgt die Anzahl der Bleche im Ofen ein Drittel der Anzahl der Brötchen auf einem Blech. Wie viele Brötchen liegen auf einem Blech und wie viele Bleche passen in den Ofen?

11 300 Bakterien vermehren sich in zwei Stunden auf 675 Bakterien.
Um wie viel Prozent vermehren sie sich stündlich?

12 Gegeben ist die Gleichung $4x^2 = 12x$.
Marion dividiert beide Seiten durch x und erhält $x = 3$ als Lösung.
Nimm dazu Stellung.

13 Thomas meint, dass man die Lösung von vielen quadratischen Gleichungen der Form $x^2 + px + q = 0$ auch raten kann, wenn man sich p und q ansieht.

Gleichung	p	q	x_1	x_2
$x^2 - 12x + 32 = 0$	−12	32	4	8
$x^2 + 2x - 15 = 0$	2	−15	3	−5
$x^2 - 9x + 18 = 0$	−9	18	6	3

a) Welche Zusammenhänge bestehen zwischen p und q und den beiden Lösungen x_1 und x_2?

b) Bestimme die Lösungen der Gleichungen mit diesem Verfahren. Überprüfe deine Lösungen durch eine Probe.
① $x^2 - 15x + 56 = 0$
② $x^2 - 7x - 44 = 0$
③ $x^2 - 13x + 36 = 0$
④ $x^2 + 15x + 50 = 0$

14 Der Franzose Francois Viète (meist Vieta genannt, 1540 bis 1603) untersuchte die Zusammenhänge zwischen der Gleichung $x^2 + px + q = 0$ und ihren Lösungen x_1 und x_2. Er stellte fest, dass die folgende Beziehung gilt: $x^2 + px + q = (x - x_1)(x - x_2)$.
Man nennt diese Form der Darstellung auch **Linearfaktorform**.

a) Begründe, warum x_1 und x_2 Lösungen der Gleichung $(x - x_1)(x - x_2) = 0$ sind.

b) Zeige durch Umformen der Gleichung $x^2 + px + q = (x - x_1)(x - x_2)$, dass $x_1 + x_2 = -p$ und $x_1 \cdot x_2 = q$ gilt.

15 Welche Lösungen gehören zu welchen Gleichungen? Ordne zu.

A) $x_1 = 5$; $x_2 = -3$
B) $x_1 = 1$; $x_2 = 4$
C) $x_1 = 5$; $x_2 = 3$
D) $x_1 = -5$; $x_2 = -3$
E) $x_1 = -1$; $x_2 = 4$
F) $x_1 = -4$; $x_2 = -1$

1) $x^2 - 5x + 4 = 0$
2) $x^2 - 8x + 15 = 0$
3) $x^2 - 2x - 15 = 0$
4) $x^2 + 8x + 15 = 0$
5) $x^2 - 3x - 4 = 0$
6) $x^2 + 5x + 4 = 0$

16 Welche quadratische Gleichung hat die folgenden Lösungen?
a) $x_1 = 7$ und $x_2 = 3$
b) $x_1 = -5$ und $x_2 = 6$
c) $x_1 = -4$ und $x_2 = 12$
d) $x_1 = 8$ und $x_2 = -4$

17 Quadratische Funktionen kann man in der Scheitelpunktform, in der Normalform oder in der Linearfaktorform angeben.

a) Die folgenden Funktionsterme gehören zu nur zwei verschiedenen Funktionen.
Welche der angegebenen Funktionsterme gehören zur gleichen Funktion?
Gib jeweils die Nullstellen und die Scheitelpunkte der Funktionen an.
$f_1(x) = (x-2)(x-4)$ $\quad f_2(x) = (x-1)^2 - 9$
$f_3(x) = x^2 - 2x - 8$ $\quad f_4(x) = (x+2)(x-4)$
$f_5(x) = (x-3)^2 - 1$ $\quad f_6(x) = x^2 - 6x + 8$

b) Vergleiche mit deinem Tischnachbarn die drei Darstellungsformen. Welche Berechnungen lassen sich mit welcher Form besonders leicht ausführen?
Stellt eure Ergebnisse auf einem Plakat oder einer Folie dar und präsentiert sie euren Mitschülerinnen und Mitschülern.

c) Forme die angegebenen Funktionsterme jeweils in die beiden anderen Darstellungsformen um.
Gib die Nullstellen und den Scheitelpunkt der Funktionen an.
① $f(x) = (x-5)(x-3)$
② $g(x) = x^2 - 4x - 12$
③ $h(x) = (x-2)^2 - 1$

18 Für welche Werte von a hat die Gleichung $(x+2)(x-a) = 0$ genau eine Lösung? Begründe.

TIPP
Nutze für Aufgabe 16 den Satz des Vieta.
Für die Lösungen x_1 und x_2 einer quadratischen Gleichung gilt:
$x_1 + x_2 = -p$ und $x_1 \cdot x_2 = q$.

HINWEIS
Auch mit Hilfe von Werkzeugen wie Taschenrechnern oder Funktionenplottern lassen sich Nullstellen berechnen.
Lies in der Bedienungsanleitung deines Taschenrechners nach oder informiere dich im Internet.

19 Zeichne ein Dreieck, ein Viereck, ein Fünfeck und ein Sechseck. Zeichne alle Verbindungen zwischen den Eckpunkten ein.

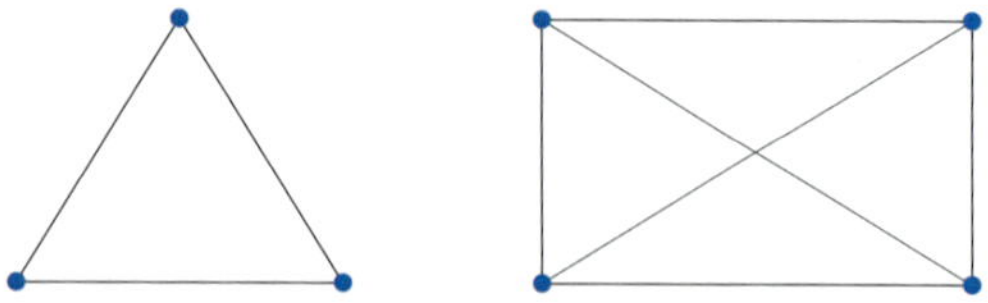

a) Wie viele Verbindungslinien gibt es bei einem Achteck, einem Zehneck und einem Zwanzigeck?

b) Zeige, dass man die Anzahl der Verbindungslinien zwischen n Eckpunkten mit folgender Funktion berechnen kann:
$f(n) = 0{,}5\,n^2 - 0{,}5\,n$

c) Bei welcher Figur gibt es genau 153 Verbindungslinien?

d) Auf einer Party begrüßt jeder Gast jeden anderen Gast mit einem Küsschen. Es wurden insgesamt 276 Küsschen gegeben. Wie viele Gäste sind auf der Party? (Stell dir vor, dass jeder Eckpunkt eine Person darstellt, die einer anderen Person ein Begrüßungsküsschen schenkt.)

20 Die Summe der ersten n Zahlen, die nach einem bestimmten Muster gebaut sind, lässt sich mit Hilfe einer quadratischen Funktion berechnen.

a) Ordne Summen und Terme einander zu.

1) $1 + 3 + 5 + 7 + 9 + \ldots$

2) $2 + 4 + 6 + 8 + 10 + \ldots$

3) $4 + 8 + 12 + 16 + 20 + \ldots$

A) n^2 B) $2n^2 + 2n$ C) $n^2 + n$

b) Wie viele gerade Zahlen muss man addieren, um 240 zu erhalten?

c) Wie viele ungerade Zahlen muss man addieren, um als Summe 144 zu erhalten?

d) Gibt es eine Summe der Vielfachen von 4, die den Wert 1000 annimmt?

e) Finde einen Term für die Summe aus $2 + 6 + 10 + 14 + \ldots$
und bestimme eine Anzahl von Summanden, sodass die Summe 450 ergibt.

ZUM WEITERARBEITEN
Zu welcher Summe passt dieses Bild? Begründe.

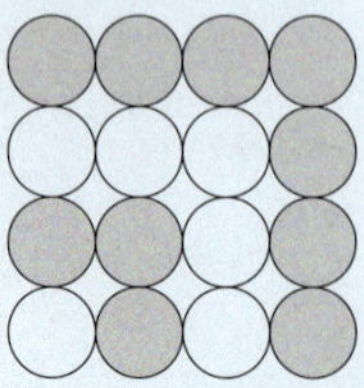

21 Die Abbildung zeigt die finnische Nationalflagge.

a) Zeichne die Figur für $a = 1{,}1$ m und $b = 1{,}8$ m im Maßstab 1 : 10. Das blaue Kreuz hat die Breite $x = 0{,}3$ m.
Beachte, dass die weißen Rechtecke links vom Kreuz halb so groß sind wie die Rechtecke rechts vom Kreuz.

b) Gib den Inhalt der weißen Fläche in Originalgröße an.

c) Zeige, dass sich der Flächeninhalt des weißen Anteils der Fahne durch $A(x) = x^2 - 2{,}9\,x + 1{,}98$ [in m^2] berechnen lässt, wenn man die Seitenlängen der Fahne beibehält und die Breite x des blauen Kreuzes verändert.

d) Wie breit muss der Streifen sein, damit die weiße Fläche $\frac{2}{3}$ der Gesamtfläche ausmacht?

22 Beim Kugelstoßen hängt die Flugweite von der Anfangsgeschwindigkeit, dem Abwurfwinkel und der Abwurfhöhe ab. Wenn man den Luftwiderstand vernachlässigt, dann lässt sich die Flugbahn der Kurve einer Kugel näherungsweise durch eine Parabel beschreiben. Die Kugel eines Kugelstoßers bewegt sich auf der Bahn $f(x) = -0{,}04\,x^2 + 0{,}6\,x + 2{,}16$.
Dabei ist x die horizontale Entfernung der Kugel vom Abwurfpunkt in m und $f(x)$ die Höhe der Kugel in m.

a) Welche maximale Höhe erreicht die Kugel während des Fluges?

b) Wie weit fliegt die Kugel?

c) 10 m vom Abstoßpunkt entfernt befindet sich eine Markierung. In welcher Höhe befindet sich die Kugel über der Markierung?

Teste dich!

a

1 Löse die quadratischen Gleichungen.

a) $4x^2 - 25 = 0$ b) $1{,}2x^2 - 14{,}7 = 0$

e) $x^2 + 1{,}5x - 1 = 0$ f) $x^2 - \frac{5}{6}x + \frac{1}{6} = 0$

2 Gib eine quadratische Gleichung an, die die folgenden Lösungen hat.

a) $x_1 = 12$ und $x_2 = -12$

b) $x_1 = 0$ und $x_2 = 7$

c) $x_1 = 8$

d) keine Lösung

3 Betrachte die Gleichung
$2x^2 + 2x - 24 = 0$.

a) Bestimme die Diskriminante D.

b) Gib ohne zu rechnen die Anzahl der Lösungen der Gleichung an.

4 Geometrische Berechnungen

a) Die Diagonale in einem Quadrat ist 128 cm lang. Wie lang ist eine Seite des Quadrats?

b) Der Oberflächeninhalt eines Würfels beträgt $121{,}5\,\text{cm}^2$. Wie lang sind seine Kanten?

5 Auf einem rechteckigen Feld mit einer Länge von 120 m und einer Breite von 80 m soll ein Sportplatz errichtet werden. Auf 60% der Fläche wird das Sportfeld errichtet, rundherum wird ein gleichmäßig breiter Zuschauerraum gebaut.

a) Berechne die Breite des Zuschauerraumes.

b) Welche Maße hat das Spielfeld?

6 Leon steht im Freibad auf dem 3-m-Brett. Er springt hoch hinaus ab. Seine Höhe h zu einer Zeit t kann näherungsweise durch folgende Funktion berechnet werden:
$h(t) = -5t^2 + 5t + 3$

a) Nach wie vielen Sekunden taucht er ins Wasser ein ($h = 0$)?

b) Nach einer halben Sekunde hat er den höchsten Punkt über dem Wasserspiegel erreicht. Wie hoch ist das?

b

c) $x^2 - 4{,}5x = 0$ d) $x^2 + 3x - 18 = 0$

g) $4x^2 - 52x + 160 = 0$ h) $0{,}5x^2 - 3x + 4 = 0$

2 Gib eine quadratische Gleichung an, die die folgenden Lösungen hat.

a) $x_1 = 9$ und $x_2 = 12$

b) $x_1 = 0$ und $x_2 = 9$

c) $x_1 = 12$

d) x_1 ist doppelt so groß wie x_2

3 Gegeben ist die Gleichung
$ax^2 - ax + 8 = 0$.

a) Bestimme die Diskriminante D.

b) Für welche Werte von a besitzt die Gleichung keine, eine oder zwei Lösungen?

4 Ein Rechteck und ein Dreieck haben jeweils einen Flächeninhalt von $120\,\text{cm}^2$.

a) Der Umfang des Rechtecks beträgt 46 cm. Wie lang sind die beiden Seiten?

b) Die Grundseite des Dreiecks ist 1 cm länger als die zugehörige Höhe. Wie lang ist die Grundseite?

5 Verlängert man den Radius eines Kreises um 50 cm, dann verdoppelt sich die Kreisfläche.

a) Wie lang war der ursprüngliche Radius?

b) Um wie viel Prozent wurde der Radius vergrößert?

6 Leona steht im Freibad auf dem 10-m-Brett. Sie springt ein wenig ab. Ihre Höhe h zu einer Zeit t kann näherungsweise durch folgende Funktion berechnet werden:
$h(t) = -5\left(t - \frac{2}{5}\right)^2 + \frac{54}{5}$

a) Nach wie vielen Sekunden taucht sie ins Wasser ein?

b) Nach wie vielen Sekunden erreicht sie 10,8 m, den höchsten Punkt ihrer Flugkurve?

HINWEIS

Brauchst du noch Hilfe, so findest du auf den angegebenen Seiten ein Beispiel oder eine Anregung zum Lösen der Aufgaben. Überprüfe deine Ergebnisse mit den Lösungen ab Seite 220.

Aufgabe	*Seite*
1	68, 72
2	72
3	68, 72
4	72
5	72
6	72

Zusammenfassung

→ Seite 68

Rein quadratische Gleichungen lösen

Gleichungen, bei denen die Variable nur in der zweiten Potenz vorkommt, heißen **rein quadratische Gleichungen**.
Alle rein quadratischen Gleichungen lassen sich auf die Form $x^2 = d$ zurückführen.
Für die Anzahl der Lösungen gilt:

- Ist $\boldsymbol{d > 0}$, dann hat die Gleichung $x^2 = d$ **zwei Lösungen**, und zwar $x_1 = \sqrt{d}$ und $x_2 = -\sqrt{d}$.

$5x^2 - 20 = 0 \quad | :5$
$x^2 - 4 = 0 \quad | +4$
$x^2 = 4 \quad |$ Wurzel ziehen
$d > 0$, somit gibt es zwei Lösungen:
$x_1 = 2$ und $x_2 = -2$

- Ist $\boldsymbol{d = 0}$, dann hat die Gleichung $x^2 = d$ **genau eine Lösung**, und zwar $x = 0$.

$-9x^2 = 0 \quad | : (-9)$
$x^2 = 0 \quad |$ Wurzel ziehen
$x = 0$

- Ist $\boldsymbol{d < 0}$, dann hat die Gleichung $x^2 = d$ **keine Lösung**.

$8x^2 = -24 \quad | : 8$
$x^2 = -3$, $d < 0$, es gibt keine Lösung.

→ Seite 72

Allgemein quadratische Gleichungen lösen

Jede quadratische Gleichung kann durch Umformungen in die **Normalform** $\boldsymbol{x^2 + px + q = 0}$ überführt werden.

$2x^2 - 20x + 48 = 0 \quad | : 2$
$x^2 - 10x + 24 = 0 \quad |$ quad. Ergänzung
$\underbrace{x^2 - 10x + \left(\tfrac{10}{2}\right)^2}_{(x-5)^2} + 24 = \left(\tfrac{10}{2}\right)^2 \quad | -24$
$(x-5)^2 = 1$
$x_1 - 5 = 1 \quad | +5$ und $x_2 - 5 = -1 \quad | +5$
$x_1 = 6$ und $x_2 = 4$

Quadratische Gleichungen in Normalform können …
- mit dem Verfahren der quadratischen Ergänzung oder
- mit der ***p*-*q*-Formel** gelöst werden.

$x_1 = -\frac{p}{2} + \sqrt{\left(\frac{p}{2}\right)^2 - q}$ und

$x_2 = -\frac{p}{2} - \sqrt{\left(\frac{p}{2}\right)^2 - q}$

$x^2 - 5x - 24 = 0 \qquad p = -5$ und $q = -24$
$x_{1,2} = -\left(-\frac{5}{2}\right) \pm \sqrt{\left(-\frac{5}{2}\right)^2 - (-24)}$
$x_{1,2} = \frac{5}{2} \pm \sqrt{\frac{25}{4} + 24}$
$x_{1,2} = \frac{5}{2} \pm \sqrt{\frac{121}{4}}$
$x_{1,2} = \frac{5}{2} \pm \frac{11}{2}$
$x_1 = 8$ und $x_2 = -3$

Für den Radikanden $\left(\frac{p}{2}\right)^2 - q$ gibt es drei mögliche Fälle, aus denen die Anzahl der Lösungen abgelesen werden kann. Man nennt diesen Term **Diskriminante *D*.**

$D > 0$ zwei Lösungen (z. B. $\sqrt{D} = \sqrt{169}$)

$D = 0$ eine Lösung (z. B. $\sqrt{D} = \sqrt{0}$)

$D < 0$ keine Lösung (z. B. $\sqrt{D} = \sqrt{-16}$)

$x^2 + 10x + 25 = 0 \qquad p = 10$ und $q = 25$
$x_{1,2} = -5 \pm \sqrt{25 - 25}$
$x = -5$

$x^2 + 8 + 18 = 0 \qquad p = 8$ und $q = 18$
$x_{1,2} = -4 \pm \sqrt{16 - 18} = -4 \pm \sqrt{-2}$
Die Gleichung hat keine Lösung.

Datenerhebungen hinterfragen

In Deutschland gibt es etwa 350 Tageszeitungen, dazu kommen viele Wochenzeitungen und unzählige Zeitschriften für jede Altersgruppe und für jedes Thema. Diese Medien informieren über aktuelles Geschehen. Die Informationen werden aber nicht immer neutral präsentiert. Gerade in Diagrammen und statistischen Auswertungen gibt es die Möglichkeit, Ergebnisse gezielt hervorzuheben und falsche Eindrücke zu erwecken.

Noch fit?

1 Die 30 Schülerinnen und Schüler der Klasse 10 b kommen mit unterschiedlichen Verkehrsmitteln zur Schule: drei von ihnen werden täglich mit dem Auto gefahren, elf kommen zu Fuß, sieben benutzen ihr Fahrrad, acht fahren mit dem Bus und ein Schüler reist täglich mit dem Zug an.

a) Erstelle aus diesen Daten ein Säulendiagramm und ein Kreisdiagramm.
b) Worauf muss bei den einzelnen Diagrammtypen geachtet werden?
c) Was ist der Vorteil eines Diagramms gegenüber einem Text oder einer Tabelle?

2 Stelle die Werte aus den abgebildeten Tabellen jeweils in einem Koordinatensystem dar.

①

Monat	J	F	M	A	M	J	J	A	S	O	N	D
Durchschnittstemperatur (in °C)	7	8	10	10	16	22	21	23	18	12	11	4

②

Note	1	2	3	4	5	6
Anzahl	3	7	8	6	4	1

③

Handykosten (in €/Monat)	12	15	8	11	17	9
Schüler	Henrik	Lale	Katja	Sergej	Jan	Nina

④

Anzahl der Minuten	10	30	60	90	120	150
Kosten (in €)	7,50	12,10	19,00	25,90	32,80	39,70

a) In welchen Fällen ist es inhaltlich sinnvoll, die Punkte zu einer Kurve zu verbinden?
b) Begründe, warum sich die Punkte aus einigen Koordinatensystemen nicht verbinden lassen.

3 Fasse die Diagramme zur Bundestagswahl 2009 in Worte.

Sitzverteilung im Deutschen Bundestag

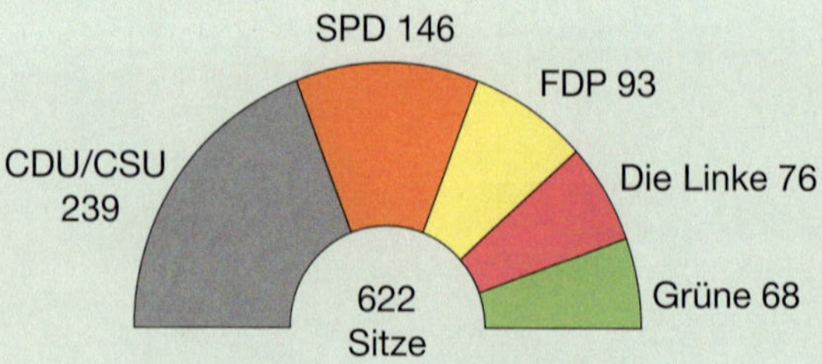

Gewinne und Verluste der Stimmenanteile

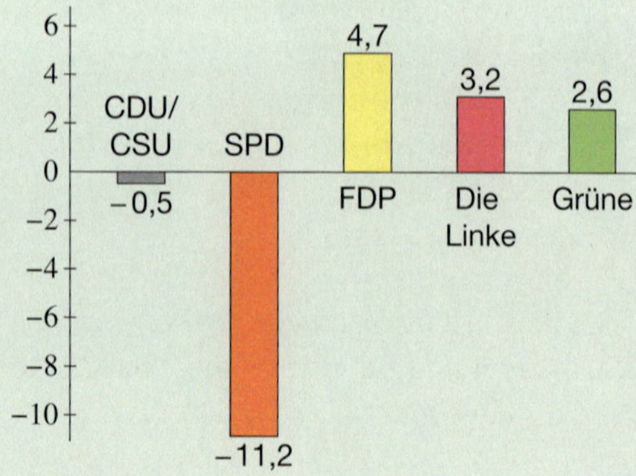

NACHGEDACHT
Nach der Bundestagswahl 2009 hat sich eine Regierungskoalition aus den Parteien CDU/CSU und FDP gebildet. Sie verfügen zusammen über mehr als 50 % der Sitze im Parlament. Welche anderen Koalitionen wären rein rechnerisch möglich gewesen? Es können auch Koalitionen aus mehr als zwei Parteien gebildet werden. Warum sollte eine Regierungskoalition über mindestens 50 % der Sitze im Parlament verfügen?

Kurz und knapp

1. Ergänze den Satz: Diagramme dienen dazu, …
2. Welche Eigenschaften hat ein Rechteck?
3. Ergänze den Satz: In einem Dreieck beträgt die Summe der Innenwinkel …
4. Notiere das Distributivgesetz.
5. Welchen Flächeninhalt hat ein Quadrat mit der Seitenlänge $a = 5{,}2\,\text{cm}$? Wie verändert sich der Flächeninhalt, wenn die Seitenlänge verdoppelt (verdreifacht) wird?
6. Wie verändert sich das Volumen eines Würfels, wenn die Kantenlänge verdoppelt (verdreifacht) wird?

Statistische Darstellungen kritisch analysieren

Erforschen und Entdecken

1 Die abgebildeten Diagramme sind alle fehlerhaft.
a) Erläutere die Fehler und berichtige sie.
b) Denke dir zu jedem Diagramm eine Überschrift aus.

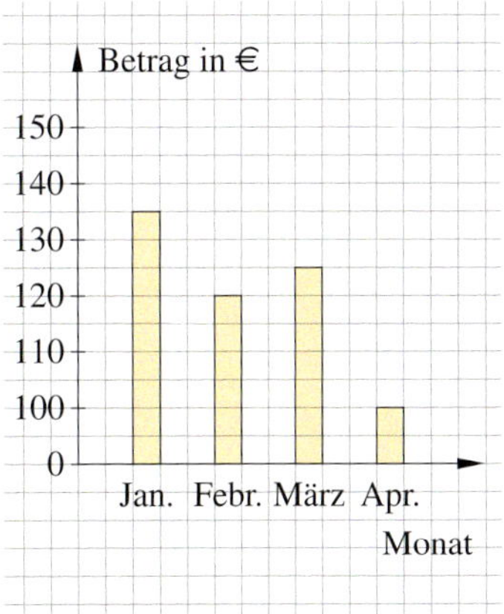

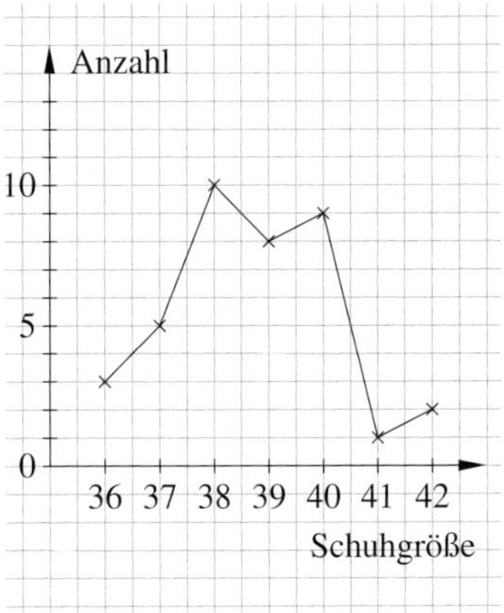

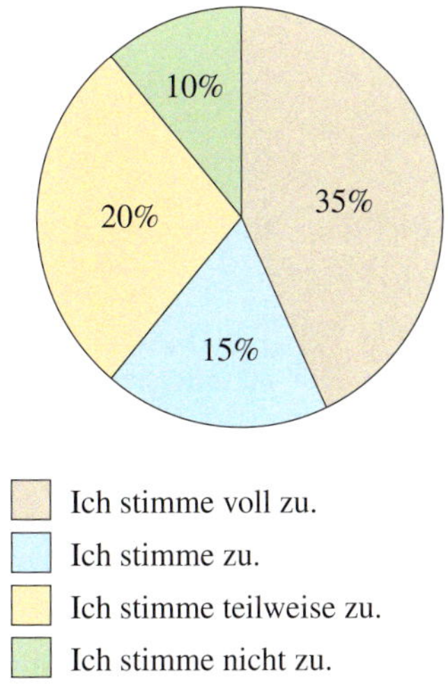

2 Das abgebildete Diagramm zeigt die Schulden, die Claudia jeden Monat neu auf sich nimmt, um ihre Handyrechnung zu bezahlen. Sie zeigt das Diagramm ihren Eltern.
a) Ist der Verlauf des Diagramms positiv oder negativ zu bewerten?
b) Wie würdest du an Stelle der Eltern auf dieses Diagramm reagieren? Tauscht euch darüber aus.
c) Claudia war im Dezember des vorigen Jahres bereits mit 120 Euro verschuldet. Wie muss das Diagramm verändert werden, damit es ihre Schulden korrekt wiedergibt?
Zeichne das Diagramm.

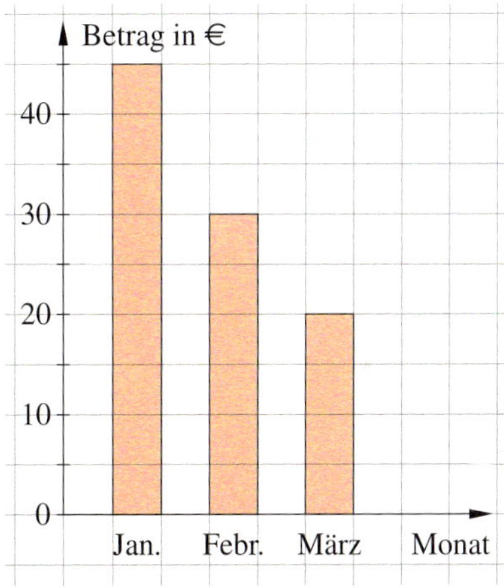

ZUM WEITERARBEITEN
Informiere dich bei Verbraucherberatungsstellen oder im Internet über die Schuldensituation bei Jugendlichen.

3 Maxi fühlt sich gegenüber seinen Freunden benachteiligt. Er meint, er habe weniger Geld als seine Freunde zur Verfügung. Um diese Ungerechtigkeit zu veranschaulichen, zeichnet er das unten abgebildete Piktogramm.

Maxi Bernd Colin

a) Mit welchem Trick stellt Maxi den Sachverhalt übertrieben dar?
b) Wie könnte ein korrektes Piktogramm aussehen? Zeichne es.
c) Wie könnte ein Piktogramm aussehen, das diese Ungerechtigkeit noch stärker in den Vordergrund rückt? Zeichne auch dieses.
d) Welches Piktogramm wird Maxi vermutlich verwenden, wenn er mit seinen Eltern über höheres Taschengeld verhandelt?

HINWEIS
Ein Piktogramm ist ein Figurendiagramm. Die Zahlen werden durch die Anzahl oder Größe von Figuren veranschaulicht.

Lesen und Verstehen

HINWEIS
Im Jahr 2005 gab es 3912 Grundschulen mit Ganztagsschulbetrieb. Im Jahr 2006 waren es 4878 und im Jahr 2007 schon 5822 Schulen. Diese Zahlen wurden von der Kultusministerkonferenz erhoben.

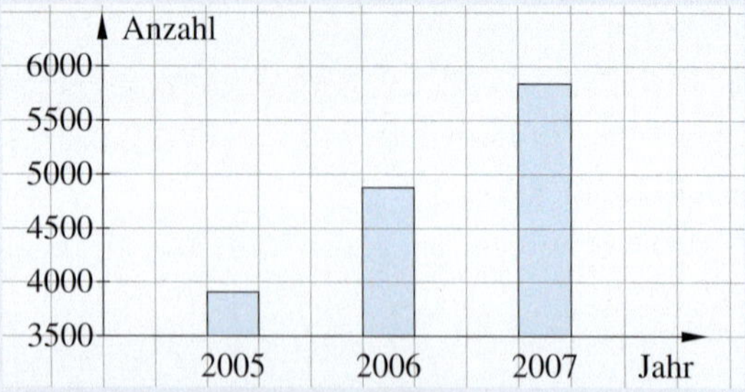

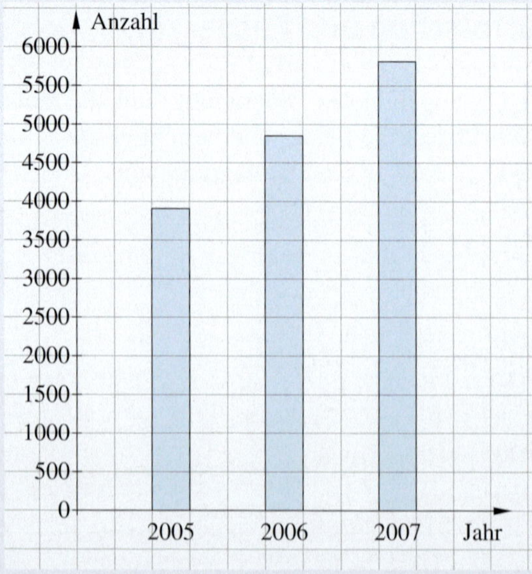

Die beiden Diagramme zeigen den gleichen Sachverhalt: die Anzahl deutscher Grundschulen mit Ganztagsbetrieb in verschiedenen Jahren. Der gleiche Sachverhalt – aber ein anderer Eindruck.
Die Darstellung von Daten ist nicht immer genau und neutral: manchmal werden Daten gewollt manipuliert dargestellt.

Häufig vorkommende Manipulationen sind:

- Das **Koordinatensystem** ist **fehlerhaft**. Der Schnittpunkt von x- und y-Achse liegt nicht bei $(0|0)$ (s. Eingangsbeispiel) oder die Abstände auf jeweils einer Achse sind nicht gleich groß.

- Bei einem Piktogramm wird die **Veränderung in der Höhe und in der Breite** abgetragen. So entsteht ein Missverhältnis zwischen Wert und Fläche, z. B. führt eine Verdopplung des Wertes zu einer Vervierfachung der Fläche.

- Aus wenigen Daten wird der zukünftige Verlauf **hochgerechnet** und im Diagramm mit eingezeichnet.

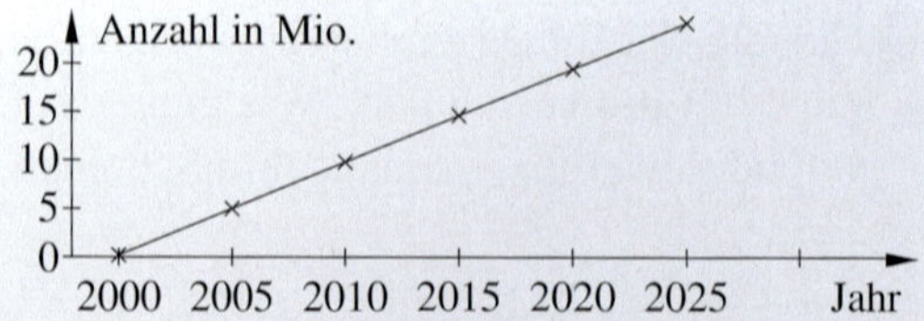

- Ein Sachverhalt wird so dargestellt, dass er in der Darstellung **positiv** aussieht, **obwohl der Verlauf negativ** ist.

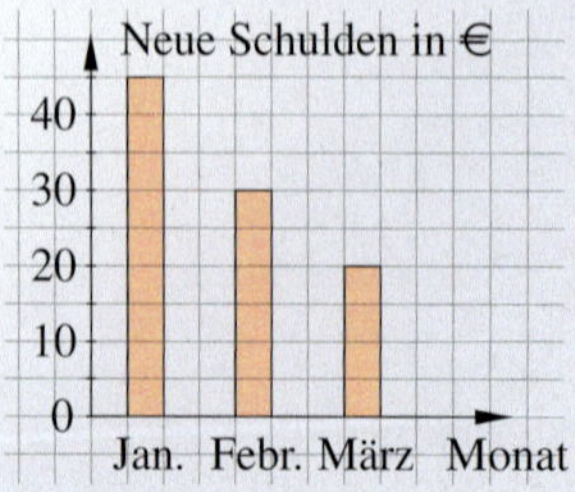

- Bei einem **Kreisdiagramm** werden die Anteile zu „keine Angabe“ oder „Sonstiges“ **nicht dargestellt**.

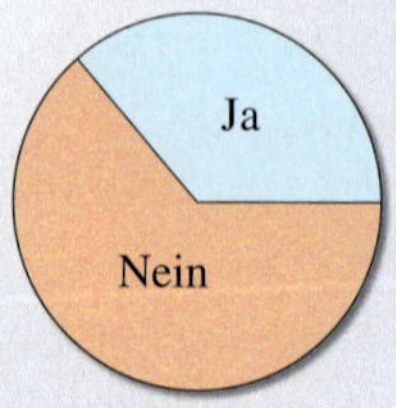

Diagramme können **manipuliert** werden. Durch verschiedene Methoden wird ein Eindruck erzeugt, der durch eine neutrale Darstellung nicht entstanden wäre.

Üben und Anwenden

1 Der Bund hat auf dem Kreditmarkt Schulden. Alle drei Abbildungen geben diesen Sachverhalt wieder.

Stichtag	Schulden (in Mrd. Euro)
31.12.2002	719,397
31.12.2003	760,453
31.12.2004	802,994
31.12.2005	872,653
31.12.2006	902,054

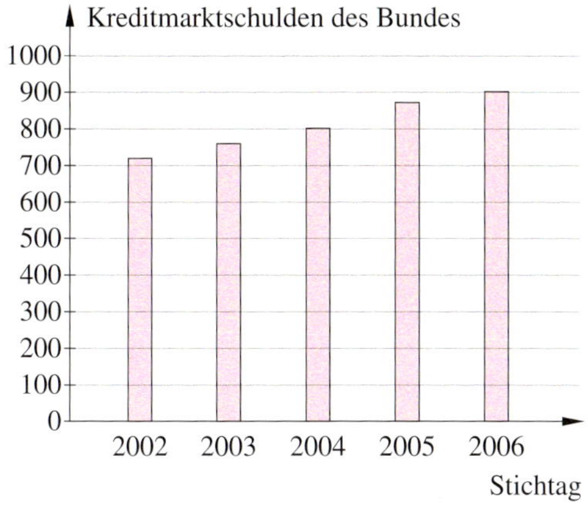

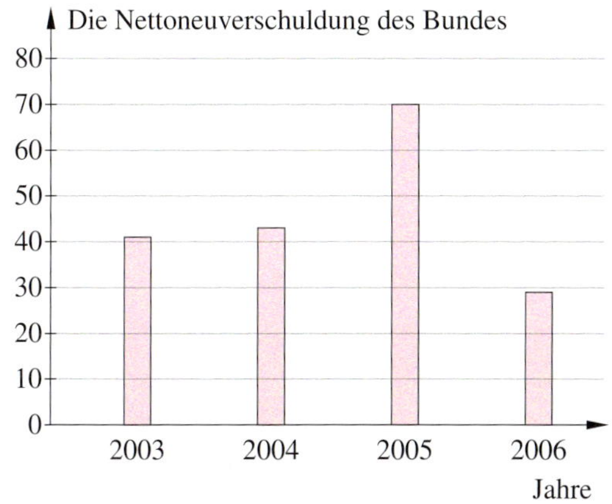

a) Vergleiche die Werte aus der Tabelle mit den Diagrammen.
b) Klärt den Begriff „Nettoneuverschuldung" gemeinsam.
c) Wer hat ein Interesse daran, die Verschuldung des Bundes wie in der untersten Abbildung darzustellen?
d) Ist der Verlauf der Verschuldung von 2005 auf 2006 positiv oder negativ zu bewerten? Diskutiert im Plenum und begründet.

2 Das Thema Klimawandel führt zu hitzigen Debatten. Deshalb finden sich gerade dazu viele manipulierte Diagramme.

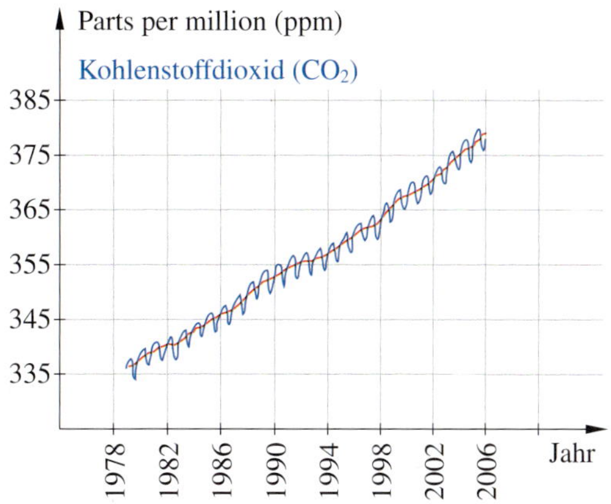

a) Erläutere den Inhalt des Diagramms.
b) Welche Manipulation steckt in dieser Abbildung? Zeichne das Diagramm richtig und vergleiche die Wirkung.
c) Recherchiere im Internet weitere manipulierte Diagramme zu diesem Thema und stelle sie deinem Kurs vor, indem du sie inhaltlich wiedergibst und die Manipulation erläuterst.

3 Betrachte das Diagramm.

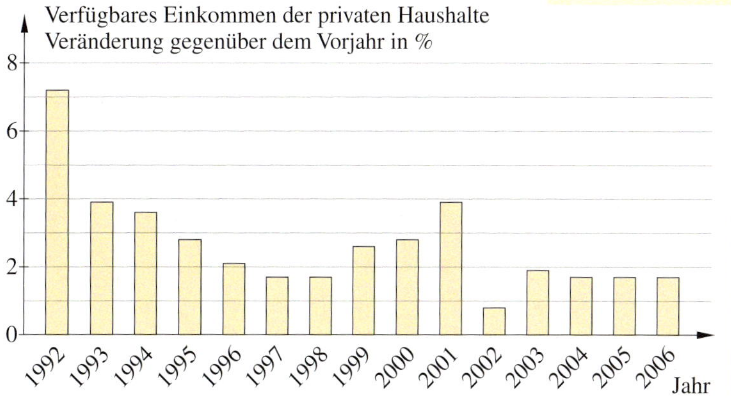

a) Was stellt das Diagramm dar? Beschreibe den Inhalt.
b) Ist der Verlauf eher positiv oder negativ zu bewerten? Begründe deine Antwort.
c) 1997 betrug das Einkommen 2500 Euro. Zeichne ein Diagramm, das den jährlich zur Verfügung stehenden Betrag zeigt.

089-1

HINWEIS
Der Mediencode führt zu einer Linkliste mit weiteren Diagrammen zum Thema Klimawandel.

SCHON GEWUSST?
IPTV steht für Internet Protocol Television.

4 Im Jahr 2007 stellte eine Firma eine Prognose über die Anzahl der Haushalte mit IPTV bis zum Jahr 2012. Beim IPTV wird das Fernsehprogramm statt über Kabel, Satellit oder Antenne über das Internet übertragen.

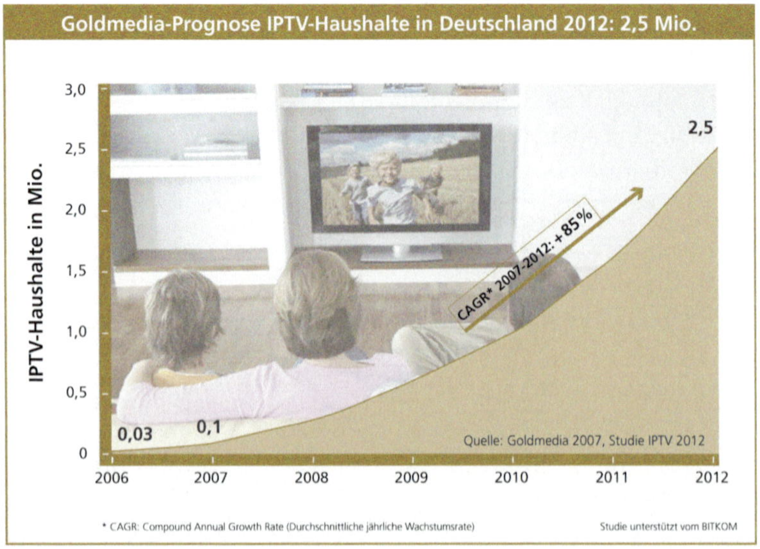

a) Welche Werte lagen der Prognose zugrunde?
b) Berechne den Wert für 2012 mit der angegebenen Wachstumsrate ausgehend von dem Wert aus dem Jahr 2007 und vergleiche mit den Angaben.
c) Welche Faktoren könnten den tatsächlichen Verlauf der Kurve so beeinflussen, dass 2012 nur 0,5 Mio. Haushalte internetbasiertes Fernsehen zur Verfügung hätten? Denke dir dazu Beispiele aus.
d) Bewerte die abgebildete Prognose. Glaubst du, dass sie zutreffend ist? Ist die Methode korrekt?
e) Wer hat ein Interesse daran, diese Prognose zu erstellen?

5 Die Abbildung zeigt den Kursverlauf des Deutschen Aktienindex (DAX) vom 9. 10. 2009.

a) Informiert euch über den Börsenhandel in Frankfurt und klärt den Begriff „Deutscher Aktienindex“.
b) Erläutert den Verlauf des Graphen und den Aufbau des Diagramms.
c) Vergleicht mit der Abbildung aus Aufgabe 1 und diskutiert im Plenum, ob auch hier eine Manipulation in der Darstellung vorliegt. Begründet eure Meinung.

6 Die Aktie von Adidas ist eine von 30 verschiedenen Aktien, aus denen der DAX berechnet wird. Dargestellt ist der Kursverlauf der Aktie am 9. 10. 2009.
Erläutere anhand dieses Beispiels, dass es durchaus sinnvoll sein kann, nur einen Ausschnitt aus einem Diagramm zu zeigen. Grenze diese Fälle von den gewollten Manipulationen ab.

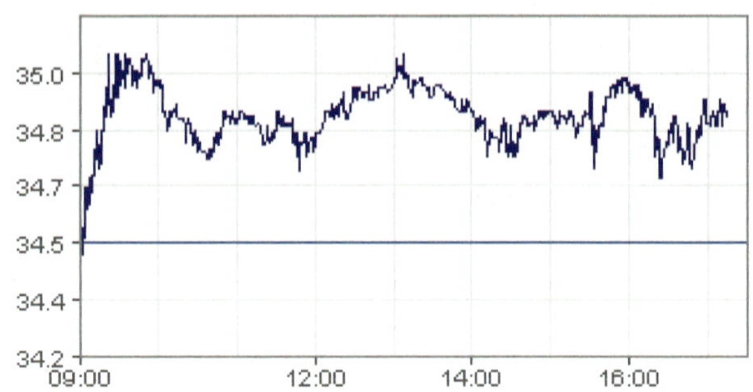

Befragungen und Darstellungen manipulieren

Erforschen und Entdecken

1 Organisiert in eurem Kurs eine Befragung zum Thema „Gerechtigkeit bei der Notenvergabe“. Führt die Befragung mit dem parallelen Kurs durch oder teilt dazu den Kurs in zwei Hälften. Gebt der ersten Gruppe den linken, der zweiten Gruppe den rechten Fragebogen.

Wie gerecht fühlst du dich in den mündlichen Fächern bewertet?

- ❑ gerecht
- ❑ nicht gerecht

Wie gerecht fühlst du dich in den mündlichen Fächern bewertet?

- ❑ immer gerecht
- ❑ fast immer gerecht
- ❑ meistens gerecht
- ❑ häufig nicht gerecht
- ❑ nie gerecht

Diese Fragebögen und die Auswertung sollten bei euch im Kurs bleiben.

a) Wie viele positive Antworten bekommt ihr mit dem linken beziehungsweise mit dem rechten Fragebogen?

b) Welche Erklärungen gibt es dafür?

c) Lasst euch jetzt von eurem Lehrer oder eurer Lehrerin erläutern, wie schwierig die Notenvergabe in den mündlichen Fächern ist und wie viel Mühe sich die Kollegen dabei geben. Führt anschließend in eurem Kurs erneut die oben angegebene Befragung mit dem rechten Fragebogen durch.
Kommt ihr nun zu anderen Ergebnissen? Erläutert den Ausgang dieser Befragung.

d) Entwickelt eigene Fragebögen zu anderen Themen nach dem gleichen Muster.

2 Zeichnet jeweils zwei bzw. drei Linien, Flächen und Körper in den angegebenen Größenverhältnissen. Bei den Flächen und Körpern sollen die Längen von sich entsprechenden Seiten bzw. Kanten in den verschiedenen Verhältnissen gezeichnet werden.
Beschreibe die Wirkung der einzelnen Darstellungen. Worin unterscheiden sich die Darstellungen mit Linien von denen mit Flächen oder Körpern?

a) 1 : 3 b) 1 : 1,5 c) 1 : 2 : 5

3 Die Tabelle zeigt die Wahlbeteiligung bei den Bundestagswahlen zwischen 1949 und 2005.

Bundestagswahl	1949	1953	1957	1961	1965	1969	1972	1976
Wahlbeteiligung in %	78,5	86,0	87,8	87,7	86,8	86,7	91,1	90,7

Bundestagswahl	1980	1983	1987	1990	1994	1998	2002	2005
Wahlbeteiligung in %	88,6	89,1	84,3	77,8	79,0	82,2	79,1	77,7

a) Zeichne ein Diagramm so, dass zum Ausdruck kommt, dass die Wahlbeteiligung dramatisch sinkt.

b) Zeichne ein Diagramm so, dass zum Ausdruck kommt, dass es über die Jahre immer wieder Schwankungen gegeben hat.

c) Stellt eure Ergebnisse in der Klasse vor und tauscht euch darüber aus. Welche Möglichkeiten habt ihr gefunden, um den Betrachter zu manipulieren?

ZUM WEITERARBEITEN
Suche in Zeitschriften und Tageszeitungen Diagramme und Darstellungen, die Flächen und Körper verwenden. Welche Größenverhältnisse werden eingesetzt? Welchen Effekt hat das?

Lesen und Verstehen

Einige Schülerinnen und Schüler wünschen sich, dass einer der Pausenhöfe ihrer Schule für Ballspiele gesperrt wird, damit man sich dort in Ruhe aufhalten kann. Sie möchten ihr Anliegen durch eine Befragung untermauern. Allerdings befürchten sie, dass die Befragung nicht in ihrem Sinne verläuft. Deshalb versuchen sie, durch die Gestaltung des Fragebogens ihre Mitschüler zu beeinflussen.

Dazu gibt es unterschiedliche Möglichkeiten:

Die Befragung wird mit einem Text eingeleitet, der die Befragten einseitig informiert.

Mit den vorgegebenen Antwortmöglichkeiten kann man in die gewünschte Richtung beeinflussen.

Umfrage: Pausenhof zum Chillen

Ein ruhiger Hof bietet entspannte Pausen, ohne dass uns Bälle um die Ohren fliegen.

Willst du auch einen Pausenhof zum Chillen?

❏ ja, unbedingt
❏ eher ja
❏ weiß nicht
❏ nein, die lauten Ballspiele stören mich nicht

Das **Ergebnis einer Befragung** kann man **beeinflussen**, zum Beispiel durch einseitige Informationen oder eine eingeschränkte Auswahl an Antwortmöglichkeiten.

Ist die Befragung abgeschlossen, hat man noch die Möglichkeit, das wünschenswerte Ergebnis hervorzuheben, wie auf Seite 88 erläutert.

Üben und Anwenden

1 Lies den Fragebogen.

Wahlalter auf nur 16 Jahre senken?

Sollte man unreife Jugendliche schon wählen lassen? Haben sie sich mit politischen Themen genug auseinandergesetzt, um eine begründete Wahl treffen zu können?

Sollte das Wahlalter auf nur 16 Jahre herabgesetzt werden?

❏ eher ja
❏ weiß nicht
❏ eher nein
❏ nein

a) Was genau ist an diesem Fragebogen manipulativ? Erkläre und begründe deine Antwort.
b) Erstelle zu dem gleichen Thema einen fairen Fragebogen.

HINWEIS
Mit Wahlalter bezeichnet man das Alter, in dem man zum ersten Mal bei politischen Wahlen die Stimme abgeben darf. Bei Bundestagswahlen ist das Wahlalter auf 18 Jahre festgelegt.

2 Entscheidet euch zu zweit oder in kleinen Gruppen für eines dieser Themen:
- Verkauf von Süßigkeiten in der Mensa
- Vegetarisches Essen in der Mensa
- Schuluniformen

Entwickelt dazu zwei unterschiedliche Fragebögen. Der erste Bogen hat nur die Antwortmöglichkeiten „dafür“ oder „dagegen“. Der zweite Bogen bekommt einen Text, in dem ihr einseitig über das Thema informiert. Stellt dann auf beiden Fragebögen exakt die gleiche Frage.
a) Führt die Befragung in zwei getrennten Gruppen durch.
b) Notiert die Ergebnisse eurer Befragungen getrennt nach den beiden Gruppen.
c) Vergleicht die Ergebnisse und bewertet diese. Entspricht das Ergebnis euren Erwartungen?

3 Arbeitet in Kleingruppen. Wählt ein Thema, zu dem ihr gerne eine Befragung durchführen möchtet, aus. Legt fest, welches Ergebnis ihr erzielen möchtet. Plant nun einen Fragebogen, der euer gewünschtes Ergebnis unterstützt, und führt die Befragung durch.

a) Stellt euer Ergebnis dem Kurs vor und erläutert, wie ihr den Fragebogen aufgebaut habt und ob ihr euer Ziel erreicht habt. Nennt mögliche Verbesserungen.
b) Was lässt sich mit diesen Erkenntnissen generell über Fragebögen aussagen?

4 Diskutiert die folgenden Zitate.

a) „Wir benutzen die Statistik wie ein Betrunkener einen Laternenpfahl: Vor allem zur Stütze unseres Standpunktes und weniger zum Beleuchten eines Sachverhalts.“
(Andrew Lang zugeschrieben)
b) „Ich stehe Statistiken etwas skeptisch gegenüber. Denn laut Statistik haben ein Millionär und ein armer Kerl jeder eine halbe Million.“
(Franklin D. Roosevelt)
c) „Eine Pharmafirma traut keiner Statistik, die sie nicht selbst bezahlt hat.“
(Gerhard Kocher)
d) „Statistik: Wenn der Jäger am Hasen einmal links und einmal rechts vorbeischießt, dann ist der Hase im Durchschnitt tot.“
(Unbekannter Autor)
e) „96,37 Prozent aller Statistiken sind erfunden.“
(Kevin D. Quitt)

5 ➡ Das Internet bietet viele Möglichkeiten, Befragungen durchzuführen.

a) Durchsucht das Internet nach Online-Befragungen oder Fragebögen und stellt sie auf Plakaten oder per Computerpräsentation zusammen.
b) Überprüft, ob die Fragebögen manipuliert sind, und erklärt für ausgewählte Fragebögen, worin genau die Manipulation besteht.
c) Sollte man Fragebögen im Internet beantworten? Diskutiert in der Klasse über die Gefahren sowie Vor- und Nachteile.

6 Zu dem Thema „Wirkung von Alkohol“ sind von Jugendlichen folgende Angaben gemacht worden:

Ich fühle mich lockerer, wenn ich Alkohol getrunken habe.	41 %
Bei mir hat der Alkohol keine besondere Wirkung.	21 %
Alkohol lässt mich schneller ermüden.	15 %
Keine Angabe	23 %

a) Zeichne ein korrektes Kreisdiagramm und ein manipuliertes, welches den Bereich „keine Angaben“ nicht mit abbildet. Beschreibe die Wirkung.
b) Fällt dir noch eine weitere Darstellungsmöglichkeit ein, die den jugendgefährdenden Aspekt besonders hervorhebt? Setze diese um und stelle sie deinem Kurs vor.

7 Gaben 2005 noch 35 % der befragten Jugendlichen an, mindestens einmal wöchentlich ein Fastfood-Restaurant zu besuchen, so waren es 2006 schon 42 %. Im Jahr darauf waren es bereits 47 % und 2008 erhöhte sich die Zahl noch einmal um 3 Prozentpunkte.

a) Stelle die Daten aus dieser Erhebung in einem korrekten Säulendiagramm dar.
b) Zeichne ein Säulendiagramm, das nur die Differenz der einzelnen Werte verzeichnet.
c) Zeichne ein Diagramm, das ausdrückt, wie erschreckend diese Entwicklung ist – eventuell mit einer noch anschließenden Prognose.
d) ➡ Vergleiche alle drei Darstellungen und überlege, wer ein Interesse daran haben könnte, dass das eine oder andere Diagramm so veröffentlicht wird.

ZUM WEITERARBEITEN
Informiere dich z. B. im Internet über die zitierten Personen aus Aufgabe 4.

BEACHTE
Zu Aufgabe 5: Für die Computerpräsentation siehe auch S. 96 und 97.

Mathematik und Kunst

Die rechts abgebildete Illustration heißt „Lebenszeit". Sie ist von Felix Scheinberger (geboren 1969) für einen Kalender gemalt worden. In dieser Illustration setzt er sich mit Statistik und der Darstellung von Zahlen auseinander. An seinem Stil fallen die fast karikaturhafte Überzeichnung von Personen und das Einfügen von Collageelementen auf.

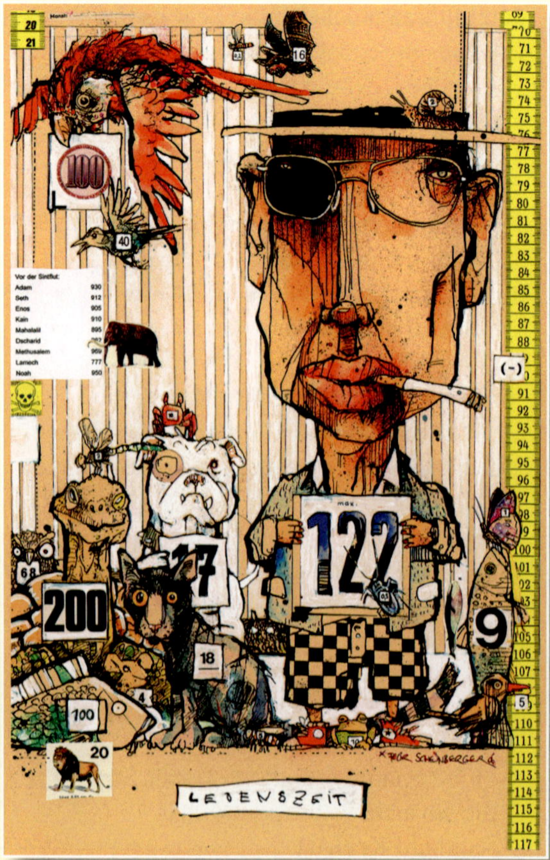

Das Bild unten ist von Florian, einem Schüler des 10. Schuljahres. Es zeigt ein gestaltetes Säulendiagramm zum Thema „Metropolen". Nicht nur die reine Einwohnerzahl ist ablesbar. Es ist auch die Wirkung auf den Menschen dargestellt, der in so einer Metropole lebt.

1 Betrachte die Illustration „Lebenszeit" von Felix Scheinberger.

a) Auf welche Art werden Daten dargestellt?

b) Gibt es einen Zusammenhang zwischen diesem Bild und einem Säulendiagramm?

c) Ist an der Darstellung etwas unstimmig? Wenn ja, ist es eine gezielte Manipulation?

2 Gestalte ein Säulendiagramm zu einem Thema, das dich interessiert und zu dem du eine Meinung hast, die du dann gestalterisch umsetzen kannst. Eine Anregung ist das Bild links.

3 Sammle Daten zu einem Thema und stelle diese als Collage zusammen.

4 Nutze die Impulse dieser Seite und setze sie in einem eigenen Bild um, das im weitesten Sinne mit Mathematik zu tun hat.

In einer Gesamtschule in Nordrhein-Westfalen wurden Informationen zum Schulalltag gesammelt – zum Beispiel über die Altersverteilung im Kollegium, den Stadtteil und das Geburtsland der Schülerinnen und Schüler.
Am Tag der offenen Tür haben die Schüler die Informationen auf ungewöhnliche Art präsentiert: als große, schön gestaltete Skulpturen.

5 Was kannst du aus dem Foto über die Altersverteilung im Kollegium ablesen?
Welche Informationen fehlen?
Notiere mindestens drei Sätze dazu.

6 Umfrageergebnisse können als Skulptur dargestellt werden.

a) Eine 6. Klasse hat in einer Umfrage nach der Art und Anzahl der Haustiere gefragt. Aus Pappmaschee haben sie einen Hund, eine Katze, ein Kaninchen und einen Hamster in der Größe geformt, die der Anzahl der Haustiere entspricht. Welche Probleme gibt es bei dieser Art der Darstellung?

b) Arbeitet in Kleingruppen von drei bis fünf Personen. Einigt euch auf eine Frage und stellt die Ergebnisse als Skulptur dar. Vielleicht fällt euch eine Möglichkeit ein, die Skulptur passend zum Thema der Frage zu gestalten?

7 Auf der Webseite einer Kunstgalerie wurde eine Umfrage zum Thema „Kunst“ durchgeführt. Der Fragebogen sah wie folgt aus:

Interessieren Sie sich für Kunst?

(Mehrfachnennung möglich)

- ❏ Ja, …
  - ❏ ich interessiere mich privat für Kunst
  - ❏ ich bilde mich im Kunstbereich aus
  - ❏ ich male, zeichne, gestalte selber gerne
  - ❏ ich bin Künstler/in
  - ❏ ich arbeite im Kulturbereich
  - ❏ ich handle oder sammle Kunst
- ❏ Nein, …
  - ❏ ich verstehe nichts von Kunst

a) Ist der Fragebogen fair oder lenkt er die Antworten in eine bestimmte Richtung? Erkläre, woran du das erkennst.

b) Welche Umstände führen dazu, dass das Ergebnis beeinflusst wird?

c) Entwirf eine faire Umfrage zum Thema „Interesse an Kunst“. Worin unterscheidet sie sich von der abgebildeten Umfrage?

Methode: Präsentationsprogramme

HINWEIS
Die Anleitung bezieht sich auf das Präsentationsprogramm PowerPoint von Microsoft. Gebräuchlich ist z. B. auch Impress von OpenOffice.

Manchmal möchte man Ergebnisse oder Methoden in der Klasse präsentieren. Dazu gibt es verschiedene Möglichkeiten, zum Beispiel Tafelbilder, Folien auf dem Overhead-Projektor oder eine Präsentation mit dem Computer. Es gibt eine Vielzahl an Computer-Präsentationsprogrammen. An einem Beispiel wird gezeigt, wie man eine Präsentation mit solch einem Programm erstellt.

Öffnet man das Programm, so erscheint die erste Folie.
Sie ist automatisch die erste Folie der Präsentation. In den Kasten „Titel durch Klicken hinzufügen" kann nun durch einfaches Anklicken der Titel der Präsentation geschrieben werden. Auch ein Untertitel ist hier möglich.

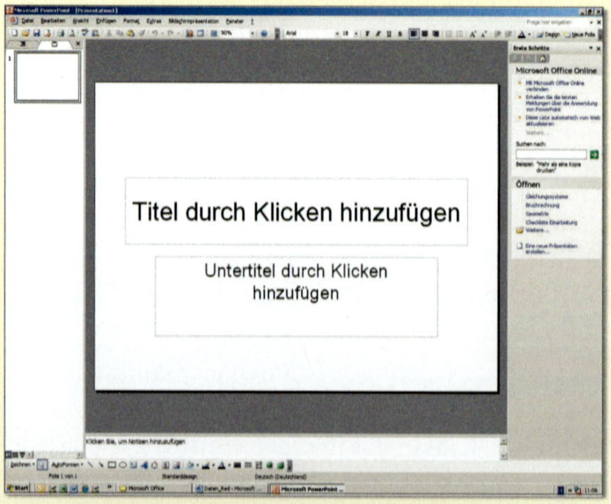

HINWEIS
Der Hintergrund lässt sich im Laufe des Erstellens der Präsentation immer wieder ändern, und zwar für die gesamte Präsentation oder auch für einzelne Folien, sodass man in Ruhe alle möglichen Hintergründe ausprobieren kann.

Der nächste Schritt ist das Auswählen des Hintergrundes unter **Format → Foliendesign**. Eine Vielzahl an Vorschlägen ist bereits hinterlegt.
Durch Anklicken eines Hintergrundes wird die erste Folie mit dem gewählten Hintergrund umgesetzt und auch alle weiteren Folien werden mit diesem Hintergrund erscheinen.

Im Farbschema sind bereits zum Hintergrund passende Schriftfarben ausgewählt und zusammengestellt.

Über **Einfügen → Neue Folie** kann man beliebig viele Folien hinzufügen.
Das Folienlayout kann im rechten Menü ausgewählt werden. So ist es beispielsweise möglich, eine Folie für Foto und Text, eine alleinige Fotoseite oder eine Tabelle auszuwählen.
Ein Bild oder ein Foto fügt man z. B. über **Einfügen → Grafik → Aus Datei** ein.

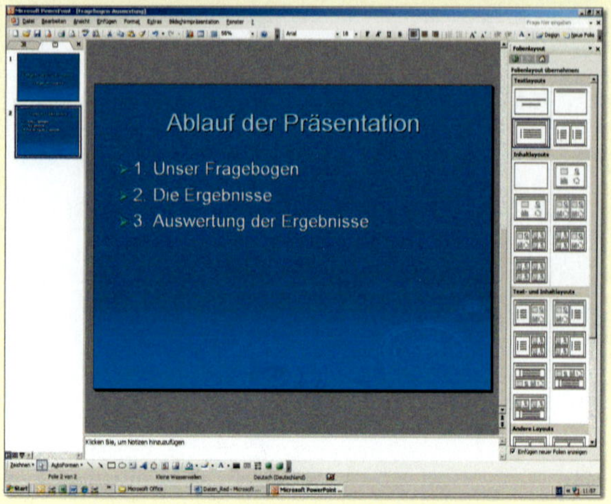

Der Medieneinsatz dient der Unterstützung der Präsentation. Die gedankliche Reihenfolge bei der Vorbereitung muss wie folgt sein:
1. **Was** will ich präsentieren? – *Inhalt*
2. **Wie** kann ich das am besten präsentieren? – *Struktur*
3. **Womit** kann ich die Inhalte unterstützen? – *Medieneinsatz*

Die hier abgebildete Präsentation umfasst bisher drei Folien. Diese sind in der Seitenspalte immer wieder auswählbar, veränderbar und vertauschbar. Soll eine Folie herausgenommen werden, so kann sie ausgewählt und unter **Bearbeiten → Folie löschen** gelöscht werden.

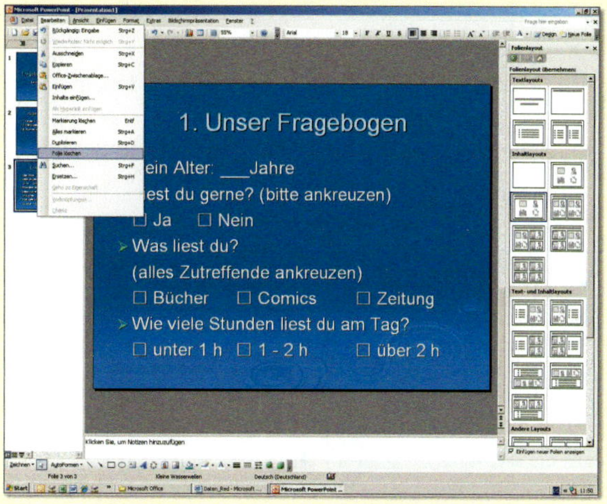

AUFGEPASST
Zwischendurch das Speichern nicht vergessen.

Die fertige Präsentation kann man sich über **Bildschirmpräsentation → Bildschirmpräsentationen vorführen** anschauen und so auch präsentieren. Zur nächsten Folie gelangt man durch einen Klick mit der Maus oder mit den Pfeiltasten der Tastatur (→ „vorwärts“, ← „rückwärts“). Möchte man nun besondere Folienübergänge haben, so kann man unterschiedliche Effekte unter **Bildschirmpräsentation → Folienübergang** auswählen. Anschließend im Auswahlmenü unten „Für alle Folien übernehmen“ klicken.

Achte darauf, dass der Inhalt der Präsentation klar und verständlich bleibt.
Dabei helfen:
- eine gute Struktur der Abfolge der Folien
- knappe, verständliche Texte
- ein schlichtes Layout
  Es soll den Inhalt transportieren, nicht überdecken (nicht zu viele „Spielereien“, Beschränkung auf wenige Farben und Schriftarten).

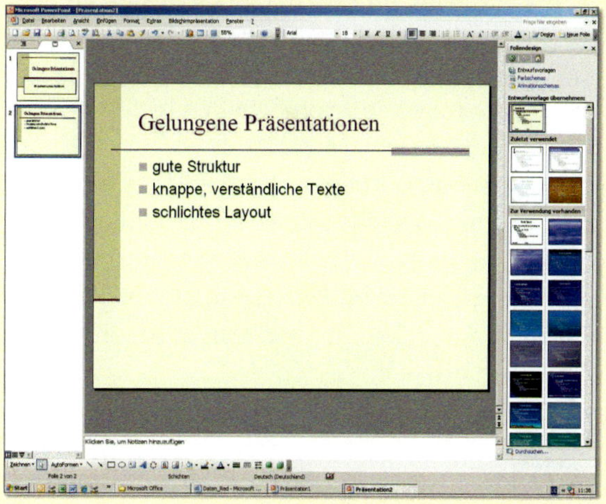

BEACHTE
Eine Präsentation oder eine Folie dürfen nicht zu überladen sein. Sie dienen nur zur Unterstützung der Inhalte der Präsentation.

Vermischte Übungen

1 Das Piktogramm zeigt die Einwohnerzahlen von China, Russland, den USA und Europa.

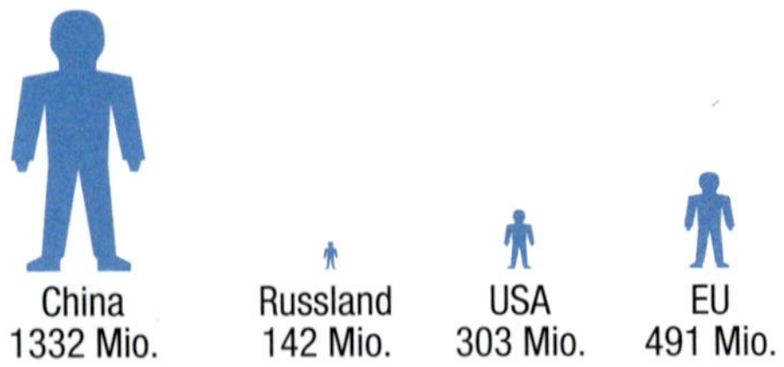

a) Bewerte das Piktogramm. Mit welchem Mittel wird der Betrachter manipuliert?
b) Wer könnte Auftraggeber der Darstellung sein und was will er damit bezwecken?

2 Das Diagramm zeigt die Wahlbeteiligung bei den Wahlen zum deutschen Bundestag.

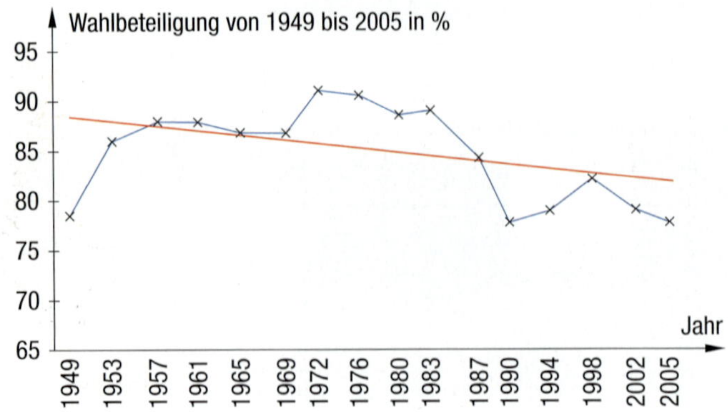

NACHGEDACHT
Warum sind die Kreuze im Diagramm zu Aufgabe 15 so ungleichmäßig verteilt?

a) Nimm kritisch dazu Stellung.
b) Welche Bedeutung hat die rote Linie? Auf welche Daten stützt sie sich? Diskutiert Wirkung und Zulässigkeit.

3 Recherchiere im Internet einen negativen Datenverlauf und stelle ihn positiv dar. Präsentiere beide Darstellungen deinem Kurs und erläutere, wie du vorgegangen bist.

4 Es gab eine Befragung 12- bis 19-Jähriger zum Thema: „Welche Internetkommunikationsart ist dir am wichtigsten?“
Zeichne zu der Tabelle ein manipuliertes Diagramm, bei dem der Messenger besonders vorteilhaft aussieht.

Art	Messenger	Chat	E-Mail	Sonstiges
Anteil	43 %	19 %	18 %	20 %

5 Dargestellt ist eine Umsatzprognose ausgehend vom Jahr 2007 für das Jahr 2010.

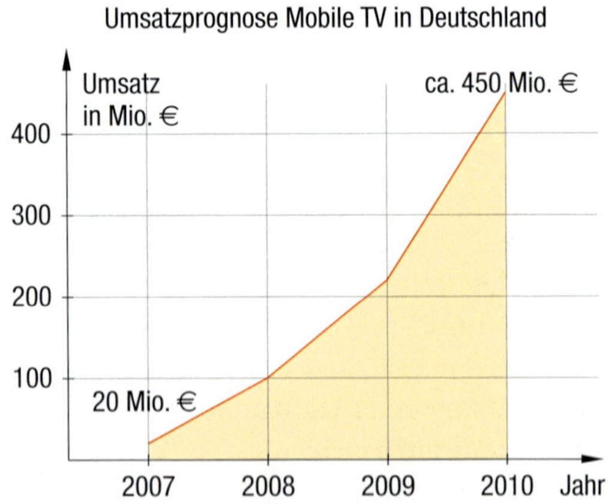

a) Beschreibe, wie im Jahr 2007 Werte für die Zukunft ermittelt wurden.
b) Nenne Faktoren, die den dargestellten Verlauf beeinflussen können.
c) Hältst du die Prognose für zulässig oder gibt es ein anderes Modell, mit dem die Umsatzprognose zuverlässiger erstellt werden kann? Diskutiert zu zweit.
d) Vergleiche mit dieser Prognose:
„Laut Berechnung der „Deutschen Stiftung Weltbevölkerung“ wird im Jahr 2012 eine neue Milliarden-Marke überschritten. Es werden dann 7 Milliarden Menschen auf diesem Planeten leben. Die Berechnungen gehen von einer Zuwachsrate bei der Bevölkerung von 1,2 % pro Jahr aus.“

6 Sucht man im Internet Diagramme zum Thema „Alkoholkonsum bei Jugendlichen“, so trifft man nur auf korrekte Diagramme.
a) Überprüfe, ob diese Aussage noch immer stimmt und gib an, wer solche Diagramme veröffentlicht.
b) Warum gibt es zu so einem Thema keine oder kaum manipulierte Diagramme? Begründe.

7 Fasse in deinen Worten zusammen, wie du künftig Diagramme in Zeitungen oder im Internet betrachtest.
Nenne Kriterien, mit denen du ihre Richtigkeit überprüfen kannst.

Teste dich!

a

b

1 Die Grafik „Böse Briefe" möchte die Gefahr darstellen, die von infizierten E-Mails ausgeht.

a) Beschreibe die Wirkung, die die Grafik auf dich hat.

b) Wie muss die Grafik verändert werden, damit der Sachverhalt richtig dargestellt wird? Zeichne ein verändertes Diagramm ins Heft.

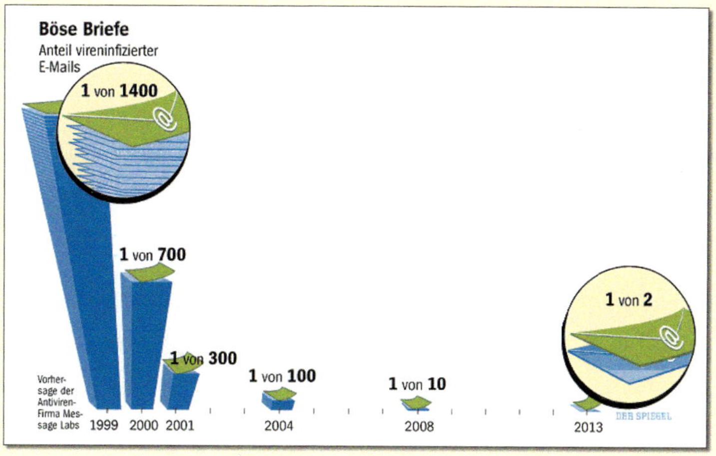

2 Betrachte das rechts abgebildete Diagramm zum Wert des Dollars gegenüber dem Euro. Es zeigt an, wie viele US-Dollar man zu einem Zeitpunkt für einen Euro bekam.

a) Finde den Fehler in der Darstellung. Beschreibe den Fehler und erkläre die dadurch erzielte Wirkung.

b) Zeichne eine berichtigte Version des Diagramms.

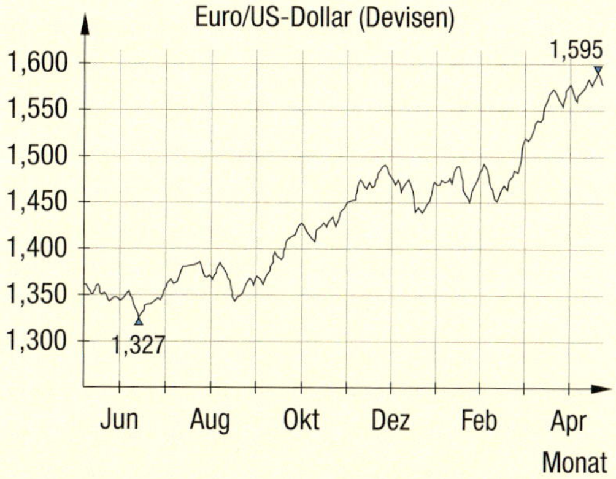

3 In einem Piktogramm soll das Verhältnis 100 Euro zu 150 Euro dargestellt werden. Zeichne dazu:

- zwei Säulen aus Münzen, deren Höhen im Verhältnis 1 : 1,5 stehen
- zwei Geldscheine, deren jeweiliges Seitenverhältnis 1 : 1,5 ist
- zwei Goldbarren, deren Kanten jeweils im Verhältnis 1 : 1,5 stehen

a) Welche dieser Darstellungen gibt das oben genannte Verhältnis korrekt wieder?

b) Welche Darstellung ist am eindrucksvollsten? Begründe.

c) Wo würdest du die Geldschein- bzw. Goldbarrendarstellung einsetzen?

3 Zeichne zwei unterschiedliche – möglicherweise auch manipulierte – Piktogramme zu folgendem Sachverhalt: Dirk bekommt für seinen Führerschein von seinen Eltern 1000 Euro, sein Freund 1200 Euro.

a) Das erste Diagramm bringt Dirk seinen Großeltern mit, in der Hoffnung, dass sie ihn mit Geld unterstützen.

b) Das zweite Diagramm zeigt Dirk seinen Fußballkollegen, vor denen er nicht so ungünstig dastehen will.

c) Vergleiche die beiden Lösungen. Beschreibe.

4 Welche Möglichkeiten gibt es, bei der Befragung bereits Einfluss auf das Ergebnis zu nehmen? Zähle mehrere Möglichkeiten auf und nenne jeweils ein Beispiel.

HINWEIS

Brauchst du noch Hilfe, so findest du auf den angegebenen Seiten ein Beispiel oder eine Anregung zum Lösen der Aufgaben. Überprüfe deine Ergebnisse mit den Lösungen ab Seite 220.

Aufgabe	Seite
1	88
2	88
3	88
4	92

Zusammenfassung

→ Seite 88

Statistische Darstellungen kritisch analysieren

Diagramme können **manipuliert** werden. Durch verschiedene Methoden wird ein Eindruck erzeugt, der durch eine neutrale Darstellung nicht entstanden wäre.

Mögliche Manipulationen sind z. B.:

- fehlerhaftes Koordinatensystem

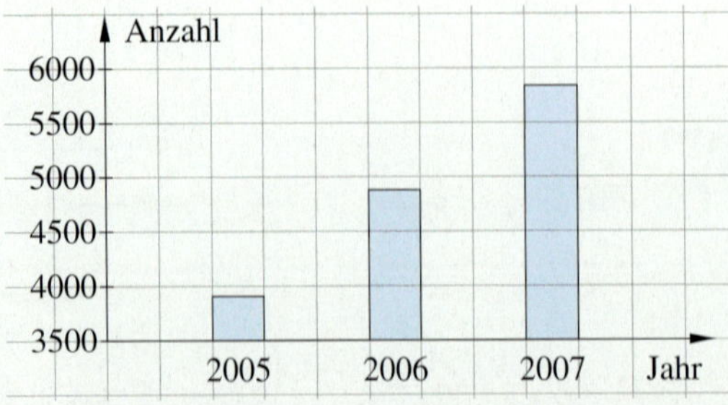

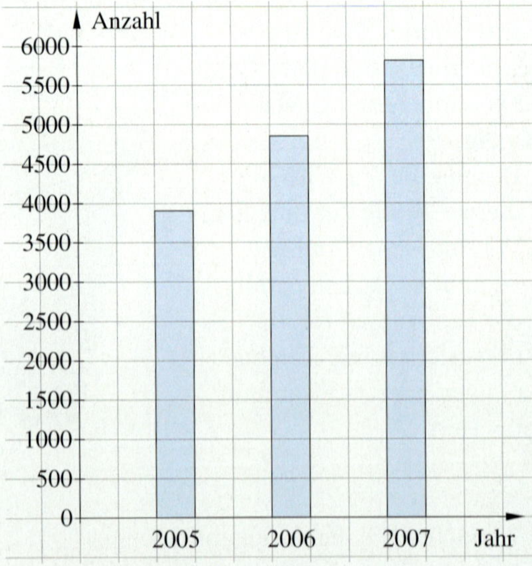

- Missverhältnis zwischen Wert und Piktogramm

- Prognose auf dünner Datenbasis

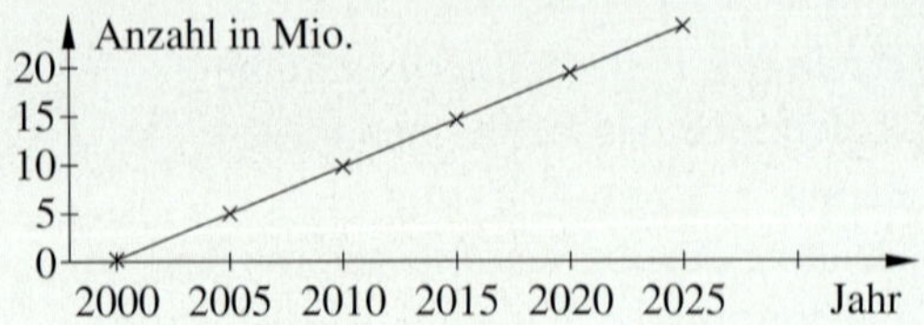

- positiver statt negativer Verlauf

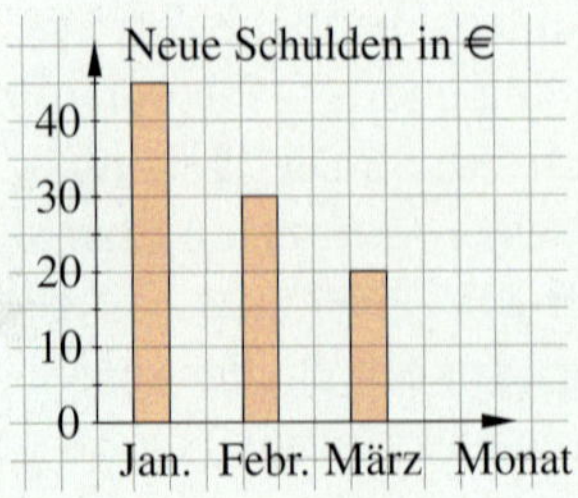

- unvollständige Darstellung der Daten

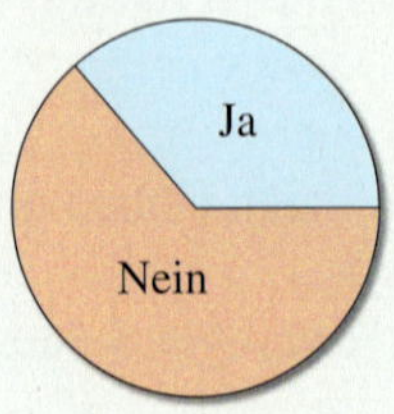

→ Seite 92

Befragungen und Darstellungen manipulieren

Das **Ergebnis** einer Befragung kann man **beeinflussen**, zum Beispiel durch einseitige Informationen oder eine eingeschränkte Auswahl an Antwortmöglichkeiten.

Sollte man unreife Jugendliche schon ab 16 Jahren wählen lassen?

- ❑ eher ja
- ❑ weiß nicht
- ❑ eher nein
- ❑ nein

Potenzen und Zehnerpotenzen

Betrachtet man Sand unter einem Mikroskop, so erkennt man filigrane Gebilde. Sand besteht aus den Gehäusen von einzelligen Meeresbewohnern, den Foraminiferen. Seit ca. 56 Millionen Jahren besiedeln diese Lebewesen den Meeresboden. Das sind $5{,}6 \cdot 10^7$ Jahre. Die kleinsten dieser Tiere haben eine Größe von etwa 40 Mikrometer. Das sind $4 \cdot 10^{-5}$ m.

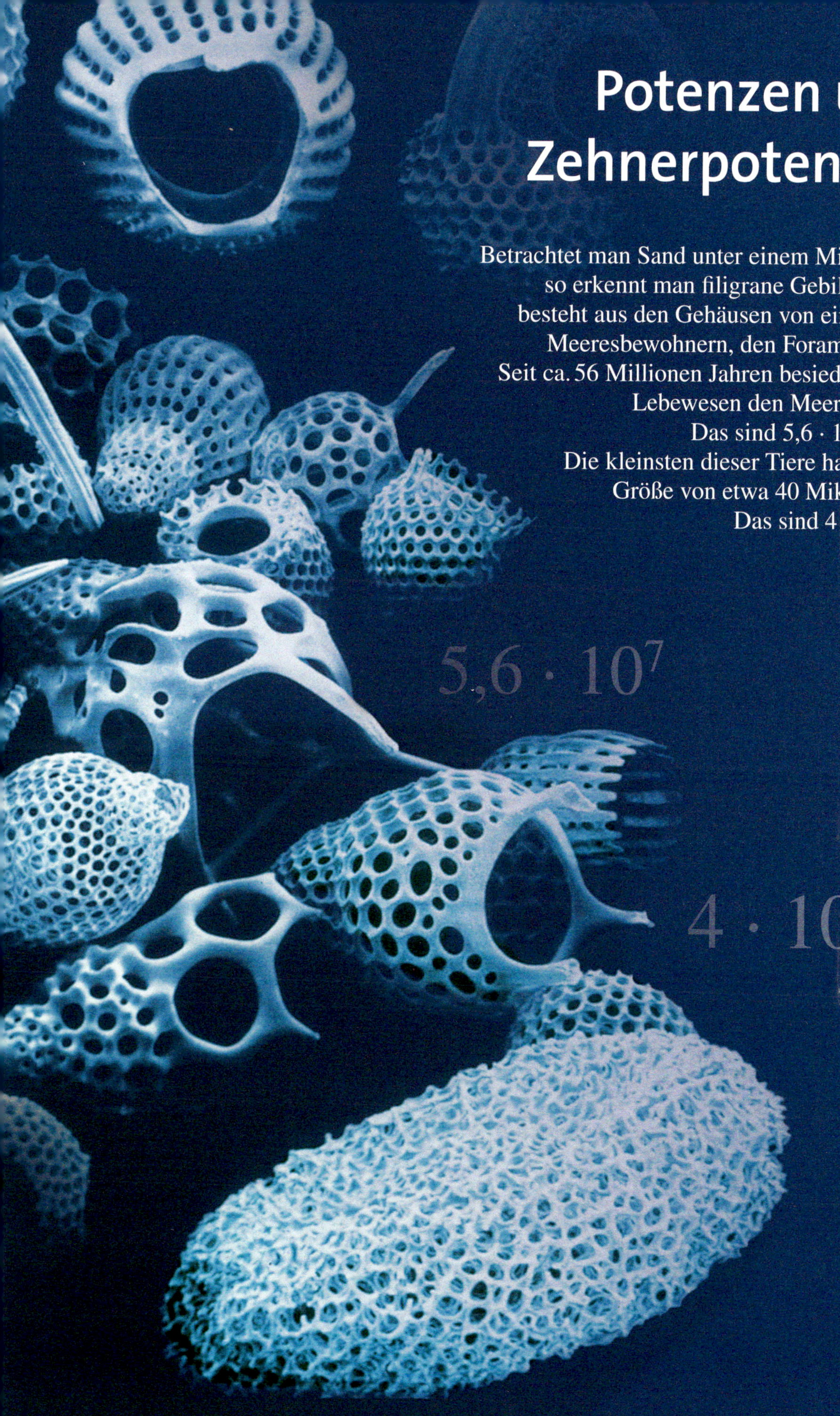

Noch fit?

1 Zeichne das Schrägbild eines Würfels mit der Kantenlänge $a = 3\,\text{cm}$.

a) Welche Zeichenvorschriften gelten für Schrägbilder? Notiere sie.

b) Berechne das Volumen des Würfels.

c) Wie lang sind alle Kanten zusammen?

2 Berechne geschickt ohne Taschenrechner.

a) $2 \cdot 47 \cdot 50 =$ b) $8 \cdot 40 \cdot 125 \cdot 25 =$ c) $250 \cdot 17 \cdot 40 \cdot 2 =$

d) $36 \cdot 25 : 9 =$ e) $625 \cdot 8 : 5 : 5 =$ f) $600 \cdot 15 : 12 =$

3 Vereinfache die Terme durch Ausklammern.

a) $ab + ac + a^2 + a^2bc$ b) $x^2y^2z + xyz^2$ c) $35\,xy + 7\,xz + 42\,xyz$

d) $7{,}5\,ab + 3\,ac - 9\,bc$ e) $\frac{1}{3}x^2y + \frac{2}{6}x^2y^2$ f) $144\,uv^2 - 12\,u^2v - 72\,uv^2$

4 Ergänze die Wertetabellen.

a)

x	0,1	1		2			12,5
$f(x) = x^2$			2,89		30,25	121	

b)

x	0,001	2,7			10,1	100,1	1000,01
$f(x) = 2{,}7x$			22,95	24,3027			

c)

x	1	5	6				
$f(x) = 2{,}5x^2$				140,625	250	1000	1210

d)

x	1	2				7,1	
$f(x) = 2{,}5x + 4$			11,5	15,25	18		29

5 Löse die folgenden quadratischen Gleichungen.

a) $x^2 + 0{,}4x = 5{,}25$ b) $x^2 + 5{,}2x = -2{,}35$ c) $2x^2 + 132x = -2178$

6 Subtrahiert man von einer Zahl x die Zahl 4 und multipliziert diese Differenz mit der Zahl x, so erhält man 12. Gib x an.

7 Addiert man zu einer Zahl x die Zahl 6 und multipliziert die Summe mit dem Vierfachen der Zahl, so erhält man 288. Wie lautet x?

8 Quadriert man eine Zahl und addiert dazu 3, erhält man 147. Welche Zahl ist gemeint?

Kurz und knapp

1. Bei Verdopplung der Seitenlänge eines Quadrates … sich der Flächeninhalt.
2. Das Kommutativgesetz ist gültig bei …
3. Das Distributivgesetz lautet …
4. Eine Zahl quadrieren heißt …
5. Bei einer Funktion wird einem Wert x …
6. Ein Tetraeder ist ein …

Potenzen und Wurzeln

Erforschen und Entdecken

1 Berechne die folgenden Ketten bis zum Ziel.
Startzahl ist jeweils die 3.

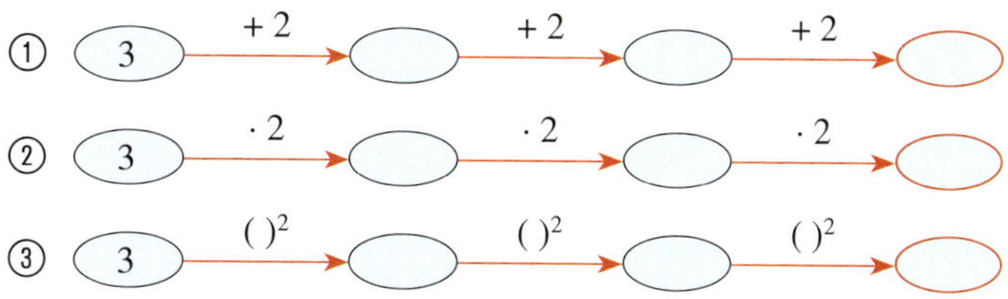

a) Betrachte die Verläufe der einzelnen Ketten und beschreibe sie im Vergleich zueinander.
b) Mit welcher Startzahl wird die 1000 annähernd bzw. genau erreicht?
c) Kann bei allen drei Ketten genau die Eins erreicht werden? Wie sehen die Startzahlen aus?
d) Welches ist die jeweils kleinste Stufenzahl > 1 (10; 100; 1000 …), die bei den einzelnen Ketten genau erreichbar ist, wenn mit einer natürlichen Zahl gestartet werden muss?

2 Bei einer Verdopplung der Kantenlänge eines Würfels verachtfacht sich das Volumen.
a) Überprüfe diese Aussage zeichnerisch mit Hilfe eines Schrägbildes.
b) Diese Aussage ist auch bei einem Quader gültig. Überprüfe auch das mit Hilfe eines Schrägbildes.
c) Wie verändert sich das Volumen eines Würfels oder Quaders, wenn die Kantenlängen verdreifacht werden? Stelle Vermutungen an und überprüfe diese anhand einer Zeichnung.
d) Welche Aussagen kann man nun über die Veränderung des Volumens bei einer Vervierfachung, Verfünffachung, …, Vervielfachung mit dem Faktor n treffen?
Notiere und begründe.

HINWEIS
In der Kavalierperspektive verkürzen sich die in die Tiefe verlaufenden Kanten bei einem Winkel von $\alpha = 45°$ um die Hälfte.

3 Ordne den Aussagen die gesuchten Zahlen zu.

Eine Zahl wird mit sich selbst 3-mal hintereinander multipliziert und das Ergebnis ist 216.

Eine Zahl wird mit sich selbst 5-mal hintereinander multipliziert und das Ergebnis ist 1024.

Eine Zahl wird mit sich selbst multipliziert und das Ergebnis ist 49.

3 | 4 | 5 | 6 | 7 | 8

Eine Zahl wird mit sich selbst 4-mal hintereinander multipliziert und das Ergebnis ist 4096.

Eine Zahl wird mit sich selbst 8-mal hintereinander multipliziert und das Ergebnis ist 6561.

Eine Zahl wird mit sich selbst 6-mal hintereinander multipliziert und das Ergebnis ist 15 625.

4 Berechne 3 000 000 · 5 000 000 mit dem Taschenrechner und schriftlich bzw. im Kopf.
Der Rechner zeigt dir auf dem Display das Ergebnis folgendermaßen an: $1{,}5 \cdot 10^{13}$. Bei einigen Taschenrechnern wird das Ergebnis verkürzt dargestellt. Beachte das Bild in der Randspalte.
a) Begründe, weshalb die Anzeige so aussieht.
b) Erkläre, was die Anzeige aussagt. Vergleiche dazu die Anzeige mit deinem Ergebnis der schriftlichen Rechnung.

Lesen und Verstehen

Dieses würfelförmige Haus steht in der Stadt Graz in Österreich. Es hat ein Volumen von $V = 5832\,\text{m}^3$. Bevor es gebaut wurde, gab es ein Modell im Maßstab 1 : 10. Die Seitenlänge des Modells beträgt $a = 1{,}8\,\text{m}$, sein Volumen beträgt $V = 5{,}832\,\text{m}^3$.

Zur Berechnung des Volumens eines Würfels wird die Seitenlänge a 3-mal mit sich selbst multipliziert.
$V_{\text{Modell}} = 1{,}8\,\text{m} \cdot 1{,}8\,\text{m} \cdot 1{,}8\,\text{m} = 5{,}832\,\text{m}^3$
$V_{\text{Original}} = 18\,\text{m} \cdot 18\,\text{m} \cdot 18\,\text{m} = 5832\,\text{m}^3$

> Das mehrmalige Multiplizieren einer Zahl mit sich selbst nennt man Potenzieren. Als verkürzende Schreibweise wird die Potenzschreibweise benutzt:

SCHON GEWUSST?
a^n liest man „a hoch n“.

$$\underbrace{a \cdot a \cdot \ldots \cdot a}_{n \text{ Faktoren}} = a^n$$

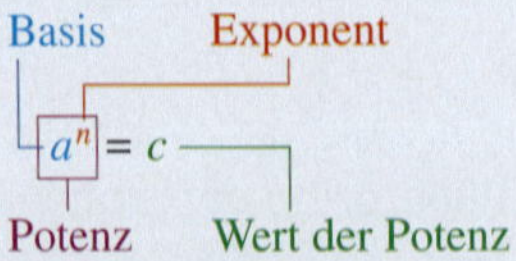

Die Basis a gibt den Faktor an, der Exponent die Anzahl der Faktoren.

BEISPIEL 1
$1{,}8\,\text{m} \cdot 1{,}8\,\text{m} \cdot 1{,}8\,\text{m} = (1{,}8\,\text{m})^3 = 5{,}832\,\text{m}^3$
$5 \cdot 5 = 5^2 = 25$
$3 \cdot 3 \cdot 3 \cdot 3 = 3^4 = 81$
$10 \cdot 10 \cdot 10 \cdot 10 \cdot 10 = 10^5 = 100\,000$
$(-7) \cdot (-7) \cdot (-7) \cdot (-7) = (-7)^4 = 2401$
$(\frac{2}{3}) \cdot (\frac{2}{3}) = (\frac{2}{3})^2 = \frac{2^2}{3^2} = \frac{4}{9}$
$2\,v \cdot 2\,v \cdot 2\,v = (2\,v)^3$
$2 \cdot 2 \cdot 2 \cdot 2 \cdot 2 \cdot 2 \cdot 2 \cdot 2 = 2^8 = 256$
$\underbrace{2 \cdot 2}_{4} \cdot \underbrace{2 \cdot 2}_{4} \cdot \underbrace{2 \cdot 2}_{4} \cdot \underbrace{2 \cdot 2}_{4} = 4^4 = 256$

> Umgekehrt kann über die jeweilige Wurzel die ursprüngliche Zahl ermittelt werden.

BEACHTE
Das Wurzelziehen (Radizieren) ist die Umkehrung des Potenzierens.

$a^n = c$ | n-te Wurzel ziehen
$\sqrt[n]{a^n} = \sqrt[n]{c}$ | umformen
$a = \sqrt[n]{c}$

$\sqrt[n]{c}$ heißt n-te Wurzel aus c. Es gilt:

$$a^n = \underbrace{\sqrt[n]{c} \cdot \sqrt[n]{c} \cdot \sqrt[n]{c} \cdot \ldots \cdot \sqrt[n]{c}}_{n \text{ Faktoren}} = c$$

BEISPIEL 2
$x^4 = 81$ | 4. Wurzel ziehen
$\sqrt[4]{x^4} = \sqrt[4]{81}$ | umformen
$x = \sqrt[4]{81} = 3$

$\sqrt[2]{25} = 5$
$\sqrt[5]{100\,000} = 10$
$\sqrt[4]{2401} = 7$
$\sqrt[3]{(2\,v)^3} = 2\,v$

BEACHTE
Nicht alle Taschenrechner haben die gleichen Symbole für das Wurzelziehen und Potenzieren. Lies in der Bedienungsanleitung nach.

Der Taschenrechner berechnet Potenzen und Wurzeln über die unten angegebenen Tastenkombinationen.

Aufgabe	Sprechweise	Tastenkombination	Ergebnis
$4^2 =$	vier Quadrat	4 x^2 =	16
$5^3 =$	fünf hoch drei	5 x^y 3 =	125
$7^5 =$	sieben hoch fünf	7 x^y 5 =	16 807
$(-3)^7 =$	minus drei hoch sieben	(− 3) x^y 7 =	−2187
$\sqrt{169} =$	(Quadrat-)Wurzel aus 169	√ 1 6 9 =	13
$\sqrt[3]{125} =$	dritte Wurzel aus 125	$\sqrt[x]{\ }$ 1 2 5 3 =	5
$\sqrt[8]{256} =$	achte Wurzel aus 256	$\sqrt[x]{\ }$ 2 5 6 8 =	2

Üben und Anwenden

1 Schreibe als Potenz.
a) $5 \cdot 5 \cdot 5 \cdot 5 \cdot 5 \cdot 5$
b) $\frac{1}{2} \cdot \frac{1}{2} \cdot \frac{1}{2} \cdot \frac{1}{2}$
c) $3 \cdot 3 \cdot 3 \cdot 3$
d) $x \cdot x \cdot x \cdot x \cdot x \cdot x \cdot x$
e) $4a \cdot 4a \cdot 4a \cdot 4a$
f) $0{,}1u \cdot 0{,}1u \cdot 0{,}1u$
g) $(-7) \cdot (-7) \cdot (-7) \cdot (-7)$
h) $(-4b) \cdot (-4b) \cdot (-4b)$

2 Schreibe die Potenzen als Produkt.
a) 4^3 b) $(-5)^4$ c) $(\frac{1}{3})^6$
d) b^7 e) $(-a)^3$ f) $(3v)^6$

3 Berechne den Wert der Potenzen.
a) a^3 für $a = 1; 2; ...; 10$
b) a^4 für $a = 1; 2; ...; 5$
c) 2^n für $n = 0; 1; ...; 10$
d) 3^n für $n = 0; 1; ...; 6$
e) a^3 für $a = -1; -2; ...; -10$

4 Berechne den Wert der Potenzen.
a) 4^4 b) 6^3 c) 5^4
d) 2^7 e) 17^2 f) 7^5
g) $3{,}2^3$ h) $0{,}1^5$ i) $0{,}65^6$

5 Einige Basen werden in Klammern geschrieben. Weshalb ist das so? Überprüfe deine Vermutung mit Hilfe des Taschenrechners. Die Klammern müssen auch eingegeben werden.
a) -3^4 und $(-3)^4$
b) $\frac{2^2}{3}$ und $(\frac{2}{3})^2$
c) $4 \cdot 5^3$ und $(4 \cdot 5)^3$

6 Schreibe die Potenzen als Produkt. Worin liegt der Unterschied? Beschreibe.
a) $4v^3$ und $(4v)^3$
b) $a \cdot 5^2$ und $(a \cdot 5)^2$
c) $-x^6$ und $(-x)^6$
d) $\frac{b^4}{3}$ und $(\frac{b}{3})^4$

7 Berechne den Wert der Potenzen.
a) $(\frac{3}{4})^4$ b) $(-2)^7$ c) $(-1{,}75)^7$
d) $(\frac{3}{8})^5$ e) $(-\frac{3}{5})^7$ f) $(-1)^{17}$
g) $(-\frac{5}{9})^6$ h) $(-\frac{3}{10})^5$ i) $3{,}25^4$

8 Ordne der Größe nach. Versuche zunächst eine Ordnung herzustellen, ohne die Werte zu berechnen. Überprüfe deine Ordnung mit Hilfe des Taschenrechners.

2^8 15^2 6^3 3^5 4^4

9 Schreibe die Zahl als Potenz entweder mit der Basis 2 oder mit der Basis 3.
a) 8 b) 27 c) 81
d) 256 e) 243 f) 128
g) 2187 h) 512 i) 1024

NACHGEDACHT
Vergleiche die Werte der Potenzen. Woran erkennt man sofort, welche die Basis 2 und welche die Basis 3 haben?

10 Schreibe die Zahl als Potenz entweder mit der Basis 4 oder mit der Basis 5.
a) 125 b) 64 c) 16
d) 256 e) 625 f) 3125
g) 1024 h) 4096 i) 15 625

11 Schreibe als Potenz.
a) 1000 b) 216 c) 196
d) $\frac{1}{81}$ e) $\frac{121}{144}$ f) 0,000 001
g) 0,0256 h) 729 i) 343

12 Berechne, indem du mit Hilfe des Taschenrechners die Quadratwurzel ziehst.
a) $\sqrt{484}$ b) $\sqrt{1296}$ c) $\sqrt{12{,}96}$
d) $\sqrt{1135{,}69}$ e) $\sqrt{2209}$ f) $\sqrt{44\,521}$

ZUM WEITERARBEITEN
Berechne mit dem Taschenrechner den Wert der Potenzen 40^{62} und 40^{63}. Was fällt dir auf?

13 Die folgenden Potenzwerte sind Potenzen der Form a^3.
Berechne a, indem du mit Hilfe des Taschenrechners die dritte Wurzel ziehst.
a) $\sqrt[3]{1\,000\,000}$ b) $\sqrt[3]{27\,000}$ c) $\sqrt[3]{15\,625}$
d) $\sqrt[3]{35\,937}$ e) $\sqrt[3]{1953{,}125}$ f) $\sqrt[3]{9{,}261}$

14 ➡ Die folgenden Zahlen sind Werte von Potenzen der Form a^3. Welche Endziffer muss a haben? Überlege zunächst und begründe deine Annahme. Überprüfe dann mit Hilfe des Taschenrechners.
a) 4913 b) 1728 c) 2197
d) 15 625 e) 6859 f) 1331
g) 39 304 h) 287 496 i) 21 952

15 Eine Klasse mit 30 Schülern möchte für ein Therapiezentrum in Brasilien Spenden sammeln. Annika schlägt vor, einen Spendenaufruf per E-Mail zu verschicken. In der E-Mail soll die Bitte stehen, den Spendenaufruf an je zwei Bekannte weiterzuleiten. In der ersten Runde verschickt die Klasse also 60 E-Mails. Jeder Empfänger leitet den Aufruf an zwei Bekannte weiter …

NACHGEDACHT
Welche Möglichkeiten fallen dir ein, einen Spendenaufruf zu veröffentlichen, der möglichst viele Menschen erreicht?

a) Annika überlegt, ob die Anzahl der Mails durch eine lineare oder quadratische Funktion berechnet werden kann. Was meinst du?
b) Nach wie vielen Runden wäre theoretisch ein Ort mit 25 000 Internetanschlüssen informiert?
c) Gehe davon aus, dass jede Runde etwa sechs Stunden dauert. Wie lange würde es theoretisch dauern, bis alle informiert sind?
d) Woran können die theoretischen Berechnungen scheitern? Gib mindestens zwei Hindernisse an.
e) Einer der Schüler verbreitet per Mail ein Virus. Wie viele Leute wären davon rein rechnerisch betroffen?

16 Wie schnell wird 1000 erreicht? Starte bei 2 (3; 4; …; 10) und multipliziere die Startzahl so oft mit sich selbst, bis das Ergebnis größer als 1000 ist. Schreibe anschließend verkürzt als Potenz.

HINWEIS
1 GB = 1000 MB

17 Die Entwicklung von Speichermedien wurde in den letzten Jahren sehr stark vorangetrieben. Immer mehr Daten passen auf immer kleinere Geräte.

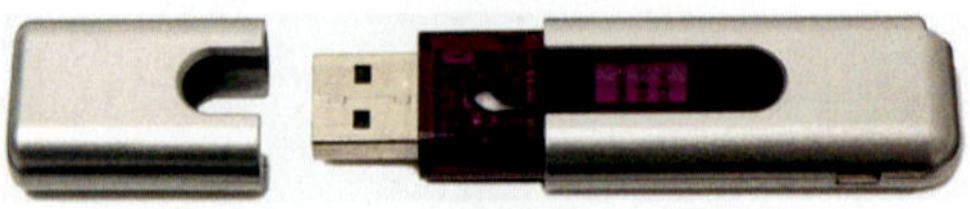

Vor einigen Jahren hatten USB-Sticks eine Kapazität von 128 MB. Auf neueren Sticks kann man 8 GB (eigentlich 8,192 GB) speichern. Wie oft hat sich die Speicherkapazität verdoppelt? Schreibe als Potenz.

18 Bei der Herstellung deines Mathematikbuchs wurden mehrere Buchseiten auf einem sehr großen Bogen Papier gedruckt. Anschließend wurde der Bogen insgesamt dreimal halbiert, bis die einzelnen Teile die Größe der Doppelseite 106/107 hatten.
a) Skizziere, wie solch ein großer Druckbogen geteilt wird. Schreibe als Potenz.
b) Wie groß ist solch ein Bogen Papier, der in der Druckerei benutzt wird? Miss dazu die Seitenlängen des Buches.

19 Bei durchschnittlicher Hygiene leben ca. 10^{10} Mikroorganismen in unserem Mund. Auf der gesamten Haut sind es etwa 100-mal so viele. 99 % aller mit dem Menschen zusammenlebenden Mikroorganismen befinden sich im Darm. Das entspricht ca. einer Zahl von 10^{14}.
Wie viele Mikroorganismen befinden sich auf der Haut? Wie viele Mikroorganismen leben insgesamt im und auf dem Menschen?

20 Ein Darstellen-&-Gestalten-Kurs lädt zu einer Aufführung ein. Damit möglichst viele Zuschauer kommen, sollen Flyer wie folgt verteilt werden: Alle Kursteilnehmer bekommen 200 Flyer. Die Flyer verteilen sie je zur Hälfte an zwei Bekannte, die wiederum ihre Flyer an zwei Bekannte aufteilen usw.

a) Wie viele Runden dauert es, bis alle Flyer verteilt sind? Beachte, dass immer eine ganze Anzahl an Flyern weitergegeben werden soll.
b) Wie viele Runden würde es dauern, wenn in jeder Runde die jeweiligen Stapel gedrittelt würden?
c) Wie soll eine ungerade Anzahl an Flyern aufgeteilt werden? Erläutere.
d) Schätze, wie viele Tage es dauert, bis alle Flyer verteilt sind. Hältst du dieses Prinzip für durchführbar? Begründe.

Potenzgesetze

Erforschen und Entdecken

1 Jeweils drei gelbe und zwei grüne Kärtchen lassen sich einander zuordnen.

$\frac{6\cdot6\cdot6\cdot6\cdot6}{6\cdot6\cdot6}$ | $(a^m)^n$ | a^{m+n} | 6^{15} | 6^8 | a^{m-n} | $\frac{6^5}{6^3}$ | $6^5\cdot6^3$ | $6\cdot6\cdot6\cdot6\cdot6\cdot6\cdot6\cdot6\cdot6\cdot6\cdot6\cdot6\cdot6\cdot6\cdot6$ | $\frac{a^m}{a^n}$ | 6^2 | $a^m\cdot a^n$ | $(6^5)^3$ | $a^{m\cdot n}$ | $6\cdot6\cdot6\cdot6\cdot6\cdot6\cdot6\cdot6$

a) Findet die 5er-Gruppen. Vergleicht eure Zuordnungen untereinander und begründet eure Entscheidungen.
b) Hinter den drei Paaren mit Variablen stecken Gesetze. Versucht sie mit Hilfe der zugeordneten Beispiele zu erläutern und in eigene Worte zu fassen.

2 Berechne mit Hilfe des Taschenrechners. Überprüfe, ob ein „=" gesetzt werden kann.

① $4^3\cdot5^3$ ___ $4\cdot5^3$ ② $6^4\cdot7^4$ ___ $(6\cdot7)^4$ ③ $10^2\cdot10^3$ ___ 10^6
④ $2^5\cdot3^2$ ___ $(2\cdot3)^7$ ⑤ $5^4\cdot2^4$ ___ $(5+2)^4$ ⑥ $10^3\cdot10^5$ ___ 10^8

❶ $\frac{6^5}{3^2}$ ___ $\left(\frac{6}{3}\right)^3$ ❷ $\frac{5^2}{7^2}$ ___ $\frac{5}{7^2}$ ❸ $\frac{10^4}{10}$ ___ $\left(\frac{10}{10}\right)^3$
❹ $\frac{9^3}{6^3}$ ___ $\left(\frac{9}{6}\right)^3$ ❺ $\frac{8^2}{6^2}$ ___ $(8-6)^2$ ❻ $\frac{10^5}{10^2}$ ___ 10^3

a) Überprüfe anhand weiterer Beispiele, ob Regeln vorliegen.
b) Erarbeite aus deinen Beobachtungen je eine Formel für die Multiplikation und die Division von Potenzen. Benutze in den Formeln die Variablen a und b.

3 Fülle die Wertetabellen aus und zeichne die zugehörigen Graphen. Berechne die Werte mit Hilfe des Taschenrechners. Was fällt dir auf?

n	1	2	3	4	5	6	7	8
2^{-n}	0,5							

n	1	2	3	4	5	6	7	8
$\frac{1}{2^n}$		0,25						

n	2	3	4	5	6	7	8	9
$\sqrt[n]{100}$								

n	2	3	4	5	6	7	8	9
$100^{\frac{1}{n}}$								

107-1

BEACHTE
Unter dem Webcode befindet sich ein Arbeitsblatt mit den Kärtchen.

BEACHTE
Summen, Differenzen, Produkte und Quotienten im Exponenten müssen bei der Eingabe in den Taschenrechner in Klammern gesetzt werden.
Bsp.: 10^{5+4} wird eingegeben als 1 0 x^y (5 + 4).

Lesen und Verstehen

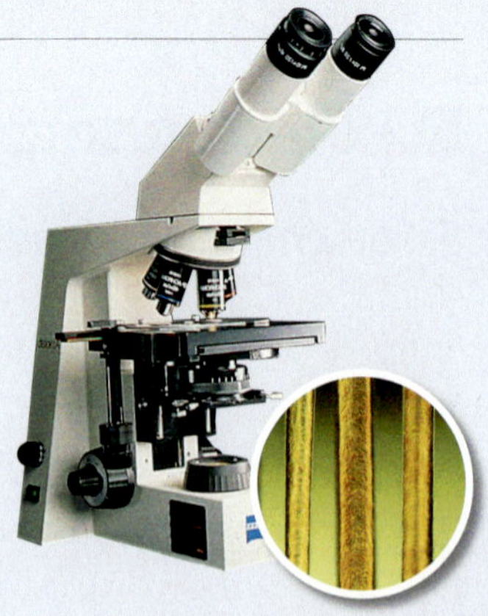

Das Haar eines Menschen wird unter dem Mikroskop betrachtet. Der Durchmesser eines einzelnen Haares beträgt ca. 0,1 mm. Das entspricht einer Dicke von 10^{-4} m.
Für Rechnungen mit Potenzen gibt es ebenfalls Rechengesetze. Diese dienen zur Vereinfachung von Termen und zur geschickten Berechnung einzelner Werte.

Gesetze für Potenzen mit gleicher Basis:

Potenzen mit gleicher Basis werden **multipliziert**, indem man die Exponenten addiert und die Basis beibehält.
Es gilt $a^m \cdot a^n = a^{m+n}$.

BEISPIEL 1
$5^3 \cdot 5^4 = \underbrace{5 \cdot 5 \cdot 5}_{3\text{ Faktoren}} \cdot \underbrace{5 \cdot 5 \cdot 5 \cdot 5}_{4\text{ Faktoren}} = 5^{3+4} = 5^7$
$= 78\,125$

Potenzen mit gleicher Basis werden **dividiert**, indem man die Exponenten subtrahiert und die Basis beibehält.
Es gilt $a^m : a^n = \frac{a^m}{a^n} = a^{m-n}$ für $a \neq 0$.

BEACHTE
$0^1 = 0$, aber 0^0 ist nicht definiert.

Daraus ergibt sich
$a^{-n} = \frac{1}{a^n}$,
$a^1 = a$ und $a^0 = 1$.

BEISPIEL 2
$8^5 : 8^3 = \frac{8 \cdot 8 \cdot 8 \cdot 8 \cdot 8}{8 \cdot 8 \cdot 8} = 8^{5-3} = 8^2$
$10^2 : 10^5 = 10^{2-5} = \mathbf{10^{-3}}$ ebenso gilt
$10^2 : 10^5 = \frac{10 \cdot 10}{10 \cdot 10 \cdot 10 \cdot 10 \cdot 10}$
$= \frac{1}{10 \cdot 10 \cdot 10} = \frac{\mathbf{1}}{\mathbf{10^3}} = 0{,}001$, also gilt
$10^{-3} = \frac{1}{10^3}$
$3^1 = 3$ und $4^0 = 1$

Potenzen werden **potenziert**, indem man die Basis mit dem Produkt der Exponenten potenziert. Es gilt $(a^m)^n = a^{m \cdot n}$.

Jede Wurzel lässt sich als Potenz schreiben:
$\sqrt[n]{a^m} = a^{\frac{m}{n}}$ für $a \geq 0$ und $n \geq 2$
$\sqrt[n]{a} = a^{\frac{1}{n}}$ für $a \geq 0$ und $n \geq 2$

BEISPIEL 3
$(5^2)^4 = 5^2 \cdot 5^2 \cdot 5^2 \cdot 5^2$
$= \underbrace{(5 \cdot 5) \cdot (5 \cdot 5) \cdot (5 \cdot 5) \cdot \overbrace{(5 \cdot 5)}^{2\text{ Faktoren}}}_{4\text{ Faktoren}}$
$= 5^{4 \cdot 2} = 5^{2 \cdot 4} = 5^8$
$\sqrt[3]{7^6} = 7^{\frac{6}{3}} = 7^2 = 49$
$\sqrt[3]{1000} = 1000^{\frac{1}{3}} = 10$

Gesetze für Potenzen mit gleichen Exponenten:

Potenzen mit gleichen Exponenten werden **multipliziert**, indem man die Basen multipliziert und das Produkt mit dem Exponenten potenziert.
Es gilt $a^m \cdot b^m = (a \cdot b)^m$.

BEISPIEL 4
$6^4 \cdot 7^4 = (6 \cdot 7)^4 = 42^4 = 3\,111\,696$

Potenzen mit gleichen Exponenten werden **dividiert**, indem man die Basen dividiert und den Quotienten mit dem Exponenten potenziert.
Es gilt $a^m : b^m = \frac{a^m}{b^m} = \left(\frac{a}{b}\right)^m$ für $b \neq 0$.

BEISPIEL 5
$6^7 : 3^7 = \frac{6^7}{3^7} = \left(\frac{6}{3}\right)^7 = 2^7 = 128$

Üben und Anwenden

1 Schreibe zunächst als Quotient und berechne den Wert der Potenz. Runde das Ergebnis an einer geeigneten Stelle.
a) 15^{-2} b) 9^{-3} c) 7^{-6}
d) 29^{-1} e) 36^{-2} f) 2^{-16}

2 Schreibe als Potenz mit negativem Exponenten. Überschlage den Wert der Potenz.
a) $\frac{1}{32}$ b) $\frac{1}{81}$ c) $\frac{1}{121}$
d) $\frac{1}{625}$ e) $\frac{1}{1000}$ f) $\frac{1}{1600}$
g) $\frac{1}{256}$ h) $\frac{1}{289}$ i) $\frac{1}{2025}$

3 Schreibe als Potenz. Überprüfe das Ergebnis, indem du den Wurzelausdruck und die Potenz mit dem Taschenrechner berechnest.
a) $\sqrt{324}$ b) $\sqrt[8]{256}$
c) $\sqrt[3]{4410{,}944}$ d) $\sqrt[4]{731{,}1616}$
e) $\sqrt[5]{371\,293}$ f) $\sqrt[6]{887{,}503\,681}$

4 Schreibe das Produkt als eine Potenz.
a) $4^5 \cdot 4^6$ b) $7^5 \cdot 7^2$
c) $(-3)^5 \cdot (-3)^2$ d) $(-2{,}5)^3 \cdot (-2{,}5)^8$
e) $a^2 \cdot a^5$ f) $u^3 \cdot u^{15}$
g) $\left(\frac{1}{3}\right)^5 \cdot \left(\frac{1}{3}\right)^2$ h) $\left(\frac{2}{x}\right)^7 \cdot \left(\frac{2}{x}\right)^5$

5 Überprüfe anhand der folgenden Beispiele, ob die Regel $a^m \cdot a^n = a^{m+n}$ auch für mehr als zwei Faktoren gilt. Setze ein „=“ oder ein „≠“ und erkläre anschließend das Ergebnis.
a) $3^2 \cdot 3^5 \cdot 3^3$ ___ 3^{10}
b) $2^4 \cdot 2^2 \cdot 2^5$ ___ 2^{11}
c) $4^1 \cdot 4^3 \cdot 4^2 \cdot 4^5$ ___ 4^{11}
d) $5^{10} \cdot 5^0 \cdot 5^4$ ___ 5^{14}

6 Schreibe als Produkt zweier Potenzen.
a) 3^{2+4} b) $(-7)^{5+2}$ c) a^{x+y}
d) 4^8 e) -2^6 f) $(-5)^9$
g) a^{3n+1} h) a^{4+x} i) a^{11}

7 Berechne den Wert der Potenz.
a) $2^3 \cdot 2^7$ b) $3^2 \cdot 3^3$ c) $5^4 \cdot 5^{-2}$
d) $10^4 \cdot 10^3$ e) $0{,}1^5 \cdot 0{,}1^3$ f) $6^3 \cdot 6^{-6}$

8 Ein Zentimeter ist der hundertste Teil eines Meters. Schreibe als Potenz.

9 Schreibe den Quotienten als Potenz.
a) $\frac{2^9}{2^5}$ b) $\frac{(-5)^4}{(-5)^2}$
c) $\left(\frac{2}{3}\right)^7 : \left(\frac{2}{3}\right)^4$ d) $\frac{8^x}{8^5}$
e) $2{,}3^u : 2{,}3^v$ f) $\frac{a^{47}}{a^{36}}$
g) $\frac{2^3}{2^{-5}}$ h) $\frac{x^y}{x^{-y}}$

10 Berechne den Wert der Potenz.
a) $\frac{3^5}{3^3}$ b) $\frac{7^4}{7^2}$
c) $0{,}1^7 : 0{,}1^4$ d) $4^2 : 4^{-3}$
e) $625 : 5^2$ f) $4^7 : 64$
g) $\left(\frac{1}{3}\right)^4 : \left(\frac{1}{3}\right)^2$ h) $5^3 : 5^5$

11 Berechne mit Hilfe des Potenzgesetzes. Überlege vorher, ob der Wert kleiner oder größer als eins sein wird.
a) $(2^3)^2$ b) $-(2^4)^3$ c) $(5^2)^2$
d) $((-3)^4)^2$ e) $(4^2)^{-3}$ f) $(-2^3)^{-4}$
g) $((-2)^3)^{-4}$ h) $(0{,}1^{-3})^2$ i) $(2^{-3})^{-2}$

12 Berechne mit Hilfe der Potenzgesetze.
a) $7^2 \cdot 3^2$ b) $5^2 \cdot (-6)^2$
c) $(-5)^3 \cdot \left(\frac{1}{2}\right)^3$ d) $0{,}1^3 \cdot 0{,}01^3$
e) $(2^3)^2 \cdot 3^6$ f) $7^2 \cdot 0{,}1^2$
g) $4^4 : 2^4$ h) $625 : 25^2$
i) $\frac{15^3}{5^3}$ j) $4^{-2} \cdot 2^{-2}$
k) $33^7 : 11^7$ l) $5^2 \cdot 4^{4-2}$
m) $3^5 \cdot 2^3 \cdot 2^2$ n) $16^4 : (4^8 : 4^4)$

13 Hat die Gleichung $a^4 = -81$ eine Lösung? Begründe.

14 Bringe die einzelnen Zeilen in die richtige Reihenfolge.
Zeige so, dass gilt: $a^{-n} = \frac{1}{a^n}$

a^{-n}

$= \frac{1}{a^n}$

$= a^{p-q}$

$= \frac{1}{\underbrace{a \cdot a \dots \cdot a}_{n\text{-mal}}}$

$= \frac{\overbrace{a \cdot a \dots \cdot a}^{p\text{-mal}}}{\underbrace{a \cdot a \dots \cdot a}_{q\text{-mal}}}$

$= a^p / a^q$

HINWEIS
Bei der Beweisführung gilt: $p, q, n \in \mathbb{N}$ und $q > p$. Wähle für p und q jeweils einen Wert geschickt.

Methode: Zahldarstellung mit Hilfe von Zehnerpotenzen

Die Darstellung von sehr großen, aber auch von sehr kleinen Dezimalzahlen wird schnell unübersichtlich. Für Zahlen wie z. B. 10 000 000 000 oder 0,000 000 000 1 reichen außerdem oftmals die Stellen im Display eines Taschenrechners nicht aus.
Mit Hilfe von Zehnerpotenzen können sehr große und sehr kleine Zahlen übersichtlich dargestellt werden. Dabei wird genutzt, dass die Stufenzahlen des Dezimalsystems auch als Zehnerpotenzen geschrieben werden können. Die Tabelle zeigt einen Ausschnitt einer Stellenwerttafel mit den unterschiedlichen Schreibweisen der Stufenzahlen.

	T	H	Z	E	z	h	t
Potenzschreibweise	10^3	10^2	10^1	10^0	$10^{-1} = \frac{1}{10^1}$	$10^{-2} = \frac{1}{10^2}$	$10^{-3} = \frac{1}{10^3}$
Dezimalschreibweise	1000	100	10	1	0,1	0,01	0,001

HINWEIS
Der Exponent der Zehnerpotenz gibt an, um wie viele Stellen das Komma des Faktors verschoben wird.
positiv → rechts
negativ → links

In der **wissenschaftlichen Schreibweise** wird eine Zahl in ein Produkt aus einem Faktor und einer Zehnerpotenz zerlegt. Der erste Faktor ist größer oder gleich eins und kleiner als zehn.

BEISPIELE ① 86 000 000 000 = $8{,}6 \cdot 10^{10}$ ② 0,000 000 000 041 2 = $4{,}12 \cdot 10^{-11}$

Dezimalschreibweise	wissenschaftliche Schreibweise
1 800 000	$\mathbf{1{,}8 \cdot 10^6}$
18 000 000	$\mathbf{1{,}8 \cdot 10^7}$
400 000 000	$\mathbf{4 \cdot 10^8}$
705 000 000 000	$\mathbf{7{,}05 \cdot 10^{11}}$
0,000 000 074	$\mathbf{7{,}4 \cdot 10^{-8}}$
0,000 003 598	$\mathbf{3{,}598 \cdot 10^{-6}}$
0,000 010 004 5	$\mathbf{1{,}0045 \cdot 10^{-5}}$

Die Abbildung zeigt, wie der Taschenrechner die Zahl $8{,}6 \cdot 10^{10}$ anzeigt.
Bei einigen Taschenrechnern kann über die Taste EXP der Exponent einer Zehnerpotenz eingetippt werden.

BEACHTE
Bei Zahlen zwischen 0 und 1 ist der Exponent der Zehnerpotenz negativ.

15 Schreibe die Dezimalzahlen in wissenschaftlicher Schreibweise.
a) 2 800 000 000 b) 45 000 000
c) 63 400 000 000 d) 897 600 000
e) 0,000 004 3 f) 0,000 000 112
g) 0,012 08 h) 0,000 000 084

16 Schreibe in Dezimalschreibweise.
a) $4{,}8 \cdot 10^7$ b) $9{,}76 \cdot 10^6$
c) $8{,}321 \cdot 10^{11}$ d) $5{,}001 \cdot 10^8$
e) $1{,}54 \cdot 10^{-4}$ f) $3 \cdot 10^{-6}$
g) $2{,}1045 \cdot 10^{-7}$ h) $4{,}00101 \cdot 10^{-3}$

17 Berechne und übersetze die Anzeige deines Taschenrechners in die Dezimalschreibweise. Runde gegebenenfalls an einer sinnvollen Stelle.
a) 22^8 b) 17^9 c) $0{,}3^{19}$

18 Berechne mit dem Taschenrechner. Ordne die Ergebnisse der Größe nach.
a) $2000 \cdot 12\,000 \cdot 40\,000$
b) $0{,}000\,21 \cdot 0{,}000\,000\,6 \cdot 0{,}000\,01$
c) $300 \cdot 26\,000 \cdot 350\,000$
d) $47 \cdot 618\,000 \cdot 4\,000\,000$
e) $1200 \cdot 16\,000 \cdot 52\,000$

19 Um welche Zahl handelt es sich? Schreibe in Worten. Beachte die Randspalte.
a) $5 \cdot 10^{12}$ b) $1{,}2 \cdot 10^{10}$
c) $4{,}05 \cdot 10^7$ d) $6{,}7 \cdot 10^{13}$

HINWEIS
Million: 10^6
Milliarde: 10^9
Billion: 10^{12}
Billiarde: 10^{15}
Trillion: 10^{18}

20 Schreibe in wissenschaftlicher Schreibweise. Beachte die Randspalte.
a) 4 Trillionen b) 5,8 Billiarden
c) 46 Billionen d) 347 Milliarden
e) 6 Billionen 50 Milliarden

21 Vereinfache die Terme, falls möglich.

a) $3 \cdot 4^2 + 2 \cdot 4^2$
b) $7 \cdot 36 + 3 \cdot 6^2$
c) $10^5 - 10^3$
d) $6 \cdot x^3 \cdot x^4$
e) $-20y^3 \cdot y^4 \cdot y^{-1}$
f) $10^{3+a} \cdot 10^{3-a}$
g) $x^8 \cdot \frac{1}{x^5}$
h) $5^{\frac{1}{2}} \cdot 6^{\frac{1}{2}} \cdot 7^{\frac{1}{2}}$

22 Schreibe als eine einzige Potenz.

a) $4^3 \cdot 4^4 \cdot 4^5$
b) $100^4 \cdot 5^4$
c) $a^{-3} \cdot a^3$
d) $(-a)^3 \cdot a^3$

23 Klammere gemeinsame Faktoren aus und kürze soweit wie möglich.

a) $10^2 - \frac{10^4}{1000}$
b) $2^5 + \frac{2^8}{2^3} - 2^4$
c) $8^2 + \frac{8^3}{8^{-2}} + 8^{-4}$
d) $\frac{2^3}{4^2} - 4^4$

24 Schreibe als Bruch.

a) 10^{-3}
b) 15^{-5}
c) 100^{-6}
d) $6^{-\frac{1}{2}}$
e) $125^{-\frac{1}{3}}$
f) 0,625

25 Berechne den Wert der Potenzen.

a) $(2 \cdot 100)^3$
b) $(625^{0,5})^2$
c) $\frac{1}{4^2}$
d) $\frac{25}{5^3}$
e) $27^{\frac{1}{3}}$
f) $25^{-\frac{1}{2}}$

26 Sortiere die drei Potenzen einer Farbe der Größe nach. Beginne mit dem kleinsten Wert.

1^0 | -10^0 | $0{,}5^6$ | 1^{-2} | -10^5 | $0{,}5^{-3}$ | 1^2 | -10^2 | $0{,}5^{\frac{1}{2}}$

27 Löse die Klammern auf.

a) $(3^2)^4$
b) $(a^6)^3$
c) $(\frac{1}{5})^4$
d) $(a^{\frac{1}{2}})^6$

28 Schreibe als Potenz mit einem negativen Exponenten.

a) $\frac{1}{10}$
b) $\frac{1}{1000}$
c) $\frac{5}{50\,000}$
d) $\frac{5}{100\,000}$
e) $\frac{36}{6^3}$
f) $\frac{256}{2^{10}}$

29 Löse die Gleichungen.

a) $6^2 \cdot x = 4^2$
b) $81 - 3^3 = x + 3^2$
c) $81 - 3^2 = x + 3^3$
d) $\frac{8^{-3}}{8^2} \cdot x = 8^{-1}$

30 Finde jeweils gleichwertige Terme.

$a^{\frac{1}{2}}$ | $\sqrt{a}$ | $a^2 \cdot b^{-1}$ | $\frac{(a \cdot b)^2}{b^{-3}}$ | $\frac{1}{a^{\frac{1}{2}}}$ | $\frac{\sqrt{4a}}{2}$ | $\frac{a^2}{b}$ | $a^2 \cdot b^5$ | $\sqrt{a}^{-1}$

31 Zeichne eine Strecke $\overline{AB}$ mit einer Länge von 20 cm ins Heft. Markiere bei A 10^0 und bei B 10^5. Wo liegt dann ca. 10^3?

32 Ordne den Umrechnungen eine passende Zehnerpotenz aus der Randspalte zu.

cm → m | cm² → m² | m → mm | ml → ℓ | mm → cm | dm → km | dm³ → m³ | m² → cm² | cm² → mm²

10^{-4}
10^{-3}
10^{-2}
10^1
10^2
10^4

33 Bei der Umrechnung von m³ in benachbarte Volumeneinheiten werden bestimmte Zehnerpotenzen verwendet.

a) Welche Zehnerpotenzen kommen als Umrechnungsfaktoren vor?
b) Begründe, warum der Faktor 10^4 nicht vorkommen kann.

34 Jan betrachtet mit Hilfe eines Lichtmikroskops einen Wasserfloh. Die mikroskopische Vergrößerung erfolgt dabei in zwei Stufen. Der Wasserfloh wird über das Objektiv 40-fach vergrößert. Im Inneren des Mikroskops entsteht ein Zwischenbild des Wasserflohs. Das Zwischenbild wird über das Okular 10-fach vergrößert.

a) Berechne die Gesamtvergrößerung des Lichtmikroskops.
b) Wasserflöhe haben eine Größe von ca. 0,3 mm bis 0,7 mm. Wie groß erscheint der vergrößerte Wasserfloh?

Mikrokosmos und Makrokosmos

Im Vergleich zum Weltall, dem Makrokosmos, ist die Welt des Menschen winzig. Vergleicht man sie dagegen mit dem Mikrokosmos der Kleinstlebewesen und der physikalischen Teilchen, ist die Welt des Menschen riesig.

Längen in unserem Universum	
Durchmesser der Milchstraße	10^{20} m
Entfernung zwischen Sonne und Pluto	$5{,}9 \cdot 10^{12}$ m
Sonnendurchmesser	$1{,}4 \cdot 10^{9}$ m
Erddurchmesser	$1{,}3 \cdot 10^{7}$ m
Durchmesser eines Regentropfens	10^{-3} m
Wellenlänge des sichtbaren Lichts	$4 \cdot 10^{-7}$ m bis $8 \cdot 10^{-7}$ m
Atomradius	10^{-10} m

1 Überlege dir drei Dinge, deren Längen größer als der Durchmesser eines Regentropfens und kleiner als der Erddurchmesser sind. Gib die Dinge wie in der Tabelle in m an. Rechne die in der Tabelle angegebenen Größenangaben in km bzw. mm um.

Unser nächster Stern ist die Sonne. Sie ist ungefähr 150 Mio. km von der Erde entfernt. Unser nächstes Sonnensystem heißt Alpha Centauri. Der zentrale Stern Alpha Centauri C ist ca. 40 Billionen km von der Erde entfernt. Für solch große Entfernungsangaben wurde das **Lichtjahr** eingeführt. Ein Lichtjahr ist keine Zeiteinheit, sondern die Strecke, die das Licht in einem Jahr zurücklegt. Ein Lichtjahr misst etwa 9,46 Billionen km. Die Lichtgeschwindigkeit beträgt $c = 2{,}997\,924\,58 \cdot 10^8 \frac{\text{m}}{\text{s}}$.

2 Gib einen gerundeten Wert in $\frac{\text{km}}{\text{s}}$ für die Lichtgeschwindigkeit an.

Eine andere Entfernungsangabe ist die Astronomische Einheit (AE). Die AE beträgt 149 597 870 691 m. Das entspricht fast genau dem mittleren Abstand zwischen dem Erdmittelpunkt und dem Zentrum der Sonne. Entfernungen innerhalb des Sonnensystems werden meist in AE angegeben.

3 Gib die AE in wissenschaftlicher Schreibweise an.

4 Wäre die Erde in einem Modell ein Ball mit 50 cm Durchmesser, wie groß müssten dann in diesem Modell Merkur, Jupiter und die Sonne sein?

Der Äquator hat eine Länge von 40 075,016 686 km.

5 Um eine Vorstellung für die Lichtgeschwindigkeit zu bekommen, kann man folgendes Gedankenexperiment durchführen. Stell dir vor, dass sich ein Lichtstrahl um den Äquator der Erde wickelt.
Wie oft würde das Licht theoretisch in einer Sekunde den Äquator umkreisen?
Finde andere Vergleiche für unvorstellbare Größenangaben.

6 Im Jahr 2006 wurde entschieden, dass Pluto nicht mehr zu den Planeten gezählt wird. Recherchiere die Gründe.

Kugel- und Stabbakterien

Bakterien zählen zu den einzelligen Lebewesen. Sie haben verschiedene Formen.
Es gibt zum Beispiel kugelförmige Bakterien, die einen mittleren Durchmesser von 0,15 µm haben. Es gibt auch stäbchenförmige Bakterien, die durchschnittlich 50 µm lang und 5 µm breit sind.
1000 µm (Mikrometer) = 1 mm

7 Für sehr kleine und sehr große Einheiten werden Vorsilben wie Kilo (k) oder Mikro (µ) benutzt. Erstelle eine Übersicht über die Vorsilben für Maßeinheiten. Gib jeweils die zugehörige Zehnerpotenz an.

Viren werden nicht zu den Lebewesen gezählt, da sie sich nicht selbstständig reproduzieren können. Um Viren sichtbar zu machen, reicht ein Lichtmikroskop nicht mehr aus. Dazu müssen Elektronenmikroskope verwendet werden.

8 Viren sind um ein Vielfaches kleiner als Bakterien. Informiere dich über die Größe und rechne sie gegebenenfalls in mm um.
Recherchiere, wie sich Viren reproduzieren.

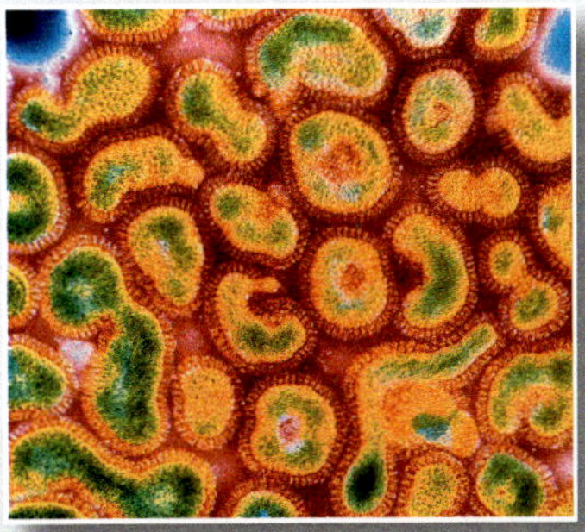

Viren

Vermischte Übungen

1 Berechne.

a) $8 \cdot 8 \cdot 8 \cdot 8$ b) 12^3 c) $\frac{1}{4} \cdot \frac{1}{4} \cdot \frac{1}{4}$

d) $(-6)^4$ e) 10^{10} f) 10^{-4}

2 Dem Erfinder des Schachspiels, einem gewissen Sessa Ibn Daher, soll der indische König Sheram für seine geniale Erfindung einen Wunsch gewährt haben. Der Erfinder wünschte sich für das erste Schachbrettfeld ein Reiskorn, für das zweite Feld zwei Reiskörner, für das dritte Feld vier Reiskörner, für das vierte Feld acht Reiskörner usw.
Er bat also für jedes Feld um doppelt so viele Reiskörner wie für das vorangehende.
Der König stimmte dieser scheinbar bescheidenen Bitte zu. Er ahnte nicht, dass diese Bitte für ihn unerfüllbar sein würde.

a) Wie viele Reiskörner lägen auf dem letzten, dem 64. Feld des Schachbretts?
b) Wie viele t Reis wären das, wenn 40 Körner eine Masse von ca. 1 g haben?
c) Insgesamt wurden im Jahr 2005 weltweit 618,4 Mio. t Reis geerntet. Berechne, wie viele Jahre geerntet werden müsste, um Sessa Ibn Daher bezahlen zu können.

3 Die Erde bewegt sich mit einer durchschnittlichen Geschwindigkeit von $3 \cdot 10^4 \frac{m}{s}$ um die Sonne. Wie viele Kilometer legt die Erde in 365 Tagen zurück?

4 In einem Bus sind sieben Kinder. Jedes Kind hat sieben Rucksäcke. In jedem Rucksack sind sieben große Katzen. Jede große Katze hat sieben kleine Katzen. Jede Katze hat vier Beine.
Wie viele Beine befinden sich im Bus?

5 In einem Stammbaum sind alle Mitglieder einer Familie dargestellt. In diesem Beispiel hat jedes Elternpaar die gleiche Anzahl an Kindern wie das Elternpaar aus der ersten Generation.

a) Die erste Generation bekommt drei Kinder. Wie viele Kinder gibt es insgesamt in der fünften Generation?
b) Wie viele Kinder hat die dritte Generation, wenn die erste Generation fünf Kinder bekam?
c) Wie viele Kinder hat die sechste Generation, wenn die zweite Generation insgesamt 16 Kinder bekam?
d) Verfolgt eure Familie bis auf eure Urgroßeltern zurück. Erstellt euren eigenen Stammbaum. Wie viele Kinder leben mit euch in eurer Generation, die direkte Nachfahren dieses Paares sind?

6 Zum Wiener Opernball kommen jährlich etwa 12 000 Gäste.

a) Wie oft muss der Tanzpartner gewechselt werden, würden alle Gäste mit dem Schneeballprinzip auf die Tanzfläche geholt? Beachte den Hinweis in der Randspalte.
b) Welche Zeit wird benötigt, wenn jeder 1,5 min mit einem Tanzpartner hätte?
c) Woran können diese theoretischen Berechnungen in der Praxis scheitern?

HINWEIS
Das Schneeballprinzip ist eine beliebte Art, Gäste zum Tanzen aufzufordern. Ein Paar beginnt, teilt sich und sucht jeweils einen neuen Partner. Die neuen Paare trennen sich wieder, suchen neue Partner usw.

7 Ein Gletscher hat eine durchschnittliche Fließgeschwindigkeit von $6{,}4 \cdot 10^{-6}\,\frac{\text{m}}{\text{s}}$. Berechne die Zeit, die ein Gletscher benötigt, um sich 100 m weiterzubewegen.

8 Berechne und setze das richtige Zeichen (<; >; =) in die Lücke.

a) $5^3 \cdot 20^3$ ___ 10^4
b) $(2^{-3})^2$ ___ $(2^{-2})^3$
c) $4^{-3} \cdot 4^3$ ___ 20^0
d) 32^2 ___ 2^{11}
e) 100^{-3} ___ 10^2
f) $(4^2 \cdot 3^2)^3$ ___ 144^2
g) $24^2 : 6^2$ ___ $4^2 \cdot 2^0$
h) $-(2^4)^3$ ___ $((-2)^4)^{-3}$

9 Übersetze und berechne.
a) Potenziere die zweite Potenz von fünf mit drei.
b) Potenziere drei mit vier und teile das Ergebnis durch drei hoch fünf.
c) Multipliziere vier hoch vier mit dem Produkt aus – Klammer auf – zwei mal zwei – Klammer zu – hoch minus fünf.

10 Berechne mit Hilfe des Potenzgesetzes. Überlege vorher, ob der Wert kleiner oder größer als eins sein wird.

a) $(5^3)^2$ b) $-(3^4)^3$ c) $(6^2)^2$
d) $((-2)^4)^2$ e) $(5^2)^{-3}$ f) $(-8^3)^{-4}$
g) $((-7)^3)^{-4}$ h) $(0{,}01^{-3})^2$ i) $(3^{-3})^{-2}$

11 Berechne mit Hilfe der Potenzgesetze.

a) $4^2 \cdot 3^2$ b) $4^2 \cdot (-3)^2$
c) $(-3)^3 \cdot (\frac{1}{2})^3$ d) $0{,}01^3 \cdot 0{,}001^3$
e) $(4^3)^2 \cdot 3^6$ f) $5^2 \cdot 0{,}1^2$
g) $6^4 : 3^4$ h) $3125 : 25^2$
i) $\frac{10^3}{5^3}$ j) $8^{-2} \cdot 4^{-2}$
k) $44^7 : 11^7$ l) $6^2 \cdot 4^{4-2}$
m) $4^5 \cdot 2^3 \cdot 2^2$ n) $16^5 : (4^{10} : 4^5)$

12 Schreibe als Potenz. Berechne die Werte mit dem Taschenrechner. Überprüfe die Ergebnisse mit den Werten in der Randspalte.

a) $\sqrt[3]{44^9}$ b) $\sqrt[9]{44^3}$ c) $\sqrt[5]{10^6}$
d) $\sqrt[6]{2^{-7}}$ e) $\sqrt{10^{10}}$ f) $\sqrt[8]{5^{-4}}$

13 Richtig oder falsch?
a) Wenn die Basis positiv ist, so ist jede Potenz wieder positiv.
b) Wenn der Exponent negativ ist, so ist die Potenz negativ.
c) Wenn der Exponent negativ ist, so ist die Potenz kleiner eins.
d) Wenn die Basis negativ ist, so ist die Potenz negativ.
e) Wenn die Basis und der Exponent negativ sind, so ist die Potenz positiv.
f) Wenn die Basis negativ und der Exponent gerade sind, so ist die Potenz positiv.

14 Ist das möglich? Begründe.

a) $x^3 = -8$ b) $x^6 = -64$
c) $x^3 = \frac{1}{3}$ d) $x^3 = -\frac{1}{8}$
e) $x^3 = 0{,}01$ f) $x^4 = -0{,}0016$

15 Berechne mit Hilfe des Taschenrechners.
a) $3000 \cdot 12\,000 \cdot 50\,000$
b) $0{,}21 \cdot 0{,}000\,000\,4 \cdot 0{,}000\,02$
c) $500 \cdot 24\,000 \cdot 3\,050\,000$
d) $47 \cdot 627\,000 \cdot 2\,000\,000\,000$

16 Schreibe die Zahl in Worten.

a) $5 \cdot 10^{13}$ b) $1{,}76 \cdot 10^9$
c) $1{,}05 \cdot 10^6$ d) $5{,}7 \cdot 10^{11}$

17 Stelle die folgenden Zahlen übersichtlich dar. Nutze dazu die wissenschaftliche Schreibweise.

a) 4 Billionen b) 368 Milliarden
c) 46 Millionen d) 5,8 Trilliarden
e) 0,000 000 035 782 f) 9 783 400 000 000

18 Sonja betrachtet die Zahlenfolge $0^3 = 0$; $0^2 = 0$; $0^1 = 0$ und schlussfolgert, dass auch $0^0 = 0$ gilt.
Christoph ist anderer Meinung. Er betrachtet die Reihe $3^0 = 1$; $2^0 = 1$; $1^0 = 1$ und behauptet, dass $0^0 = 1$ sei.
a) Überprüfe mit dem Taschenrechner.
b) Erkläre, wie Sonja und Christoph auf ihre verschiedenen Ergebnisse kommen.
c) Begründe, warum 0^0 nicht definiert ist. Benutze hierfür das Potenzgesetz $a^m : a^n = \frac{a^m}{a^n} = a^{m-n}$.

HINWEIS
Die Ergebnisse von Aufgabe 9 findest du unter diesen Werten:
125
15 625
0,25
$\frac{1}{3}$
9

BEACHTE
Unter den folgenden Werten findest du die Lösungen zu Aufgabe 12:
100 000
15,848 931 92
0,445 449 359
1 000 000
85 184
3,530 348 335
0,447 213 595

19 Ein Silberatom hat einen Atomradius von ca. $144 \cdot 10^{-12}$ m. Wie viele Silberatome könnte man theoretisch aneinanderlegen, bis eine Kette von einem Meter entsteht? Notiere das Ergebnis in der wissenschaftlichen Schreibweise.

20 Berechne die Potenzen ① $(a + a)^2$ und ② $(a \cdot a)^2$ und vergleiche ihre Werte. Formuliere eine Regel, für welche Werte a die Potenz der Summe größer ist als die Potenz des Produkts.

a) $a = 1$
b) $a = 0{,}5$
c) $a = -2$
d) $a = 10$

21 Bringe die einzelnen Rechenschritte in die richtige Reihenfolge. Zeige so, dass gilt: $\left(\frac{a}{b}\right)^{-1} = \frac{b}{a}$

$\left(\frac{a}{b}\right)^{-1}$ | $\frac{b}{a}$ | $1 \cdot \frac{b}{a}$ | $1 : \frac{a}{b}$ | $\frac{1}{\frac{a}{b}}$

22 Formuliere einen Merksatz, der die Wirkung des Exponenten -1 auf eine beliebige Basis beschreibt.

23 Bestimme das Vorzeichen der Potenz, ohne den Wert auszurechnen. Begründe.

a) -15^7
b) $(-15)^8$
c) $-12{,}55^3$
d) $(-0{,}88)^6$
e) $-1{,}8^8$
f) $(-0{,}0035)^{100}$

24 Ein Eiswürfel mit einer Kantenlänge von 3 cm hat das 0,125-fache des Volumens eines anderen Eiswürfels.

a) Ist der Eiswürfel mit der Kantenlänge von 3 cm größer oder kleiner als der andere Eiswürfel? Begründe.
b) Stelle eine passende Gleichung auf. Welche Kantenlänge hat der andere Würfel?

25 Vereinfache zunächst die Terme. Berechne die Wurzeln im Kopf.

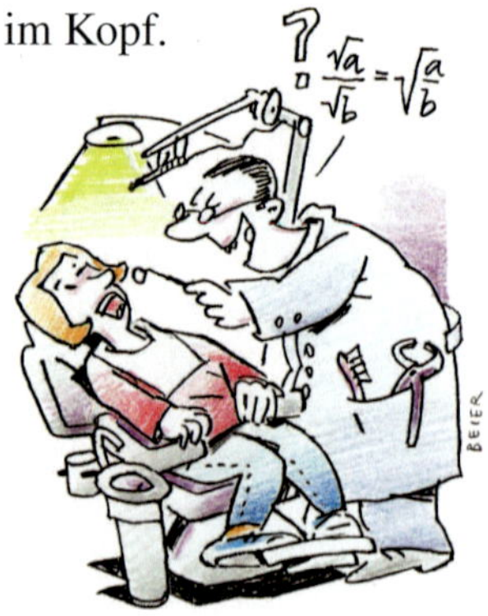

a) $\sqrt{4 \cdot 25}$
b) $\sqrt{10 \cdot 40}$
c) $\sqrt{6} \cdot \sqrt{6} \cdot \sqrt{6} \cdot \sqrt{6}$
d) $\sqrt{125 : 5}$
e) $\sqrt{3} \cdot \sqrt{3} \cdot \sqrt{3} \cdot \sqrt{3}$
f) $\sqrt{3 \cdot 48}$
g) $\sqrt{200 - 31}$
h) $\frac{\sqrt{36 \cdot 6}}{2} \cdot \sqrt{6}$

26 Schreibe als Potenz.

a) $\sqrt{12}$
b) $\sqrt[3]{13}$
c) $\sqrt[5]{15}$
d) $\sqrt[3]{243}$
e) $\sqrt[4]{30^{-1}}$
f) $\sqrt[6]{107^2}$

27 Schreibe als Wurzelausdruck.

a) $123^{\frac{1}{5}}$
b) $403^{\frac{3}{6}}$
c) $300^{\frac{2}{3}}$
d) $5^{\frac{1}{3}} \cdot 5^{\frac{1}{3}}$
e) $77{,}5^{0,5}$
f) $18^{0,2}$

28 Richtig oder falsch. Begründe.

a) Aus jeder Zahl kann eine Wurzel gezogen werden.
b) Die Wurzel aus einer Zahl ist immer kleiner als die Zahl selbst.
c) Die dritte Wurzel einer Zahl ist immer größer als die Zahl selbst.
d) Zieht man die Wurzel aus der Wurzel einer Zahl, so ist das Ergebnis kleiner als die vierte Wurzel aus der Zahl.

29 Übertrage die Tabelle ins Heft und berechne die Werte der Potenz ab. Runde auf vier Nachkommastellen.

a \ b	−1	0	2	3
−1				
0,5				
$\frac{3}{4}$				
$\sqrt{2}$				

30 Löse die Gleichungen.

a) $1024 = x^5$
b) $3 \cdot x^4 = 768$
c) $4 \cdot x^{-3} = \frac{1}{8}$
d) $x^2 - 2{,}25 = 0$
e) $x^5 = 32^4$
f) $17^2 + 13^2 = 56 + x^2$
g) $-x^3 = -3375$
h) $x \cdot \sqrt{x} = 15\,625$

Teste dich!

a

1 Vereinfache den Term und berechne.

a) $3 \cdot 3 \cdot 3 \cdot 3 \cdot 3$ b) $2{,}5 \cdot 2{,}5 \cdot 2{,}5$

c) $(-1{,}8) \cdot (-1{,}8) \cdot (-1{,}8) \cdot (-1{,}8)$

2 Berechne den Wert der Potenzen.

a) 3^4 b) $4^{1{,}5}$ c) $1{,}5^5$ d) -2^3

e) 3^{-2} f) $100^{\frac{1}{2}}$ g) $27^{\frac{1}{3}}$ h) $1024^{\frac{1}{2}}$

b

1 Vereinfache und berechne, falls möglich.

a) $\frac{1}{3} \cdot \frac{1}{3} \cdot \frac{1}{3}$ b) $x \cdot x \cdot x \cdot x \cdot x \cdot x^{-1}$

c) $4v \cdot 6 \cdot 4v \cdot 6 \cdot 4v \cdot 6 \cdot 4v \cdot 6$

2 Berechne den Wert der Potenzen.

a) $2{,}8^4$ b) $-\frac{1}{3}^3$ c) $0{,}25^5$ d) -6^{-2}

e) $-2197^{\frac{1}{3}}$ f) $8^{\frac{-1}{3}}$ g) $-\frac{1}{2}^2$ h) $0{,}1^5$

3 Schreibe die Zahlen als Potenz mit einer möglichst kleinen Basis.

a) 64 b) 125 c) 1024 d) 121 e) 1 000 000 f) 16

g) 625 h) 256 i) 729 j) −100 000 k) 196 l) −216

4 Um welche Zahlen handelt es sich? Schreibe in Dezimalschreibweise.

a) $4 \cdot 10^{11}$ b) $2{,}8 \cdot 10^8$ c) $1{,}286 \cdot 10^7$ d) $1{,}5 \cdot 10^{-6}$ e) $2{,}74 \cdot 10^{-5}$

5 Schreibe in wissenschaftlicher Schreibweise.

a) 9 Milliarden b) 7 Milliarden 51 Tausend c) 10,4 Billiarden

6 Eine Süßwarenfirma verkauft jährlich $2{,}19 \cdot 10^8$ Tüten ihrer Produkte.

a) Schreibe die Anzahl der verkauften Tüten in Dezimalschreibweise.

b) Wie viele Tüten sind das im Durchschnitt pro Tag?

7 Vervollständige die Potenzgesetze im Heft.

a) $a^m \cdot a^n =$ ________ b) ________ $= a^{m-n}$ c) $(a^m)^n =$ ________

d) ________ $= (a \cdot b)^m$ e) ________ $= (\frac{a}{b})^m$ f) $\sqrt[n]{a} =$ ________

a

8 Vereinfache den Term und berechne.

a) $16^3 \cdot 16^{-3}$ b) $10^8 \cdot 10^{-3}$

c) $\sqrt{49^4}$ d) $1{,}4 \cdot 10^5 \cdot 10^{-3}$

b

8 Vereinfache und berechne, falls möglich.

a) $\frac{4{,}2 \cdot 10^7}{2{,}1 \cdot 10^3}$ b) $25^4 \cdot 25^{-5}$

c) $\sqrt[4]{49^2}$ d) $\frac{9^4}{3^8}$

HINWEIS

Brauchst du noch Hilfe, so findest du auf den angegebenen Seiten ein Beispiel oder eine Anregung zum Lösen der Aufgaben. Überprüfe deine Ergebnisse mit den Lösungen ab Seite 220.

Aufgabe	Seite
1	104, 108
2	104, 108
3	104
4	110
5	110
6	104
7	108
8	108

Zusammenfassung

→ Seite 104

Potenzen und Wurzeln

Ein Produkt aus gleichen Faktoren schreibt man kürzer als Potenz.
Die Basis gibt den Faktor a an, der Exponent die Anzahl der Faktoren.
Die Umkehrung des Potenzierens ist das Wurzelziehen.

$$\underbrace{a \cdot a \cdot \ldots \cdot a}_{n \text{ Faktoren}} = a^n$$

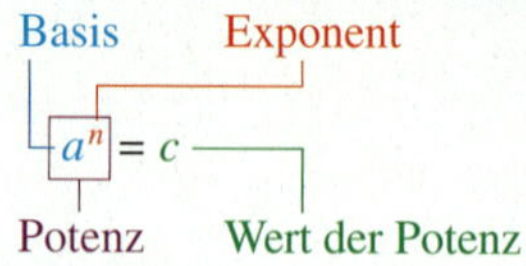

$a^n = c$ | n-te Wurzel ziehen

$\sqrt[n]{a^n} = \sqrt[n]{c}$ | umformen

$a = \sqrt[n]{c}$

→ Seite 108

Potenzgesetze

1. Potenzen mit gleicher Basis werden
   - **multipliziert**, indem man die Exponenten addiert und die Basis beibehält.
     $a^m \cdot a^n = a^{m+n}$

     $5^3 \cdot 5^4 = \underbrace{5 \cdot 5 \cdot 5}_{3 \text{ Faktoren}} \cdot \underbrace{5 \cdot 5 \cdot 5 \cdot 5}_{4 \text{ Faktoren}} = 5^{3+4} = 5^7 = 78\,125$

   - **dividiert**, indem man die Exponenten subtrahiert und die Basis beibehält.
     $a^m : a^n = \frac{a^m}{a^n} = a^{m-n}$ für $a \neq 0$

     $8^5 : 8^3 = \frac{8 \cdot 8 \cdot 8 \cdot 8 \cdot 8}{8 \cdot 8 \cdot 8} = 8^{5-3} = 8^2$

     $10^2 : 10^5 = 10^{2-5} = \mathbf{10^{-3}}$ ebenso gilt

     $10^2 : 10^5 = \frac{10 \cdot 10}{10 \cdot 10 \cdot 10 \cdot 10 \cdot 10}$

     $= \frac{1}{10 \cdot 10 \cdot 10} = \frac{\mathbf{1}}{\mathbf{10^3}} = 0{,}001$, also gilt

     $10^{-3} = \frac{1}{10^3}$

     $3^1 = 3$ und $4^0 = 1$

   Potenzen werden **potenziert**, indem man die Basis mit dem Produkt der Exponenten potenziert.
   $(a^m)^n = a^{m \cdot n}$
   Für $a \neq 0$ gilt: $a^0 = 1$ und $a^{-n} = \frac{1}{a^n}$
   Jede Wurzel lässt sich als Potenz schreiben.
   $\sqrt[n]{a^m} = a^{\frac{m}{n}}$ für $a \geq 0$ und $n \geq 2$

   $(5^2)^4 = 5^2 \cdot 5^2 \cdot 5^2 \cdot 5^2$

   $= \underbrace{(5 \cdot 5) \cdot (5 \cdot 5) \cdot (5 \cdot 5) \cdot \overbrace{(5 \cdot 5)}^{2 \text{ Faktoren}}}_{4 \text{ Faktoren}}$

   $= 5^{4 \cdot 2} = 5^{2 \cdot 4} = 5^8$

   $\sqrt[3]{7^6} = 7^{\frac{6}{3}} = 7^2 = 49$

   $\sqrt[3]{1000} = 1000^{\frac{1}{3}} = 10$

2. Potenzen mit gleichen Exponenten werden
   - **multipliziert**, indem man die Basen multipliziert und das Produkt mit dem Exponenten potenziert.
     $a^m \cdot b^m = (a \cdot b)^m$

     $6^4 \cdot 7^4 = (6 \cdot 7)^4 = 42^4 = 3\,111\,696$

   - **dividiert**, indem man die Basen dividiert und den Quotienten mit dem Exponenten potenziert.
     $a^m : b^m = \frac{a^m}{b^m} = \left(\frac{a}{b}\right)^m$ für $b \neq 0$

     $6^7 : 3^7 = \frac{6^7}{3^7} = \left(\frac{6}{3}\right)^7 = 2^7 = 128$

Wachstum

Jedes Leben beginnt mit einer einzigen Zelle, die sich nach und nach immer wieder teilt. Beim Menschen beginnt die Zellteilung sofort nach der Befruchtung der Eizelle. Nach ca. 30 Stunden ist die erste Teilung abgeschlossen. Aus den zwei Zellen entstehen vier, nach ca. drei Tagen sind es bereits 16 Zellen. So wächst das neu entstandene Leben immer weiter …

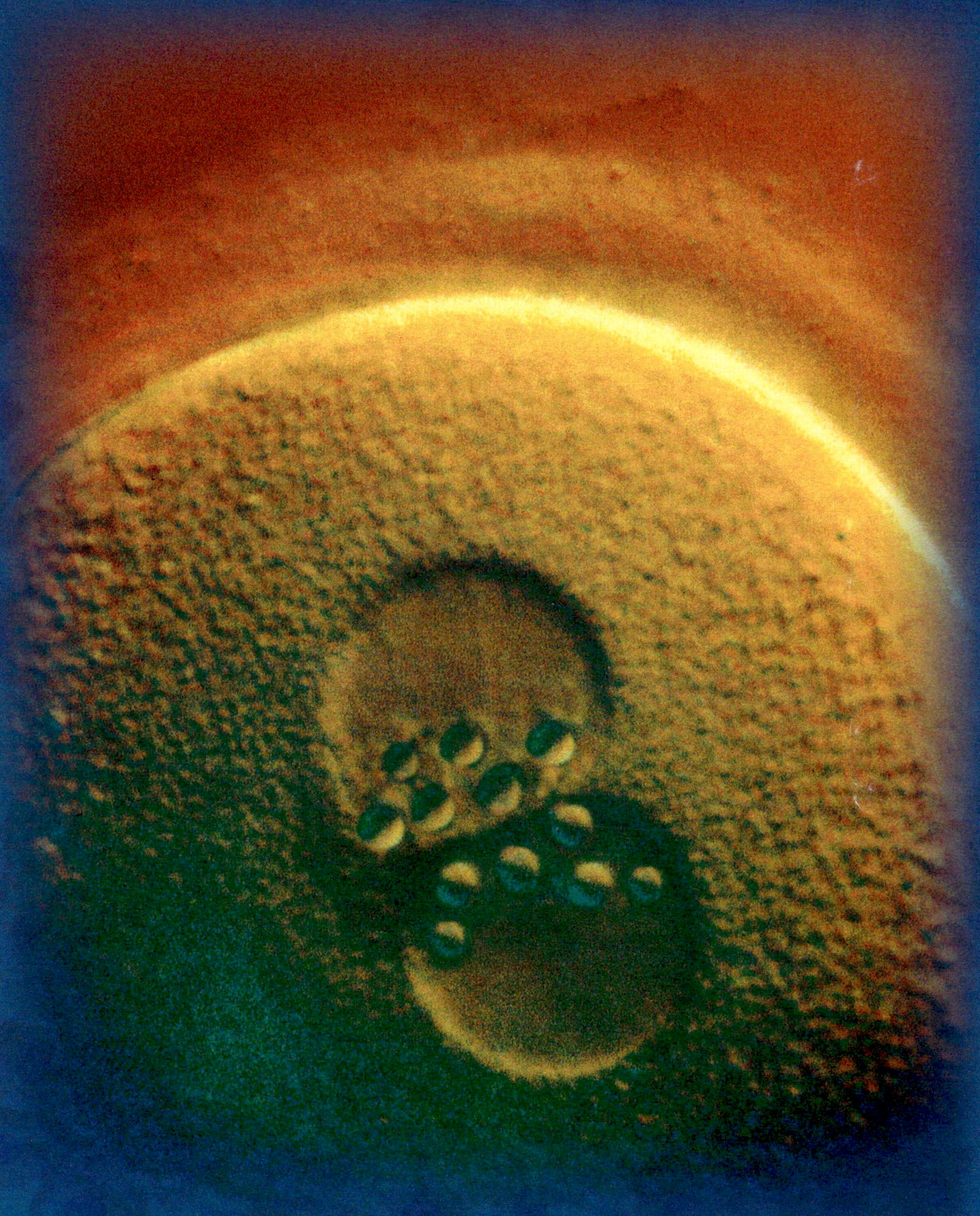

Noch fit?

1 Betrachte die einzelnen Graphen der linearen Funktionen.

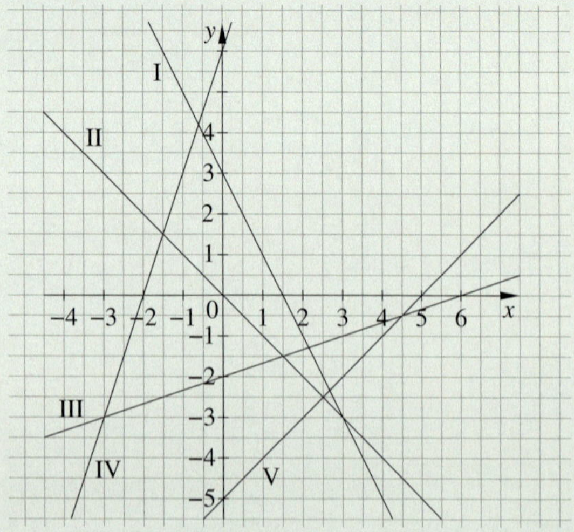

a) Gib die allgemeine Form einer linearen Funktion an.

b) Notiere die Funktionsgleichungen zu den abgebildeten Graphen.

c) Welcher Graph hat die größte Steigung?

d) Woran ist die Steigung in der Gleichung ablesbar?

e) Welche Graphen haben eine negative Steigung? Wie ist das in der Zeichnung, woran in der Gleichung zu erkennen? Beschreibe.

f) Zeichne die Graphen zu folgenden Funktionsgleichungen in dein Heft.

① $f_1(x) = 2x + 5$ ② $f_2(x) = 1{,}5x - 3$ ③ $f_3(x) = -\frac{1}{2}x + 4{,}5$

2 Berechne den Wert der Potenzen.

a) 3^4 b) 5^3 c) 6^4 d) $3{,}7^3$ e) $0{,}01^5$ f) $0{,}35^6$

3 Schreibe in wissenschaftlicher Schreibweise.

a) 3 600 000 000 b) 460 000 000 c) 0,000 054 d) 0,000 000 52

4 Schreibe in kürzerer Form und berechne.

a) $5^2 \cdot 5^3$ b) $6^4 : 6^2$ c) $(2^3)^2$ d) $4^3 \cdot 5^3$ e) $4^2 : 8^2$

5 Einige Kleidungsstücke aus der Winterkollektion werden im Februar 30 % billiger angeboten. Berechne die reduzierten Preise. Die ursprünglichen Preise lauten:

a) Jacke: 98 € b) Skianzug: 235 € c) Pullover: 65 €
d) Mantel: 189 € e) Handschuhe: 8 € f) Schal: 12 €

6 Ein Automobilkonzern bietet 4000 € Preisnachlass auf alle Modelle beim Kauf eines Neuwagens. Berechne den Preisnachlass in Prozent.
Die ursprünglichen Preise lauten:

a) Kombi: 28 500 € b) Van: 32 400 € c) Cabrio: 31 700 €

7 Rechne um in Dezimalbrüche.

a) $\frac{1}{3}$ b) $\frac{234}{1000}$ c) $\frac{2}{7}$ d) $1\frac{1}{6}$ e) $\frac{26}{125}$

Kurz und knapp

1. Berechne die Quadrate der Zahlen 11 bis 20.
2. Die mittlere Entfernung von der Erde zum Mond beträgt $3{,}84401 \cdot 10^8$ m = _______ km.
3. Das Volumen einer Kugel berechnet man nach der folgenden Formel: ______
4. Berechne den Wert der Funktion $f(x) = 3x^2 + 5$ für $x = 3$ und $x = -2$.

Absolutes und prozentuales Wachstum

Erforschen und Entdecken

1 Informiere dich im Internet und im Lexikon über den Begriff „Wachstum“.
a) In welchen Bereichen trifft man auf diesen Begriff?
b) Welche Arten von Wachstum gibt es? Beschreibe sie mit eigenen Worten.
c) Welche Wachstumsarten würdest du dem mathematischen Bereich zuordnen? Begründe deine Auswahl.
d) Welches Wachstum ist dir bereits aus dem vorangegangenen Mathematikunterricht, aber unter einem anderen Begriff, bekannt? Beschreibe.
e) Tragt eure Ergebnisse aus dem mathematischen Bereich zusammen und erstellt eine Übersicht (z. B. ein Plakat). Notiert dazu jeweils eine Situation, zu der ihr einen zugehörigen Funktionsgraphen angebt.

2 In der Grafik ist die Entwicklung der Mobilfunkanschlüsse in Deutschland in den Jahren 1998 bis 2008 dargestellt.
a) In welchem Jahr liegt der zahlenmäßig größte Zuwachs vor?
b) Wann war der zahlenmäßig geringste Zuwachs zu verzeichnen?
c) Berechne die absoluten Zuwächse von 1998 bis 1999 und von 2006 bis 2007.
Vergleiche die Angaben in Prozent mit den absoluten Zahlen.
Was fällt dir auf?
Welche Angaben hältst du für aussagekräftiger? Diskutiere mit deinen Mitschülerinnen und Mitschülern und begründe deine Meinung.

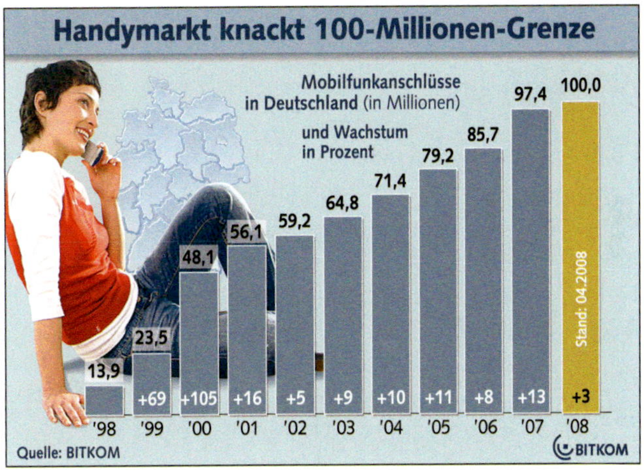

3 Ein Süßwarenhersteller erhöht den Inhalt seiner Verpackungen um 14,3 %.
a) Die alte Verpackung enthielt 175 g. Wie viel g enthält die neue Verpackung?
b) Maya hat folgendermaßen gerechnet:

$175\,g \cdot 1{,}143 = 200{,}025\,g$

Vergleiche ihre Überlegungen und ihren Rechenweg. Eine Berechnung über den Dreisatz siehst du in der Randspalte.
Wie hängen die beiden Lösungen zusammen?

c) Erläutere, wo man bei Mayas Rechnung die Prozentzahl erkennt?
d) Eine Schachtel Pralinen kostete bisher 3,99 €. Der Preis für Kakao ist gesunken. Deshalb kann der Süßwarenhersteller seine Pralinen günstiger anbieten. Jede Schachtel wird nun mit einem Preisnachlass von 11 % verkauft. Der neue Preis lässt sich auch hier in einem Rechenschritt ermitteln. Wie viel kostet eine reduzierte Schachtel? Mit welchem Faktor muss der ursprüngliche Preis multipliziert werden?
e) Wie ist bei einem Nachlass die Prozentzahl im Faktor sichtbar? Beschreibe.

ERINNERE DICH
Beim Dreisatz werden in beiden Tabellenspalten die gleichen Rechenoperationen ausgeführt: Division durch 100 und Multiplikation mit 114,3.

Anteil	Masse
100 %	175 g
1 %	1,75
114,3 %	200,03 g

Lesen und Verstehen

Eine Firma stellt ihre Jahresumsätze in einem Diagramm dar. Sie interessiert, wann sie Zuwächse, also positives Wachstum, und wann sie Abnahmen, also negatives Wachstum, zu verzeichnen hatte. Im Diagramm wurden die absoluten Umsätze und damit das absolute Wachstum dargestellt. Das prozentuale Wachstum kann in diesem Fall aus den absoluten Werten berechnet werden.

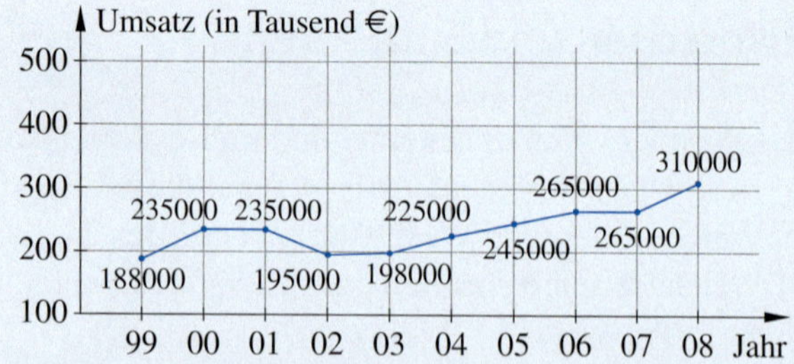

BEISPIEL
Von 1999 bis 2000 verzeichnete die Firma mit 47 000 € ein positives Wachstum.
Von 2001 bis 2002 liegt negatives Wachstum mit einem Verlust von 40 000 € vor.

Bei **positivem Wachstum,** also der Zunahme einer Größe, ist in gleichen Zeitspannen der jeweils folgende Wert größer als der vorherige. Es gilt: $x_1 < x_2$ und $f(x_1) < f(x_2)$

Bei **negativem Wachstum**, also der Abnahme einer Größe, ist in gleichen Zeitspannen der jeweils folgende Wert kleiner als der vorherige. Es gilt: $x_1 < x_2$ und $f(x_1) > f(x_2)$

Beim **absoluten Wachstum** werden Zu- oder Abnahme in **absoluten Zahlen** angegeben.

Positives lineares Wachstum (lineare Zunahme) liegt vor, wenn in gleichen Zeitspannen der jeweils nachfolgende Wert um immer den gleichen Betrag $m > 0$ zunimmt. Ist $m < 0$, handelt es sich um **negatives lineares Wachstum** (lineare Abnahme).

Lineares Wachstum lässt sich durch eine Funktion der Form $\boldsymbol{f(x) = m \cdot x + w_0}$ beschreiben. Dabei ist w_0 der Wert zu Beginn eines Wachstumsprozesses.

BEISPIEL 1

Von 2004 bis 2006 liegt lineares Wachstum vor. Der Umsatz der Firma stieg pro Jahr um $m = 20\,000$ €.
2004 wird hier als Startpunkt festgesetzt, somit ist $w_0 = 225\,000$ €.

$$f(x) = m \cdot x + w_0$$
$$f(0) = 20\,000\,€ \cdot 0 + 225\,000\,€ = 225\,000\,€$$
$$f(1) = 20\,000\,€ \cdot 1 + 225\,000\,€ = 245\,000\,€$$
$$f(2) = 20\,000\,€ \cdot 2 + 225\,000\,€ = 265\,000\,€$$

Beim **prozentualen Wachstum** werden die Zu- oder Abnahmen **in Prozent** angegeben.

HINWEIS
Von 2000 auf 2001 erfolgt keine Änderung, p = 0 und q = 1.

HINWEIS
Man kann auch erst p % und dann q berechnen: 2002 sank der Umsatz um 40 000 €.
$\frac{-40\,000\,€}{235\,000\,€} \approx -17\,\%$.
$q \approx 1 - 0{,}17 \approx 0{,}83$

Positives oder negatives prozentuales Wachstum wird mit positiver oder negativer **Wachstumsrate** $\boldsymbol{p\,\%}$ ausgedrückt.

Aus der Wachstumsrate ergibt sich der **Wachstumsfaktor** $\boldsymbol{q}$ mit
$\boldsymbol{q = 1 + p\,\% = 1 + \frac{p}{100}}$.

Bei positivem Wachstum ist $q > 1$, bei negativem Wachstum gilt $0 < q < 1$.
Für die Berechnung des nachfolgenden Wertes w_1 ergibt sich die Gleichung $w_1 = w_0 \cdot q$, durch Umstellen lässt sich q berechnen.

BEISPIEL 2

2009 erwartet die Firma 8 % mehr Umsatz:
$q = 1 + 8\,\% = 1 + 0{,}08 = 1{,}08$; für w_{09} folgt
$w_{09} = w_{08} \cdot q = 310\,000\,€ \cdot 1{,}08 = 334\,800\,€$.
Es wird ein Umsatz von 334 800 € erwartet.

Der Umsatz für 2001 betrug 235 000 €, für 2002 betrug er 195 000 €.
$q = \frac{195\,000\,€}{235\,000\,€} \approx 0{,}83 = 1 - 0{,}17 = 1 - 17\,\%$
$p\,\% \approx -17\,\%$

Der Wachstumsfaktor betrug $q \approx 0{,}83$; die Wachstumsrate betrug $p\,\% \approx -17\,\%$.

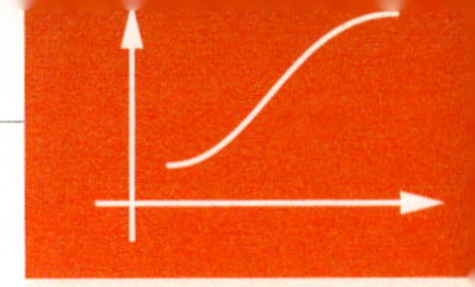

Üben und Anwenden

1 Stelle folgende Daten in einem geeigneten Diagramm dar. Wo liegt positives, wo negatives Wachstum vor?

x	1	2	3	4	5	6
y	1,5	4	6,5	6	4	2

2 In der Tabelle wurde die Anzahl der Schulen, der Schülerinnen und Schüler und der Lehrkräfte an Gesamtschulen in NRW zusammengestellt.

Jahrgang	Schulen	Schüler	Lehrer
98/99	215	207039	15682
99/00	215	211179	16128
00/01	215	214025	16153
01/02	216	217721	16271
02/03	216	221991	16390
03/04	217	226540	16542
04/05	216	230326	16680
05/06	217	233348	16939
06/07	217	232928	17066
07/08	218	232198	17201

Quelle: Landesamt für Datenverarbeitung und Statistik NRW

a) Berechne die absoluten Zunahmen und Abnahmen der Schülerinnen und Schüler von den Jahrgängen 03/04 bis 07/08.
b) Runde die Anzahl der Lehrerinnen und Lehrer auf Hunderter. Wo liegt dann in dieser Rubrik lineares Wachstum vor?
c) Stelle die Anzahl der Schülerinnen und Schüler pro Jahrgang in einem Diagramm dar.
Runde die Werte vorher auf Tausender.
d) Ist in diesem Diagramm lineares Wachstum ablesbar? Wenn ja, in welchen Zeiträumen?

3 Überlege dir ein Thema, das dich interessiert. Suche dazu Daten im Internet, die über einen längeren Zeitraum erhoben wurden, wie z. B. die Anzahl der Internetnutzer oder Ausbildungsbetriebe in deiner Stadt. Nutze den Tipp in der Randspalte. Übertrage diese Daten in ein Diagramm und beschreibe den Verlauf.
Stelle deine Daten in der Klasse vor.

4 Betrachte die abgebildeten Diagramme.

①
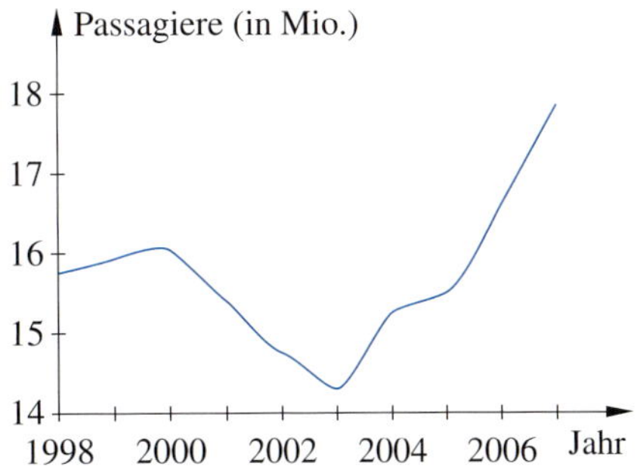

②
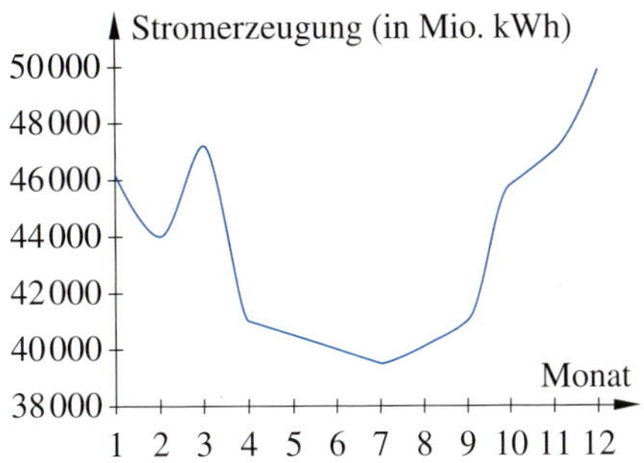

a) In welchen Zeiträumen lag negatives Wachstum bei ① vor? Wo erkennst du negatives Wachstum bei ②?
b) Prüfe, ob in Teilbereichen beider Diagramme lineares Wachstum vorliegt.
c) Finde Ursachen für den Anstieg bzw. die Abnahme der Stromerzeugung. Gibt es eine Erklärung für den Rückgang der Passagierzahlen und den erneuten Anstieg? Stelle Vermutungen an.

5 Eine Gruppe von Jugendlichen trinkt in einem Café Kiba für 2 € pro Glas. Sie trinken unterschiedlich viel.

a) Gib die zugehörige Funktionsgleichung an, die die Kosten beschreibt. Um was für eine Funktion handelt es sich?
b) Zeichne ein Säulendiagramm zu dieser Gleichung für $x = 0; 1; \ldots; 10$.
c) Gib den Zuwachs der Säulen jeweils in Prozent an. Was fällt dir auf?

www 123-1

TIPP
Viele Daten findet man auf der Webpage des Statistischen Bundesamts.

SCHON GEWUSST?
Kiba ist ein Mixgetränk aus Kirsch- und Bananensaft.

6 Laut Angabe der „Deutschen Stiftung Weltbevölkerung“ lebten 2008 ca. 6,67 Mrd. Menschen auf der Erde. Die Zuwachsrate wird mit 1,2 % pro Jahr angegeben.

a) Gib den Wachstumsfaktor an.

b) Berechne die Weltbevölkerungszahl für 2009. Überprüfe die errechnete Zahl mit Hilfe des Internets.

124-1

BEACHTE
Unter dem Webcode findest du einen Link zu Bevölkerungsstatistiken.

7 In der abgebildeten Tabelle sind Daten über die Bevölkerungszahl einzelner Länder im Jahr 2008 und die jährliche Wachstumsrate angegeben.

Land	Bevölkerung in Mio.	Wachstumsrate
Brasilien	195,1	1,3 %
China	1324,7	0,5 %
Deutschland	82,2	−0,2 %
Frankreich	62,0	0,4 %
Guatemala	13,7	2,8 %
Indien	1149,3	1,6 %
Kenia	38,0	2,8 %
Litauen	3,4	−0,4 %
USA	304,5	0,6 %

Quelle: Deutsche Stiftung Weltbevölkerung

a) Berechne die Bevölkerungszahlen der einzelnen Länder für das kommende Jahr.

b) In welchem Land gab es das größte absolute Bevölkerungswachstum? In welchem Land gab es das kleinste?

c) Informiere dich, wie eine solche Wachstumsrate ermittelt wird.

8 2009 lebten in Afghanistan 33,55 Mio. Menschen. 2008 waren es erst 32,7 Mio. Menschen.

a) Welcher Wachstumsfaktor ergibt sich aus dem Bevölkerungszuwachs?

b) Wie hoch ist die Wachstumsrate in %? Beschreibe, wie man sie berechnet.

BEACHTE
w_0 steht für den Ausgangswert, w_1 für den darauf folgenden Wert.

9 Forme die Gleichung $w_1 = w_0 \cdot q$ um.

a) Stelle nach w_0 um.

b) Löse nach q auf.

c) Welche Werte kann q annehmen, wenn w_0 größer ist als w_1? Sowohl w_0 als auch w_1 sollen positiv sein.

10 Eine Firma stellte einen großen Teil ihres Schriftverkehrs auf E-Mail um. Daraufhin sank die Anzahl der Briefe von 12 500 auf 9600 Briefe pro Monat.

a) Bestimme den Wachstumsfaktor.

b) Um wie viel Prozent sank die Anzahl der mit der Post versandten Briefe?

11 Von 2006 bis 2007 sind die Anmeldezahlen für Gesamtschulen von 44 017 auf 46 925 gestiegen. Im Jahr 2008 wurden 44 435 Schülerinnen und Schüler angemeldet.

a) Berechne die Zuwachsrate von 2006 auf 2007 in Prozent.

b) Gib den Wachstumsfaktor für das Jahr 2008 an. Wie hoch ist die Abnahme der Anmeldezahlen in Prozent?

12 Eine Gesamtschule feiert alle fünf Jahre ein großes Fest und lädt alle Einwohner aus der Stadt dazu ein. Der Erlös des Schulfestes geht an eine Partnerschule in Südamerika. Um den Erlös zu erhöhen, wollen die Schülerinnen und Schüler auf Plakaten Werbung machen. Sie recherchieren im Internet, dass sie so die Einnahmen um ca. 30 % erhöhen können. Der Aufwand kostet allerdings etwa 100 € bis 200 €.

a) Der Erlös aus dem letzten Fest betrug 5480 €. Mit welchem Erlös rechnet der Berater in diesem Jahr?

b) Lohnt sich ein Werbespot im Radio, wenn 30 s Sendezeit 138 € kosten und sich der Erlös dann noch einmal um 5 % erhöht? Schätze ab.

13 Ein Sportverein hatte im Jahr 2000 genau 300 Mitglieder. Bis zum Jahr 2008 nahmen die Mitgliederzahlen jährlich um durchschnittlich 10 % ab.

a) Wie viele Mitglieder hatte der Verein im Jahr 2008? Stelle den jährlichen Mitgliederschwund in einer Tabelle dar. Runde sinnvoll.

b) Liegt ein positives oder negatives Wachstum vor?

c) Handelt es sich um ein lineares Wachstum? Begründe.

Exponentielles Wachstum

Erforschen und Entdecken

1 Übertrage die drei Tabellen in dein Heft. Berechne die fehlenden Werte im Kopf oder mit Hilfe des Taschenrechners und notiere die Ergebnisse.

①

$2 \cdot 0$	$2 \cdot 1$	$2 \cdot 2$	$2 \cdot 3$	$2 \cdot 4$	$2 \cdot 5$	$2 \cdot 6$	$2 \cdot 7$

②

0^2	1^2	2^2	3^2	4^2	5^2	6^2	7^2

③

2^0	2^1	2^2	2^3	2^4	2^5	2^6	2^7

a) Ordne den Tabellen die verschiedenen Funktionsvorschriften aus der Randspalte zu und zeichne die Kurven in ein gemeinsames Koordinatensystem.
b) Beschreibe den Verlauf der einzelnen Funktionsgraphen im Vergleich zueinander.
c) Ist der Verlauf in den Funktionsvorschriften schon erkennbar? Begründe.

NACHGEDACHT
Nenne Beispiele, die durch die Gleichungen $f(x) = 2^x$ $f(x) = 2 \cdot x$ $f(x) = x^2$ beschrieben werden.

2 Bei einer Stiftung wird Geld zu einem bestimmten Zinssatz angelegt. Damit das Kapital erhalten bleibt, werden nur die Zinserträge für gemeinnützige Zwecke ausgegeben. Einer Schulstiftung stehen 50 000 € zur Verfügung. Das Geld soll zu einem Zinssatz von 4,5 % p. a. für fünf Jahre angelegt werden. Die Zinsen können jährlich ausgezahlt werden (①) oder erst nach Ablauf der fünf Jahre (②). Untersuche mit Hilfe einer Tabellenkalkulation, wie das Kapital bei den beiden Anlagemodellen wächst.
a) Welcher Zinsgewinn steht der Stiftung nach fünf Jahren bei den beiden Anlagemodellen zur Verfügung?
b) Wie groß ist der Unterschied nach 10 Jahren?
c) Wie sollte man mit diesem Geld nun verfahren? Diskutiert darüber in der Klasse und begründet eure Meinung.

Laufzeit (in a)	① Kapital (in €)	② Kapital (in €)
0	50 000	50 000
1	52 250	52 250
2	…	…
3		
4		
5		
10		
Zinsgewinn nach 5 a		
Zinsgewinn nach 10 a		

HINWEIS
p. a. steht für „per anno“ und bedeutet „pro Jahr“.

3 Bei Fieber oder akuten Schmerzen hilft ein Medikament mit dem Wirkstoff Paracetamol. Der Wirkstoff aus einer Tablette gelangt schnell ins Blut. Von dort wird er nach und nach in die einzelnen Zellen abgegeben, sodass die Wirkstoffkonzentration im Blut langsam absinkt. Nach jeweils einer Stunde sinkt die Konzentration auf ca. 80 % des vorherigen Wertes.

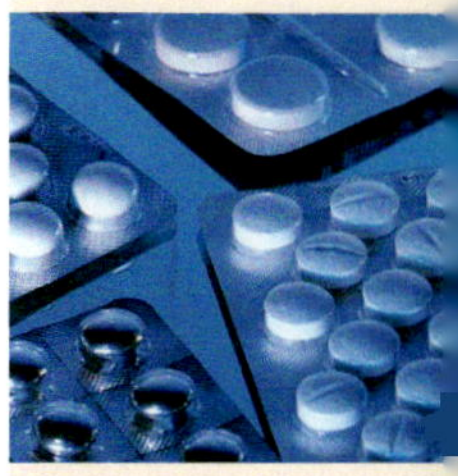

a) Ergänze die Tabelle im Heft. Stelle die Wirkstoffkonzentration im Blut in einem Koordinatensystem dar.

Zeit nach der Einnahme in h	1	2	3	…
Wirkstoffkonzentration im Blut in %	80	64	…	…

b) Was hast du für eine Rechnung an der Stelle $x = 4$ Stunden ($x = 7$ Stunden) durchgeführt? Notiere und verkürze die Schreibweise, wenn du kannst.
c) Finde eine allgemeine Gleichung zur Berechnung des Wertes für die n-te Stelle.
d) Die Konzentration im Blut beträgt 30 % des ursprünglichen Wertes. Wie hoch war die Konzentration eine Stunde vorher?

Lesen und Verstehen

126-1

BEACHTE
Unter dem Webcode findest du einen Link zur Weltbevölkerungsuhr.

Wissenschaftler erstellen jährlich Prognosen zur Entwicklung der Weltbevölkerung. Dazu liegen ihnen Daten aus vergangenen Jahren vor, auf die sie ihre Prognosen stützen.
Zurzeit wächst die Anzahl der Menschen jedes Jahr um 1,2 %. Für die Zukunft wird diese Anzahl also pro Jahr mit dem Wachstumsfaktor $q = 1{,}012$ multipliziert. Im Internet gibt es eine Weltbevölkerungsuhr, die nach dieser Rechnung die aktuelle Bevölkerungszahl anzeigt.

Ändert sich eine Größe in gleich bleibenden Zeitspannen um einen konstanten Wachstumsfaktor q, so spricht man von **exponentiellem Wachstum**.

BEISPIEL 1

Exponentielle Zunahme weltweit:

Jahr	2008	2009	2010
Weltbevölkerung (in Mrd.)	6,70	6,78	6,86

· 1,012 · 1,012

Exponentielle Abnahme in Deutschland:

Jahr	2008	2009	2010
Bevölkerung Deutschlands (in Mio.)	82,20	82,03	81,87

· 0,998 · 0,998

SCHON GEWUSST?
Die Weltbevölkerung wächst jährlich um 1,2 % an. Die Einwohnerzahl von Deutschland nimmt jährlich um 0,2 % ab.

Gilt für den Wachstumsfaktor $q > 1$, liegt **exponentielle Zunahme** vor.

Gilt für den Wachstumsfaktor $0 < q < 1$, liegt **exponentielle Abnahme** vor.
Bei $q = 1$ erfolgt keine Änderung.

Bei einem konstanten Wachstumsfaktor q wächst bzw. sinkt eine Größe w_0 nach x gleichen Zeitspannen auf die Größe $f(x)$, wobei gilt: $\boldsymbol{f(x) = w_0 \cdot q^x}$

BEISPIEL 2

Bei dem Wachstumsfaktor $q = 1{,}012$ ergibt sich folgende Gleichung zur Berechnung der Weltbevölkerung im Jahr 2018:
$f(10) = 6{,}70 \text{ Mrd.} \cdot 1{,}012^{10} = 7{,}55 \text{ Mrd.}$
Entsprechend wird die Bevölkerung Deutschlands für das Jahr 2018 berechnet:
$f(10) = 82{,}20 \text{ Mio.} \cdot 0{,}998^{10} = 80{,}57 \text{ Mio.}$

HINWEIS
Der Exponent x zur Basis q gibt die Anzahl der gleichen Zeitspannen an.

Diese Funktion nennt man **Exponentialfunktion**, da die Variable x im Exponenten steht.

Kennt man den Wachstumsfaktor q und war dieser über die Jahre unverändert, so lassen sich auch Werte aus der Vergangenheit ermitteln.

BEISPIEL 3

Ausgehend von der Bevölkerungszahl aus dem Jahr 2009 lassen sich die Werte sowohl für die Zukunft als auch für die Vergangenheit berechnen. Voraussetzung ist die Gültigkeit der Wachstumsrate $p\,\% = 1{,}2\,\%$ mit dem dazugehörigen Wachstumsfaktor $q = 1{,}012$.

Jahr	2005	2006	2007	2008	2009	2010
Bevölkerung in Mrd.	$f(-4) = 6{,}44$	$f(-3) = 6{,}51$	$f(-2) = 6{,}59$	$f(-1) = 6{,}67$	$\boldsymbol{f(0) = 6{,}75}$	$f(1) = 6{,}83$
Term zur Berechnung	$w_0 \cdot q^{-4}$	$w_0 \cdot q^{-3}$	$w_0 \cdot q^{-2}$	$w_0 \cdot q^{-1}$	$\boldsymbol{w_0 \cdot q^0}$	$w_0 \cdot q^1$

HINWEIS
Für alle Werte q gilt $q^0 = 1$ und $q^{-x} = \frac{1}{q^x}$.

Üben und Anwenden

1 Wird ein Kapital zu einem festen Zinssatz angelegt und wird zwischendurch kein Geld abgehoben, so wächst das Kapital immer weiter an.

a) Wächst das Kapital exponentiell oder linear? Begründe.

b) Ein Kapital von 6000 € wird zehn Jahre lang bei einem Zinssatz von 5,5 % p. a. angelegt. Berechne die Zinsen nach zehn Jahren.

2 Genauso wie ein Kapital kann auch ein Schuldenberg schnell anwachsen.
Auf Kredit wurde für 2500 € eine Stereoanlage gekauft. Bisher wurde noch keine Rückzahlung geleistet.

a) Wie hoch ist der Schuldenberg nach drei Jahren bei jährlich 11 % Zinsen?

b) Welche Summe muss nach fünf Jahren zurückgezahlt werden?

c) Berechne den prozentualen Anteil der Zinsen am Wert der Stereoanlage nach drei Jahren. Wie hoch ist der prozentuale Anteil nach fünf Jahren?

3 Verfasse einen Eintrag in deinem Lerntagebuch zu verschiedenen Wachstumsarten. Stelle dazu lineares, quadratisches und exponentielles Wachstum gegenüber. Beschreibe jeweils Besonderheiten. Ergänze passende Funktionsgraphen und finde zu jeder Wachstumsart ein Beispiel.

4 Die Tabelle zeigt die Bevölkerungszahlen der Länder USA, Italien und Japan aus dem Jahr 2008 und eine Prognose für das Jahr 2050.
Welcher Wachstumsfaktor q liegt den Berechnungen für das Jahr 2050 jeweils zugrunde? Schätze zunächst ab. Überprüfe durch eine Rechnung und erläutere deinen Lösungsweg.

	USA	Italien	Japan
Bevölkerung 2008	305 Mio.	60 Mio.	128 Mio.
Bevölkerung 2050	438 Mio.	62 Mio.	95 Mio.

5 Löse die Gleichung $w_x = w_0 \cdot q^x$ nach dem Wachstumsfaktor q auf.
Beschreibe dein Vorgehen.

6 Überprüfe, ob bei der unten abgebildeten Kurve exponentielles Wachstum vorliegt.

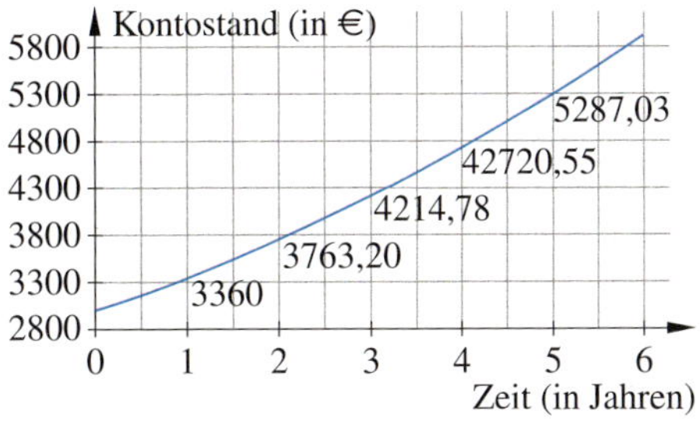

a) Wie gehst du dabei vor? Beschreibe und begründe.

b) Woran ist exponentielles Wachstum erkennbar?

7 Die Elfenbeinwilderei hat Elefanten in vielen Ländern bereits ausgerottet. Der Bestand in Afrika sank von 1,2 Mio. Tieren im Jahr 1981 auf nur noch 472 000 bis maximal 689 000 Tiere im Jahr 2008.

Berechne für den oberen und unteren Schätzwert von 2008 den jeweils zugehörigen Wachstumsfaktor q.

8 Entscheide, ob in den Wertetabellen exponentielles Wachstum vorliegt.

a)

x	0	1	2	3
y	200	150	100	50

b)

x	–1	0	1	4
y	10 000	12 000	14 400	20 736

c)

x	–1	0	1	2
y	128	160	200	250

127-1

BEACHTE
Unter dem Webcode findest du eine Linkliste zum Thema Schulden.

ZUM WEITERARBEITEN
Überlege dir zu Aufgabe 8 a) eine reale Situation.

128-1

HINWEIS
Unter dem Webcode findest du eine Linkliste mit Tipps zum Thema Lernen.

9 Wissenschaftler untersuchten den Einfluss der Zeit nach dem Schulabschluss auf das Vergessen von erworbenen Fertigkeiten und Fähigkeiten. An einem Versuch dazu haben insgesamt 1743 Freiwillige teilgenommen, von denen nur ein Teil in Mathematik einen Leistungskurs (LK) belegt hatte. Es stellte sich heraus, dass Personen mit LK Mathematik im Durchschnitt jährlich ca. 0,45 % ihres Schulwissens vergessen. Personen ohne LK vergessen sogar 2,38 % pro Jahr.
Die Tabelle zeigt, über welchen prozentualen Anteil ihres Schulwissens die Personen in den Jahren nach dem Schulabschluss noch verfügen.

Jahre	0	10	20	30	40	50
mit LK	100 %	95,6 %				
ohne LK	100 %	78,6 %				

a) Vervollständige die Tabelle im Heft. Runde auf eine Nachkommastelle.
b) Zeichne beide Vergessens-Kurven in ein gemeinsames Koordinatensystem.

HINWEIS
Aktuelle Wirtschaftsdaten findest du in der Tagespresse. Darüber hinaus wird über die allgemeine Wirtschaftslage fast täglich in den Nachrichten informiert.

10 Im Jahr 1999 lag die Wachstumsrate in Nigeria bei 2,5 %. Auf dieser Grundlage lässt sich die Bevölkerungszahl für das Jahr 2009 berechnen. Beachte die Angaben in der Tabelle.

Jahr	1999	2009
Bevölkerungszahl in Mio.	108,945	139,459

a) Wie berechnet sich die Bevölkerungszahl für das Jahr 2009?
b) Wie wird der Wert für 1999, ausgehend vom Wert für 2009, berechnet? Gib eine entsprechende Funktionsgleichung an.
c) Wie unterscheidet sich die Gleichung aus Aufgabenteil b) von einer Gleichung zur Berechnung einer exponentiellen Abnahme?
d) Tatsächlich lag die Bevölkerungszahl 2008 schon bei 148,071 Mio. Wie muss die korrigierte Wachstumsrate für Nigeria lauten? Welche Gründe könnte es für die Erhöhung der Wachstumsrate geben?

ZUM WEITERARBEITEN
Überprüfe deine Prognosen für 2010 mit Hilfe des Internets.

11 Im Jahr 2009 lebten ca. 6,75 Mrd. Menschen auf der Erde. Die Zuwachsrate beträgt 1,2 % pro Jahr.
a) Wie viele Menschen werden voraussichtlich 2020 auf der Erde leben?
b) In welchem Jahr wird die 7-Mrd.-Marke überschritten? Schätze ab und erläutere deinen Lösungsweg.
c) Wie hoch war die Weltbevölkerungszahl rein rechnerisch 20 Jahre bevor die 7-Mrd.-Grenze überschritten wurde?

12 Ein Stahlblock wird zur Bearbeitung auf eine Temperatur von 950 °C erhitzt. Stündlich kühlt er um etwa 18 % ab.
Welche Temperatur besitzt der Stahlblock acht Stunden nach Bearbeitungsbeginn?

13 Oftmals wird in den Medien vom Exportweltmeister Deutschland gesprochen. Die Tabelle zeigt, in welchem Wert die zehn exportstärksten Länder der Welt in den Jahren 1980, 1990 und 2000 Waren exportierten. Alle Werte sind in Mrd. US-$ angegeben.

Land	1980	1990	2000
Deutschland	192,860	421,100	551,818
USA	225,566	393,592	781,125
VR China	18,099	62,091	249,203
Japan	130,441	287,581	479,249
Frankreich	116,030	216,588	327,616
Niederlande	73,960	131,775	233,133
Großbritannien	110,134	185,172	285,429
Italien	78,104	170,304	240,521
Kanada	67,734	127,629	276,635
Belgien	54,289	114,155	188,374

a) Erstelle für die ersten drei Länder eine Wachstumsprognose für die Jahre 2010 und 2020. Begründe deine Prognose anhand der vorliegenden Zahlen. Vergleiche z. B. ein lineares und ein exponentielles Wachstumsmodell.
b) Stelle die Exportentwicklung von drei weiteren Ländern deiner Wahl in einer Kurve dar. Führe die Kurven jeweils bis 2010 als Prognose fort. Lies den Wert für 2010 ab und berechne daraus deine prognostizierte Wachstumsrate.

Bakterienwachstum und radioaktiver Zerfall

Erforschen und Entdecken

1 Ordne die Kärtchen in zwei Gruppen an.

Verdopplungszeit

$f(x) = w_0 \cdot 2^x$

Radioaktivität

Zerfall

verdoppeln

Wachstum

halbieren

Escherichia coli

Halbwertszeit

Bakterien

$f(x) = w_0 \cdot 0{,}5^x$

alt neu

Uran

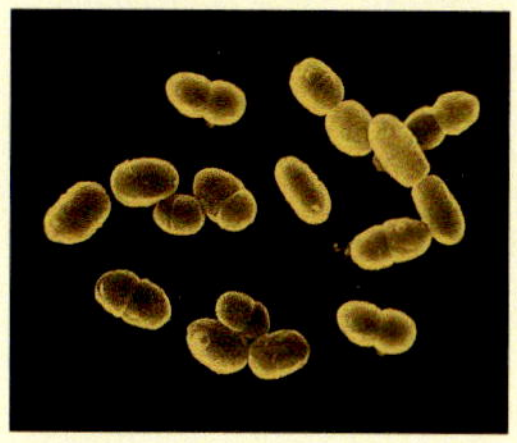

Biologie

Fortpflanzung

Isotope

a) Schlage diejenigen Begriffe nach, die dir unbekannt sind.
b) Beschreibe die beiden Gruppen, die du gebildet hast. Versuche, die Zusammenhänge innerhalb der beiden Gruppen zu erklären.
c) Beschreibe, was die jeweilige Funktionsgleichung aussagt.

2 *Rätselfrage:* Auf einem See wachsen Seerosen, die ihre Anzahl jährlich verdoppeln. Nach acht Jahren ist der halbe See zugewachsen. Wie lange dauert es noch, bis der ganze See damit bedeckt ist?
Die meisten Leute beantworten die Frage folgendermaßen: „In weiteren acht Jahren ist der See zugewachsen."
a) Wie lautet die richtige Antwort?
b) Wo ist der Denkfehler bei der oben genannten Antwort?
c) Gib eine Funktionsgleichung an, mit der dieses Phänomen berechnet werden kann.
d) Zu welchem Teil war der See nach drei Jahren bedeckt? Erläutere deinen Lösungsweg.
e) Zeichne ein Modell des Sees nach sechs Jahren. Das Modell soll die Fläche eines Kreises mit dem Radius $r = 5\,\text{cm}$ haben. Wie groß ist der Mittelpunktswinkel der bewachsenen Fläche?

3 Untersuche die beiden Funktionen $f(x) = 2^x$ und $g(x) = 0{,}5^x$.
a) Lege für $f(x)$ und $g(x)$ jeweils eine Wertetabelle an.
b) Zeichne die zugehörigen Funktionsgraphen in ein gemeinsames Koordinatensystem. Vergleiche den Verlauf der beiden Graphen miteinander.
c) Überprüfe deine Zeichnung mit Hilfe eines Funktionenplotters. Informiere dich vorher, wie ein Exponent am Computer eingetippt wird. Beachte den Tipp in der Randspalte.

www 129-1

BEACHTE
Unter dem Webcode findest du die Kärtchen auf einem Arbeitsblatt zum Ausschneiden.

TIPP
Lies im Kapitel zu quadratischen Funktionen nach.

Lesen und Verstehen

In der Natur können verschiedene Wachstums- und Zerfallsprozesse beobachtet werden. Bakterienwachstum und radioaktiver Zerfall lassen sich durch spezielle Exponentialfunktionen beschreiben. Diese Exponentialfunktionen zeichnen sich durch ihren Wachstumsfaktor q aus.

SCHON GEWUSST?
Salmonellen sind Bakterien. Sie kommen z. B. in rohen Eiern oder abgestandenem Wasser vor und können Krankheiten hervorrufen.

Viele Bakterien bestehen aus nur einer Zelle. Bei der Vermehrung teilt sie sich in zwei Zellen. Teilung und Zellwachstum dauern je nach Bakterienart eine bestimmte Zeit. Diese Zeitspanne nennt man Verdopplungszeit.

Nach jeder Verdopplungszeit hat sich die Anzahl der Bakterien verdoppelt. Die zugehörige Funktionsgleichung lautet $\boldsymbol{f(x) = w_0 \cdot 2^x}$. Der Wachstumsfaktor ist $q = 2$. Der Exponent x gibt die Anzahl der Verdopplungszeiten an.

BEISPIEL 1

Salmonellen verdoppeln sich ca. alle 20 min. Ihre Anzahl nimmt exponentiell zu.

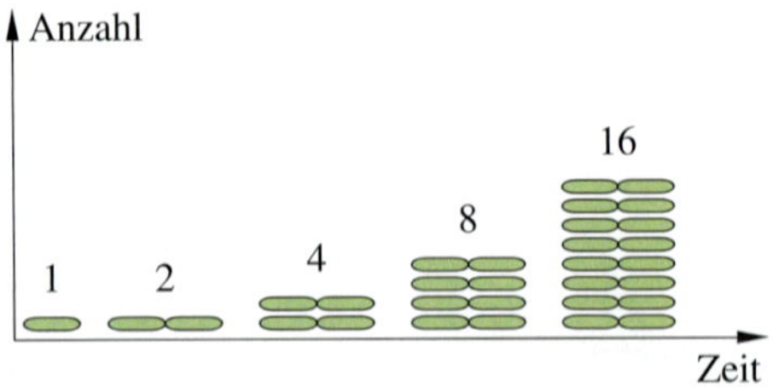

BEACHTE
Wird x um eins erhöht, so verdoppelt sich f(x).

In einer Speiseprobe wurden zu Beginn einer Untersuchung 120 Salmonellen gefunden. Die Tabelle zeigt, wie die Salmonellenanzahl zu einer bestimmten Zeit berechnet werden kann.

Zeit (in min)	−40	−20	0	20	40	50
Anzahl der Verdopplungszeiten x	−2	−1	0	1	2	2,5
Bakterienzahl $f(x)$	$f(-2) = 30$	$f(-1) = 60$	$f(0) = 120$	$f(1) = 240$	$f(2) = 480$	$f(2{,}5) = 679$
Term	$120 \cdot 2^{-2}$	$120 \cdot 2^{-1}$	$120 \cdot 2^{0}$	$120 \cdot 2^{1}$	$120 \cdot 2^{2}$	$120 \cdot 2^{2,5}$

SCHON GEWUSST?
^{13}N (lies: N 13) ist ein Isotop des Stickstoffs. Sein Kern enthält 1 Neutron weniger als nicht radioaktiver Stickstoff.

Radioaktive Stoffe wandeln sich in andere Stoffe um. Dabei zerfallen ihre Atomkerne durch Strahlung nach einer bestimmten Zeit. Diese Zeitspanne nennt man Halbwertszeit.

Nach jeder Halbwertszeit hat sich die Anzahl der radioaktiven Atomkerne halbiert. Die zugehörige Funktionsgleichung lautet $\boldsymbol{f(x) = w_0 \cdot 0{,}5^x}$. Der Wachstumsfaktor ist 0,5. x gibt die Anzahl der Halbwertszeiten an.

BEISPIEL 2

Atomkerne von ^{13}N zerfallen nach 10 min. Ihre Anzahl nimmt exponentiell ab.

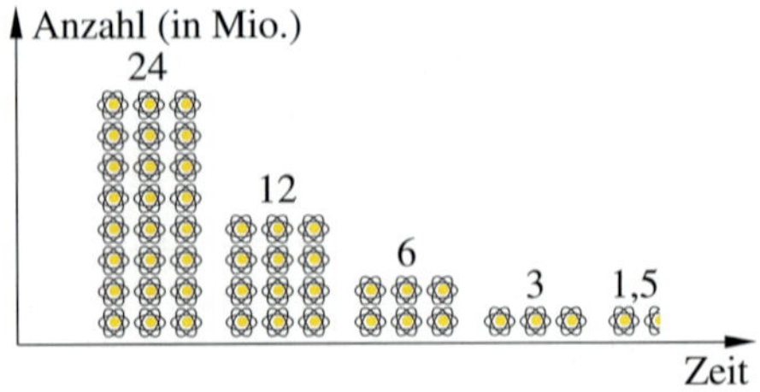

BEACHTE
Wird x um eins erhöht, so halbiert sich f(x).

Zu Beginn einer Messung liegen 6 g radioaktiver Stickstoff ^{13}N vor. Die Atomkerne von ^{13}N zerfallen. Somit nimmt die Masse des radioaktiven Stickstoffs laut der Tabelle ab.

Zeit (in min)	−20	−10	0	10	20	25
Anzahl der Halbwertszeiten x	−2	−1	0	1	2	2,5
Masse (in g)	$f(-2) = 24$	$f(-1) = 12$	$f(0) = 6$	$f(1) = 3$	$f(2) = 1{,}5$	$f(2{,}5) \approx 1{,}1$
Term	$6 \cdot 2^{-2}$	$6 \cdot 2^{-1}$	$6 \cdot 2^{0}$	$6 \cdot 2^{1}$	$6 \cdot 2^{2}$	$6 \cdot 2^{2,5}$

Üben und Anwenden

1 Das radioaktive Element Protactinium hat eine Halbwertszeit von ca. 1 min.

a) Stelle die Anzahl der radioaktiven Atomkerne in einem Diagramm dar. Beginne bei 1000 Atomkernen.

b) Wie groß ist die Wachstumsrate q pro Minute?

2 In Schul-Mensen werden täglich Proben der gekochten Speisen eingefroren. Im Fall einer Erkrankung mehrerer Schüler kann anhand dieser Proben festgestellt werden, ob das Essen z. B. Salmonellen enthielt. Bei der Untersuchung eines Hähnchens werden 90 Salmonellen in einer Probe gefunden. Die Anzahl der Bakterien verdoppelt sich im Labor alle 20 min.

a) Stelle das Anwachsen der Salmonellenzahl bis fünf Verdopplungszeiten nach Untersuchungsbeginn in einer Tabelle und in einem Diagramm dar.

b) Wie viele Salmonellen enthielt die Hähnchenprobe drei Verdopplungszeiten vor Untersuchungsbeginn?

c) Berechne die Salmonellenzahl $2\frac{1}{2}$ Stunden nach Untersuchungsbeginn.

3 Eines der am besten erforschten Lebewesen ist das Bakterium *Escherichia coli* (*E. coli*). *E. coli* ist ein natürlicher Darmbewohner, kann aber auch Erkrankungen hervorrufen. *E. coli* verdoppelt sich nach 20 min.
Eine Probe mit *E.-coli*-Bakterien wird im Labor untersucht. Nach drei Stunden befinden sich 768 000 Bakterien in der Probe.

a) Wie viele Bakterien waren es zu Untersuchungsbeginn?

b) Wie viele waren es $1\frac{1}{2}$ Stunden vor Untersuchungsbeginn?

c) Wie viele Bakterien enthält die Probe 24 Stunden nach Untersuchungsbeginn. Gehe davon aus, dass genügend Nährstoffe für die Bakterien vorhanden sind.

d) Wie viel Zeit ist ungefähr vergangen, wenn die Bakterienzahl 10 000 überschreitet? Schätze ab.

4 Milchsäurebakterien sind in Milchprodukten wie z. B. Joghurt oder Käse zu finden. Sie bewirken, dass die Milch sauer wird. Je nach Temperatur liegen ihre Verdopplungszeiten zwischen 20 min und 60 min.

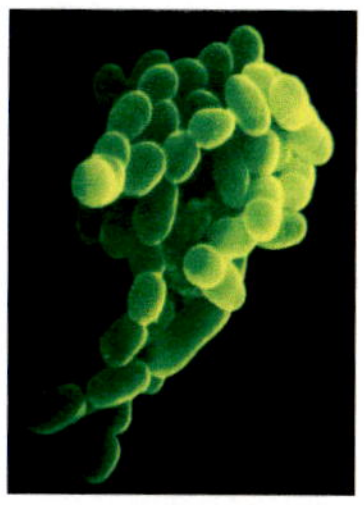

a) Wie viele Bakterien sind nach zwölf Stunden aus einem einzigen Bakterium entstanden? Berechne die Anzahl der Bakterien für die Verdopplungszeiten 60 min (30 min, 20 min).

b) Wie hoch ist die Bakterienzahl nach acht Stunden bei einer Verdopplungszeit von 50 min? Beschreibe, wie du den Exponenten ermittelst.

5 Der Erreger *Mycobacterium tuberculosis* kann beim Menschen, aber auch bei Tieren die Lungenkrankheit Tuberkulose hervorrufen. Die Vermehrung dauert bei dieser Bakterienart relativ lange. Die Verdopplungszeit beträgt 18 Stunden.

a) In einer Probe wurden 44 Erreger gezählt. Lege eine Tabelle an und trage die Anzahl der Bakterien nach den ersten drei Verdopplungszeiten ein.

b) Wie viele Erreger enthielt die Probe zwei Verdopplungszeiten (fünf Verdopplungszeiten) vor Beginn der Messung?

c) Informiere dich über die Krankheit und ihre Verbreitung. In welchen Ländern tritt sie noch auf? Was wird getan, um eine Ausbreitung zu verhindern?

6 Zu Beginn einer Messung liegen 5 g radioaktives Francium ^{223}Fr vor. Die Halbwertszeit von ^{223}F beträgt ca. 22 min.

a) Wie viel g radioaktives Francium enthält die vorliegende Probe nach 110 min?

b) Auf wie viel g hat sich die Masse nach fünf Stunden reduziert? Schreibe die zugehörige Funktionsgleichung auf.

c) Schätze ab, wann die Probe nur noch 1 g radioaktives Francium enthält. Wie bist du dabei vorgegangen?

HINWEIS
In der Biologie wird für die Verdopplungszeit der Fachbegriff „Generationszeit“ benutzt.

WWW 131-1

BEACHTE
Unter dem Webcode findest du eine Linkliste zum Thema Tuberkulose.

NACHGEDACHT
Wann hast du eine Glatze, wenn dir dein Friseur jeden Tag die Haare um die Hälfte kürzt?

Altersbestimmung mit Hilfe der Radiocarbon-Methode

Die älteste bekannte Höhlenmalerei befindet sich in der Grotte Chauvet im Vallon Pont d'Arc in Südfrankreich.

Die Eigenschaften von radioaktivem Kohlenstoff werden in der Archäologie zur Altersbestimmung genutzt. Mit Hilfe der sogenannten Radiocarbon-Methode (lat. radio für „strahlen", carboneum für „Kohlenstoff") kann das Alter von Fundstücken berechnet werden. Z. B. ließ sich das Alter der Höhlenmalerei im Hintergrund auf 31 500 Jahre berechnen.

Die Radiocarbon-Methode basiert auf den folgenden vier Voraussetzungen:

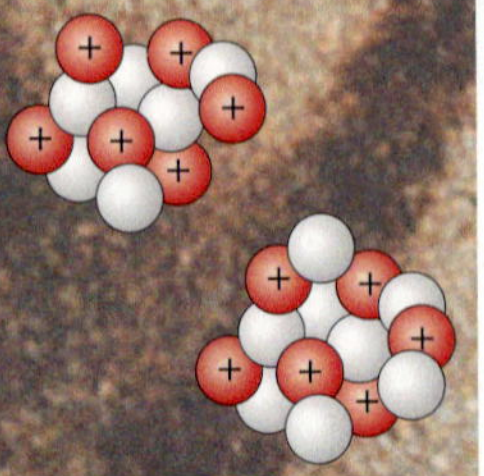

1. Kohlenstoff (C) liegt in verschiedenen Formen vor

Jedes C-Atom enthält im Kern sechs positiv geladene Teilchen, die Protonen. Zusätzlich gibt es neutrale Teilchen, die Neutronen. Fast 99 % der C-Atome besitzen sechs Neutronen, es gibt aber auch C-Atome mit z. B. acht Neutronen.
Atomkerne, die sich durch die Anzahl ihrer Neutronen voneinander unterscheiden, nennt man **Isotope**. Sie werden nach der Anzahl ihrer Kernteilchen benannt. Es gibt z. B. ^{12}C und ^{14}C. ^{14}C ist radioaktiv. Seine Atomkerne zerfallen und senden dabei Strahlung aus.

2. ^{12}C und ^{14}C stehen in einem konstanten Verhältnis zueinander

Radioaktives ^{14}C wird in der Atmosphäre ständig neu gebildet. Es entsteht bei der Reaktion von Luftstickstoff mit Neutronen, die durch kosmische Strahlung freigesetzt werden. Andererseits zerfallen ständig radioaktive ^{14}C-Kerne. Neubildung und Zerfall gleichen sich aus. Daher ist der Anteil von ^{14}C in der Atmosphäre konstant.
Das Verhältnis von ^{14}C und ^{12}C beträgt ca. $1 : 10^{12}$. Auf ein radioaktives ^{14}C-Atom kommen also ca. 1 Billion ^{12}C-Atome. Ein g Kohlenstoff eines Lebewesens enthält ca. $5 \cdot 10^{10}$ ^{14}C-Atome.

3. Radioaktives ^{14}C ist in allen Kohlenstoffverbindungen enthalten

^{14}C ist auch ein Bestandteil von Kohlenstoffdioxid (CO_2). Grüne Pflanzen nehmen CO_2 bei der Fotosynthese aus der Luft auf. Somit enthalten Pflanzen radioaktives ^{14}C. Über die Nahrungskette wird ^{14}C auch von Menschen und Tieren aufgenommen. Aber nicht nur Lebewesen enthalten ^{14}C, sondern auch alle pflanzlichen und tierischen Produkte.

4. Die Kohlenstoff-Stoppuhr wird aktiviert

In einem lebenden Organismus entspricht das Verhältnis zwischen ^{14}C und ^{12}C genau dem der Atmosphäre. Stirbt das Lebewesen, so wird kein neues ^{14}C mehr aufgenommen und die „^{14}C-Stoppuhr" beginnt zu laufen. Durch den radioaktiven Zerfall nimmt der Anteil des ^{14}C mit der Zeit immer weiter ab. Somit ist der ^{14}C-Anteil am gesamten Kohlenstoff des Lebewesens ein Maß für den Zeitpunkt des Sterbens. Die Halbwertszeit von ^{14}C beträgt ca. 5730 Jahre. Mit der Tabelle kann das Alter von Fundstücken bestimmt werden.

Zeit in a	0	5730	11 460	30 000
Anzahl x der Halbwertszeiten	0	1	2	$\frac{30000}{5730} \approx 5{,}24$
Aktivität in %: $f(x) = 100 \cdot 0{,}5^x$	100	50	25	2,65
Term zur Berechnung	$100 \cdot 0{,}5^0$	$100 \cdot 0{,}5^1$	$100 \cdot 0{,}5^2$	$100 \cdot 0{,}5^{5,24}$

1 Das Turiner Grabtuch halten gläubige Katholiken für das Tuch, in dem Jesus nach der Kreuzigung begraben wurde. Mit Hilfe der ^{14}C-Analyse untersuchten 1988 drei unabhängige Institute aus Zürich, Oxford und Arizona die Echtheit des Tuches.

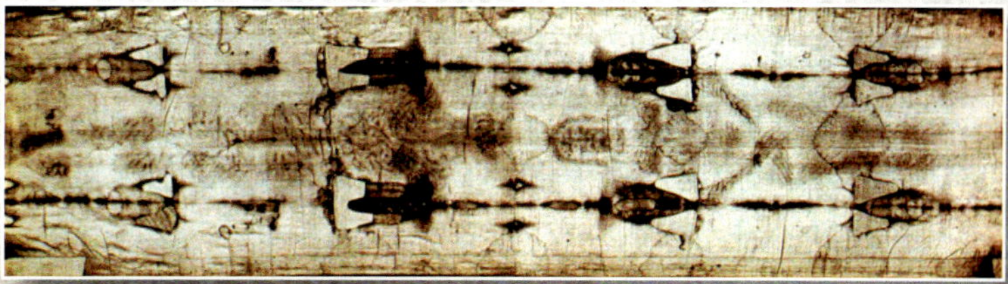

a) Wie hoch hätte die Aktivität des ^{14}C in Prozent sein müssen, damit das Tuch tatsächlich ein Grabtuch Jesu hätte sein können?

b) Die drei Institute stellten Aktivitäten von 91,6 %, 93 % und 92,3 % der üblichen Aktivität fest. In welchem Jahrhundert muss der Stoff gewebt worden sein?

c) Die erste gesicherte Erwähnung des Grabtuches fällt in das Jahr 1357. Passt dies mit den Untersuchungsergebnissen zusammen?

2 Nahe der nordrhein-westfälischen Stadt Erkelenz wurde im Jahr 1991 der älteste erhaltene Brunnen der Welt freigelegt. Zum Bau des Brunnens wurde Eichenholz verwendet.
Wissenschaftler ermittelten im Eichenholz mit Hilfe der Radiocarbon-Methode eine Aktivität von 42 % eines noch lebenden Baums.

a) Ermittle durch Probieren, wie viele Halbwertszeiten vergangen sind, seit die Eichen gefällt wurden.

b) In welchem Jahrhundert wurde der Brunnen ungefähr errichtet?

3 Im Jahr 1991 haben Wanderer in den Ötztaler Alpen eine Gletscherleiche gefunden. Der Fundort brachte der Leiche sehr schnell den Namen Ötzi.
Mit Hilfe der Radiocarbon-Methode wurde das Alter von Ötzi bestimmt. Demnach war der Fund ca. 5200 Jahre alt.

a) Wie viele ^{14}C-Atome lagen in einem g Kohlenstoff dieses Leichnams noch vor?

b) Wie viele Atome werden noch nach 10 000 Jahren vorliegen?

c) Wie alt ist ein Organismus ungefähr, wenn noch 25 % der ursprünglichen ^{14}C-Atome vorliegen? Erläutere deinen Lösungsweg.

4 Rechts abgebildet ist der Backenzahn eines Wollhaarmammuts. Die Aktivität des Kohlenstoffs im Zahn wurde in einem Labor untersucht. Das errechnete Alter des Zahns beträgt 20 000 Jahre.

a) Wie hoch war die Aktivität des Kohlenstoffs im Backenzahn im Vergleich zu einem lebenden Zahn?

b) Bestimme die Anzahl der ^{14}C-Atome, die in 1 g Kohlenstoff, entnommen aus diesem Zahn, noch vorhanden sind.

c) In welchem Erdzeitalter haben Mammuts gelebt? Informiere dich z. B. im Internet und überprüfe so deine Rechnung.

Vermischte Übungen

1 In asiatischen und afrikanischen Ländern ist die Bevölkerungszunahme meist größer als in westlichen Industrieländern.

In dem südasiatischen Staat Bangladesch betrug 2008 die Wachstumsrate 1,7 % bei einer Bevölkerung von 147,3 Mio.
Berechne nach diesen Vorgaben die voraussichtliche Bevölkerungszahl Bangladeschs für das Jahr 2020.

2 In China waren Mehr-Kind-Familien seit Jahrhunderten Tradition, und es galt das Motto: „Viele Kinder, großes Glück“. Dies führte zu einer explosionsartigen Zunahme der Bevölkerung. Der Staat griff regulierend ein. Jede Familie durfte nur noch ein Kind haben. Beim zweiten Kind wurden schon hohe Geldstrafen verhängt und Sozialleistungen gestrichen. Durch diese Maßnahmen sank die Wachstumsrate auf nur noch 0,5 %.

a) Gib den Wachstumsfaktor an.
b) 2008 lebten in China etwa 1,324 Mrd. Menschen. Berechne die Bevölkerungszahl für die Jahre 2009 bis 2020 bei einer unveränderten Wachstumsrate.
c) Stelle das Bevölkerungswachstum in einem Balkendiagramm dar.

NACHGEDACHT
Tim und Tom haben jeweils 100 €. Tim gibt jeden Tag 8 € aus, Tom gibt jeden Tag 20 % seines Geldes aus. Wer ist schneller pleite?

3 Der folgende Artikel wurde 2008 im Internet veröffentlicht.
Lies den Artikel und bearbeite die Aufträge.

Das magere Autojahr

Im Gesamtjahr 2007 fiel die Nachfrage nach Neuwagen dem Verband [der Automobilindustrie] zufolge in Deutschland um 9 % auf 3,149 Mio. Fahrzeuge. Als Ursachen gelten neben der Mehrwertsteuererhöhung auch die Klimadebatte und die allgemeine Teuerung, speziell die hohen Benzinpreise.

Die Autoindustrie erreichte beim Export und der Produktion dagegen neue Rekordwerte. Drei von vier Autos gehen inzwischen ins Ausland. Im Dezember ging jedoch auch der Export zurück und lag mit 284 900 Pkw 2 % unter Vorjahresniveau.

Quelle: manager-magazin.de

a) Suche aus dem Text alle Werte zur Berechnung der Vorjahreszahlen heraus. Ordne ihnen die entsprechenden Fachbegriffe aus diesem Kapitel zu.
b) Berechne anhand der Angaben die Zahlen für das Jahr 2006.
c) Welche weiteren Faktoren können das Wachstum einer Branche hemmen oder fördern?

4 In einer Thermoskanne befindet sich heißes Wasser mit einer Temperatur von 85 °C. Stündlich nimmt die Temperatur des Wassers in der Kanne um etwa 5 % ab.
a) Bestimme den Wachstumsfaktor q. Stelle eine passende Funktionsgleichung zur Berechnung der Temperatur auf.
b) Welche Temperatur hat das Wasser nach vier Stunden?
c) Bestimme grafisch, wann das Wasser bis auf Raumtemperatur abgekühlt ist. Zeichne dazu den Funktionsgraphen z. B. mit Hilfe eines Funktionenplotters und lies ab.

HINWEIS
Raumtemperatur beträgt ca. 22 °C.

5 Wie lautet die Funktionsgleichung zur Temperaturabnahme der Flüssigkeit?

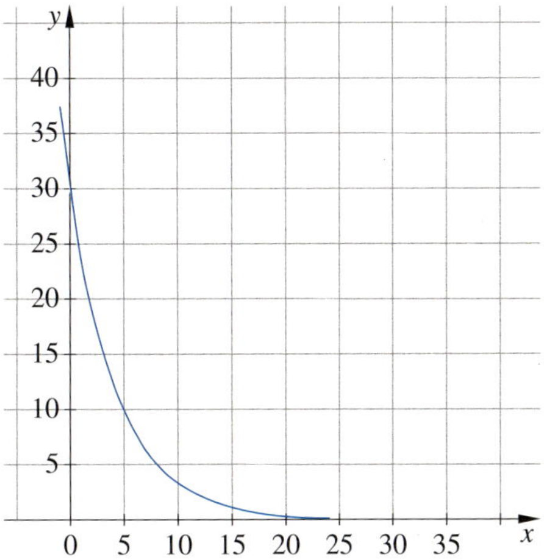

6 Zu Beginn einer Messung liegen 24 g radioaktives Kupfer ^{64}Cu vor.
Übertrage die Tabelle in dein Heft und fülle die entsprechenden Felder aus.

Zeit (in h)	−26	−13	**0**	13	26	45
Anzahl der Halbwertszeiten		−1	**0**			
Masse (in g)			**24**	12		

7 Eine kleine Tasse Espresso (30 ml) enthält ungefähr 40 mg Koffein. Nach dem Trinken dauert es etwa 45 min, bis die gesamte Koffeinmenge in der Blutbahn aufgenommen ist. Das Koffein wird dann in Stoffwechselprozessen abgebaut. Die biologische Halbwertszeit von Koffein liegt bei gesunden Erwachsenen zwischen 2,5 Stunden und 4,5 Stunden.

a) Berechne die mittlere Halbwertszeit von Koffein im Blutkreislauf. Diese soll für die weiteren Berechnungen zugrunde gelegt werden.
b) Wie viel mg Koffein ist im Körper nach fünf Stunden noch enthalten?
c) Bis zu welcher Uhrzeit kann Espresso getrunken werden, wenn um 22:00 Uhr nur noch 10 mg (15 mg) Koffein im Blut enthalten sein sollen?

8 Führt den Bierschaumversuch in Dreiergruppen durch.
Versuchsmaterial:
- verschiedene Sorten alkoholfreies Bier
- ein Bierglas mit zylindrischer Form
- ein langes Lineal
- eine Stoppuhr
- Stift und Papier

Versuchsdurchführung:
Verteilt untereinander die Aufgaben „Höhe messen", „Zeit messen" und „Messdaten notieren". Ihr benötigt die folgende Tabelle für eure Messdaten.

Zeit (in s)	0	10	20	30	40	…
Höhe (in cm)						

Wenn ihr soweit vorbereitet seid, gießt das Bier in das Glas. Messt sofort die Höhe der Schaumkrone und wiederholt die Messung in einem Rhythmus von 10 s, bis der Schaum nicht mehr oder fast nicht mehr da ist.
a) Übertragt eure Werte in ein Koordinatensystem. Zeichnet daraus eine Kurve.
b) Findet eine Funktionsgleichung, die dem Kurvenverlauf annähernd entspricht. Beschreibt euer Vorgehen. Wie seid ihr mit eventuellen Schwierigkeiten umgegangen?
c) Ermittelt den Wachstumsfaktor q bezogen auf 10 s für eure Biersorte. Vergleicht euren Wert mit den Werten der anderen Gruppen.

SCHON GEWUSST?
Die Schaumkrone besteht aus vielen kleinen Bläschen, die Kohlenstoffdioxid (CO_2) enthalten.

9 Im Jahr 1986 ereignete sich in einem Kernkraftwerk in der Ukraine eine der größten Umweltkatastrophen. Im Reaktor nahe der Stadt Tschernobyl gab es eine Explosion. Dabei wurde z. B. das radioaktive Cäsium ^{137}Cs freigesetzt. Die Halbwertszeit von ^{137}Cs beträgt ca. 30,2 Jahre.
a) Wie viele Halbwertszeiten sind seit der Katastrophe vergangen?
b) Um wie viel Prozent ist die Radioaktivität des Cäsiums seitdem gesunken?
c) Wie lange wird es ungefähr dauern, bis die Aktivität unter 1 % liegt?

HINWEIS
Aufgabe 9 c) kann grafisch gelöst werden.

HINWEIS
Kreditsicherheiten, wie z. B. Bürgschaften, Grundpfandrechte oder Mobilien, sind eine Garantie für die Rückzahlung eines Kredites.

SCHON GEWUSST?
*Man spricht von **Wucher**, wenn der effektive Jahreszins um mehr als 91 % über dem üblichen Zinssatz liegt und die Notlage des Kreditnehmers ausgenutzt wird. Wucher kann sogar strafbar sein.*

136-1
BEACHTE
Unter dem Webcode findest du Informationen zu Geldanlagemöglichkeiten.

10 Der effektive Jahreszinssatz für einen Privatkredit über 10 000 € bei einer Laufzeit von fünf Jahren lag 2008 bei verschiedenen Banken bei etwa 7,9 %. Die Banken benötigen Sicherheiten. Wer diese Sicherheiten nicht bieten kann, kann bei einem unseriösen Kreditinstitut zu einem Zinssatz von 16 % Geld aufnehmen.

a) Wie hoch sind die Schulden jeweils für beide Zinssätze nach zwei Jahren (drei Jahren, fünf Jahren)? Gehe bei der Berechnung davon aus, dass es für den Schuldner nicht möglich ist, auch nur eine einzige Rate zu bezahlen.

b) Welche Gründe gibt es, die Menschen dazu veranlassen, einen Kredit zu so ungünstigen Konditionen aufzunehmen?

11 Ein Möbelhaus bietet seinen Kunden an, dass eine Küche über 72 Monate in Raten abbezahlt werden kann.
Die Küche kostet 14 200 € bei Barzahlung. Die Monatsraten betragen 243,85 €.

a) Wie hoch ist der effektive Jahreszinssatz, der hinter diesem Ratenangebot steht?

b) Warum ist der Kredit des Möbelhauses deutlich günstiger als der Privatkredit einer Bank? Überlege dir Gründe dafür. Berücksichtige dabei die Interessen der verschiedenen Kreditgeber.

c) Informiere dich über Ratenkreditangebote. Das Internet und die Werbung bieten dir dazu Möglichkeiten.

12 Ein Tagesgeldkonto ist ein verzinstes Konto. Es gibt keine Kündigungsfrist, der Kontoinhaber kann also täglich über sein Guthaben verfügen.
Es werden 60 000 € von einer Erbengemeinschaft auf einem Tagesgeldkonto angelegt. Der Zinssatz beträgt 3,6 % p. a.

a) Wie hoch sind die Zinsen, wenn das Geld für drei Jahre (fünf Jahre) auf dem Tagesgeldkonto bleibt?

b) Das Geld wird nach zehn Monaten abgehoben. Berechne die Zinsen.

c) Informiere dich über eine sichere Anlagemöglichkeit für weitere fünf Jahre.

13 Im Jahr 2005 wurden weltweit Waren im Wert von über 10 Billionen US-$ exportiert. Die Tabelle zeigt weitere Daten.

Jahr	Export (in Mrd. US-$)
1950	62,040
1955	94,520
1960	130,460
1965	190,060
1970	316,920
1975	876,900
1980	2034,137
1985	1953,753
1990	3448,747
1995	5161,652
2000	6446,210
2005	10 431,000

a) In welchem 5-Jahres-Zeitraum gab es die höchste Wachstumsrate?

b) Wie hoch ist die durchschnittliche Wachstumsrate für den gesamten Zeitraum? Wie wird sie berechnet?

c) Entspricht der Durchschnittswert der einzelnen Wachstumsraten dem Wachstum, das du mit Hilfe der beiden Werte von 1950 und 2005 direkt berechnest? Prüfe nach und erkläre deine Beobachtung.

d) Zeichne mit Hilfe eines Tabellenkalkulationsprogramms eine Kurve zu den angegebenen Werten. Zeichne eine weitere Kurve für $x = 0, 5, \ldots, 55$ zu folgender Funktionsvorschrift: $f(x) = 62{,}04 \cdot 1{,}09766^x$.
Diese entspricht dem Wachstum von 1950 bis 2005. Vergleiche beide Kurven miteinander.

e) In welchem Jahr würden die Waren-Exporte 20 000 Mrd. US-$ übersteigen, wenn man von einer gleich bleibenden Wachstumsrate von 9,766 % ausgeht? Erläutere deinen Lösungsweg.

f) Verfasse einen Text für ein Wirtschaftsmagazin, der einen Überblick über die Entwicklung des Welthandels von 1950 bis 2005 gibt.

Teste dich!

1 Beim Bergsteigen stellt man fest, dass der Luftdruck mit zunehmender Höhe um ca. 12 % pro km abnimmt. Beim Tauchen dagegen steigt der Wasserdruck alle 10 m um ca. 1 bar. Welche Art von Wachstum bzw. Abnahme liegt beim Luft- und Wasserdruck vor?

2 Ein Unternehmen hat eine Wachstumsrate von jährlich 3,75 % bezogen auf den Umsatz.
a) Gib den zugehörigen Wachstumsfaktor q an.
b) Im Jahr 2009 betrug der Umsatz des Unternehmens 3,5 Mio. €. Berechne den Umsatz für das Jahr 2010. Wie hoch wird er bei gleich bleibender Entwicklung 2020 sein? Notiere die zugehörige Funktionsgleichung.

a

3 Die Wachstumsrate der Bevölkerung von Äthiopien beträgt 2,5 % pro Jahr.
a) 2008 lebten dort 79,1 Mio. Menschen. Wie viele werden es auf dieser Grundlage im Jahr 2018 sein?
b) Wie viele Menschen lebten dort 1998?
c) Gib die zugehörige Funktionsgleichung an.

4 2008 lebten in Frankreich 62 Mio. Menschen. 2050 werden es nach heutigen Schätzungen 72 Mio. Menschen sein. Stelle die zugehörige Gleichung nach dem Wachstumsfaktor q um und berechne.

5 Von 1990 bis 2000 ist der Waren-Export der Niederlande von 131,775 Mrd. US-$ auf 233,133 Mrd. US-$ gestiegen.
a) Wie hoch ist die Wachstumsrate bezogen auf diesen Zeitraum?
b) Welche Exportzahlen werden für 2010 und 2020 erwartet?

b

3 Die Wachstumsrate der Bevölkerung der Russischen Föderation beträgt −0,3 % pro Jahr.
a) 2008 lebten dort 141,9 Mio. Menschen. Wie viele werden es auf dieser Grundlage im Jahr 2018 sein?
b) Wie viele Menschen lebten dort 1998?
c) Gib die zugehörige Funktionsgleichung an.

4 Forme die Gleichung $w_x = w_0 \cdot q^x$ um.
a) Löse nach w_0 auf.
b) Stelle nach q um.

5 Von 1990 bis 2000 ist der Waren-Export der Niederlande von 131,775 Mrd. US-$ auf 233,133 Mrd. US-$ gestiegen.
a) Wie hoch ist die Wachstumsrate bezogen auf diesen Zeitraum?
b) In welchem Jahrzehnt wird die Grenze von einer Billion US-$ überschritten?

6 Die Verdopplungszeit des Bakteriums *Treponema pallidum* lässt sich nur sehr ungenau angeben. Die Verdopplungszeit reicht je nach den äußeren Faktoren von vier bis 18 Stunden. Zu Beginn der Messung liegen 23 Erreger vor.
Berechne die Anzahl der Bakterien nach einem Tag (zwei Tagen, drei Tagen) jeweils mit dem oberen und dem unteren Wert.

HINWEIS
Brauchst du noch Hilfe, so findest du auf den angegebenen Seiten ein Beispiel oder eine Anregung zum Lösen der Aufgaben. Überprüfe deine Ergebnisse mit den Lösungen ab Seite 220.

Aufgabe	Seite
1	122, 126
2	122, 126
3	126
4	126
5	122, 126
6	130

Zusammenfassung

→ Seite 122

Absolutes und prozentuales Wachstum

Wachstum kann in absoluten Zahlen angegeben werden. Erhöht sich der Anfangswert w_0 je Zeitspanne immer um den gleichen Wert m, liegt **lineares Wachstum** vor: $f(x) = mx + w_0$

In einen Sportverein mit 100 Mitgliedern treten pro Jahr 20 neue Mitglieder ein.
$f(0) = 20 \cdot 0 + 100 = 100$
$f(1) = 20 \cdot 1 + 100 = 120$
$f(7) = 20 \cdot 7 + 100 = 240$

Wachstum kann auch in Prozent angegeben werden.

Die Mietkosten in Höhe von 800 € für das Vereinshaus steigen pro Jahr um 2 %.
$800\,€ \cdot (1 + 2\,\%) = 800\,€ \cdot (1 + \frac{2}{100})$
$= 800\,€ \cdot 1{,}02 = 816\,€$

→ Seite 126

Exponentielles Wachstum

Ändert sich eine Größe in gleich bleibenden Zeitspannen um einen konstanten Wachstumsfaktor q, so sprechen wir von **exponentiellem Wachstum**.

Die Weltbevölkerung wächst exponentiell an. 2008 lebten 6,7 Mrd. Menschen auf der Erde. 2009 waren es 6,78 Mrd. Menschen, 2010 waren es 6,86 Mrd.

Zwischen der Wachstumsrate $p\,\%$ und dem Wachstumsfaktor q besteht der folgende Zusammenhang:
$q = 1 + p\,\% = 1 + \frac{p}{100}$

Der Wachstumsfaktor für den Zuwachs der Weltbevölkerung beträgt pro Jahr $q = 1 + 1{,}2\,\% = 1{,}012$.

Mit einem konstanten Wachstumsfaktor q wächst (für $q > 1$) oder sinkt (für $0 < q < 1$) eine Größe w_0 nach x Zeitspannen auf die Größe $f(x) = w_0 \cdot q^x$.

Mit dem Wachstumsfaktor $q = 1{,}012$ ergibt sich die folgende Funktionsgleichung für die Berechnung der Weltbevölkerung in zehn Jahren: $f(10) = 6{,}7\text{ Mrd.} \cdot 1{,}012^{10} = 7{,}55\text{ Mrd.}$

→ Seite 130

Bakterienwachstum und radioaktiver Zerfall

Bakterienwachstum und radioaktiver Zerfall zeichnen sich durch besondere Wachstumsfaktoren aus.

Beim Bakterienwachstum verdoppelt sich die Anzahl der Bakterien nach einer **Verdopplungszeit**. Mit $q = 2$ ergibt sich die Exponentialgleichung: $f(x) = w_0 \cdot 2^x$.

Salmonellen haben eine Verdopplungszeit von ca. 20 min. In dieser Zeit verdoppelt sich ihre Anzahl. Bei guten Bedingungen enthält eine Probe mit 60 Salmonellen nach 80 min bereits 960 Bakterien:
$f(4) = 60 \cdot 2^4 = 960$.

Beim radioaktiven Zerfall halbiert sich die Anzahl der radioaktiven Atomkerne nach einer **Halbwertszeit**. Mit $q = 0{,}5$ ergibt sich die Exponentialgleichung: $f(x) = w_0 \cdot 0{,}5^x$.

Die Halbwertszeit des Elements Cäsium liegt bei etwa 30 Jahren. Liegen zu Beginn 2 g dieses Stoffes vor, so sind es nach 90 Jahren nur noch 0,25 g: $f(3) = 2\,\text{g} \cdot 0{,}5^3 = 0{,}25\,\text{g}$.

Trigonometrie

Im Mittelalter zogen Seefahrer aus, um die Welt zu entdecken. Sie orientierten sich an den Sternen und bestimmten durch Winkelberechnungen ihre Position auf See.

Noch fit?

1 Kürze so weit wie möglich.

a) $\frac{25}{85}$ b) $\frac{125}{175}$ c) $\frac{28}{70}$ d) $\frac{121}{231}$ e) $\frac{108}{120}$

2 Ergänze folgende Sätze in deinem Heft, sodass wahre Aussagen entstehen.

a) Die Winkelsumme in einem Dreieck ABC beträgt _____.
b) Im Dreieck ABC liegt die Seite a dem Winkel _____ gegenüber.
c) Der Winkel γ ist _____ immer der größte Dreieckswinkel.
d) Es gibt rechtwinklige Dreiecke, die _____ gleichlange Seiten haben.
e) Ein Dreieck ABC kann mehrere _____ Winkel haben.
f) Ein Dreieck ABC kann höchstens einen _____ oder einen _____ Winkel haben.

3 Entwirf jeweils zuerst eine Skizze und konstruiere dann die folgenden Dreiecke ABC.

a) $a = 6{,}5\,\text{cm}$, $b = 5{,}5\,\text{cm}$, $c = 10{,}5\,\text{cm}$
b) $a = 5\,\text{cm}$, $\beta = \gamma = 60°$
c) $b = 4{,}5\,\text{cm}$, $c = 8{,}5\,\text{cm}$, $\alpha = 75°$
d) $a = 3\,\text{cm}$, $c = 5\,\text{cm}$, $\beta = 45°$

4 Konstruiere ein rechtwinkliges Dreieck ABC ($\gamma = 90°$).

a) $c = 9\,\text{cm}$, $\alpha = 38°$ b) $c = 12\,\text{cm}$, $h_c = 40\,\text{mm}$ c) $c = 8{,}5\,\text{cm}$, $\beta = 65°$

Zum Weiterarbeiten
Berechne die Höhe des Funkturms.

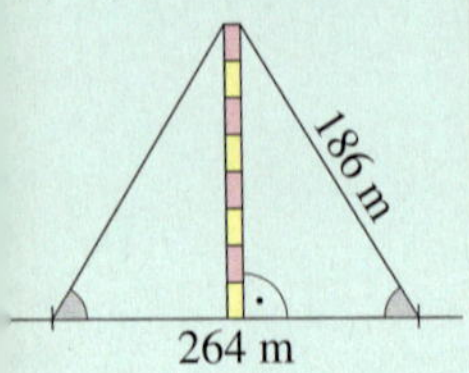

5 Zeichne die Strecke $\overline{AB}$ in ein Koordinatensystem (1 LE = 1 cm). Ergänze die Strecke $\overline{AB}$ durch einen Punkt C auf der y-Achse zu einem rechtwinkligen Dreieck mit $\gamma = 90°$.

a) $A\,(-2|-3)$, $B\,(2|-3)$ b) $A\,(-3|-2)$, $B\,(2|1)$ c) $A\,(-1|1)$, $B\,(1|-1)$

6 Berechne am rechtwinkligen Dreieck mit $\gamma = 90°$ die fehlenden Stücke.

	a	b	c	h	p	q	A
a)	3 cm	4 cm					
b)	50 mm		13 cm				
c)	6 cm			4,8 cm			
d)	18 mm						720 mm²

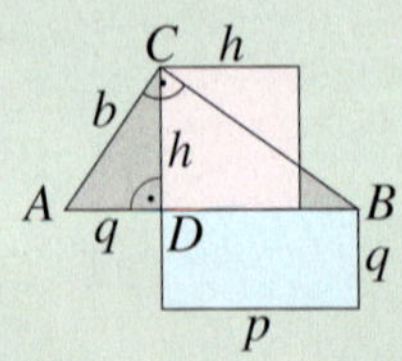

7 Berechne mit Hilfe der Strahlensätze jeweils die Länge der Strecke x.

a)

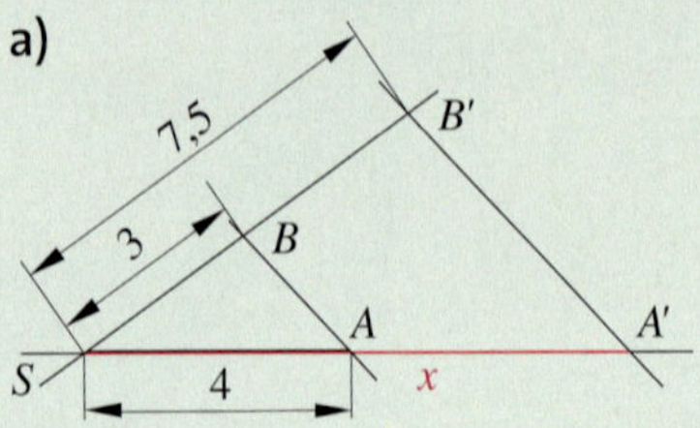

b)

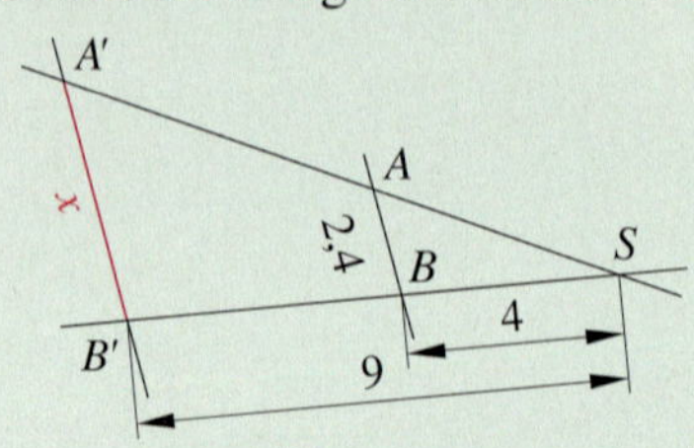

Kurz und knapp

1. Erkläre anhand einer Zeichnung die Strahlensätze.
2. Wie lautet der Satz des Pythagoras? Entscheide und begründe mit Hilfe einer Skizze.

$c^2 = a^2 + b^2$ | $c^2 = a^2 - b^2$ | $a^2 = c^2 + b^2$ | $a^2 + b^2 = c^2$ | $c^2 = a^2 \cdot b^2$ | $c^2 + a^2 = b^2$

3. Notiere eine Gleichung einer linearen Funktion mit einer positiven (negativen) Steigung.
4. Notiere eine Gleichung einer linearen Funktion, die die y-Achse bei 3 schneidet.

Seitenverhältnisse im rechtwinkligen Dreieck

Erforschen und Entdecken

1 Ein großer Automobilkonzern hat für einen Werbespot sein neues Pkw-Top-Modell die Ski-Sprungschanze Pitkävuori im finnischen Kaipola mit etwa 60 $\frac{\text{km}}{\text{h}}$ hinauffahren lassen. Auf dem letzten Abschnitt der Schanze wurde eine Steigung von fast 80 % bewältigt.

a) Erläutere mit Hilfe der Abbildung den Begriff Steigung. Verwende dabei die Begriffe Höhenunterschied und Horizontalunterschied.
b) Erkläre, was unter 80 % Steigung zu verstehen ist.
c) Kann es Steigungen geben, die größer als 100 % sind? Können Steigungen beliebig groß werden? Begründe.

2 Konstruiere die folgenden Dreiecke.

① $a = 3\,\text{cm},\ b = 4\,\text{cm},\ c = 5\,\text{cm}$

② $a = 4{,}5\,\text{cm},\ b = 6\,\text{cm},\ \gamma = 90°$

③ $a = 5\,\text{cm},\ b = 4\,\text{cm},\ c = 6{,}4\,\text{cm}$

④ $\alpha = 37°,\ c = 8\,\text{cm},\ \beta = 53°$

⑤ $a = 7\,\text{cm},\ b = 5{,}6\,\text{cm},\ \gamma = 90°$

a) Gibt es Gemeinsamkeiten aller fünf Dreiecke?
b) Miss in jedem Dreieck die Seitenlängen.
c) Auf wie viele verschiedene Arten kann man aus drei Seiten ein Verhältnis zweier Seiten bilden? Bilde alle Seitenverhältnisse.
d) Berechne jeweils die Seitenverhältnisse $\frac{a}{b}$; $\frac{a}{c}$; $\frac{b}{c}$. Was fällt dir auf? Finde eine Erklärung dafür.

3 Untersuche mit einer dynamischen Geometrie-Software unterschiedliche Seitenverhältnisse in einem rechtwinkligen Dreieck.

141-1
BEACHTE
Unter dem Webcode findest du ein dynamisches Arbeitsblatt, mit dem du arbeiten kannst.

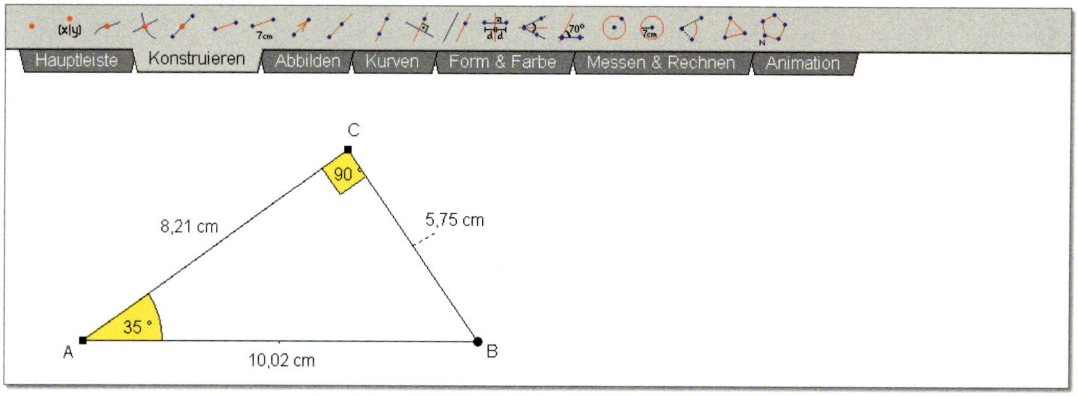

a) Konstruiere ein rechtwinkliges Dreieck mit $\gamma = 90°$ und einem selbst festgelegten Winkel α. Verändere die Längen der Seiten unter Beibehaltung des rechten Winkels und des Winkels α. Was stellst du für die Seitenverhältnisse $\frac{a}{c}$ und $\frac{b}{c}$ fest?
b) Verändere die Größe des Winkels α und beobachte dabei die Veränderungen bei den Dreiecksseiten und bei den Seitenverhältnissen $\frac{a}{b}$; $\frac{a}{c}$; $\frac{b}{c}$.
c) Verändere die Länge der Seite b. Beobachte, was passiert.
d) Gibt es eine Einstellung, bei der eine Seitenlänge mit dem Seitenverhältnis $\frac{a}{c}$ oder $\frac{b}{c}$ übereinstimmt? Wie hängen dabei Winkel und Seitenverhältnis zusammen?

Lesen und Verstehen

ZUM WEITERARBEITEN
Lege auf das Foto des Flugzeugs eine Folie und zeichne ein Steigungsdreieck ein, sodass der Höhen- und Horizontalunterschied abgemessen werden kann.

Ein Pilot hebt in Richtung Düsseldorf ab.
Beim Start muss er darauf achten, dass nach dem Abheben eine Steigung von 8 % nicht überschritten werden darf.

In jedem rechtwinkligen Dreieck wird die **Steigung *m*** aus dem Quotienten von **Höhen-** und **Horizontalunterschied** ermittelt.
Jeder Steigung m wird genau ein Steigungswinkel α zugeordnet.

Steigung $m = \frac{\text{Höhenunterschied}}{\text{Horizontalunterschied}}$

BEISPIEL
Ist der Höhenunterschied einer Strecke $\overline{AB} = 8\,\text{m}$ und ihr Horizontalunterschied 100 m, so beträgt ihre Steigung 8 %.

$\frac{8\,\text{m}}{100\,\text{m}} = \frac{8}{100} = 0{,}08 = 8\,\%$

BEACHTE
Bei jeder trigonometrischen Berechnung muss zuerst der Betrachtungswinkel (α oder β) festgelegt werden, bevor man An- und Gegenkathete bestimmen kann.

In jedem rechtwinkligen Dreieck lässt sich ein Quotient für die Steigung angeben. Bei gegebenem spitzen Winkel α und dem Winkel $\beta = 90°$ werden für die Seiten des rechtwinkligen Dreiecks die folgenden Bezeichnungen verwendet:

Die Kathete, die dem Winkel α gegenüberliegt, nennt man **Gegenkathete von *α***.

Die Kathete, die an dem Winkel α anliegt, nennt man **Ankathete von *α***.

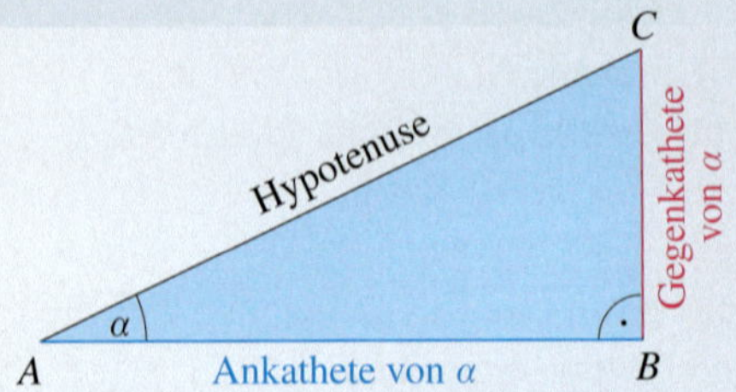

Mit diesen Bezeichnungen erhält man für den Quotienten der Steigung das Seitenverhältnis $\frac{\text{Gegenkathete von } \alpha}{\text{Ankathete von } \alpha}$. Man nennt diesen Quotienten **Tangens von *α***, kurz **tan *α***.

Neben dem Tangens von α gibt es noch zwei weitere Seitenverhältnisse, die für Berechnungen am Dreieck wichtig sind. Diese werden mit **Sinus von *α*** und **Kosinus von *α*** (oder kürzer **sin *α*** und **cos *α***) bezeichnet.

HINWEIS
Die Formeln gelten genauso für β und γ.
Zum Beispiel:
$\sin \beta = \frac{\text{Gegenkathete von } \beta}{\text{Hypotenuse}}$

$\sin \alpha = \frac{\text{Gegenkathete von } \alpha}{\text{Hypotenuse}}$

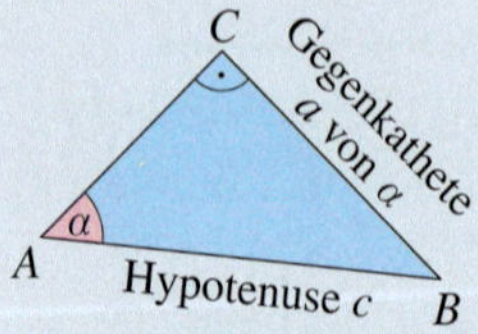

$\sin \alpha = \frac{a}{c}$

$\cos \alpha = \frac{\text{Ankathete von } \alpha}{\text{Hypotenuse}}$

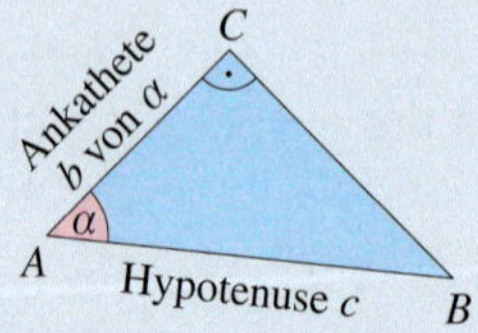

$\cos \alpha = \frac{b}{c}$

$\tan \alpha = \frac{\text{Gegenkathete von } \alpha}{\text{Ankathete von } \alpha}$

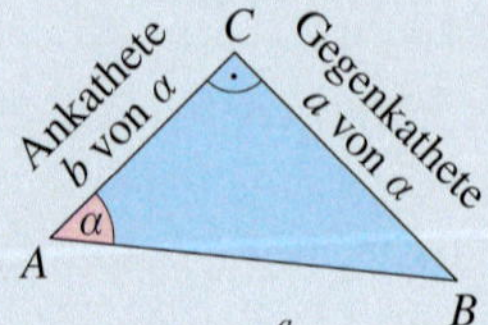

$\tan \alpha = \frac{a}{b}$

Diese Seitenverhältnisse sind in ähnlichen rechtwinkligen Dreiecken, also bei einem festen spitzen Winkel α, immer gleich.

Üben und Anwenden

1 Fülle die Tabelle aus.

Höhenunterschied	3600 m		420 m
Horizontalunterschied	6000 m	2000 m	
Steigung		23 %	14 %

2 Zeichne eine Strecke mit 8 cm Höhenunterschied und 8 cm Horizontalunterschied. Berechne die Steigung in Prozent.
Zeichne dann eine Strecke mit 5 cm Höhenunterschied und 5 cm Horizontalunterschied. Ist die Steigung genauso groß wie im ersten Beispiel?

3 Zeichne jeweils drei Steigungsdreiecke mit den gegebenen Steigungen.
a) 10 %   b) 150 %   c) 75 %

4 Ermittle durch Zeichnen von Steigungsdreiecken und Abmessen zu jedem Steigungswinkel die entsprechende prozentuale Steigung. Ergänze die Tabelle im Heft. Führe sie in 10°-Schritten zwischen 20° und 80° weiter.

Steigungswinkel	1°	5°	10°	20°	…	80°	89°
Steigung in %							

5 Bestimme, wenn möglich, bei den unten abgebildeten Dreiecken die Hypotenuse sowie die Gegenkathete und die Ankathete …
a) von α aus gesehen.
b) von β aus gesehen.
c) Begründe, in welchen Fällen entsprechende Seitenverhältnisse nicht angegeben werden können und woran das liegt.

①
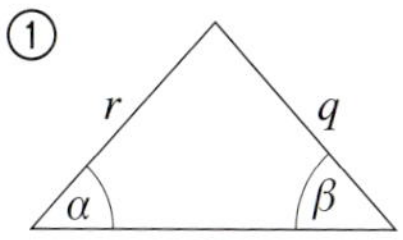

②
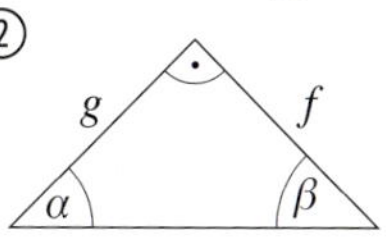

③
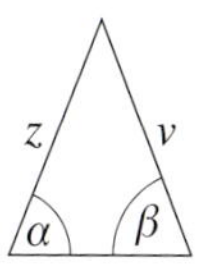

④
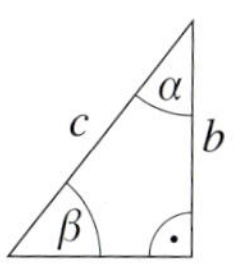

6 Ordne zu und begründe, welche der angegebenen Seitenverhältnisse gelten.

a)
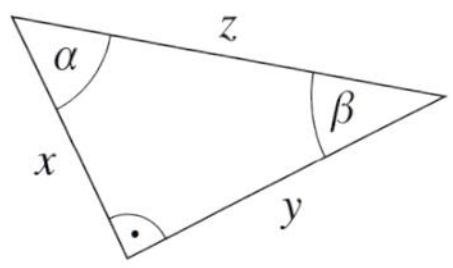

b)
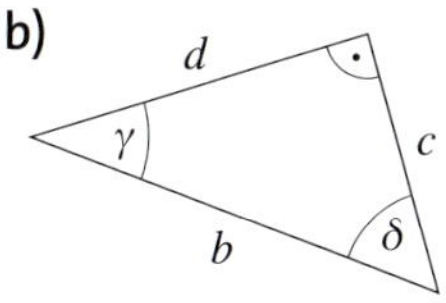

$\sin\delta = \frac{d}{b}$ $\tan\delta = \frac{d}{c}$ $\cos\beta = \frac{z}{y}$
$\cos\beta = \frac{x}{z}$ $\sin\alpha = \frac{x}{z}$ $\sin\alpha = \frac{y}{z}$
$\sin\delta = \frac{b}{d}$ $\tan\gamma = \frac{c}{d}$ $\cos\gamma = \frac{d}{b}$
$\cos\alpha = \frac{z}{x}$

7 Gib jeweils an, ob es sich bei ① oder ② um den Sinus, Kosinus oder Tangens handelt.

a)
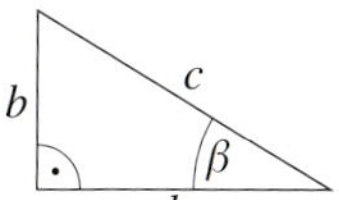

① $\frac{b}{c}$ ② $\frac{d}{c}$

b)
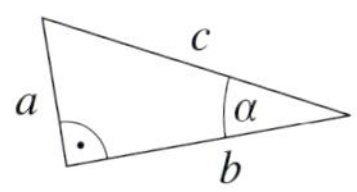

① $\frac{b}{c}$ ② $\frac{b}{a}$

c)
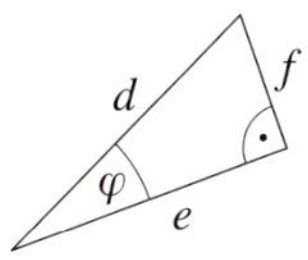

① $\frac{f}{d}$ ② $\frac{e}{d}$

d)
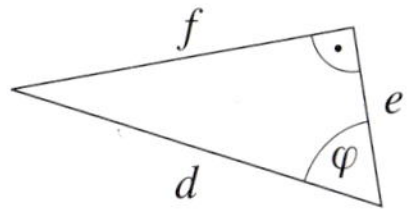

① $\frac{f}{d}$ ② $\frac{f}{e}$

8 Gib Sinus, Kosinus oder Tangens als Seitenverhältnis an.

a)
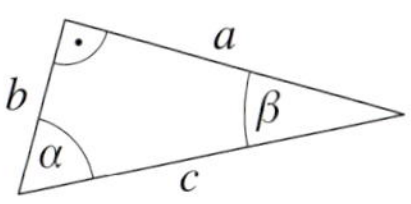

① $\sin\alpha$ ② $\cos\beta$

b)
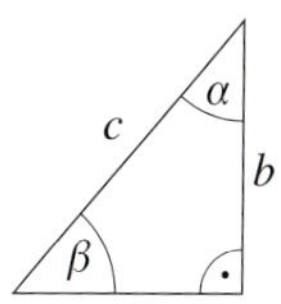

① $\cos\alpha$ ② $\tan\beta$

c)
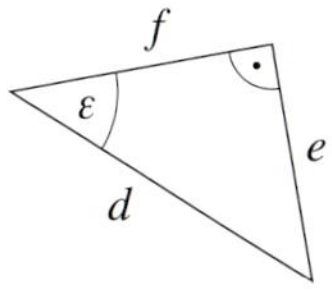

① $\sin\varepsilon$ ② $\tan\varepsilon$

d)
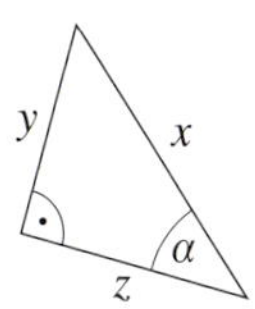

① $\sin\alpha$ ② $\tan\alpha$

HINWEIS
Der Begriff Trigonometrie ist griechischen Ursprungs von trigonon (Dreieck) und metron (Maß). In der Trigonometrie werden Berechnungen an rechtwinkligen Dreiecken durchgeführt.

BEACHTE
Je nach Taschenrechnermodell kann die Beschriftung der Tasten und sogar die Reihenfolge der Eingabe von den hier vorgestellten Methoden abweichen. Schlage in der Bedienungsanleitung nach, wie dein Taschenrechner funktioniert.

Methode: sin, cos, tan mit dem Taschenrechner bestimmen

Der Taschenrechner liefert sehr gute Näherungswerte für den Sinus, den Kosinus sowie den Tangens eines bestimmten Winkels. Vor der Berechnung von Winkeln im Gradmaß muss der Taschenrechner auf das Gradmaß DEG (vom englischen Wort degree = Grad) eingestellt werden.

gegeben	gesucht	Tastenfolge	Displayanzeige
$\alpha = 30°$	$\sin\alpha = ?$	3 0 sin	0,5
$\alpha = 30°$	$\cos\alpha = ?$	3 0 cos	0,866 025 403
$\alpha = 30°$	$\tan\alpha = ?$	3 0 tan	0,577 350 269

9 Fabian behauptet, dass der Tangens eines Winkels nicht größer als 100 werden kann. Stimmt das? Begründe deine Antwort.

10 Lisa behauptet: „Je kleiner der Zahlenwert für Sinus α wird, desto größer wird der Wert für Kosinus α."
Stimmt das? Finde und berechne mindestens drei Beispiele. Wie verhält sich dann jeweils der Zahlenwert für Tangens α?

ZUM WEITERARBEITEN
Finde ein Beispiel aus dem Alltag für einen sehr großen Tangeswert.

11 Welchen Tangenswert würdest du als einen besonderen angeben? Begründe deine Entscheidung.

12 Stefan behauptet: „Das Seitenverhältnis des Sinus eines Winkels beträgt 1,2."
Finde solch ein Seitenverhältnis.

13 Verdopple in einem rechtwinkligen Dreieck die Winkelgröße eines spitzen Winkels, der kleiner als 45° ist.
Wie verändern sich Sinus, Kosinus und Tangens des Winkels, wenn die Länge der Hypotenuse unverändert bleibt?

14 Die Winkelgröße eines spitzen Winkels im rechtwinkligen Dreieck wird halbiert.
Fertige eine passende Skizze an.
a) Beschreibe, wie sich die Gegenkathete des halbierten Winkels verändert.
b) Wie verändert sich der Tangens des halbierten Winkels?
c) Verändert sich auch der Kosinus des halbierten Winkels? Begründe.

15 Arbeite mit einer dynamischen Geometrie-Software.
Verändere das Seitenverhältnis von Gegenkathete und Hypotenuse in einem rechtwinkligen Dreieck.
Wie ändert sich der zugehörige Winkel?

16 Wie ändern sich in einem rechtwinkligen Dreieck ABC mit $\beta = 90°$ die Verhältnisse $\frac{a}{c}$ und $\frac{a}{b}$, wenn die folgenden Veränderungen an α vorgenommen werden und die Länge der Ankathete von α gleich bleibt?
a) α wird verkleinert (vergrößert).
b) α nähert sich der Winkelgröße 90°.

17 Finde mit Hilfe der Tabelle einen Zusammenhang zwischen Sinus, Kosinus und Tangens.

	α	$\tan\alpha$	$\sin\alpha$	$\cos\alpha$	Vermutung
a)	0°				
b)	15°				
c)	30°				
d)	45°				
e)	60°				
f)	75°				
g)	90°				

18 Bestimme mit dem Taschenrechner die an der Zehntausendstelstelle gerundeten Näherungswerte für Sinus, Kosinus und Tangens des Winkels.
a) 6°; 12°; 23°; 46°; 54°; 65°; 83°
b) 0,5°; 14,4°; 15,7°; 22,5°; 57,3°; 89,9°
c) 9°; 33°; 1,9°; 55°; 74,76°; 0,08°

Streckenberechnung mit sin, cos, tan

Erforschen und Entdecken

1 Eine Boeing 737-300 soll auf dem Düsseldorfer Flughafen landen. Der Landeanflug beginnt 17 km entfernt vom Aufsetzpunkt. Sie gleitet im Landeanflug geradlinig mit einem Gleitwinkel von $\alpha = 3°$.

a) Kann es sein, dass der Landeanflug in ca. 890 m Höhe beginnt?

b) Finde eine geeignete Möglichkeit, um die Höhe beim Landeanflug zu bestimmen.

c) Suche, skizziere und beschreibe eine ähnliche Sachsituation.

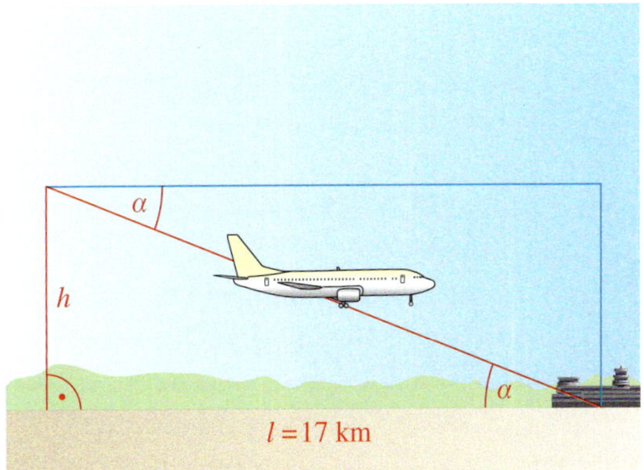

NACHGEDACHT
Warum darf der Winkel α nicht größer als 3° sein?

2 Höhenbestimmung bei Bäumen

Versuchsmaterial:
- Winkelmesser
- Taschenrechner
- ein mindestens 30 cm langes Lineal

Versuchsdurchführung:

a) Überlegt euch in Kleingruppen ein möglichst allgemeines Verfahren, um die Höhe von Bäumen zu bestimmen.

b) Wie würdest du vorgehen, um mit dem angegebenen Material die Höhe eines Baumes zu bestimmen?
Stelle deine Vorgehensweise mit Skizzen und einem kurzen Text dar.

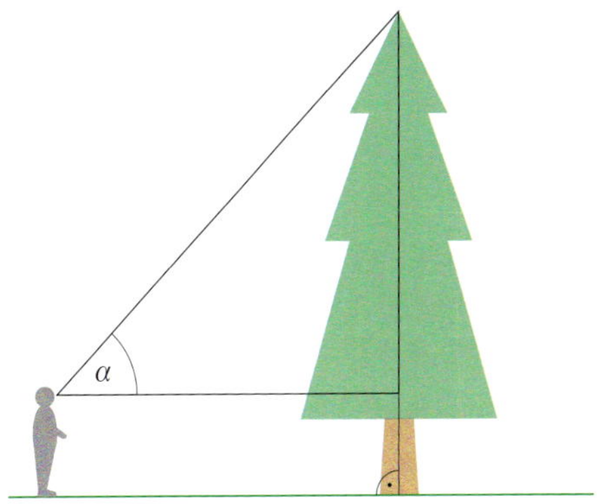

c) Vergleicht eure Notizen und Skizzen zu zweit. Überlegt gemeinsam, welche Fehler auftreten können.

d) Testet euer Verfahren an einem realen Baum oder Gebäude und versucht es eventuell zu verbessern.

e) Dokumentiert in Kleingruppen mit Skizzen, Fotos und Text den Versuch auf einem Wandplakat. Präsentiert auch eure Rechenwege und die Ergebnisse eurer Berechnungen.

NACHGEDACHT
Worauf würdest du bei einem Unterrichtsgang bei der Freilandarbeit achten? Schreibe auf.

3 Die Abbildungen zeigen verschiedene rechtwinklige Dreiecke in unterschiedlichen Sachzusammenhängen.

①
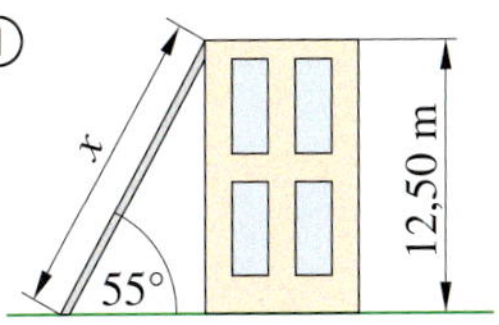

②
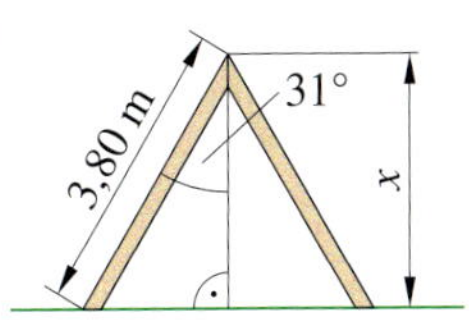

③
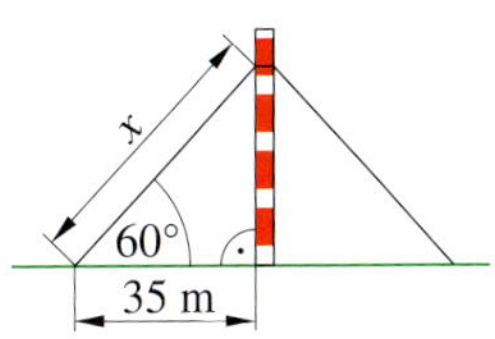

a) Beschreibe, was die Abbildungen darstellen.

b) Bisher kennst du die Möglichkeit, solche Aufgaben zeichnerisch zu lösen. Wie könnte man vorgehen, um x zu berechnen?

c) Vergleicht zu zweit eure Lösungen und Vorgehensweisen.

Lesen und Verstehen

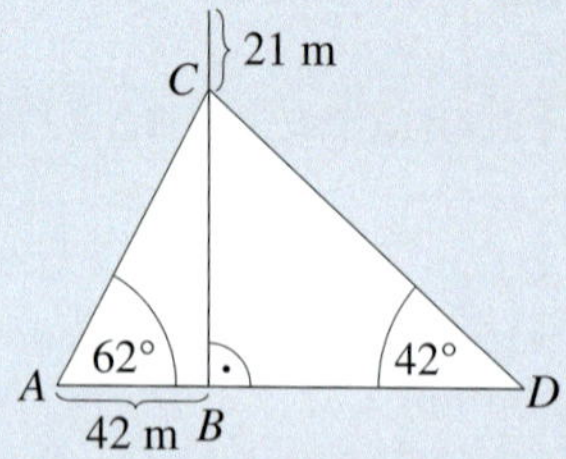

Ein Funk-Sendemast wird mit Abspannseilen gesichert, die fest im Boden verankert sind und mit diesem einen Winkel von 62° bzw. 42° bilden. Einige Schülerinnen und Schüler schätzen die Höhe des Sendemastes. Inga: 60 m, Lukas: 100 m; Elena: 35 m, Martin: 80 m. Wer hat die beste Schätzung?
Bisher benötigte man für die Berechnung von Seitenlängen im rechtwinkligen Dreieck den Satz des Pythagoras und die Angabe von zwei Seitenlängen.

> Sind in einem rechtwinkligen Dreieck eine Seite und ein Winkel gegeben, so können mit Hilfe von Sinus, Kosinus und Tangens die beiden anderen Seiten berechnet werden.

BEISPIEL 1

Berechnung der Gegenkathete eines Winkels:
Welche Höhe hat der Sendemast?
gegeben: $\alpha = 62°$, $c = 42\,\text{m}$; gesucht: h (in m)

$\tan\alpha = \frac{\text{Gegenkathete}}{\text{Ankathete}} = \frac{h}{c_1}$

$\tan\alpha = \frac{h}{c_1} \quad | \cdot c_1$

$h = c_1 \cdot \tan\alpha$

$h = 42\,\text{m} \cdot \tan 62° \approx 79\,\text{m}$

Sendemastlänge: $h + 21\,\text{m} \approx 79\,\text{m} + 21\,\text{m} \approx 100\,\text{m}$

Der Sendemast hat eine Länge von ca. 100 m.

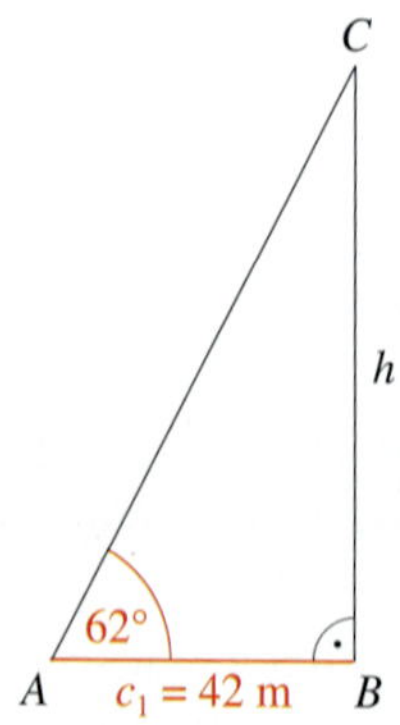

BEISPIEL 2

Berechnung der Hypotenuse:
Welche Länge hat das Abspannseil b?
gegeben: $h \approx 79\,\text{m}$, $\delta = 42°$; gesucht: b (in m)

$\sin\delta = \frac{\text{Gegenkathete}}{\text{Hypotenuse}} = \frac{h}{b} \quad | \cdot b$

$b \cdot \sin\delta = h \quad | : \sin\delta$

$b \approx \frac{79\,\text{m}}{\sin 42°} \approx 118\,\text{m}$

Das Abspannseil b ist ca. 118 m lang.

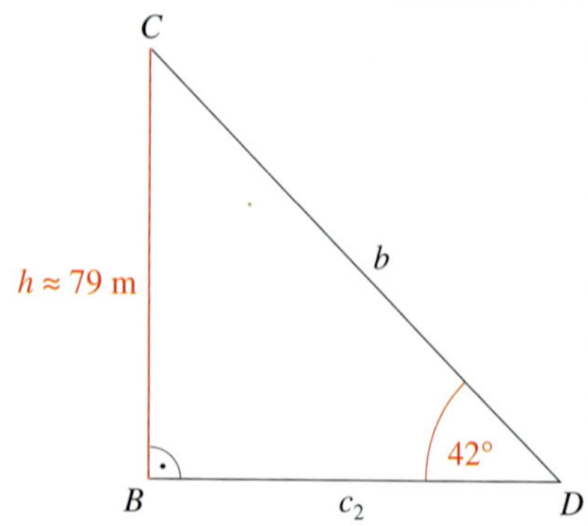

BEISPIEL 3

Berechnung der Ankathete eines Winkels:
Wie lang ist der Abstand zwischen Sendemast und rechter Bodenverankerung (Punkt D)?
gegeben: $b \approx 118\,\text{m}$, $\delta = 42°$, gesucht: $\overline{BD} = c_2$

$\cos\delta = \frac{\text{Ankathete}}{\text{Hypotenuse}} = \frac{c_2}{b} \quad | \cdot b$

$b \cdot \cos\delta = c_2$

$c_2 = 118\,\text{m} \cdot \cos 42° \approx 87{,}69\,\text{m}$

Der Abstand zwischen Sendemast und rechter Bodenverankerung beträgt ca. 88 m.

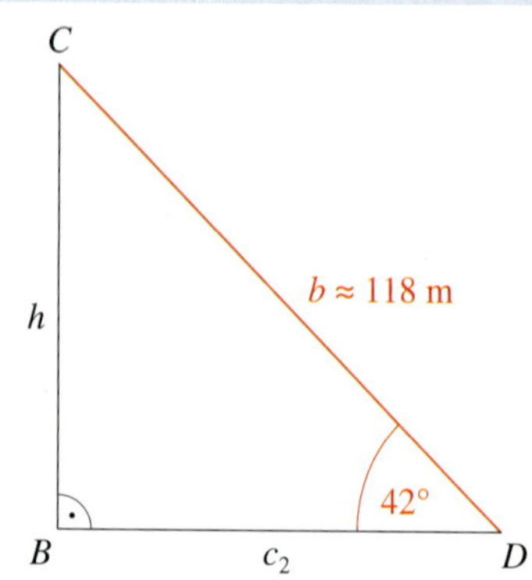

Üben und Anwenden

1 Gib das Seitenverhältnis an und berechne die rot gezeichnete Dreieckseite.

a)

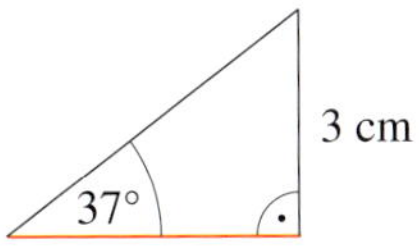

b)

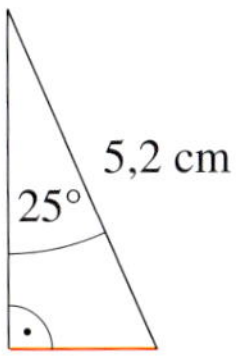

c)

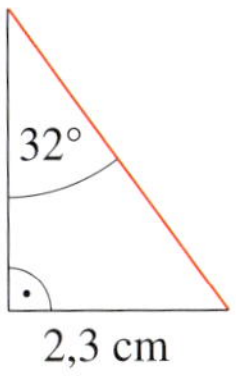

d)

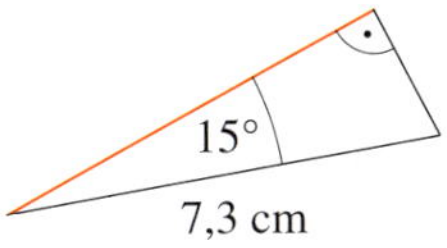

e)

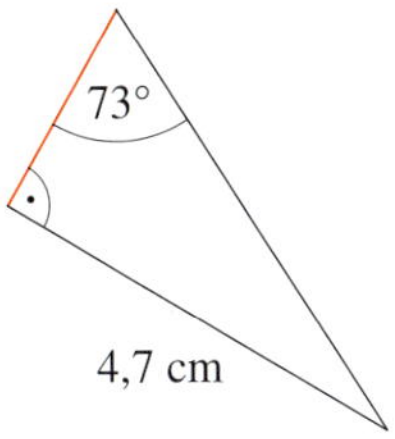

f)

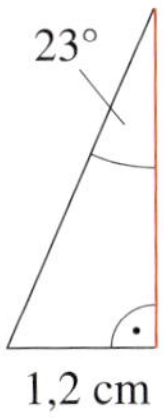

2 Zeichne für das Dreieck ABC eine Skizze und markiere die gegebenen Größen farbig. Berechne die fehlenden Größen.

	α	β	γ	a	b	c
a)	43°		90°		3,9 cm	
b)		47°	90°		4,1 cm	
c)	90°	32°			2,6 cm	
d)	71°	90°				6,6 cm
e)		90°	14°			5,2 cm
f)	90°		29°			3,8 cm
g)	26°		90°		6,7 cm	

3 Berechne die fehlenden Seiten im rechtwinkligen Dreieck mit der Hypotenuse c. Fertige zunächst eine Skizze an.

a) $a = 12{,}7\,\text{cm}$; $\alpha = 24°$
b) $b = 15{,}9\,\text{dm}$; $\beta = 65°$
c) $c = 112{,}3\,\text{cm}$; $\beta = 48°$
d) $c = 58{,}3\,\text{cm}$; $\alpha = 74°$
e) $a = 0{,}33\,\text{m}$; $\alpha = 47°$
f) $b = 19{,}8\,\text{dm}$; $\alpha = 60°$
g) $a = 78\,\text{mm}$; $\beta = 40°$

4 Am Flughafen Köln-Bonn beginnt der Landeanflug in 910 m Höhe mit einem Gleitwinkel von $\alpha = 3°$. Wie weit ist die Maschine dabei vom Aufsetzpunkt entfernt?

5 Ein Gelände steigt gleichmäßig an. Der Höhenwinkel beträgt 2,3°. Welchen Höhenunterschied hat man nach 250 m überwunden?

6 Der Steigungswinkel einer Wasserrutsche beträgt 9°. Der Höhenunterschied beträgt 12 m. Berechne den Unterschied in der Waagerechten und die Steigung m.

7 Ein Dachboden ist über eine 3 m lange Bodentreppe erreichbar. Die Höhe vom Fußboden zum Dachboden beträgt 2,7 m. Die Treppe ist gut zu begehen, wenn die Treppe mit dem Fußboden höchstens einen Winkel von 65° bildet. Erfüllt die Bodentreppe diese Bedingung?

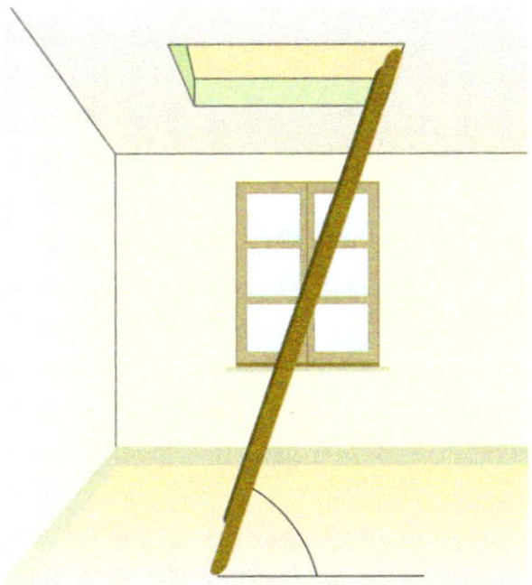

8 Auf ein 8 m breites Haus soll ein gleichschenkliges Satteldach mit einem Sonnenkollektor gebaut werden. Das Dach muss für den Sonnenkollektor eine Neigung von 44° nach Süden haben. Wie hoch sollte das Dach sein? Entwickle eine Skizze. Begründe, warum der Satz des Pythagoras nicht angewendet werden kann.

9 Im gleichschenkligen Dreieck ABC ist $\alpha = 72°$ und $c = 4{,}5\,\text{cm}$. Berechne die Höhe h_c. Verwende eines der rechtwinkligen Dreiecke.

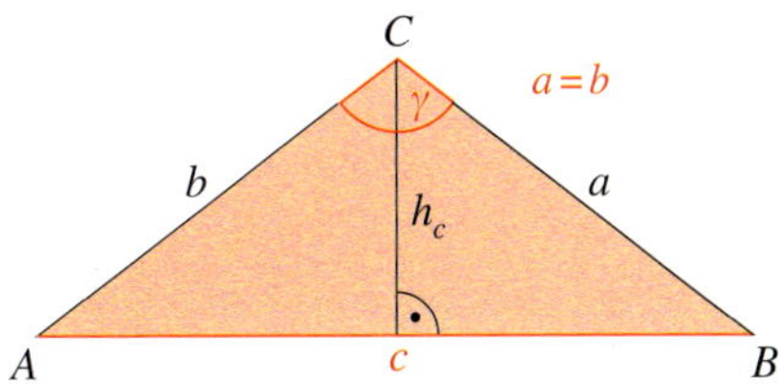

ZUM WEITERARBEITEN
Löse Aufgabe 4 zeichnerisch und rechnerisch. Vergleiche und bewerte beide Lösungen.

BEACHTE
Ein Theodolit ist ein Teleskop auf einem dreifüßigen Stativ, das mit einem Fadenkreuz und einem Winkelmesser ausgestattet ist.

148-1

HINWEIS
Unter dem Webcode findest du eine Bastelanleitung für einen Theodoliten.

10 Mit Hilfe eines **Theodoliten** werden horizontale oder vertikale Winkel gemessen.

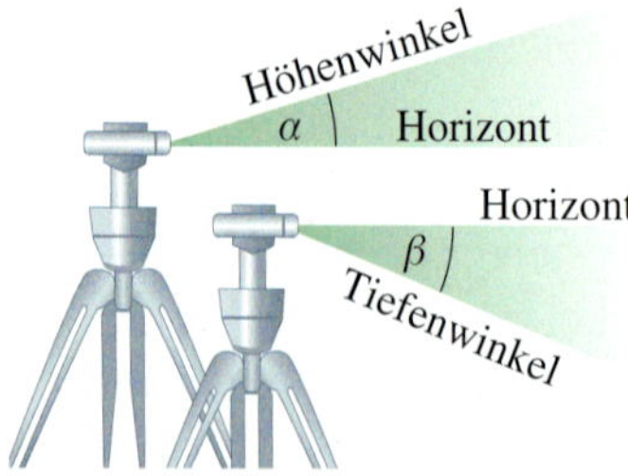

Die Instrumentenhöhe beträgt 1,45 m.
Wie hoch ist der Leuchtturm? Untersuche folgende vier Fälle. Was stellst du fest?

① $\alpha = 24°$; $e = 30\,\text{m}$ ② $\alpha = 48°$; $e = 30\,\text{m}$
③ $\alpha = 24°$; $e = 300\,\text{m}$ ④ $\alpha = 48°$; $e = 300\,\text{m}$

11 Von der 6,20 m hohen Kaimauer eines Hafens wird ein Schiff mit einem Theodoliten (1,5 m hoch) angepeilt.

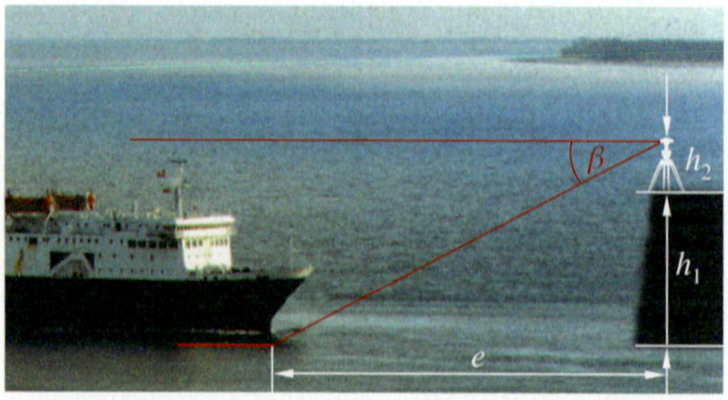

Das Schiff erscheint unter dem Tiefenwinkel $\beta = 2{,}6°$. Berechne die Entfernung e.

12 Eine Messlatte wird in einiger Entfernung mit einem Theodoliten angepeilt. Für die Höhe von 1,5 m auf der Messlatte ermittelt der Theodolit einen Winkel von 3°.

a) Wie weit sind die Messpunkte Theodolit und Messlatte voneinander entfernt?
b) Wie weit sind die Messpunkte entfernt, wenn 2,7° gemessen werden?

13 Von der Plattform eines Aussichtsturms wird in einer Höhe von 30,75 m eine Felswand anvisiert. Der Fußpunkt der Felswand erscheint unter einem Tiefenwinkel von 2,5°, der Gipfel der Felswand unter einem Höhenwinkel von 10,3°. Die Fußpunkte von Turm und Felswand befinden sich auf derselben Höhe.

a) Wie weit ist die Felswand vom Turm entfernt?
b) Welche Höhe hat die Felswand?

14 Mit dem Theodoliten kann die horizontale Entfernung zwischen zwei Punkten A und B bestimmt werden, wenn die Sicht zwischen diesen Punkten frei ist.

Auf der Messlatte kann man die Länge der Strecke $\overline{DE}$ ablesen. Mit dem Theodoliten lässt sich die Größe des Winkels γ bestimmen.

a) Berechne den Abstand der Punkte A und B, wenn nach der Vermessung auf der Messlatte 52 cm und ein Winkel γ von 0,3° gemessen wurden.
b) Wie wirkt sich ungenaues Ablesen von γ auf die Länge von e aus, wenn $\overline{DE} = 0{,}52\,\text{m}$ beträgt?

γ	0,1°	0,2°	0,3°	0,4°	0,5°
e			99,31 m		

c) Wie wirkt sich bei $\gamma = 0{,}3°$ ungenaues Ablesen von $\overline{DE}$ auf die Länge von e aus?

$\overline{DE}$	0,50 m	0,51 m	0,52 m	0,53 m
e			99,31 m	

d) Vervollständige nach der oben gegebenen Skizze die Tabelle in deinem Heft.

$\overline{DE}$	64 cm	77 cm		
γ	0,5°	0,64°	0,4°	0,57°
e			86 m	57 m

Winkelberechnung mit sin, cos, tan

Erforschen und Entdecken

1 Basketballspieler sollten wissen, wie groß der Einfallswinkel β beim Korbwurf mindestens sein muss, damit der Ball ohne Berührung des Korbringes und ohne Verwendung des Spielbretts ins Netz fallen kann.

a) Recherchiere den inneren Durchmesser des Korbrings und den Durchmesser eines Basketballs.

b) Warum dürfen bei offiziellen Basketballwettkämpfen nur genormte Bälle eingesetzt werden?

c) Arbeitet zu zweit oder zu dritt. Schätzt, wie groß der Einfallswinkel mindestens sein muss, damit der Ball im Korb landet, ohne den Korb oder das Brett zu berühren. Fertigt eine passende Skizze zur Situation an.

d) Findet eine Formel, um den minimalen Einfallswinkel zu bestimmen, bei dem der Ball im Korb landet.

e) Stellt euer Ergebnis der Klasse vor.

f) Findet weitere Fragestellungen und löst diese.

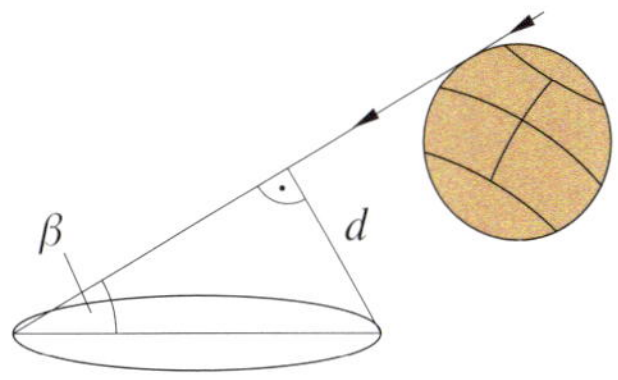

BEACHTE
Es sind verschiedene Ballgrößen zugelassen. Einigt euch auf eine Größe.

2 Die Pilatusbahn in der Schweiz ist seit 1889 die steilste Zahnradbahn der Welt und bahnt sich ihren 4618 m langen Weg von Alpnachstad nach Pilatus Kulm. Auf einer 1200 m langen Steigungsstrecke bewältigt sie einen Höhenunterschied von 518,5 m.

a) Wie viel Prozent Steigung sind das?

b) Finde heraus, welchen Steigungswinkel dieser Streckenabschnitt hat. Fertige eine Skizze an.

c) Wie lange ist die Bahn unterwegs, wenn sie bergwärts max. $12\,\frac{\text{km}}{\text{h}}$ zurücklegt bzw. talwärts mit einer Geschwindigkeit von max. $9\,\frac{\text{km}}{\text{h}}$ fährt?

d) Schätze, wie viel die fast 5 km lange Fahrt für eine Familie mit zwei Kindern kostet. Recherchiere und rechne nach.

3 Zeichne auf ein DIN-A4-Blatt die Diagonalen ein und betrachte die Winkel.

a) Wie können die Winkel zwischen Diagonale und den Seiten exakt berechnet werden?

b) Vergleiche mit deinem Nachbarn: Welche Strategien wendet ihr an?

c) Kontrolliert eure Ergebnisse durch eine Messung.

Lesen und Verstehen

Eine Straße hat eine Steigung von 12 %.
Mit einem geeigneten Steigungsdreieck kann der Steigungswinkel α berechnet werden.

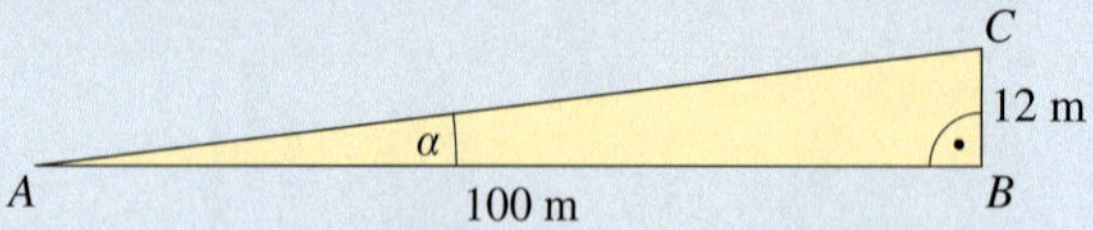

> Sind in einem rechtwinkligen Dreieck zwei Seiten gegeben, so können mit Hilfe von Sinus, Kosinus oder Tangens die fehlenden Winkel bestimmt werden.

BEACHTE
Je nach Taschenrechnermodell kann die Beschriftung der Tasten und sogar die Reihenfolge der Eingabe von den hier vorgestellten Methoden abweichen. Schlage in der Bedienungsanleitung nach, wie dein Taschenrechner funktioniert.

Mit dem Taschenrechner kann je nach Modell mit der Tastenfolge [2nd] [tan], [INV] [tan] oder [SHIFT] [tan] bei gegebenem Tangenswert der zugehörige Winkel bestimmt werden. Mit einer entsprechenden Tastekombination lassen sich auch Winkel zu gegebenen Sinus- oder Kosinuswerten berechnen.

Zu beachten ist, dass beim Taschenrechner die MODE-Einstellung auf DEG (englisch: degree = Grad) stehen muss.

BEISPIEL 1

Berechne den Steigungswinkel α.
$\tan \alpha = \frac{12}{100} = 0{,}12$

Bestimme den Winkel α mit dem Taschenrechner:
[2nd] [tan] [0] [.] [1] [2] [=]

$\alpha \approx 6{,}8°$

Bei einer Steigung von 12 % beträgt der Steigungswinkel etwa 6,8°.

BEISPIEL 2

Von einem rechtwinkligen Dreieck ($\gamma = 90°$) sind die Kathete $b = 7{,}8$ cm und die Hypotenuse $c = 11{,}5$ cm gegeben.
Gesucht sind: α, β und die Seitenlänge a.

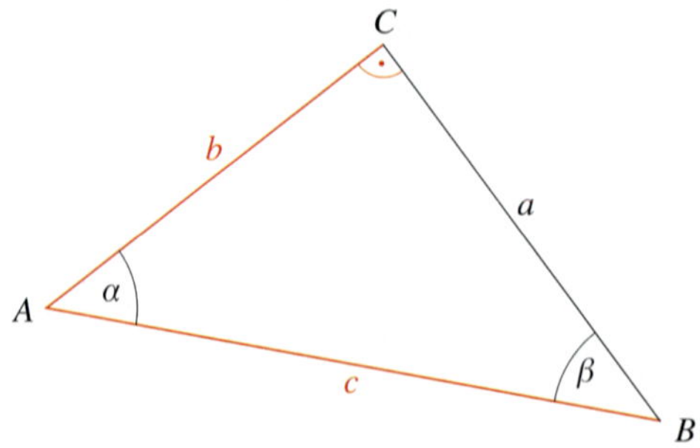

① Berechne den Winkel α.
$\cos \alpha = \frac{7{,}8}{11{,}5}$
$\cos \alpha \approx 0{,}6782$
$\alpha \approx 47{,}3°$ Der Winkel α ist ca. 47,3° groß.

② Berechne den Winkel β.

1. Möglichkeit
$\sin \beta = \frac{7{,}8}{11{,}5}$
$\sin \beta \approx 0{,}6782$
$\beta \approx 42{,}7°$ Der Winkel β ist ca. 42,7° groß.

2. Möglichkeit
$\alpha + \beta + \gamma = 180°$
$\beta = 180° - \gamma - \alpha$
$\beta = 180° - 90° - 47{,}3° = 42{,}7°$

③ Berechne die Länge der Kathete a.
$\cos \beta = \frac{a}{11{,}5}$ $| \cdot 11{,}5$
$\cos \beta \cdot 11{,}5 = a$
$a = \cos 42{,}7° \cdot 11{,}5$ cm
$a \approx 8{,}45$ cm Die Kathete a ist ca. 8,45 cm lang.

HINWEIS
Die Kathete a kann auch über die Gleichungen $\sin \alpha = \frac{a}{c}$, $\tan \alpha = \frac{a}{b}$ und $\tan \beta = \frac{b}{a}$ oder den Satz des Pythagoras berechnet werden.

Üben und Anwenden

1 Berechne den spitzen Winkel mit dem Taschenrechner. Gib auf eine Nachkommastelle genau an.

a) $\sin\alpha = 0{,}7389$ b) $\cos\alpha = 0{,}9455$
c) $\tan\alpha = 1{,}6135$ d) $\tan\alpha = 0{,}6135$
e) $\sin\alpha = \frac{3}{4}$ f) $\tan\alpha = \frac{6}{4}$
g) $\cos\alpha = \frac{4}{10}$ h) $\sin\alpha = \frac{12}{21}$

2 Bestimme die Winkel der entsprechenden Funktionswerte.

a) $\sin\alpha = 0{,}387$ b) $\cos\alpha = 0{,}135$
c) $\tan\alpha = 4{,}18$ d) $\cos\alpha = 0{,}64$
e) $\tan\alpha = 4{,}35$ f) $\sin\alpha = 0{,}89$

3 Schätze anhand einer Zeichnung die Größe des Winkels und überprüfe dein Ergebnis mit dem Taschenrechner.

a) $\sin\alpha = 0{,}5$ b) $\cos\alpha = 0{,}5$
c) $\tan\alpha = 0{,}8$ d) $\sin\beta = 0{,}7$
e) $\cos\beta = 1$ f) $\tan\beta = 2{,}7$

4 Berechne die Größe des angegebenen Winkels. Gib das Ergebnis ganzzahlig an.

a)
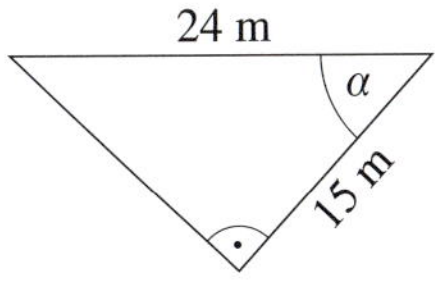

b)
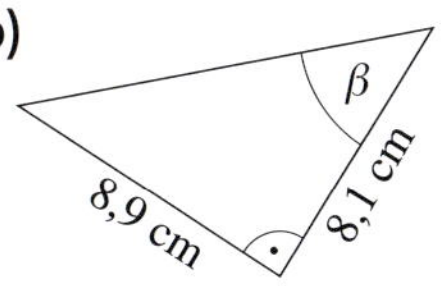

c)
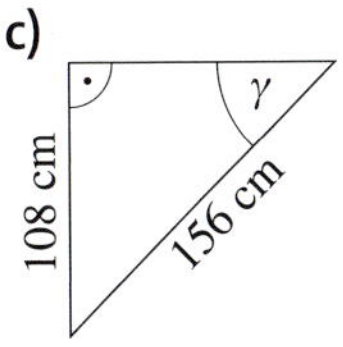

d)
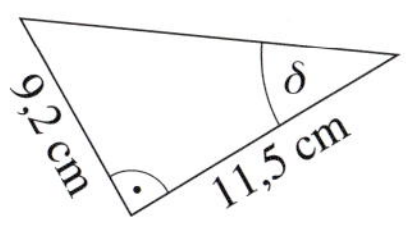

5 Berechne im rechtwinkligen Dreieck die beiden Innenwinkel. Gib das Ergebnis auf eine Nachkommastelle gerundet an.

a)
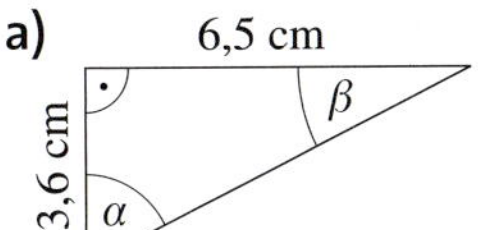

b)
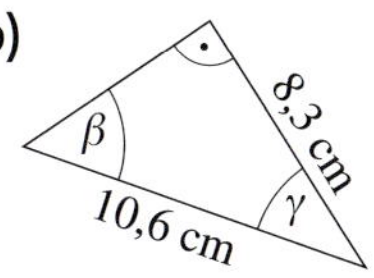

c)
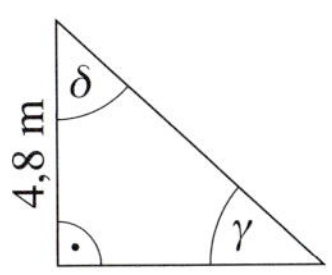

d)
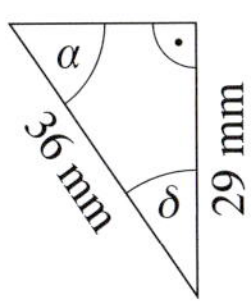

6 Bestimme die Steigungswinkel für die folgenden Steigungen.

a) 5 % b) 50 % c) 90 %
d) 100 % e) 200 % f) 500 %

NACHGEDACHT
Finde zu den Steigungen in Aufgabe 6 jeweils eine Realsituation.

7 Finde die Fehler und korrigiere sie. Das Dreieck gehört zu b) und c).

a) $\tan\alpha = \frac{18\,\text{m}}{6\,\text{cm}}$
$\tan\alpha = 3\,\text{cm}$
b) $\cos\alpha = \frac{40}{8{,}9}$
c) $\cos\gamma = \frac{8{,}9}{40}$
$\cos\gamma = 0{,}449\,438$
$\gamma = 26{,}7\,°$

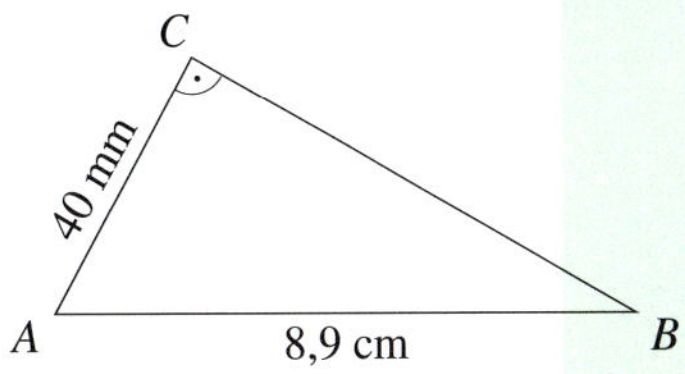

8 Berechne im Dreieck ABC ($\gamma = 90°$) die Winkel α und β. Fertige eine Skizze an.

	a	*b*
a)	35 mm	7,1 cm
b)	5,8 cm	0,43 dm
c)	6,2 cm	6,2 cm
d)	1,84 m	94 cm
e)	0,8 m	77 cm

9 Berechne die Winkelgrößen der anderen Winkel sowie die Länge der dritten Seite im rechtwinkligen Dreieck ABC mit $\beta = 90°$.

a) $a = 2{,}9\,\text{cm}$; $c = 6{,}3\,\text{cm}$
b) $a = 4{,}7\,\text{cm}$; $c = 4{,}7\,\text{cm}$
c) $a = 8{,}4\,\text{cm}$; $c = 2{,}3\,\text{cm}$
d) $a = 17{,}8\,\text{dm}$; $b = 36{,}4\,\text{dm}$
e) $b = 15\,\text{cm}$; $c = 1{,}1\,\text{dm}$
f) $b = 8{,}5\,\text{cm}$; $c = 63\,\text{mm}$

10 Berechne β, γ und a. Skizziere zunächst das jeweilige Dreieck.

a) $b = 4{,}1\,\text{cm}$; $c = 7{,}3\,\text{cm}$; $\alpha = 90°$
b) $b = 3{,}8\,\text{cm}$; $c = 5{,}6\,\text{cm}$; $\alpha = 90°$
c) $b = 7{,}9\,\text{cm}$; $c = 6{,}6\,\text{cm}$; $\alpha = 90°$
d) $b = 6{,}3\,\text{cm}$; $c = 8{,}7\,\text{cm}$; $\alpha = 90°$
e) $b = 12\,\text{mm}$; $c = 2\,\text{cm}$; $\alpha = 90°$
f) $b = 0{,}8\,\text{dm}$; $c = 12\,\text{cm}$; $\alpha = 90°$

11 Berechne für das rechtwinklige Dreieck mit $a = 4{,}5\,\text{cm}$ und der Hypotenuse $b = 7{,}6\,\text{cm}$ die Größe des Winkels α auf zwei Wegen.

12 Der schiefe Turm von Pisa mit einer Höhe von 55 m wurde wieder so weit aufgerichtet, dass das obere Turmende horizontal nur noch 4,1 m von seiner ursprünglichen Position abweicht. Fertige eine Skizze an und berechne den Neigungswinkel des Turmes.

13 Wie groß sind die prozentualen Steigungen der Straßen, an denen die abgebildeten Häuser stehen?

14 Betrachte das Schild in der Randspalte.

a) Unter welchem Winkel steigt die Straße an? Schätze zuerst.

b) Wie groß ist der Höhen- und Horizontalunterschied für diesen Streckenabschnitt?

15 Wie verändert sich im rechtwinkligen Dreieck ABC mit $\gamma = 90°$ der Wert der Verhältnisse ① $\frac{a}{c}$ und ② $\frac{b}{c}$, wenn der Winkel α verändert wird?

a) „Je größer α, desto …“

b) „Je kleiner α, desto …“

c) „Wenn α sich 0° nähert, dann …“

d) Überlege dir selbst Aufgaben, löse diese und tausche sie mit einer Mitschülerin oder einem Mitschüler.

16 An vielen Orten gibt es Straßen mit extremer Steigung. Im Mittelgebirge Odenwald in Hessen, Bayern und Baden-Württemberg gibt es eine Straße mit 27 % Steigung.

a) Bestimme den Steigungswinkel.

b) Wie wahrscheinlich ist es, dass der abgebildete Berghang sich an dieser Straße befindet? Begründe deine Behauptung.

c) Recherchiere im Internet und finde ähnliche Aufgaben.

17 Betrachte das folgende Foto.

a) Mit welchem Steigungswinkel muss man bei der angekündigten Steigung rechnen?

b) Welche Strecke legt man bei 80 m Höhenunterschied zurück?

18 An einer Wetterwarte steigt ein Wetterballon senkrecht auf. Ein Beobachter, der von dort 1 km entfernt ist, sieht den Ballon unter einem Winkel von 24° zur Horizontalen.

a) Fertige eine passende Skizze an.

b) Wie weit war der Messballon in diesem Augenblick vom Beobachter entfernt?

c) Wie hoch war der Ballon über dem Boden? Beachte, dass die Augenhöhe des Beobachters 1,60 m beträgt.

19 Berechne die Winkel, unter denen sich die Diagonalen eines Rechtecks mit der Länge a und der Breite b schneiden.

a) $a = 7\,\text{cm}$; $b = 5\,\text{cm}$
b) $a = 14\,\text{cm}$; $b = 6\,\text{cm}$
c) $a = 5\,\text{cm}$; $b = 4\,\text{cm}$
d) $a = 8\,\text{cm}$; $b = 6\,\text{cm}$
e) $a = 6\,\text{cm}$, $b = 5\,\text{cm}$
f) $a = 4{,}5\,\text{cm}$, $b = 7\,\text{cm}$

20 Von einem Drachen sind die Längen $\overline{AB} = \overline{AD} = 12\,\text{dm}$ und $\overline{BC} = \overline{CD} = 8\,\text{dm}$ bekannt. Die Länge der Diagonale $\overline{BD}$ beträgt 10 dm.

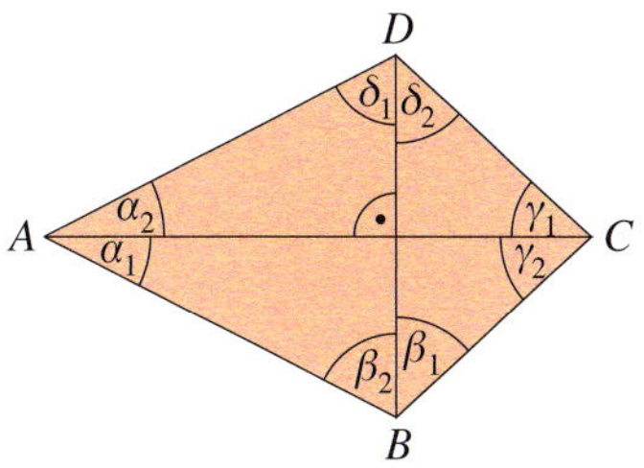

a) Berechne die Winkel im Punkt D.
b) Wie groß sind die Winkel im Punkt C?
c) Berechne auch die Winkel in den Punkten A und B.

21 In einer Raute (Rhombus) beträgt die Seitenlänge $a = 6{,}5\,\text{cm}$. Die Diagonale f ist 8,4 cm lang. Berechne alle Winkel und die Länge der Diagonalen e.

22 Berechne die fehlenden Seiten (in cm) und Winkel im rechtwinkligen Dreieck ABC. Entwirf zunächst eine Planfigur und markiere die gegebenen und gesuchten Stücke in verschiedenen Farben.

	α	β	γ	a	b
a)	42°		90°	4 cm	
b)	90°		60°	8,2 cm	
c)		59°	90°		12 cm
d)		90°		5,1 cm	9,4 cm
e)			90°	4,7 cm	7,6 cm
f)	90°	73°		5 cm	
g)		90°		1,8 cm	2,4 cm
h)	55°		90°		4 cm
i)	61°		90°	0,7 dm	

23 Berechne die fehlenden Stücke.

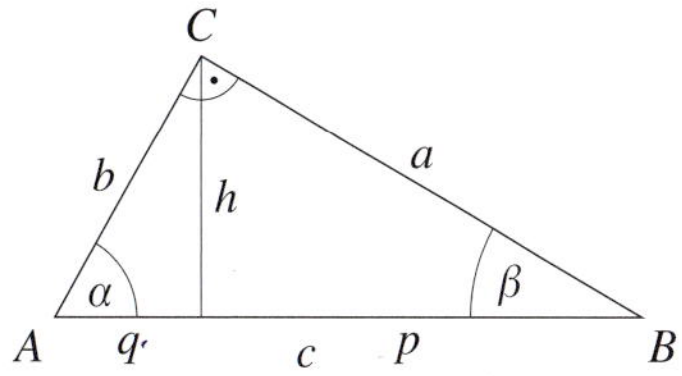

a) $q = 2{,}5\,\text{cm}$; $\alpha = 35{,}0°$
b) $h = 6{,}2\,\text{cm}$; $\alpha = 75{,}0°$
c) $p = 5{,}8\,\text{cm}$; $\beta = 31{,}2°$
d) $h = 8\,\text{cm}$; $p = 3\,\text{cm}$

24 Begründe folgende Aussage:
Im rechtwinkligen Dreieck ABC mit $\gamma = 90°$ gilt: $\sin\alpha = \cos\beta$ und $\sin\beta = \cos\alpha$.

25 Eine Außenleuchte an einem Wohnhaus hat einen Infrarot-Bewegungsmelder.
Sie schaltet sich selbstständig ein, wenn man in das Wahrnehmungsfeld des Bewegungsmelders eintritt.
Solche Leuchten lassen sich so einstellen, dass sie sich beispielsweise nach fünf Minuten wieder ausschalten.

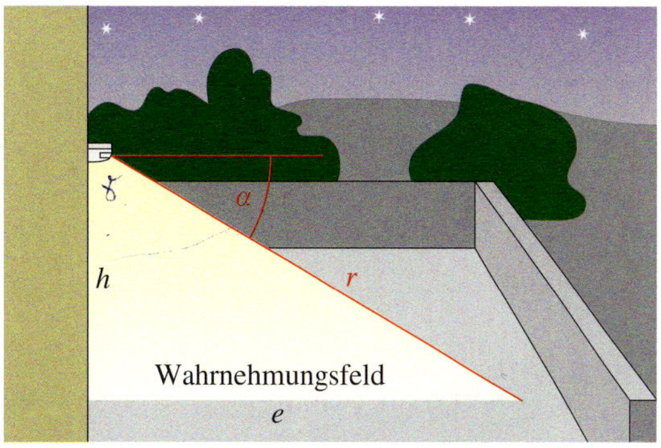

Der Bewegungsmelder kann so geneigt werden, dass das Wahrnehmungsfeld in der Schnittzeichnung als rechtwinkliges Dreieck erscheint. Der Bewegungsmelder soll in 2,20 m Höhe angebracht werden. Er soll genau die Grundstücksbreite $e = 5{,}50\,\text{m}$ überwachen.

a) Wie groß muss der Neigungswinkel α eingerichtet werden?
b) Die Reichweite des Bewegungsmelders beträgt 7 m. Die Seiten r und h dürfen also nicht länger als 7 m sein. Überprüfe, ob das in diesem Beispiel zutrifft.

Gleiten und fliegen

Im Jahr 1999 führten die französischen Vogelschützer Paola und Christian Moullec gemeinsam mit ihrem Team das spektakuläre Experiment durch, 30 junge Zwerggänse mit einem Ultraleichtflugzeug von ihren Brutgebieten in Schweden über Dänemark nach Deutschland an den Niederrhein zu führen. Nach nahezu 2000 km Flugstrecke kamen die Gänse und das Ultraleichtflugzeug unversehrt am Zielort auf der Bislicher Insel an. Nach ihrer Überwinterung am Niederrhein brachen die jungen Zwerggänse Anfang 2000 in Richtung Schweden auf, diesmal ohne die Führung durch Moullec. Über die Hälfte der Tiere traf in Öster Malma wieder ein.

Neben dem „aktiven" Fliegen bei Vögeln durch Flügelschlag und bei Flugzeugen durch Motoren oder Triebwerke können Flugstrecken auch durch Gleiten überwunden werden.

Beim Gleiten wird die Energie zur Überwindung des Luftwiderstandes aus dem Höhenverlust gewonnen. Das Gleiten ist ein Geradeausflug mit konstanter Geschwindigkeit und konstanter Sinkrate.

Vögel können lange Zeit ohne Flügelschlag bei ruhiger Luft gleiten, ohne dabei viel an Höhe zu verlieren. Die Länge der Strecke ist vom Körpergewicht und der Flügelfläche abhängig.

Wenn vom Gleiten gesprochen wird, spielt das *Gleitverhältnis* eine Rolle, das ist der Quotient aus Höhenverlust und Gleitstrecke über Grund, angegeben für 1 m Höhenverlust, also zum Beispiel 1 : 20 (bei 1 m Höhenverlust 20 m Gleitstrecke über Grund).
Daraus ergibt sich die *Gleitzahl* 20.
Der *Gleitwinkel* wird auch häufig angegeben. Das ist der Winkel zwischen der Horizontalen und der geraden Linie, die sich für den Sinkflug ergibt.

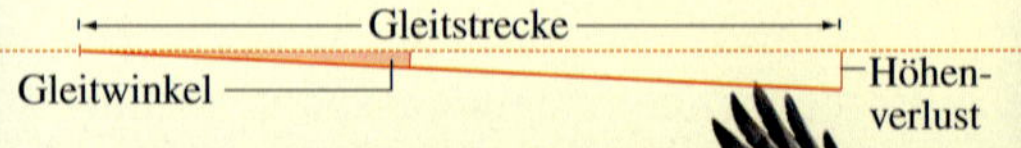

1 Weise nach, dass im Zusammenhang mit dem Gleiten trigonometrische Beziehungen angegeben werden können.

Ein ausgezeichneter Gleiter ist der ***Kondor*** *mit einer Gleitzahl von 35.*

Tauben *gleiten mit ca. 6,3° Gleitwinkel.*

Sperlinge *haben das durchschnittliche Gleitverhältnis 1:6.*

Für den ***Mäusebussard*** *wird durchschnittlich ein Gleitverhältnis 1:16 angegeben.*

2 Leite für die genannten Vögel alle weiteren Angaben zum Gleiten ab.

Silbermöwen *erreichen durchschnittliche Gleitwinkel von 4,0°.*

3 Berechne.

a) Wie weit über Grund könnte jeder genannte Vogel gleiten, wenn sein Gleitflug in 300 m Höhe beginnt?

b) In welcher Höhe würde einer der genannten Vögel den Gleitflug beginnen, wenn er über Grund nach 1500 m landet?

Flugzeuge können ebenfalls gleiten. Das Gleiten kann hier jedoch durch die Fluggeschwindigkeit beeinflusst werden, die zum Beispiel durch Motoren oder Triebwerke erreicht wird.

Bei Segelflugzeugen zum Beispiel können über Grund 50 km zurückgelegt werden bei 1000 m Höhenverlust.
Segelflugzeuge müssen beim Landeanflug Gleitzahlen zwischen 5 und 10 erreichen.

4 Mit welchem Gleitwinkel gleitet das beschriebene Segelflugzeug und mit welchen Gleitwinkeln müssen Segelflugzeuge landen?

Typ	Gleitzahl
ASK-13	27
ASK-21	34
Ka-8b	27
Ka-6CR	30
DG 100/101	39
LS-4b	40,5

Die Luftsportgruppe in Linkenheim besitzt die angegebenen Segelflugzeuge. Die angegebene Gleitzahl entspricht dem bestmöglichen Gleitverhältnis.

5 Beachte die Tabelle.
a) Welche bestmöglichen Gleitwinkel ergeben sich für die Segelflugzeuge?
b) Welche Strecken über Grund würden die Segelflugzeuge überfliegen, wenn sie aus 1500 m Höhe gleichmäßig bis zur Landung gleiten würden?

6 Vergleiche den beim Landeanflug üblichen Landewinkel von 3° mit den Gleitwinkeln, die sich aus der Tabelle für die verschiedenen Flugzeugtypen berechnen lassen.

Typ	Gleitzahl
Airbus A320	17
Airbus A340	19,5
Boeing B52	20
Boeing B737	19,4
Boeing B747	17,5
Douglas DC3	14,7

7 In Düsseldorf beginnt der Landeanflug in ca. 910 m Höhe. Wie weit vom Aufsetzpunkt der Landebahn ist das Flugzeug am Boden entfernt, wenn der Landewinkel 3° beträgt?

8 Am Flughafen Hamburg landen Flugzeuge unter einem Landewinkel von 3,5°. Wie weit ist das Flugzeug vom Aufsetzpunkt auf der Landebahn entfernt, wenn in einer Höhe von ca. 910 m mit dem Landeanflug begonnen wird?

9 In London ist ein noch größerer Gleitwinkel als in Hamburg bei der Landung nötig.
Wenn das Flugzeug in 910 m Höhe den Landeanflug beginnt, legt es noch ca. 9500 m Flugstrecke zurück.
a) Bestimme den Landewinkel.
b) Recherchiere, ob du noch weitere Ausnahmen für Gleitwinkel bei Landeanflügen findest.

Vermischte Übungen

1 Konstruiere ein rechtwinkliges Dreieck ABC mit $\gamma = 90°$ und dem angegebenen Winkel α.
Bestimme die Seitenlängen a, b und c aus der Zeichnung und gib die Seitenverhältnisse $\frac{a}{b}$, $\frac{b}{c}$ und $\frac{a}{c}$ an.

a) $\alpha = 10°$ b) $\alpha = 20°$ c) $\alpha = 30°$
d) $\alpha = 40°$ e) $\alpha = 50°$ f) $\alpha = 33°$
g) $\alpha = 63°$ h) $\alpha = 70°$ i) $\alpha = 45°$

2 Vergleiche die Seitenverhältnisse in je zwei Dreiecken mit $\beta = 90°$ und
a) $\gamma = 55°$ sowie $\gamma = 35°$.
b) $\gamma = 25°$ sowie $\gamma = 65°$.
Fällt dir etwas auf? Finde eine Erklärung dafür.

3 Gib den Quotienten für den Sinus, Kosinus und Tangens jedes spitzen Winkels im rechtwinkligen Dreieck an.

a)
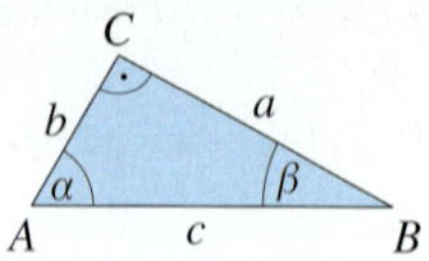

b)
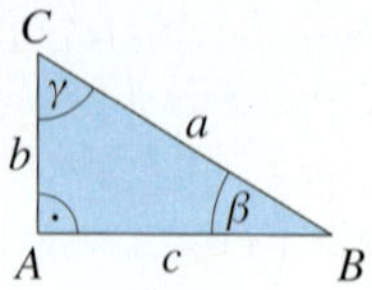

c)
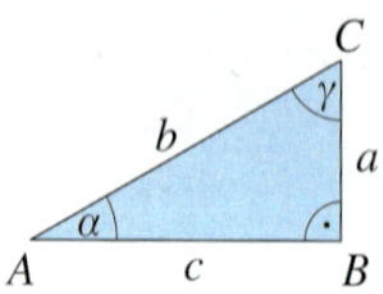

d)
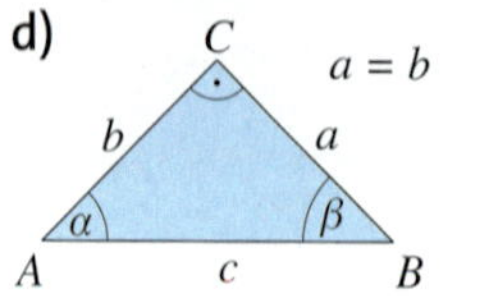

4 In einem rechtwinkligen Dreieck ABC sind zwei Seiten gegeben. Fertige eine Planfigur an, markiere die gegebenen Seiten farbig und berechne die fehlenden Stücke (Längen in cm).

	α	β	γ	a	b	c
a)			90°		4,6	5,8
b)			90°	3,9		6,1
c)		90°		7,4	8	
d)		90°		4,8		3,1
e)	90°			5,4	1,5	
f)	90°				2	6,8
g)			90°	3,8	5,2	
h)	90°			7,1		5,4
i)		90°			6,3	4,1
j)			90°	5,5	3,4	

5 Ein Parabelflug dient dazu, im freien Fall annähernde Schwerelosigkeit zu erzeugen. Dazu wird ein Flugzeug des Typs Airbus A-300 zunächst auf 6000 m Höhe gebracht. Aus dieser Höhe beginnt bei vollem Schub der Steigflug im Steigungswinkel von etwa 45 Grad, bis eine Höhe von etwa 8000 m erreicht ist.

a) Gib die Steigung in Prozent an.
b) Zeichne den Steigflug in einem geeigneten Maßstab.
c) Gib für den Steigflug eine Funktionsgleichung an.

6 Die Werte beziehen sich auf ein gleichschenkliges Dreieck. Berechne die fehlenden Seitenlängen und Winkel.
a) $h_c = 5\,\text{cm}$; $c = 6\,\text{cm}$
b) $h_c = 4{,}3\,\text{cm}$; $c = 5\,\text{cm}$
c) $h_c = 3{,}2\,\text{cm}$; $c = 4{,}5\,\text{cm}$

7 Der Bug ist das Vorderteil eines Schiffsrumpfes. Ein Schiff verursacht beim Fahren eine Bugwelle mit einem Öffnungswinkel von 40 Grad. Das Schiff fährt in der Mitte des Rheins, der an dieser Stelle eine Breite von 200 m hat.
a) Fertige eine Skizze zu der Situation an. Wähle einen geeigneten Maßstab.
b) Wie weit ist der Bug des Schiffes entfernt von dem Punkt, an dem die Bugwelle am Ufer auftrifft?

8 Familie Schuster lässt eine Treppe bauen. Die Stufen haben eine Höhe von 20 cm und eine Tiefe von 32 cm. Wie groß ist der Neigungswinkel α des Treppengeländers?

9 Gib den Quotienten für $\tan\alpha$ und für $\tan\beta$ an.

a)

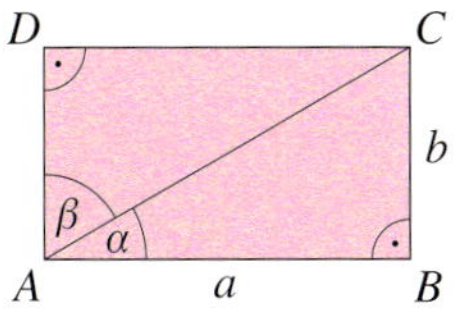

b)

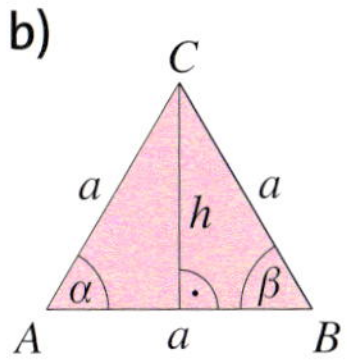

10 Die wohl steilste Straße der Welt (laut Guinness Buch der Rekorde) liegt in dem neuseeländischen Ort Dunedin. Sie hat den Steigungswinkel 31°. Ermittle zeichnerisch und rechnerisch die Steigung.
Entwirf das entsprechende Straßenschild.

11 Im Bild ist der Dortmund-Ems-Kanal zu sehen. Das Wasserbett hat die Form eines gleichschenkligen Trapezes.
Der Kanal ist an der Wasseroberfläche 40,0 m breit und am Boden 24,6 m breit. Er hat eine Tiefe von 3,5 m.

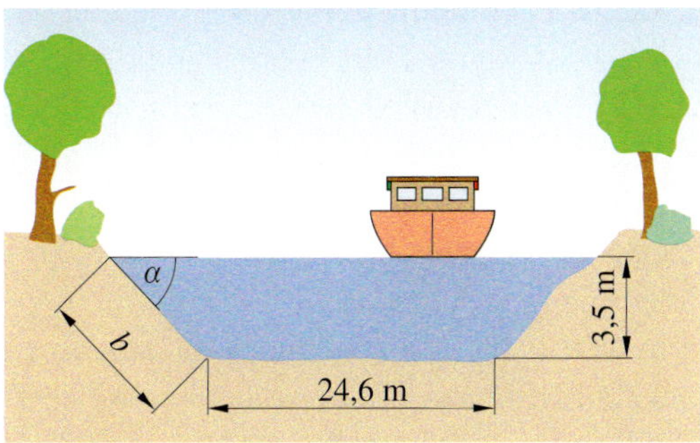

a) Zeichne den Querschnitt des Kanals im Maßstab 1 : 200. Beschrifte die Zeichnung.
b) Berechne den Böschungswinkel α und die Länge b.

12 Am Niederrhein wird an vielen Stellen Sand und Kies abgebaut. Förderbänder laden zum Beispiel den Sand ab. Es entsteht ein kegelförmiger Haufen mit einem vom Material abhängigen Böschungswinkel α.

Sandiger Kies	Feuchter Sand	Zement
$\alpha = 32°$	$\alpha = 25°$	$\alpha = 40°$

a) Wie viel m³ Sand werden auf einer Fläche von 4000 m² abgeladen?
b) Wie viel m³ Zement enthält ein 1 m hoch abgeladener Zementhaufen?
c) Formuliere selbst eine Frage zu sandigem Kies und beantworte sie.

13 Auszubildende für technische Berufe lösen folgende Aufgaben:
a) In eine Bohrlehre sollen drei Löcher gebohrt werden. Bestimme den Abstand der Bohrlöcher voneinander. Gib für den Punkt P die y-Koordinate an.

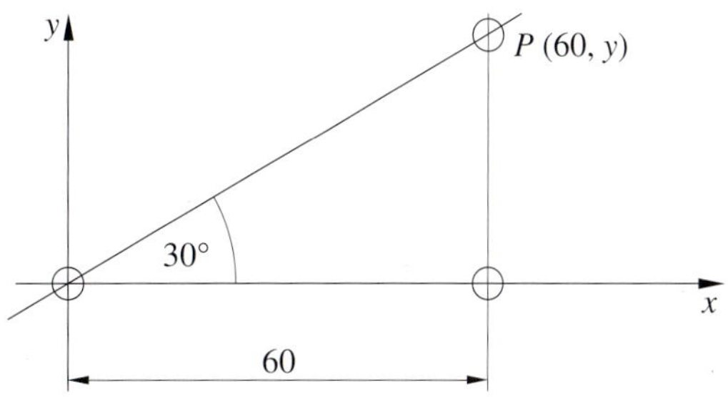

b) Ein Abflussrohr von 2,5 m Länge soll mit 6° Gefälle verlegt werden. Welcher Höhenunterschied in cm entsteht?
c) Ein rechteckiger Fundamentrahmen mit den Maßen 650 mm mal 3332 mm soll eine diagonale Versteifung erhalten. Berechne die Winkel der Verstrebung.

HINWEIS
Eine Bohrlehre ist ein Gerät, mit dem die geometrische Position einer Bohrung auf einem Werkstück festgelegt wird.

14 Gib jeweils die Quotienten für den Sinus und für den Kosinus jedes spitzen Winkels in dem rechtwinkligen Dreieck an.

a)

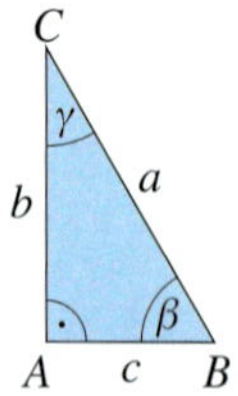

b)

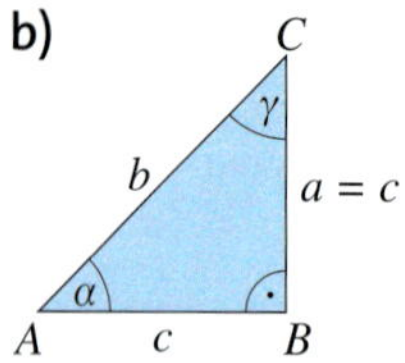

c)

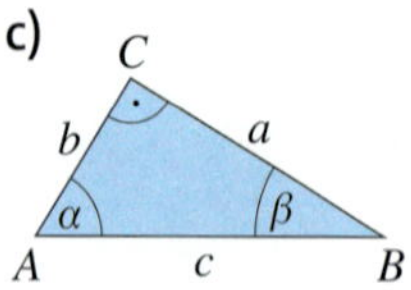

d)

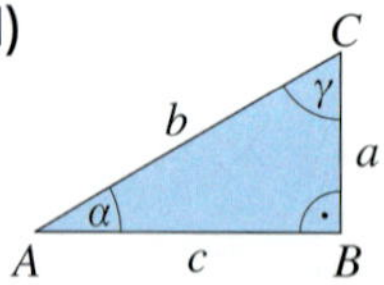

15 Die Höhe h teilt das rechtwinklige Dreieck ABC in zwei rechtwinklige Dreiecke ADC und DBC. Gib zwei Quotienten an für:

a) $\tan \alpha$ b) $\tan \beta$

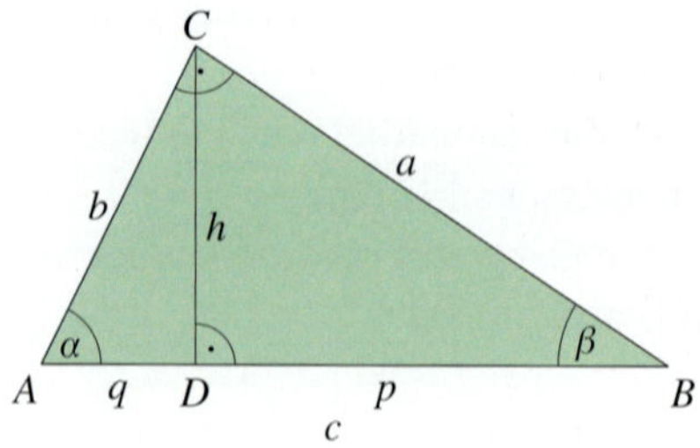

16 Begründe den Zusammenhang zwischen Sinus, Kosinus und Tangens: $\tan \alpha = \frac{\sin \alpha}{\cos \alpha}$.
Zeichne dazu ein Dreieck ABC mit $\gamma = 90°$.

17 Ein Kreisausschnitt hat den Radius r, die Sehne s im Abstand h vom Mittelpunkt M und den Mittelpunkswinkel α. Berechne die fehlenden Größen.

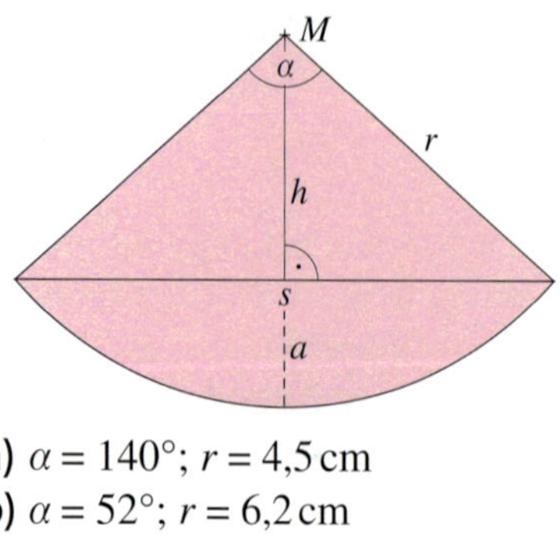

a) $\alpha = 140°$; $r = 4{,}5\,\text{cm}$
b) $\alpha = 52°$; $r = 6{,}2\,\text{cm}$
c) $\alpha = 60°$; $h = 3{,}4\,\text{cm}$

18 Der Motor des starken „Pistenbully 300" mobilisiert 430 PS. Wenn es sein muss und das Terrain griffig ist, erklimmt das Ungetüm mit den breiten Krallen Neigungen von bis zu 130 Prozent.

a) Welchen Steigungswinkel hat ein Berghang mit der Steigung 100 %?
b) Wie groß ist der Steigungswinkel bei einer Steigung von 130 %?

19 Eine Außenleuchte hat einen Infrarot-Bewegungsmelder.
Der Bewegungsmelder wird in einer Höhe von 1,80 m montiert. Er soll genau die Grundstücksbreite $e = 6\,\text{m}$ überwachen.
Erreicht man eine solche Überwachung bei folgendem Neigungswinkel?

a) $\alpha = 17°$ b) $\alpha = 15°$

20 Ein Haus von 10,60 m Länge und 8 m Breite erhält ein Satteldach mit 30° Dachneigung. Das Dach steht nach vorne und hinten je 30 cm, nach unten hin je 50 cm über. Wie viel Quadratmeter Dachfläche sind mit Dachziegeln einzudecken?

21 Mia sitzt auf einer Schaukel. Das Seil der Schaukel ist 2,50 m lang. Der Haken, an dem das Seil befestigt ist, befindet sich 2,85 m über dem Erdboden. Mia versucht, so hoch wie möglich zu schaukeln.
An ihrem höchsten Punkt bildet das Seil einen Winkel von 30° zur Horizontalen.

a) Fertige zunächst eine Skizze an.
b) Wie hoch ist Mia dann über dem Erdboden?
c) Vergleiche dein Ergebnis mit deinem Sitznachbarn.

ZUM WEITERARBEITEN
Zeichne ein Dreieck, für das folgendes gilt: sin α = 0,75.

HINWEIS
Betrachte zum Lösen von Aufgabe 19 die Zeichnung zu Aufgabe 25 auf Seite 153.

22 Verkehrsflugzeuge heben beispielsweise unter einem Winkel von 8° ab. Es wird davon ausgegangen, dass dieser Steigungswinkel konstant bleibt, bis die entsprechende Reisehöhe erreicht wird.

a) Ermittle zeichnerisch in einem geeigneten Maßstab, welche Höhe nach 1 km horizontaler Strecke erreicht wird.

b) Welche Höhe wird nach 3000 m Strecke erreicht?

c) Nach welcher Strecke wird die Reisehöhe von 10 km erreicht?

23 Der Querschnitt eines Kanals ist ein gleichschenkliges Trapez. Die Sohle dieses Kanals ist 5,40 m breit, die Böschungswinkel betragen jeweils 34,8°.

a) Welche Breite hat der Kanal an der Wasseroberfläche, wenn das Wasser 2,85 m hoch steht?

b) Wie viel Wasser enthält der Kanal auf einem Kanalstück von 0,7 km?

24 Familie Geiger möchte einen Carport bauen. Als Dach soll ein rechtwinkliges Dreieck aufgesetzt werden.

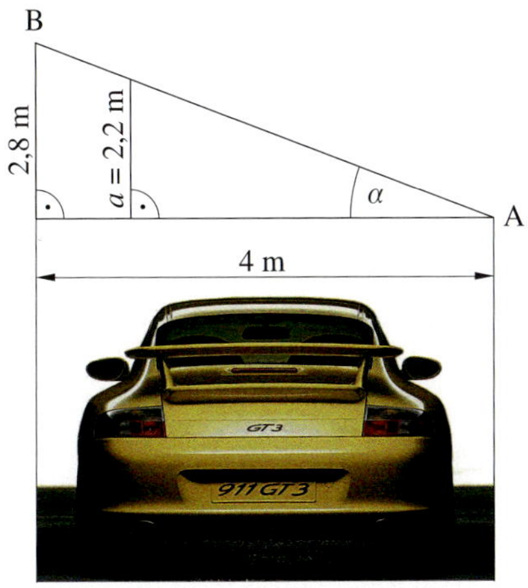

a) Wie lang ist die Strecke von Punkt A zur Stütze a?

b) Welche Dachneigung hat der Carport?

c) Berechne die Länge der Strecke $\overline{AB}$ für eine Dachneigung von 38°.

d) Das Dach des Carports soll gedeckt werden. Der Carport ist 4 m lang. Wie viel m² Dachfläche sind zu decken?

25 Bei einer Vorstellung will ein Artist mit dem Motorrad auf einem Drahtseil die Spitze eines 52 m hohen Gebäudes erreichen. Zum Befestigen des Seils werden 2,50 m benötigt. Das Motorrad hat eine maximale Steigfähigkeit von 40°.

a) Fertige eine Skizze an.

b) Wie lang muss das Seil mindestens sein?

c) Welcher Steigungswinkel würde sich bei einem 102 m langen Seil ergeben?

26 Ein Parallelogramm $ABCD$ hat die Maße $a = 14\,\text{cm}$; $b = 8\,\text{cm}$; $a_1 = 6{,}4\,\text{cm}$ und $\tan\alpha = 0{,}75$.

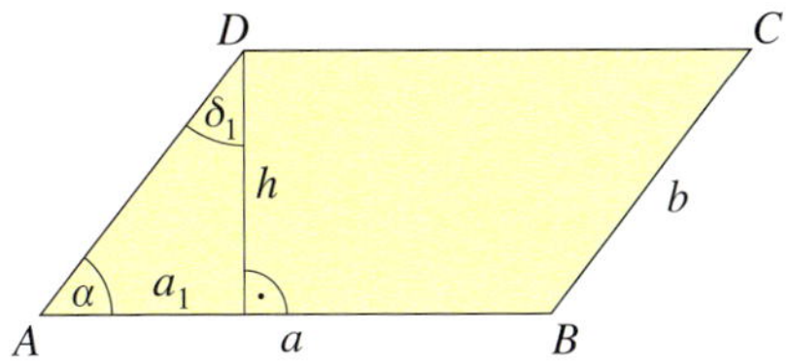

a) Gib den Quotienten für $\tan\alpha$ an.

b) Wie lang ist die Höhe h?

c) Berechne $\tan\delta_1$. Was fällt dir auf?

27 Im gleichschenkligen Trapez $ABCD$ gilt $a = 8\,\text{cm}$, $c = 3{,}2\,\text{cm}$ und $\alpha = 53{,}13°$. Wie lang ist die Höhe h?

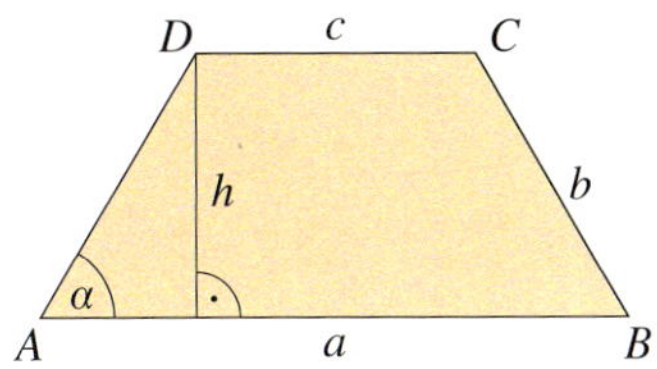

28 Gegeben ist eine Raute (Rhombus) $ABCD$. Die Längen der Diagonalen betragen $e = 2{,}8\,\text{cm}$ und $f = 7\,\text{cm}$.

a) Gib einen Quotienten für $\tan\frac{\alpha}{2}$ und für $\tan\frac{\beta}{2}$ an.

b) Bestimme jeweils den Wert für $\tan\frac{\alpha}{2}$ und für $\tan\frac{\beta}{2}$.

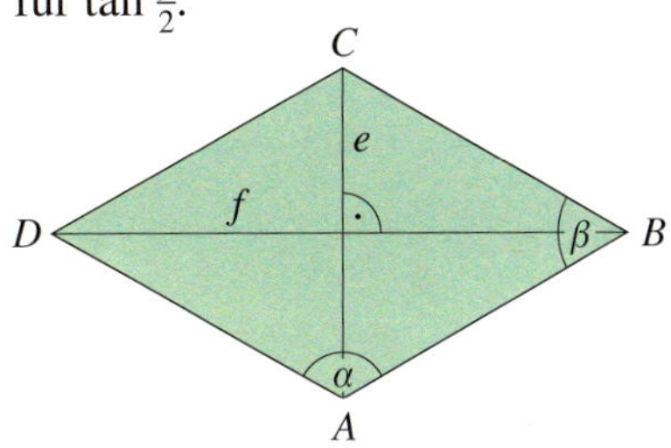

TIPP
Fertige zu Aufgabe 23 zuerst eine Skizze an, um dir die Situation besser vorstellen zu können.

NACHGEDACHT
Nenne drei Beispiele aus deiner Umgebung für das Trapez aus Aufgabe 27.

29 Das Bierdeckelhaus in der Abbildung ist 25 cm hoch. Jeder Bierdeckel ist 9,4 cm lang und 9,4 cm breit.

a) Zeichne eine Skizze von mindestens zwei aufgestellten Bierdeckeln.
b) Welchen Winkel schließt jeder Bierdeckel mit seinem Untergrund ein?

30 Arbeitet zu zweit.
a) Unter welchen Voraussetzungen sind die Winkelbeziehungen anwendbar?
b) Erläutere die Begriffe Ankathete, Gegenkathete, Hypotenuse.
c) Warum ist ein Seitenverhältnis eine Funktion eines Winkels?
d) Erläutere die Begriffe Sinus, Kosinus und Tangens.
e) Nenne Anwendungsbeispiele für das Berechnen des Tangens.
f) Nenne Anwendungsbeispiele für das Berechnen von Sinus und Kosinus.

31 Gib zwei Quotienten für tan α an und bestimme die Länge der Strecke x, wenn $a = 4{,}2\,\text{cm}$ und $b = 2{,}8\,\text{cm}$ ist.

a)

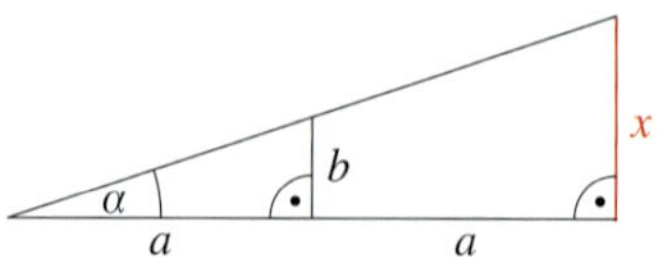

b)

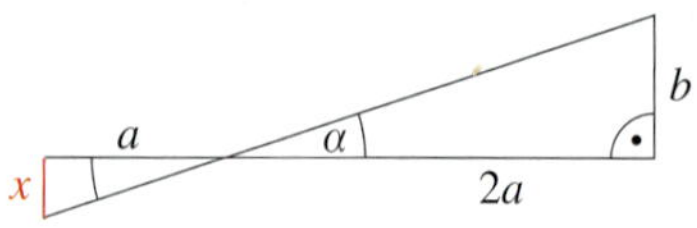

32 Eine der größten Skiflugschanzen der Welt steht im bayerischen Oberstdorf.

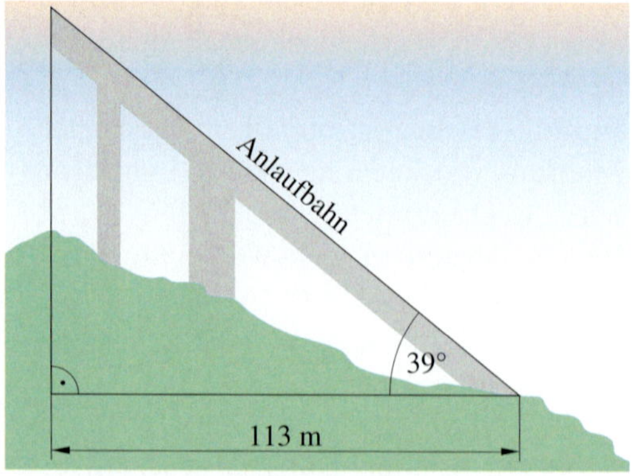

a) Wie lang ist die Anlaufbahn und welchen Höhenunterschied hat sie?
b) Im ersten Durchgang haben die Teilnehmer sehr große Weiten erreicht. Deshalb wird die Anlaufbahn um 5 m verkürzt. Welchen Höhenunterschied legt ein Springer jetzt auf der Anlaufbahn zurück?

33 Eine Dachgeschosswohnung wird vermietet. Zur Berechnung der Mietfläche soll nur die Fläche mit einer Stehhöhe ab 2 m berücksichtigt werden (siehe Skizze).

Skizze

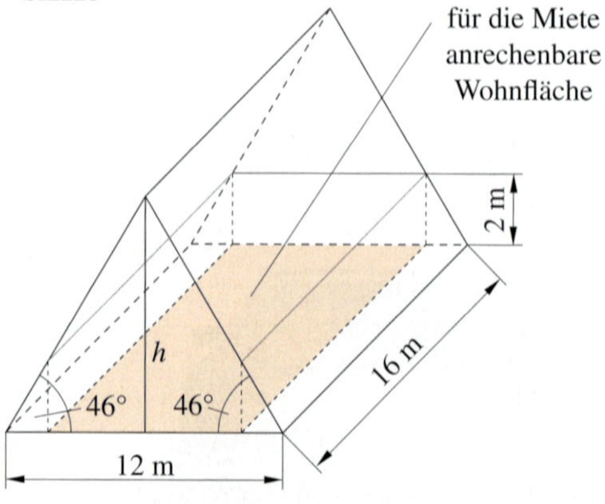

a) Berechne die Giebelhöhe h in m.
b) Die Miete kostet 6,20 € pro m².
Wie hoch ist die Miete der Dachgeschosswohnung?
c) Die Wohnung wird neu tapeziert. Die Fenster nehmen zusammen eine Fläche von $4{,}5\,\text{m}^2$ ein. Wie groß ist die zu tapezierende Fläche?

Teste dich!

a | b

1 Zeichne für das rechtwinklige Dreieck ABC mit $\gamma = 90°$ eine Planfigur.
Berechne die fehlenden Größen.

	α	β	γ	a	b	c
a)	45°		90°		4 cm	
b)		38°	90°		3,5 cm	
c)	50°		90°	4,5 cm		
d)		40°	90°		5,8 cm	
e)	49°		90°			5 cm
f)		29°	90°			7 cm

2 Die Figur enthält drei rechtwinklige Dreiecke.

a) Gib in jedem Dreieck einen Quotienten für sin α und einen Quotienten für sin β an.

b) Gib in jedem Dreieck einen Quotienten für cos α und einen Quotienten für cos β an.

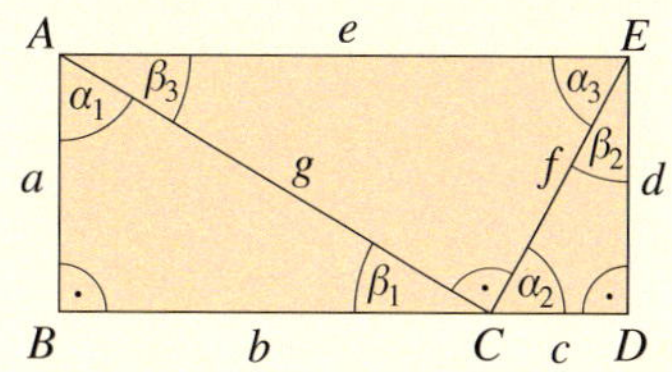

a 3 Im Rechteck $ABCD$ ist $a = 12$ cm und $e = 14$ cm. Berechne die Winkel α_1 und γ_1.

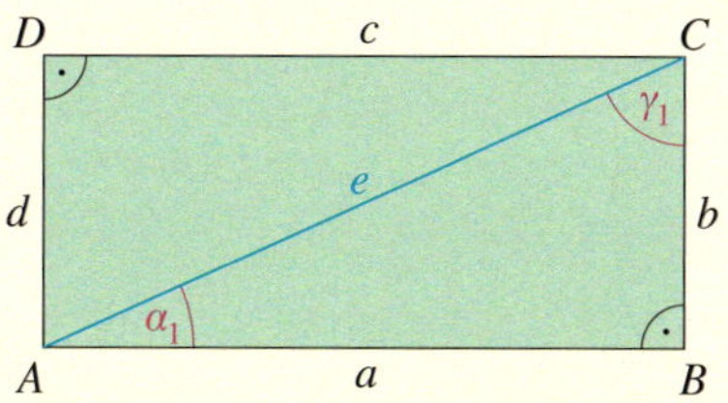

b 3 In einem Drachen sind die Seitenlängen $a = 3$ cm, $b = 6$ cm und die Länge der Diagonalen $e = 4{,}6$ cm gegeben. Die Diagonale f halbiert e.
Fertige als Starthilfe eine Planskizze an.

a) Berechne alle Winkel.

b) Berechne die Länge der Diagonalen f.

a 4 Eine Schulklasse hat Wandertag. Von ihrer Schule zum Aussichtsturm beträgt die horizontale Entfernung 7,2 km. Der Höhenunterschied beträgt 242 m.
In welchem Winkel α steigt das Gelände von der Schule zum Aussichtsturm an?

b 4 Die Nebelhornbahn bei Oberstdorf hat eine Gesamtlänge von 4860 m.
Die Talstation liegt 828 m, die Bergstation 1942 m hoch. Wie groß ist im Durchschnitt der Steigungswinkel?

5 Für Thomas wird auf dem Dachboden ein Zimmer ausgebaut. Es ist rechts als Zweitafelbild dargestellt.

a) Welche Grundfläche hat das Zimmer? Beachte, dass die eingezeichnete Treppe und der graue Bereich nicht zur Grundfläche zählen.

b) In dem Zimmer wurden Wände eingezogen, sodass nur der farbige Bereich als Zimmer genutzt wird. Thomas hat ein Bücherregal, das 1,25 m hoch ist. Wie weit wird das Regal von der eingezogenen Wand entfernt stehen?

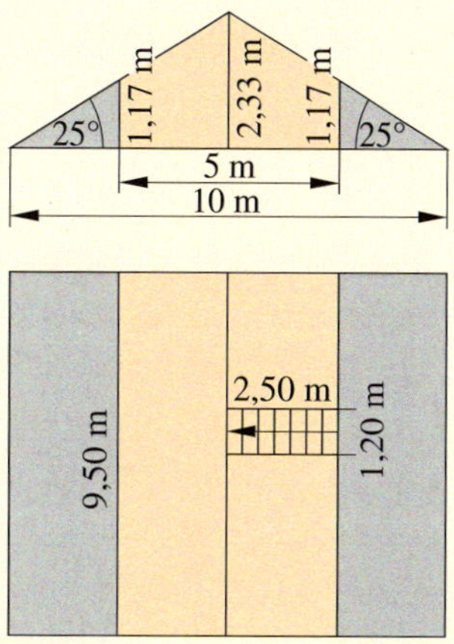

HINWEIS
Brauchst du noch Hilfe, so findest du auf den angegebenen Seiten ein Beispiel oder eine Anregung zum Lösen der Aufgaben. Überprüfe deine Ergebnisse mit den Lösungen ab Seite 220.

Aufgabe	Seite
1	142, 146
2	142
3	150
4	150
5	146, 150

Zusammenfassung

→ Seite 142

Seitenverhältnisse im rechtwinkligen Dreieck

In jedem rechtwinkligen Dreieck wird die **Steigung *m*** aus dem Quotienten von **Höhen-** und **Horizontalunterschied** ermittelt.
Jeder Steigung m wird genau ein **Steigungswinkel *α*** zugeordnet.

Steigung $m = \frac{\text{Höhenunterschied}}{\text{Horizontalunterschied}}$

Ist der Höhenunterschied einer Strecke $\overline{AB}$ = 8 m und ihr Horizontalunterschied 100 m, so beträgt ihre Steigung 8 %.

$\frac{8\,\text{m}}{100\,\text{m}} = \frac{8}{100} = 0{,}08 = 8\,\%$

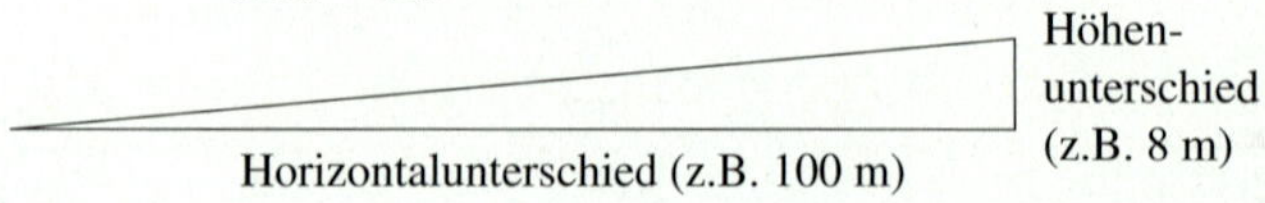

Die Kathete, die dem **Winkel *α*** gegenüberliegt, nennt man **Gegenkathete von *α***.
Die Kathete, die an dem Winkel α anliegt, nennt man **Ankathete von *α***.

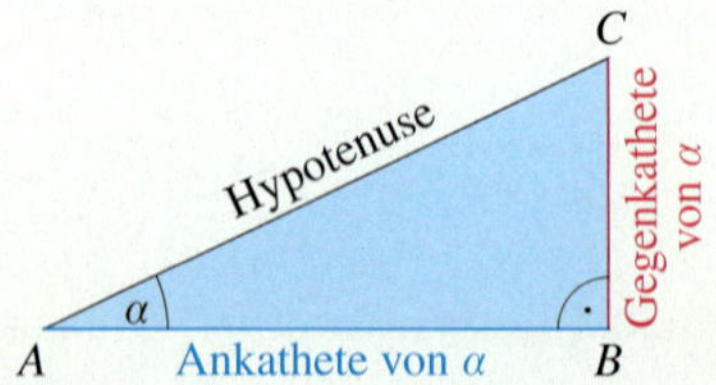

Seitenverhältnisse im rechtwinkligen Dreieck:

$\sin\alpha = \frac{\text{Gegenkathete von }\alpha}{\text{Hypotenuse von }\alpha}$ $\cos\alpha = \frac{\text{Ankathete von }\alpha}{\text{Hypotenuse von }\alpha}$ $\tan\alpha = \frac{\text{Gegenkathete von }\alpha}{\text{Ankathete von }\alpha}$

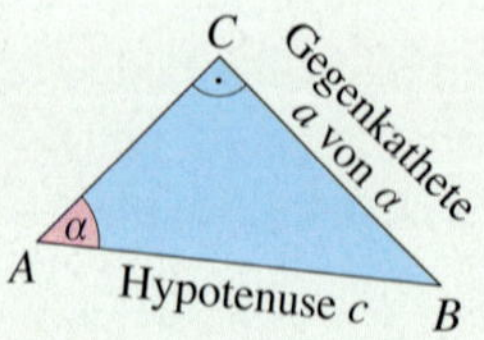

$\sin\alpha = \frac{a}{c}$

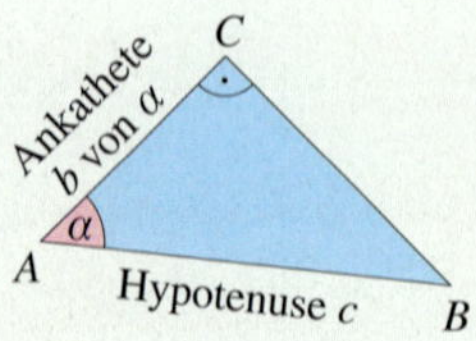

$\cos\alpha = \frac{b}{c}$

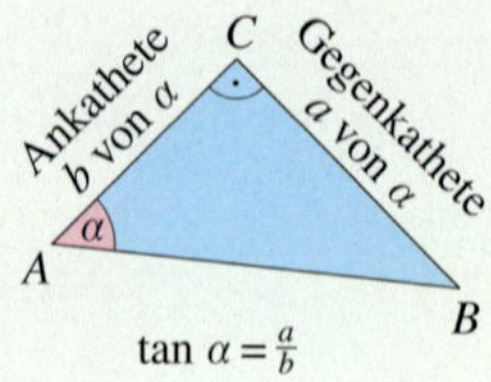

$\tan\alpha = \frac{a}{b}$

→ Seite 146

Streckenberechnung mit sin, cos, tan

Sind in einem rechtwinkligen Dreieck eine Seite und ein Winkel gegeben, so können mit Hilfe von Sinus, Kosinus und Tangens die beiden anderen Seiten berechnet werden.

→ Seite 150

Winkelberechnung mit sin, cos, tan

In rechtwinkligen Dreiecken können bei zwei gegebenen Seiten mit Hilfe von Sinus, Kosinus und Tangens die fehlenden Winkel berechnet werden.
Beim Taschenrechner kann mit der Tastenfolge 2nd tan, INV tan oder SHIFT tan bei gegebenem Tangenswert der zugehörige Winkel bestimmt werden. Entsprechendes gilt bei gegebenem Sinus- oer Kosinuswert. Zu beachten ist, dass beim Taschenrechner die MODE-Einstellung auf DEG (englisch: degree = Grad) steht.

Eine Straße hat eine Steigung von 12 %.

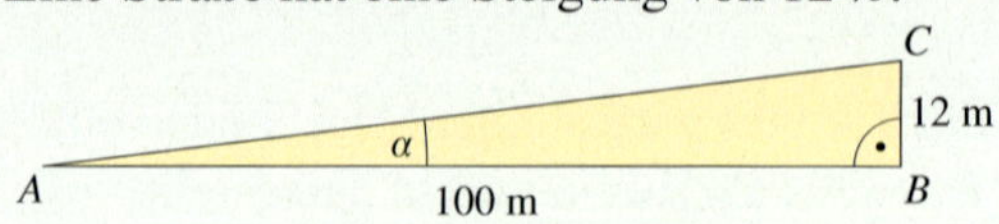

Berechne den Steigungswinkel α.

$\tan\alpha = \frac{12}{100} = 0{,}12$

Bestimme den Winkel α mit dem Taschenrechner:

2nd tan 0 . 1 2 =

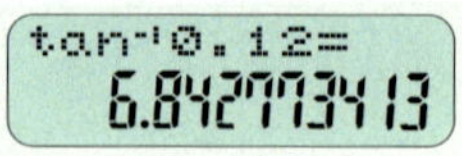

$\alpha \approx 6{,}8°$

Der Steigungswinkel beträgt etwa 6,8°.

Die Sinusfunktion

Das Finale in der Disziplin 400-m-Kraul der Herren beginnt mit einem Kopfsprung vom Startblock. Alle Schwimmer sind noch gleich auf. Schnell nähern sich die Schwimmer der ersten Wende. Bis zum letzten Anschlag werden sie 7-mal die Richtung ändern. Nach jeweils drei Zügen holen sie Luft und werden unzählige Male den Arm ins Wasser eintauchen, durchziehen und wieder heben. Immer dieselbe, sich wiederholende Bewegung. Eingeübt bis zur Perfektion. Nach 3:41 min reißt der Sieger die Arme in die Luft.

Noch fit?

1 Gib in jedem Dreieck den Sinus beider spitzen Winkel als Seitenverhältnis an.

a)
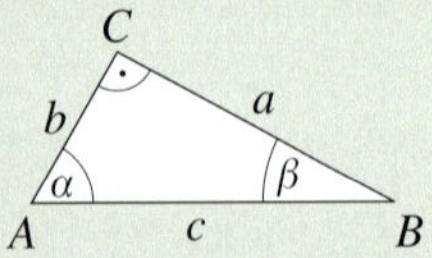

b)
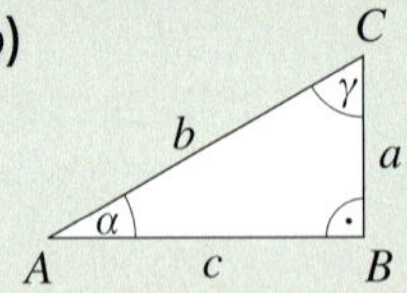

c)
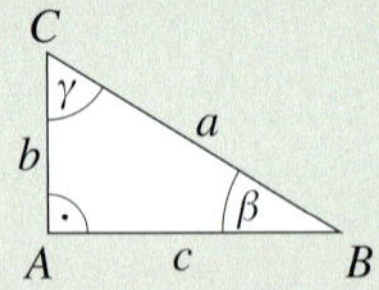

2 Zwei Seiten eines rechtwinkligen Dreiecks sind gegeben. Übertrage die Tabelle in dein Heft und berechne die fehlenden Winkel und Seiten. Eine Planfigur hilft.

	α	β	γ	a	b	c
a)			90°	3 cm		6 cm
b)			90°		5 cm	7 cm
c)			90°	4,0 cm	4,5 cm	
d)	90°			8,3 cm	2,9 cm	
e)		90°			4,3 cm	1,8 cm

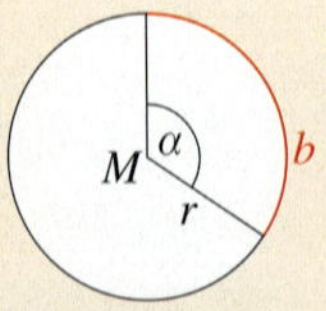

ERINNERE DICH
Die Bogenlänge ist ein Bruchteil der Länge des Kreisumfangs.

3 Berechne die Länge des Kreisumfangs.
a) $r = 7\,\text{cm}$ b) $r = 4{,}9\,\text{mm}$ c) $d = 6{,}8\,\text{m}$

4 Welche Bogenlänge b hat der Kreisausschnitt?
a) $r = 4\,\text{cm};\ \alpha = 90°$ b) $r = 3\,\text{cm};\ \alpha = 135°$ c) $r = 1\,\text{cm};\ \alpha = 162°$

5 Zeichne die Graphen der folgenden quadratischen Funktionen in ein gemeinsames Koordinatensystem.
a) $f(x) = x^2 - 2$ b) $f(x) = (x-1)^2$ c) $f(x) = (x+1)^2 - 1{,}5$ d) $f(x) = -\frac{1}{2}x^2$

6 Im Koordinatensystem sind die Graphen von fünf verschiedenen quadratischen Funktionen dargestellt.
a) Lies die Koordinaten der Scheitelpunkte $S(x_s|y_s)$ ab.
b) Notiere die Funktionsvorschriften in Scheitelpunktform: $f(x) = a \cdot (x - x_s)^2 + y_s$

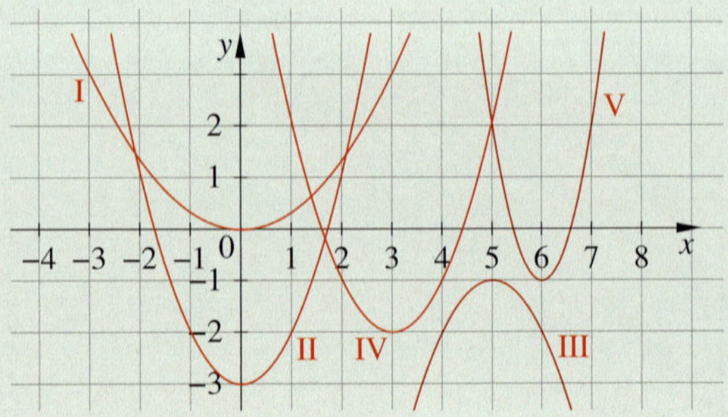

Kurz und knapp

1. Beschreibe, was ein spitzer (stumpfer, rechter) Winkel ist.
2. Nenne alle Größen, von denen die Länge eines Kreisbogens abhängig ist.
3. Welchen Anteil an der Fläche eines Vollkreises hat die Fläche eines Kreissektors mit dem Mittelpunktswinkel $\alpha = 270°$?
4. Richtig oder falsch? Die Funktion $f(x) = 2(x-4)^2 + 3$ hat den Scheitelpunkt $S(-4|3)$.
5. Wie lautet die allgemeine Form einer quadratischen Funktion?
6. Was ist ein Intervall?

Die Sinusfunktion

Erforschen und Entdecken

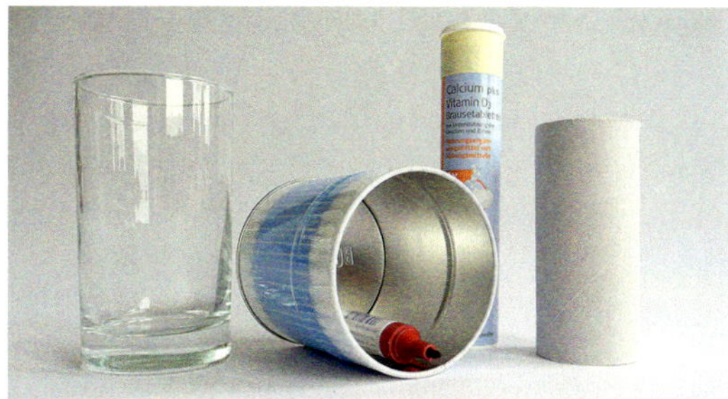

1 Für den folgenden Versuch benötigt ihr:
- zylinderförmige Gefäße mit verschiedenen Durchmessern
- einen Stift, z. B. einen Filzschreiber
- mehrere Blatt Papier
- Klebeband

Versuchsvorbereitung:
Befestigt den Stift im Inneren des Gefäßes, sodass seine Spitze nur etwa 2 mm herausragt. Klebt mehrere Blatt Papier aneinander und befestigt sie direkt über dem Boden an einer senkrechten, glatten Fläche wie der Tür, einem Schrank oder der Wand.
Versuchsdurchführung:
Rollt das Gefäß mit dem Stift entlang des Papiers über den Fußboden und betrachtet das entstehende Muster. Wiederholt den Versuch mit weiteren Gefäßen und andersfarbigen Stiften.
a) Beschreibt und vergleicht die Muster, nennt ihre Gemeinsamkeiten und Unterschiede.
b) Messt charakteristische Längen in den Mustern. Findet ihr entsprechende Längen auch an den jeweiligen Gefäßen?

HINWEIS
Der Versuch kann auch an der Tafel durchgeführt werden. Beachtet aber, dass die Kreideablage meist über eine Kante verfügt, die ausgeglichen werden muss.

2 Die Abbildungen rechts zeigen drei Formen der Wechselspannung.
a) Betrachte die verschiedenen Verläufe der Graphen und nenne ihre Gemeinsamkeiten.
b) Wie unterscheiden sie sich von den Graphen dir bereits bekannter Funktionen? Erstelle zunächst eine Liste mit den dir bekannten Funktionstypen.
c) Welche der drei Graphen in der Randspalte stellen Funktionen dar, welche nicht? Begründe.

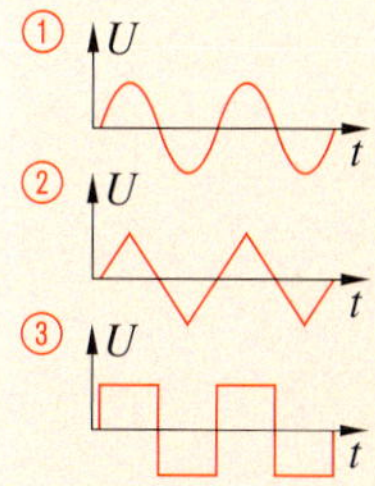

3 Mit Hilfe einer dynamischen Geometrie-Software könnt ihr eine für euch neue Funktion erforschen. Nutzt den Webcode in der Randspalte.

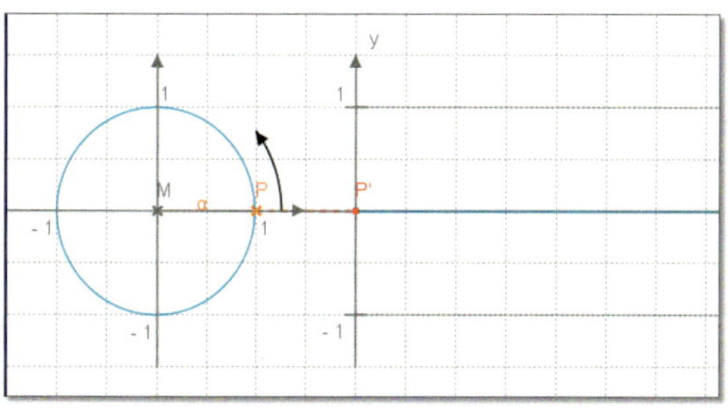

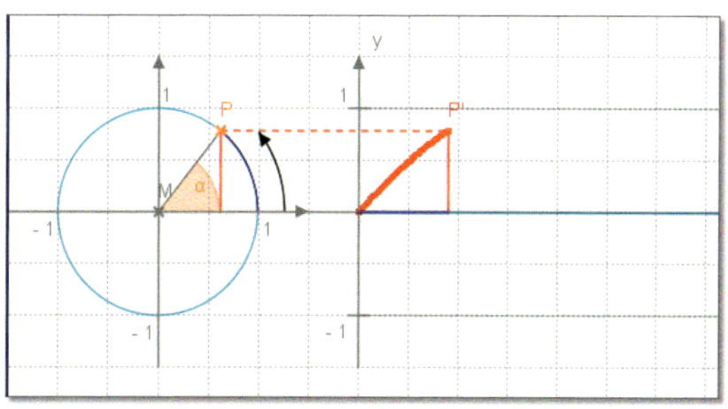

165-1
BEACHTE
Unter dem Webcode befindet sich eine Simulation zur Darstellung der Sinusfunktion.

Bewegt den Punkt P bei gedrückter Maustaste auf der Kreislinie gegen den Uhrzeigersinn. In dem zugehörigen Koordinatensystem entsteht ein Funktionsgraph. Auf der x-Achse werden Winkel abgetragen.
a) Welche Größen ändern sich, wenn der Punkt P bewegt wird? Was stellt die rote Linie dar?
b) Matthias behauptet, dass die Länge der roten Strecke dem Sinus des zugehörigen Winkels α entspricht. Überprüft, ob seine Behauptung richtig ist. Begründet eure Meinung.
c) Übertragt den Funktionsgraphen in euer Heft. Wählt dazu einige charakteristische Punkte des Graphen. Vergesst nicht, die Achsen des Koordinatensystems zu beschriften.
d) Überlegt, wie der Funktionsgraph für negative Winkelgrößen und Winkel über 360° verlaufen könnte. Überprüft eure Vermutung mit Hilfe eines Taschenrechners.

HINWEIS
Für negative Winkelgrößen wird P im Uhrzeigersinn bewegt. Alle Winkel über 360° gehen über eine Volldrehung hinaus.

Lesen und Verstehen

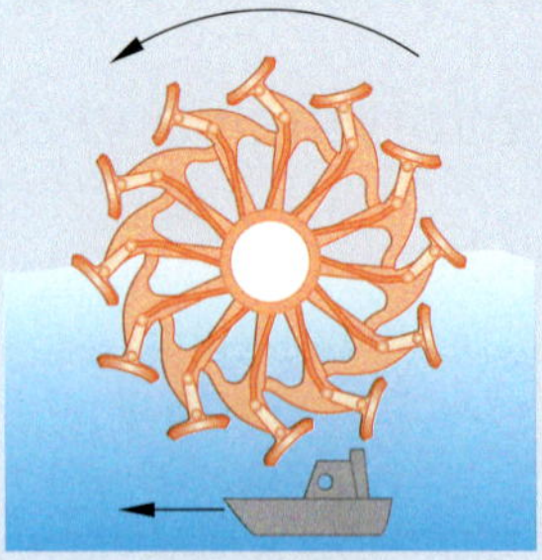

Ein Raddampfer wird von einem Schaufelrad angetrieben. Die Schaufeln werden bei jeder Umdrehung aus dem Wasser gehoben und wieder untergetaucht. Die Höhe einer einzelnen Schaufel über bzw. unter der Wasseroberfläche hängt von der Stellung des Schaufelrades ab, also um welchen Winkel es sich gedreht hat.

BEACHTE
Der Radius des Einheitskreises misst 1 Längeneinheit.

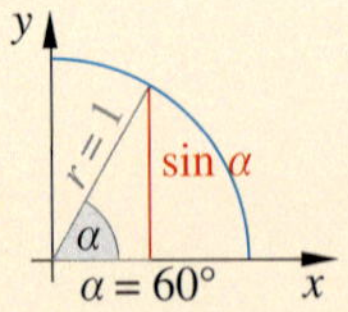

Die Hypotenuse des Dreiecks ist der Radius des Einheitskreises. Es gilt also:
$\sin \alpha = \frac{GK}{1} = GK$

Für rechtwinklige Dreiecke gilt: $\sin \alpha = \frac{\text{Gegenkathete von } \alpha}{\text{Hypotenuse}}$

Dieses Seitenverhältnis kann für jeden Winkel α zwischen 0° und 360° am **Einheitskreis** veranschaulicht werden. Überträgt man für jeden Winkel α die Funktionswerte $\sin \alpha$ in ein Koordinatensystem, so ergibt sich der folgende charakteristische Graph der **Sinusfunktion** $\boldsymbol{f(\alpha) = \sin \alpha}$.

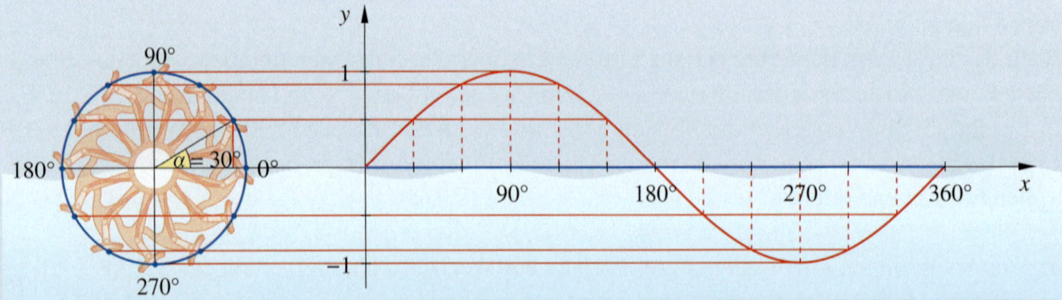

Der Verlauf der Sinuskurve kann beliebig erweitert werden: Für Winkel, die größer als 360° sind, wird über eine volle Umdrehung hinaus gegen den Uhrzeigersinn gedreht. Den Sinus eines Winkels mit negativem Vorzeichen erhält man durch eine Drehung in entgegengesetzter Richtung, also durch Drehung mit dem Uhrzeigersinn. Nach jeweils einer vollen Umdrehung mit bzw. gegen den Uhrzeigersinn wiederholen sich die Funktionswerte $\sin \alpha$.

ERINNERE DICH
Du kennst den Begriff Periode im Zusammenhang mit Dezimalbrüchen wie z. B.
$\frac{9}{11} = 0{,}818181\ldots = 0{,}\overline{81}$
(sprich: null Komma Periode acht eins).

Funktionen, deren Funktionswerte sich in gleich bleibenden Abständen wiederholen, nennt man **periodisch**. Die Länge des kürzesten Intervalls dieser Wiederholungen heißt **Periode**.

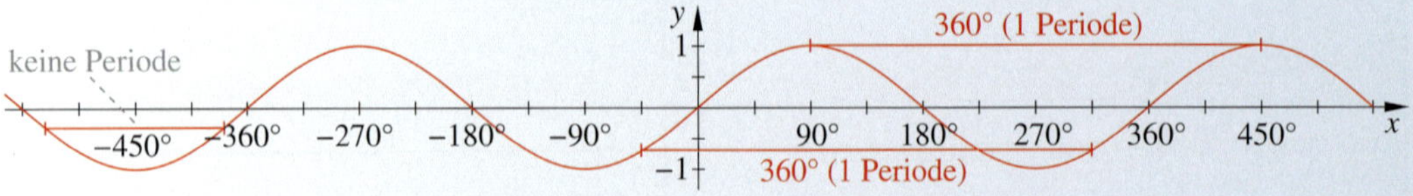

Die Sinusfunktion $f(\alpha) = \sin \alpha$ ist eine periodische Funktion. Ihre Periode beträgt 360°. Diese Eigenschaft kann mit Hilfe einer Gleichung beschrieben werden:
$\boldsymbol{\sin \alpha = \sin (\alpha + k \cdot 360°)}$, k ist eine ganze Zahl.

Der Graph der Sinusfunktion ist **punktsymmetrisch** zum Ursprung. Für beliebige Winkel α gilt: $\boldsymbol{\sin(-\alpha) = -\sin \alpha}$

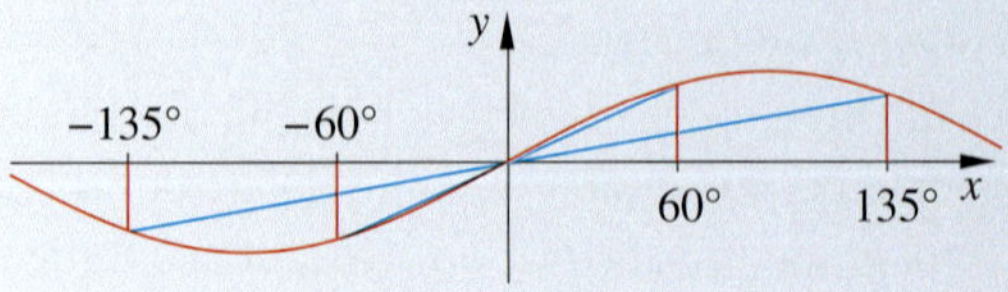

Der Sinus eines Winkels kann nicht größer als 1 und nicht kleiner als −1 werden, also gilt $-1 \le \sin \alpha \le 1$.

ERINNERE DICH
Die längste Seite in rechtwinkligen Dreiecken ist die Hypotenuse.

Üben und Anwenden

1 Beschreibe den Verlauf der Sinusfunktion mit eigenen Worten. Gib auch die Besonderheiten an.

2 Vervollständige die Wertetabelle der Sinusfunktion. Zeichne den zugehörigen Graphen in dein Heft.

α	0°	15°	30°	…	360°
sin α					

3 Ein Elektrokardiogramm (EKG) zeigt die elektrischen Ströme am Herzen an. Vergleiche die folgenden EKG-Aufnahmen. Nenne Gemeinsamkeiten und Unterschiede.

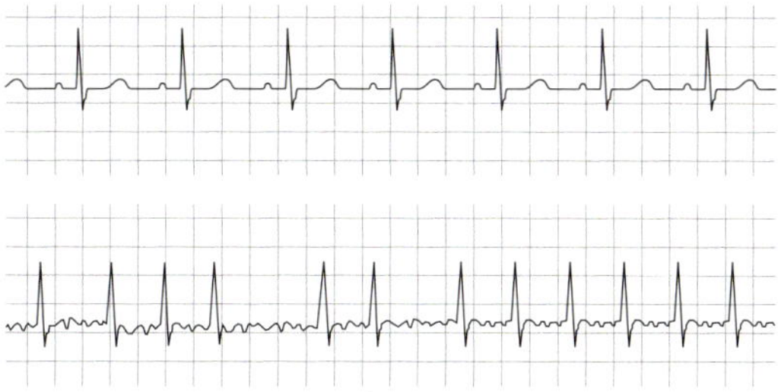

4 Handelt es sich bei den folgenden Abbildungen um Graphen von periodischen Funktionen?
Falls ja, bestimme die Periode. Falls nein, begründe.

①
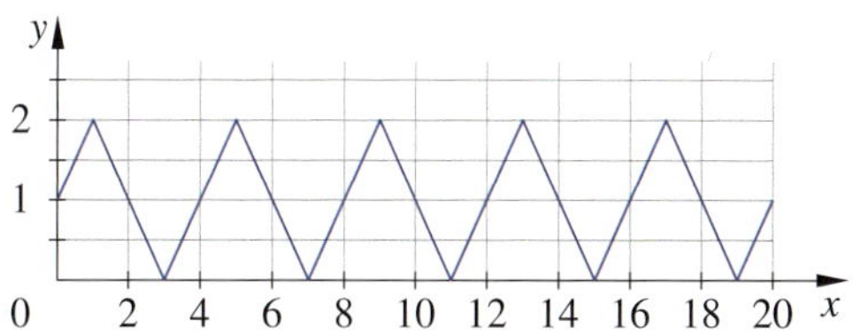

②
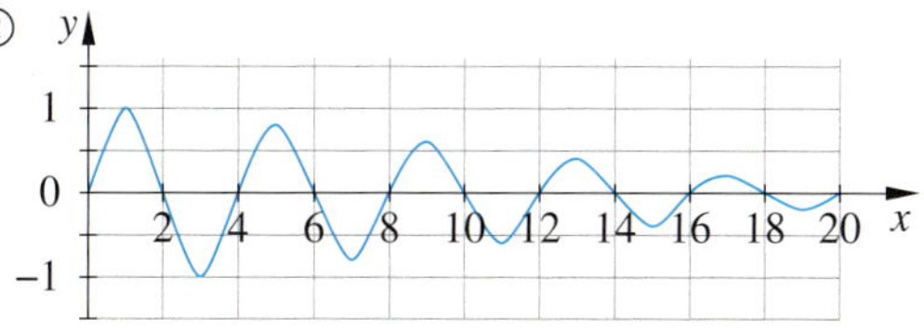

③
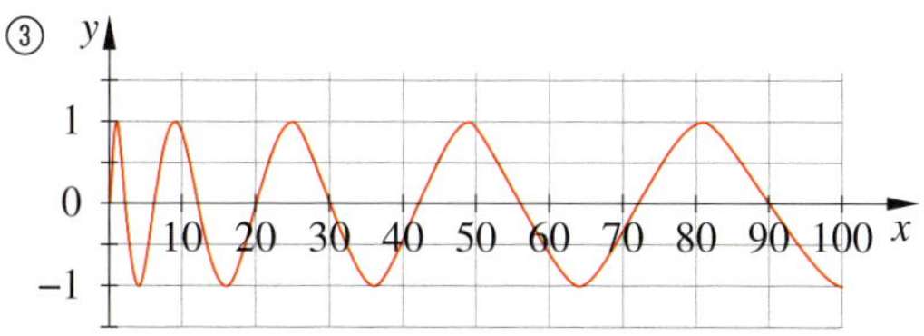

5 Viele verschiedene Vorgänge laufen periodisch ab.

a) Diskutiert in Gruppen, ob die folgenden Vorgänge periodisch sind.
① Schlaf-Wach-Rhythmus des Menschen
② Ampelschaltungen
③ Ein- und Auszahlungen auf einem Konto

b) Findet selbst periodische Vorgänge.

6 Gib die Funktionswerte an, ohne den Taschenrechner zu benutzen.

a) sin 0° b) sin 90°
c) sin 180° d) sin 270°
e) sin 360° f) sin 720°
g) sin 810° h) sin 990°

7 Welche Winkel haben denselben Sinuswert? Begründe.

405° 45° 125° 0° 765° 245° −90° 385° 35° 115° 25° 1200° 900° 85° 180° 1465° −25°

8 Finde jeweils zwei Winkel im Intervall von −360° bis +360° mit demselben Sinuswert zu α.

a) $\alpha = 385°$ b) $\alpha = 396°$
c) $\alpha = 735°$ d) $\alpha = -445°$
e) $\alpha = -483°$ f) $\alpha = 591°$

9 Zeichne den Graphen der Sinusfunktion im Intervall von −270° bis 450°.

10 Begründe anhand der Eigenschaften der Sinusfunktion, ob die folgenden Aussagen wahr oder falsch sind.

a) sin (−30°) = −sin 30°
b) sin 90° = sin (−90°)
c) sin 20° = −sin (−20°)
d) sin 90° = 1
e) sin (90° + 90°) = 2
f) sin 30° − sin 20° = sin 10°
g) sin 270° + sin 90° = 0
h) 3 · sin 0° = 3

HINWEIS
Zum Lösen der Aufgabe 10 brauchst du keinen Taschenrechner.

HINWEIS
Einen Winkel zu einem gegebenen Wert sin α = 0,3 erhält man durch folgende Eingabe in den Taschenrechner:
0 . 3 2nd SIN
Bei manchen Taschenrechnern heißt die Taste SHIFT.

11 Gib für den gegebenen Wert mindestens drei Winkel an.

a) $\sin \alpha = 0{,}5$ **b)** $\sin \alpha = 0{,}743$
c) $\sin \alpha = -0{,}5$ **d)** $\sin \alpha = -0{,}9848$
e) $\sin \alpha = 1$ **f)** $\sin \alpha = 0$
g) $\sin \alpha = -1$ **h)** $\sin \alpha = 1{,}204$

12 Gib für den gegebenen Wert alle Winkel zwischen $-360°$ und $720°$ an.

a) $\sin \alpha = 0{,}6018$ **b)** $\sin \alpha = 0{,}9563$
c) $\sin \alpha = -0{,}6018$ **d)** $\sin \alpha = -0{,}9563$
e) $\sin \alpha = 1$ **f)** $\sin \alpha = -1$

13 Celina behauptet, dass der Graph der Sinusfunktion punktsymmetrisch zum Punkt $(180° \mid 0)$ ist. Überprüfe, ob Celinas Behauptung wahr ist.

14 Nenne jeweils drei Intervalle, auf die die folgende Eigenschaft zutrifft.

a) Der Graph der Sinusfunktion verläuft unterhalb der x-Achse.
b) Die Funktionswerte $\sin \alpha$ sind positiv.
c) Der Graph der Sinusfunktion steigt an.
d) Die Sinuskurve fällt.

15 Die Sinuskurve schneidet an mehreren Stellen die x-Achse.

a) Diskutiert zu zweit, wie viele Nullstellen die Sinusfunktion hat.
b) Findet eine allgemeine Form, in der man alle Nullstellen angeben kann.
c) An welchen Stellen schneidet der Graph der Sinusfunktion die Gerade $y = 0{,}5$?

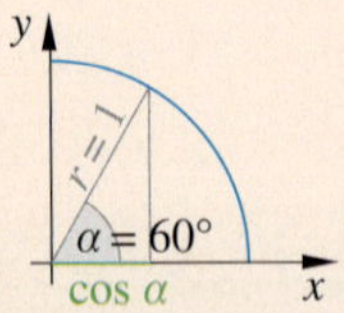

168-1
BEACHTE
Unter dem Webcode findest du eine Simulation zur Kosinusfunktion.

16 Mit Hilfe des Einheitskreises lassen sich auch die Funktionswerte $\cos \alpha$ darstellen.

a) Begründe, warum die Länge der grün markierten Strecke (siehe Randspalte) dem Funktionswert $\cos 60°$ entspricht.
b) Ordne den Punkten Q_1 bis Q_8 die richtige Abbildung des Einheitskreises zu. Gib die Koordinaten der Punkte Q_1 bis Q_8 ungefähr an. Vervollständige im Heft den Graphen der Kosinusfunktion im Intervall von $-360°$ bis $360°$.

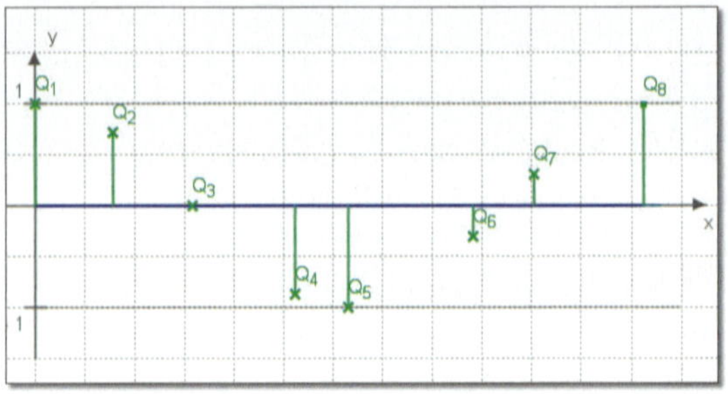

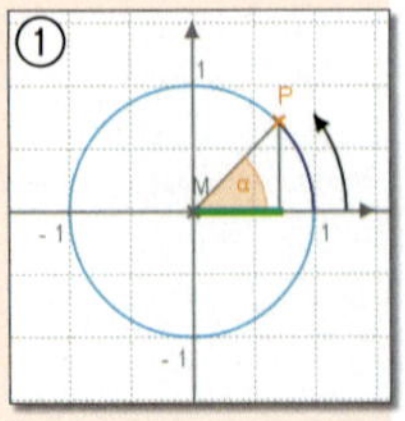

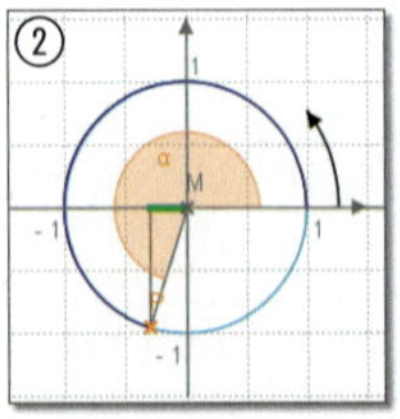

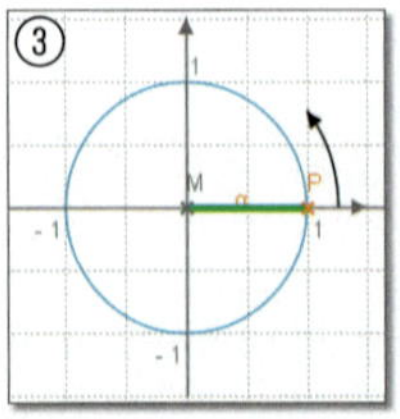

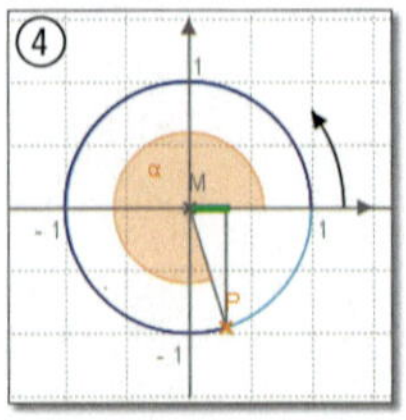

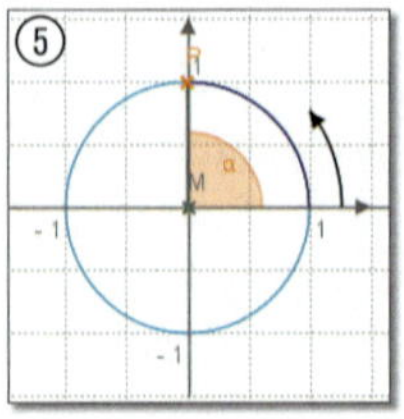

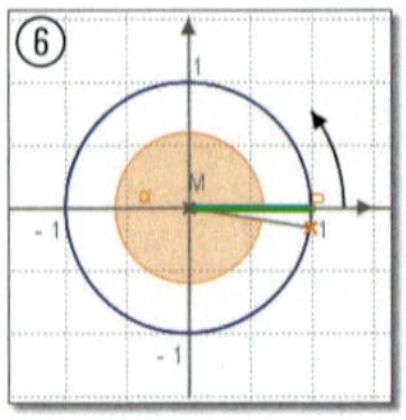

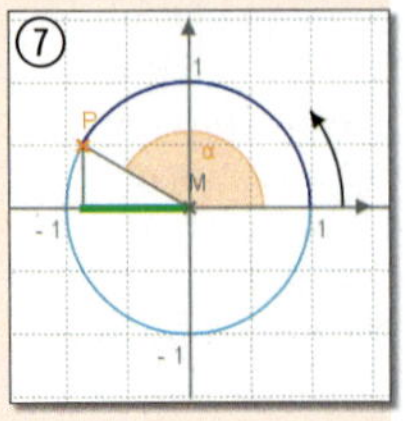

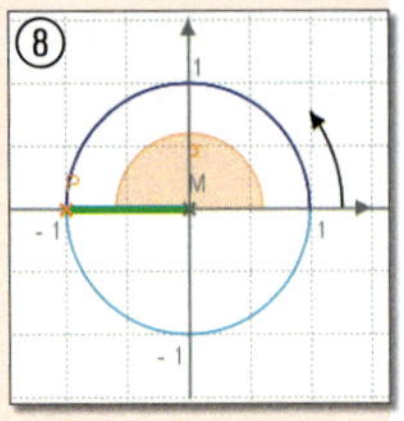

c) Erstelle einen Steckbrief der Kosinusfunktion mit den Eigenschaften Periode, Symmetrie, Nullstellen, größt- und kleinstmöglicher y-Wert.
d) Zeichne den Graphen der Sinus- und Kosinusfunktion in ein gemeinsames Koordinatensystem. Beschreibe die Gemeinsamkeiten und Unterschiede beider Funktionsgraphen.
e) Überprüfe, ob die folgenden Behauptungen richtig oder falsch sind:
- Die Werte der Kosinusfunktion liegen zwischen 0 und 1: $0 \leq \cos \alpha \leq 1$.
- Die Kosinusfunktion ist achsensymmetrisch zur y-Achse.
- Für die Kosinusfunktion gilt die Gleichung $\cos \alpha = \cos(-\alpha)$.
- Es gilt $\cos \alpha = \cos(\alpha + k \cdot 360°)$, wenn k eine ganze Zahl ist.
- Verschiebt man den Graphen der Kosinusfunktion um $90°$ nach links, so erhält man den Graphen der Sinusfunktion.
- Alle Winkel α erfüllen die Gleichung $\sin \alpha = \cos(\alpha - 90°)$.

Form- und Lageänderungen der Sinusfunktion

Erforschen und Entdecken

1 Das Wiener Riesenrad hat 15 Waggons und einen Durchmesser von 61 m.

a) Fertige eine Skizze des Riesenrades an. Markiere die Stellen, an denen die Waggons am Rad verankert sind.

b) Berechne die Länge der Strecke, die ein Waggon bei einer vollen Umdrehung zurücklegt. Erkläre, wie die Strecke für eine Teilumdrehung berechnet werden kann. Welcher Zusammenhang besteht dabei zwischen der zurückgelegten Strecke und dem Drehwinkel?

c) Um wie viel Grad muss das Rad gedreht werden, bis sich Waggon ① an der Stelle von Waggon ② befindet?
Welche Länge hat der zurückgelegte Weg?

2 Bildet für ein Gruppenpuzzle vier Expertengruppen und untersucht, wie sich der Graph der Sinusfunktion verändern lässt. Die Aufgaben können auch mit Hilfe eines Funktionenplotters bearbeitet werden.
Jede Gruppe bearbeitet einen der folgenden Arbeitsaufträge. Es soll jedes Mitglied einer Expertengruppe die Ergebnisse den Mitgliedern der anderen Expertengruppen erklären können.

- Übertragt die Tabelle ins Heft. Erweitert sie bis 270° und füllt sie entsprechend eurem Gruppenauftrag aus.
- Zeichnet eure drei Funktionsgraphen in ein gemeinsames Koordinatensystem.

α	$-60°$	$-30°$	$0°$	$30°$	$60°$	$90°$
$\sin\alpha$						
…						
…						

Expertengruppe A: $f(\alpha) = a \cdot \sin\alpha$
Welchen Einfluss hat der Faktor a auf die Sinusfunktion? Untersucht die Funktionen $f(\alpha) = -3 \cdot \sin\alpha$ und $f(\alpha) = 0{,}5 \cdot \sin\alpha$.

Expertengruppe B: $f(\alpha) = \sin(b \cdot \alpha)$
Welchen Einfluss hat der Faktor b auf die Sinusfunktion? Untersucht die Funktionen $f(\alpha) = \sin(0{,}5 \cdot \alpha)$ und $f(\alpha) = \sin(-2 \cdot \alpha)$.

Expertengruppe C: $f(\alpha) = \sin(\alpha + c)$
Welchen Einfluss hat der Summand c auf die Sinusfunktion? Untersucht die Funktionen $f(\alpha) = \sin(\alpha + 30°)$ u. $f(\alpha) = \sin(\alpha - 30°)$.

Expertengruppe D: $f(\alpha) = \sin\alpha + d$
Welchen Einfluss hat der Summand d auf die Sinusfunktion? Untersucht die Funktionen $f(\alpha) = \sin\alpha + 1{,}5$ und $f(\alpha) = \sin\alpha - 0{,}5$.

Bildet nun neue Gruppen, in denen sich mindestens ein Mitglied aus jeder Expertengruppe befindet. Erklärt euch gegenseitig, was ihr in den Expertengruppen erarbeitet und herausgefunden habt. Bearbeitet anschließend die folgenden Aufgaben.

a) Die Funktionen $f(\alpha) = 2\sin(0{,}5(\alpha + 50°)) - 1$ und $g(\alpha) = -0{,}25\sin(2(\alpha - 60°)) + 0{,}75$ sind allgemeine Sinusfunktionen. Erklärt, wie $f(\alpha)$ und $g(\alpha)$ aus der Sinuskurve entstehen und skizziert ihren Verlauf im Koordinatensystem.

b) Findet die Funktionsvorschrift des rechts dargestellten Funktionsgraphen.
Vergleicht eure Ergebnisse mit anderen Gruppen. Ihr könnt eure Lösung auch mit Hilfe eines Funktionenplotters überprüfen.

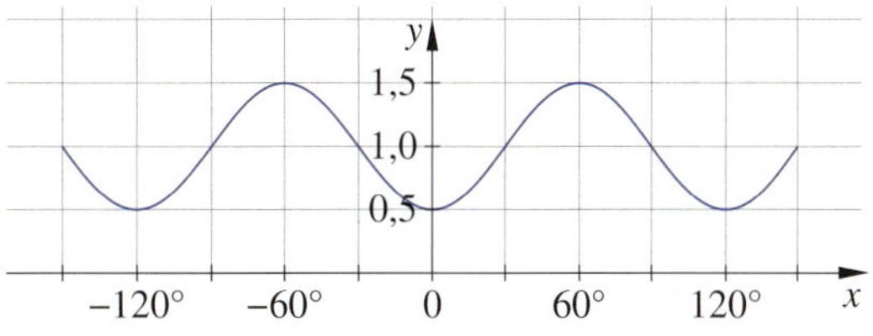

BEACHTE
Für ein Gruppenpuzzle ist eine Gruppengröße von vier Schülerinnen und Schülern optimal.

www 169-1

HINWEIS
Unter dem Webcode findest du eine Anleitung zur Methode „Gruppenpuzzle“, ein Arbeitsblatt mit der Tabelle zum Ausfüllen und Links zu Funktionenplottern.

TIPP
Vergleicht im Klassenverband die Vorgehensweisen der Gruppen.

Winkelgrößen werden durch eine Maßzahl und eine Einheit angegeben, z. B. $\alpha = 90°$ bzw. $b = \frac{\pi}{2}$ rad. Die Einheit Radiant (rad) wird allerdings meistens weggelassen.

Lesen und Verstehen

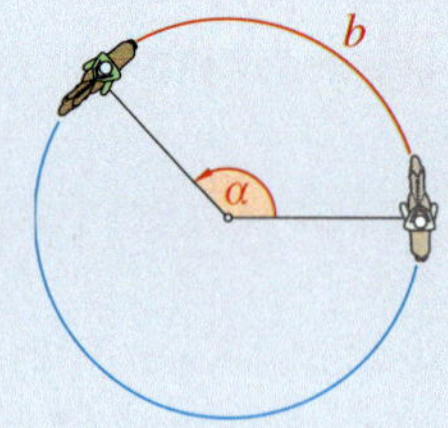

Ein Pferd wird an einer Leine geführt. Der Reitlehrer dreht sich um einen bestimmten Winkel, während das Pferd einen zugehörigen Kreisbogen beschreibt. Der Weg des Pferdes ist ein Maß für den Drehwinkel.

Die Größe eines Winkels kann nicht nur im Gradmaß gemessen werden, sondern auch im Bogenmaß. Bei der Umrechnung von einem Maß in das andere gilt:
$\frac{\alpha}{360°} = \frac{b}{2\pi}$

BEISPIEL 1
Umrechnung: Gradmaß → Bogenmaß
gegeben: $\alpha = 135°$; gesucht: b
$b = \frac{135°}{360°} \cdot 2\pi = \frac{3}{4} \cdot \pi \approx 2{,}356$

Am Taschenrechner wird mit der Taste MODE der jeweils passende Modus eingestellt:
DEG für Winkelangaben im Gradmaß, z. B. $\sin 60° \approx 0{,}8660$
RAD für Winkelangaben im Bogenmaß, z. B. $\sin 1{,}0472$ (rad) $\approx 0{,}8660$

Es ist üblich, die Sinusfunktion im Bogenmaß anzugeben. Man schreibt dann $\boldsymbol{f(x) = \sin x}$.
Die Sinusfunktion $f(x) = \sin x$ kann in ihrer Form und Lage verändert werden.

HINWEIS
Die Form- und Lageänderungen gelten unabhängig von der Angabe der Winkel im Grad- bzw. Bogenmaß. Bei ④ ist c jedoch in einem Fall ein Winkel und im anderen Fall eine reelle Zahl.

BEISPIEL 2

Auswirkungen in Richtung der *y*-Achse

① $f(x) = a \cdot \sin x$
Der Graph der Sinusfunktion wird
- gestreckt ($a > 1$) bzw.
- gestaucht ($a < 1$).

Für negative Faktoren a erfolgt zusätzlich eine Spiegelung an der x-Achse.

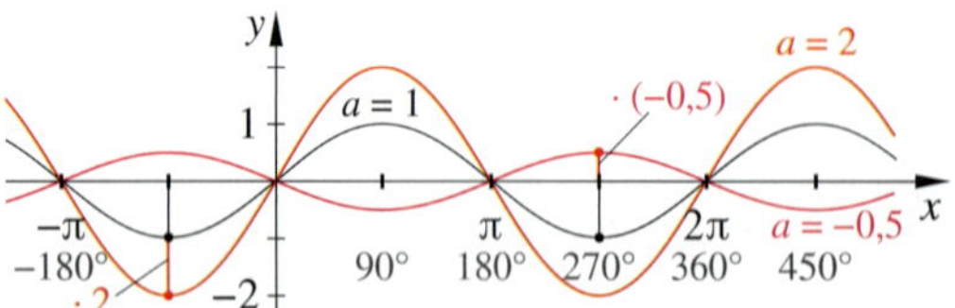

③ $f(x) = \sin x + d$
Der Graph der Sinusfunktion wird um d Einheiten verschoben:
- nach oben ($d > 0$)
- nach unten ($d < 0$)

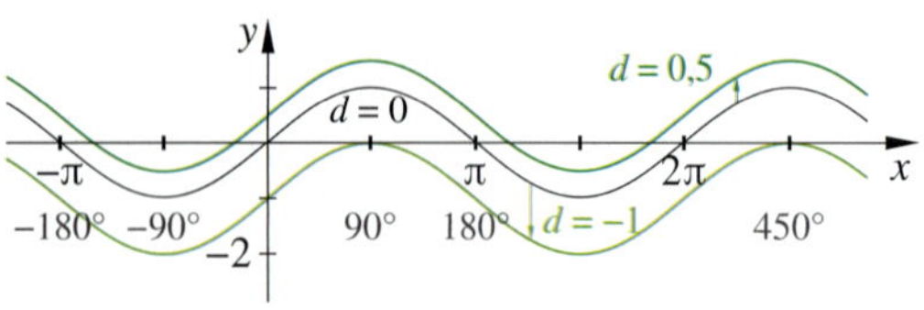

Auswirkungen in Richtung der *x*-Achse

② $f(x) = \sin(b \cdot x)$
Der Graph der Sinusfunktion wird
- gestreckt ($b < 1$) bzw.
- gestaucht ($b > 1$).

Für negative Faktoren b erfolgt zusätzlich eine Spiegelung an der y-Achse.

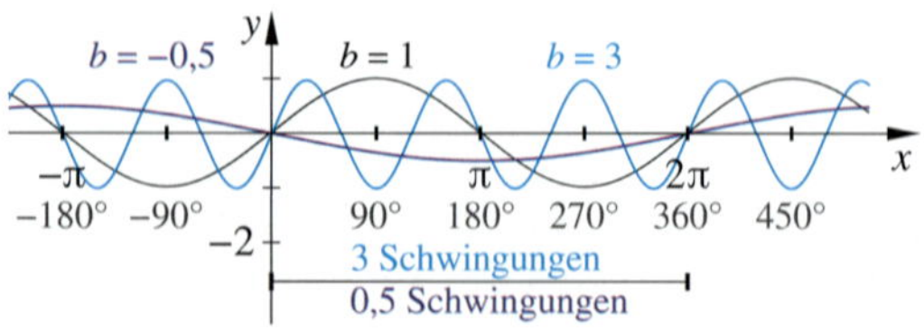

④ $f(x) = \sin(x + c)$
Der Graph der Sinusfunktion wird um c Einheiten verschoben:
- nach links ($c > 0$)
- nach rechts ($c < 0$)

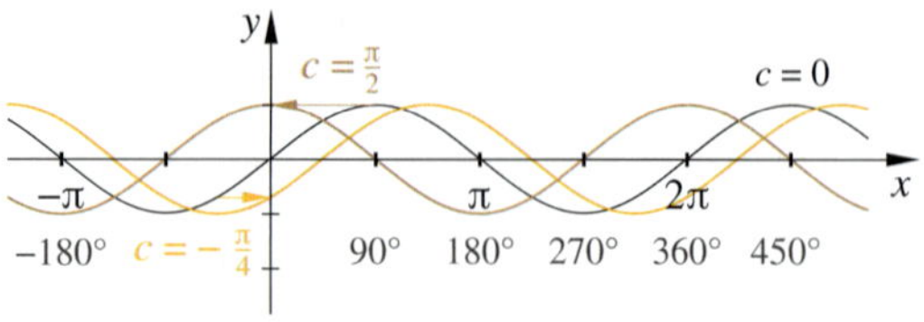

BEACHTE
Ist c positiv, so wird die Sinuskurve nach links verschoben.

Die beschriebenen Form- und Lageänderungen können auch in Kombination auftreten.
Die allgemeine Form der Sinusfunktion lautet dann $f(x) = a \cdot \sin(b \cdot (x + c)) + d$.

Üben und Anwenden

1 Berechne das Bogenmaß.
Beschreibe, wie du dabei vorgehst.

a) $0°$	**b)** $30°$	**c)** $90°$
d) $10°$	**e)** $70°$	**f)** $270°$
g) $20°$	**h)** $450°$	**i)** $390°$
j) $405°$	**k)** $296°$	**l)** $138°$

2 Berechne das Gradmaß.

a) π	**b)** 2π	**c)** 3π
d) $\frac{\pi}{2}$	**e)** $\frac{\pi}{4}$	**f)** $\frac{\pi}{3}$
g) $\frac{\pi}{5}$	**h)** $\frac{2}{3}\pi$	**i)** $\frac{3}{5}\pi$
j) $0{,}8$	**k)** $1{,}73$	**l)** 19

3 Stelle den Zusammenhang zwischen Grad- und Bogenmaß mit eigenen Worten dar.

4 Zeichne den Graphen der Sinusfunktion im Intervall von $-\pi$ bis 2π. Beschrifte die x-Achse im Bogenmaß, eine Einheit des Koordinatensystems entspricht 2 cm.

5 Gib die Funktionswerte an, ohne den Taschenrechner zu benutzen.

a) $\sin(\pi)$	**b)** $\sin(\frac{\pi}{2})$
c) $\sin(2\pi)$	**d)** $\sin(25\pi)$
e) $\sin(\frac{-\pi}{2})$	**f)** $\sin(-\pi)$
g) $\sin(\frac{3}{2}\pi)$	**h)** $\sin(\frac{\pi}{4})$

6 Fasse alle gleichen Werte zusammen.

$\sin(\frac{\pi}{2})$ $\sin(2\pi)$ $\sin 360°$
$\sin(\frac{-\pi}{2})$ $\sin(-270°)$
$\sin(\frac{3}{2}\pi)$ $\sin 390°$ $\sin(-210°)$
$\sin(-\pi)$ $\sin 180°$
$\sin(\frac{\pi}{6})$ $\sin 90°$

7 Gib alle Stellen im Intervall von $-\pi$ bis 2π an, an denen der Graph der Sinusfunktion die Gerade y schneidet.

a) $y = 0$	**b)** $y = 1$
c) $y = -1$	**d)** $y = -0{,}5$

8 Beschreibe die Form- und Lageänderung der folgenden Funktionen im Vergleich zur Sinusfunktion. Skizziere die Funktionsgraphen im Intervall von $-180°$ bis $360°$ in einem gemeinsamen Koordinatensystem.

a) $f(\alpha) = \sin(\alpha + 180°)$
b) $g(\alpha) = \sin\alpha - 1$
c) $h(\alpha) = \sin(\alpha + 45°)$
d) $i(\alpha) = \sin(\alpha - 45°) + 0{,}5$
e) $j(\alpha) = 3\sin\alpha$
f) $k(\alpha) = \sin(2\alpha)$
g) $l(\alpha) = \sin(-3\alpha)$
h) $m(\alpha) = -\frac{1}{2}\sin(2\alpha)$

9 Führe die folgenden Veränderungen am Graphen $f(x) = \sin x$ durch. Wie lauten die neuen Funktionsvorschriften?
Die Ergebnisse können mit Hilfe eines Funktionenplotters überprüft werden.

a) Verschiebung um $\frac{\pi}{2}$ nach links
b) Verschiebung um 1 nach oben
c) Streckung in Richtung der y-Achse mit dem Faktor 4
d) Streckung in Richtung der y-Achse mit dem Faktor $\frac{1}{2}$
e) Streckung in Richtung der x-Achse mit dem Faktor 3
f) Streckung in Richtung der x-Achse mit dem Faktor $\frac{1}{5}$
g) Verschiebung um π nach rechts und Spiegelung an der x-Achse

10 Welche der folgenden Aussagen ist zutreffend? Begründe.

a) $f(x) = \sin x$ und $g(x) = a \cdot \sin x$ haben dieselben Nullstellen.
b) Wird der Graph der Funktion $f(x) = \sin x$ an der x-Achse gespiegelt, so erhält man den Graphen $g(x) = \sin(-x)$.
c) Wird der Graph der Funktion $f(x) = \sin x$ um zwei Einheiten in Richtung der y-Achse gestaucht, so erhält man den Graphen der Funktion $g(x) = 2 \cdot \sin(x)$.
d) $f(x) = \sin x$ und $g(x) = -\sin x$ besitzen dieselben Nullstellen.
e) $f(x) = \sin x$ und $g(x) = \sin(x + c)$ haben dieselbe Periode.

SCHON GEWUSST
Auf einigen Fahrscheinen findet man Sinuskurven als Sicherheitsmerkmal.

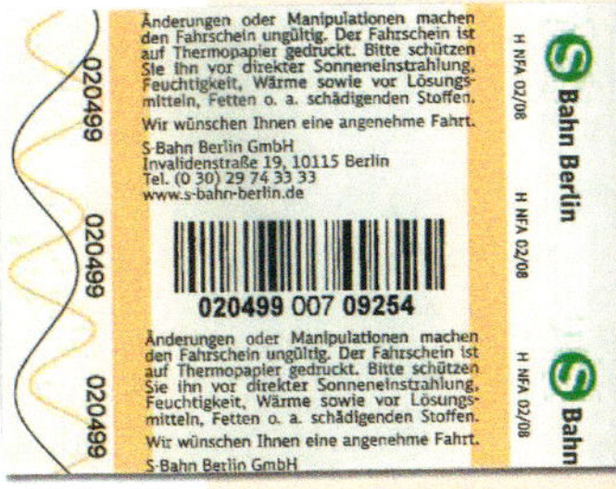

HINWEIS
Eine Streckung um den Faktor $\frac{1}{2}$ ist eine Stauchung.

ERINNERE DICH
Eine Nullstelle einer Funktion ist die x-Koordinate des Schnittpunkts des Graphen mit der x-Achse.

172-1

BEACHTE
Aufgabe 15 kann mit Hilfe einer DGS-Datei bearbeitet werden.

NACHGEDACHT
Formuliere eine Regel zu deiner Beobachtung.

HINWEIS
Arbeite bei Nr. 18 mit einem Computerprogramm (z. B. Funktionenplotter, Excel, DGS) oder Papier und Bleistift.

11 Welchen Einfluss haben die Parameter a, b, c und d innerhalb der Funktionsgleichung $y = a \cdot \sin(b \cdot (x + c)) + d$ auf die folgenden Eigenschaften der Sinusfunktion?
a) Schnittpunkt mit der y-Achse
b) Schnittpunkte mit der x-Achse
c) Periode
d) maximaler Funktionswert
e) minimaler Funktionswert

12 Zeichne die Graphen der Funktionen $y = \sin x$; $y = -\sin x$; $y = \sin(-x)$ und $y = -\sin(-x)$ in ein gemeinsames Koordinatensystem. Was fällt dir auf?

13 Zeichne die Graphen der Funktionen $f(x) = \sin(x - \pi)$ und $g(x) = \sin(\pi - x)$ im Intervall von $-\pi$ bis 2π.
a) Beschreibe den Verlauf der beiden Graphen zueinander.
b) Durch welche Lageänderung kann $g(x)$ aus $f(x)$ hervorgegangen sein?

14 Betrachte die fünf Graphen der verschiedenen Sinusfunktionen.

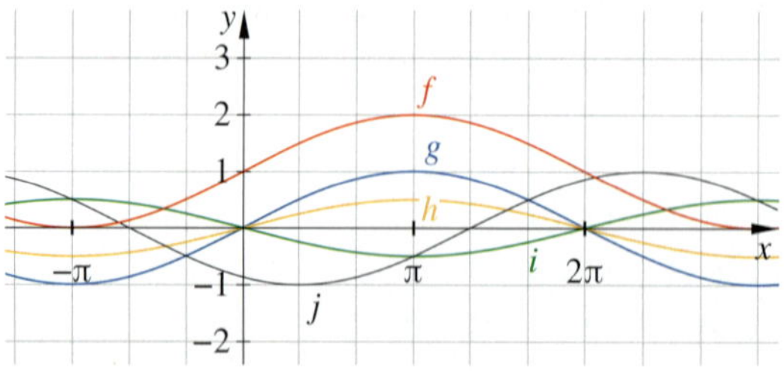

a) Ordne den Graphen jeweils den richtigen Funktionsterm zu:

$-0{,}5 \cdot \sin(-0{,}5x)$ | $-\sin(-0{,}5x)$ | $\sin(0{,}5x) + 1$ | $-0{,}5 \cdot \sin(0{,}5x)$

b) Ermittle die Funktionsvorschrift für den übrigen Funktionsgraphen. Beschreibe, wie du dabei vorgehst.
c) Tom behauptet: „Einer der abgebildeten Funktionsgraphen besitzt die Funktionsvorschrift $y = 0{,}5 \sin(-0{,}5x)$.“
Meike widerspricht ihm.
Wer hat Recht? Begründe deine Meinung.

15 Gib die Funktionsvorschriften der folgenden Funktionsgraphen in der Form $f(x) = a \cdot \sin(b \cdot (x + c)) + d$ an.

a)
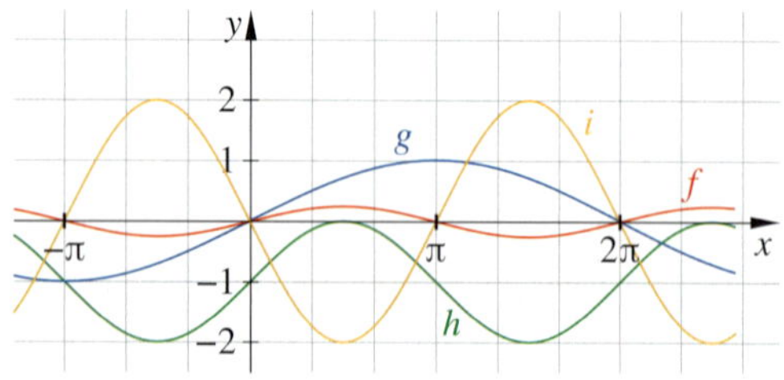

b)
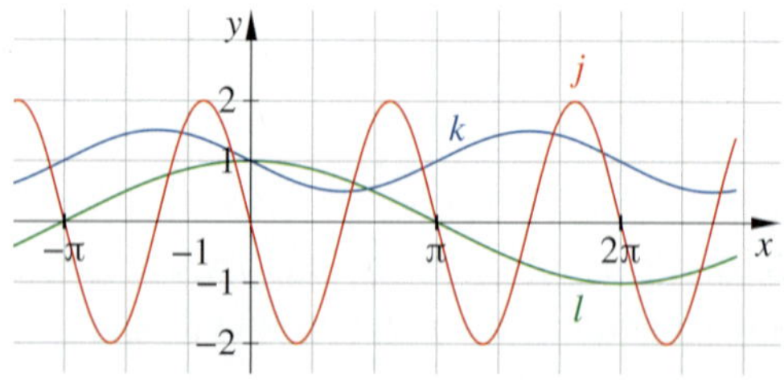

c)
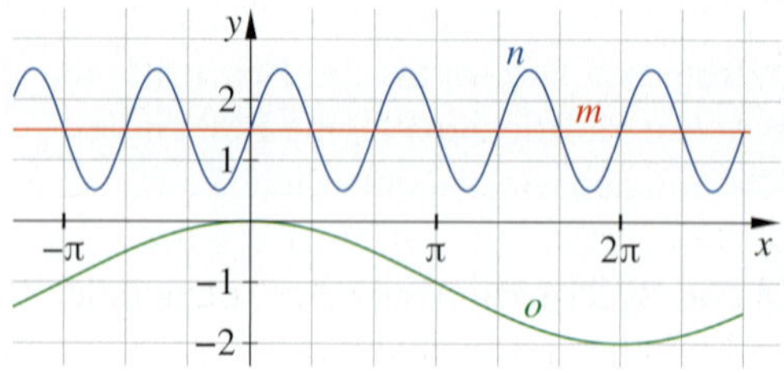

16 Welche Funktionen besitzen den gleichen Funktionsgraphen? Begründe anhand der Funktionsvorschriften.
a) $f(x) = \sin(2x)$
b) $f(x) = -\sin(2x)$
c) $f(x) = \sin(-2x)$
d) $f(x) = -\sin(-2x)$
e) $f(x) = \sin(2x + \pi)$
f) $f(x) = -\sin(2x - \pi)$

17 Eine allgemeine Sinusfunktion hat eine Periodenlänge von π. Der minimale Funktionswert liegt bei -3, der maximale bei $+3$. Die Funktion ist punktsymmetrisch zum Ursprung.
a) Gib eine mögliche Funktionsvorschrift an.
b) Zeichne diese Funktion im Intervall von -2π bis 2π.

18 Zeichne die Graphen der Funktionen $f(x) = \sin x$, $g(x) = \sin(2 \cdot x) + 3$ und $h(x) = \sin x + \sin(2 \cdot x) + 3$ in ein gemeinsames Koordinatensystem. Was fällt dir auf? Beachte den Hinweis in der Randspalte.

19 In einem Teich betreiben Algen Fotosynthese. Über einen Zeitraum von zwei Tagen wurde der Sauerstoffgehalt des Wassers gemessen. Die nebenstehende Grafik stellt die Messergebnisse dar.

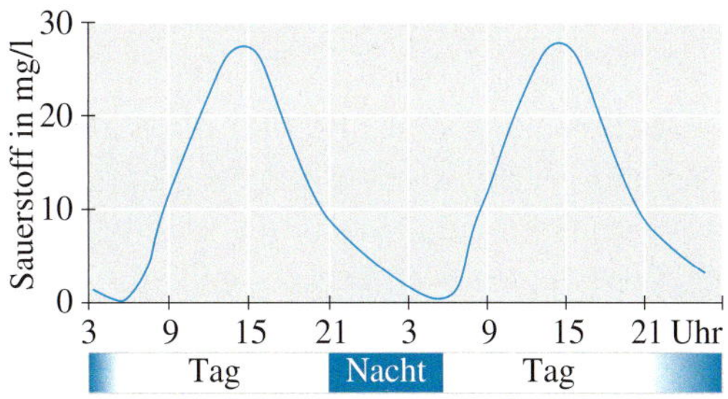

a) Beschreibe den Verlauf der Kurve.
b) Lies die Periodenlänge, den minimalen und maximalen Funktionswert ab.
c) Der Verlauf der Kurve kann mit Hilfe der allgemeinen Sinusfunktion $f(x) = a \cdot \sin(b \cdot (x + c)) + d$ angenähert werden. Ermittle die Parameter a, b, c und d.
d) Prüfe kritisch, ob du mit deiner modellierten Lösung den Sauerstoffgehalt des Teichs zu jeder Tages- und Jahreszeit vorhersagen kannst.

ZUR INFORMATION
Mit Hilfe von Licht und Kohlenstoffdioxid können grüne Pflanzen, wie z. B. Algen, Traubenzucker und Sauerstoff produzieren.

20 Mit verschiedenen Computer-Programmen lassen sich Schallschwingungen, z. B. von Musik oder Sprache, am Bildschirm sichtbar machen. Nutze den Webcode in der Randspalte.

Kammerton a

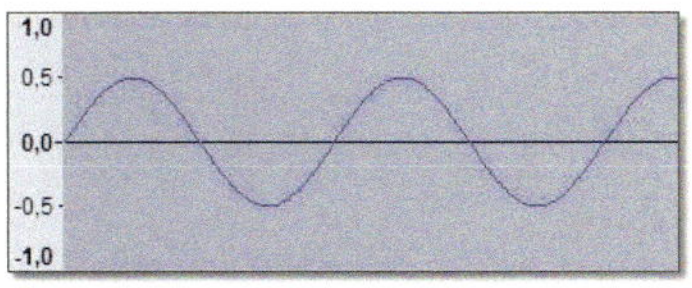

a um eine Oktave erhöht

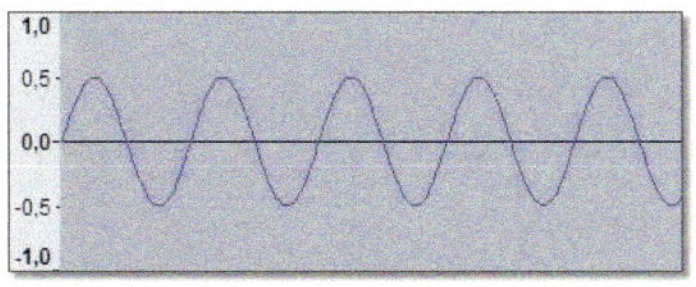

a mit erhöhter Lautstärke

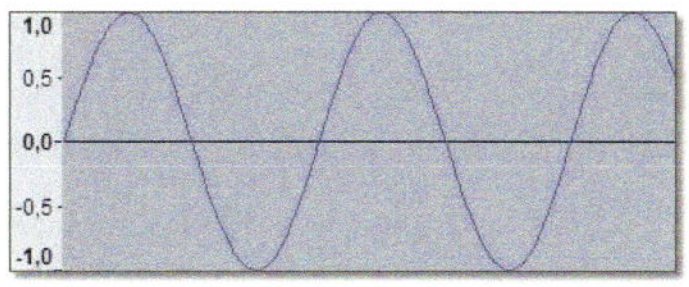

a) Beschreibe Gemeinsamkeiten und Unterschiede der drei Diagramme.
b) Auf welche Parameter der allgemeinen Sinusfunktion $f(x) = a \cdot \sin(b \cdot (x + c)) + d$ haben Tonhöhe und Lautstärke eine Auswirkung?
c) Skizziere die Schwingung eines Tons, der tiefer und leiser ist als der oben abgebildete Kammerton a. Überprüfe dein Ergebnis mit Hilfe des Audio-Editors.

www 173-1

BEACHTE
Unter dem Webcode findest du Hörbeispiele der dargestellten Kurven und einen Link zum Herunterladen eines Audio-Editors.

21 Das Diagramm zeigt die Tageslänge innerhalb eines Jahres für München, Berlin und die finnische Stadt Kuopio.

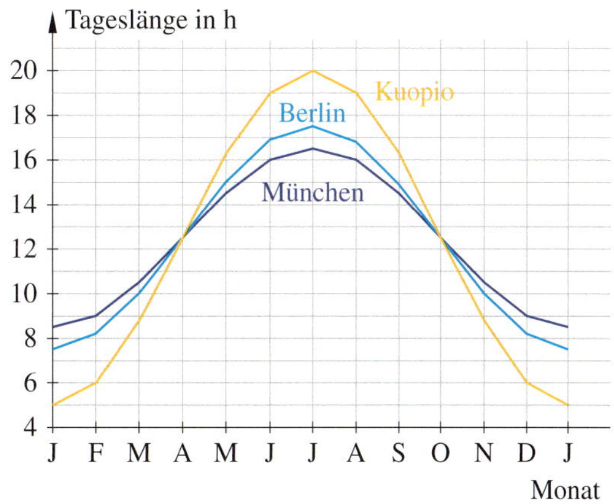

a) Beschreibe Gemeinsamkeiten und Unterschiede der drei Funktionsgraphen.
b) Ist die Zuordnung *Monat* → *Tageslänge* periodisch? Begründe.
c) Nähere den Verlauf der Graphen durch eine Sinusfunktion an. Wie lautet die Funktionsvorschrift? Beschreibe dein Vorgehen.
d) In welchen Parametern unterscheiden sich die Funktionsvorschriften? Finde außermathematische Begründungen.

HINWEIS
Die Tageslänge ist die Zeitspanne zwischen Sonnenauf- und Sonnenuntergang.

TIPP
Vergleiche im Atlas die geografische Lage der Städte.

22 Erstellt in Partnerarbeit ein Lernplakat zur Kosinusfunktion.
a) Erkundet mit einer dynamischen Geometrie-Software, welchen Einfluss die Parameter a, b, c und d auf Schnittpunkte mit den Achsen, die Periode sowie die minimalen und maximalen Funktionswerte der allgemeinen Kosinusfunktion $f(x) = a \cos(b \cdot (x + c)) + d$ haben. Beschreibt eure Erkenntnisse.
b) Veranschaulicht eure Ergebnisse aus a) mit Beispielen von Funktionsgraphen.

Schwingungen

Die Schwingungen des Pendels einer alten Wanduhr lassen einen Zusammenhang mit der Sinusfunktion nicht sofort vermuten.
Lässt man allerdings einen mit Sand gefüllten Becher über einem bewegten Blatt Papier pendeln, wird der Zusammenhang sofort deutlich. Schwingungen, die mit einer Sinusfunktion beschrieben werden können, nennt man harmonisch. Schwingungen können auch Töne erzeugen. In einem Experiment kann man leicht selbst die entsprechende Schwingung zu unterschiedlichen Tönen aufzeigen.
Man befestigt einen weichen Filzstift auf einem Lineal, drückt dieses fest auf die Tischplatte und lässt es dann schwingen. Ein Blatt Papier wird unter leichtem Druck an der schwingenden Filzspitze vorbeigezogen, sodass die Schwingung aufgezeichnet wird.

1 Erkläre das Experiment.

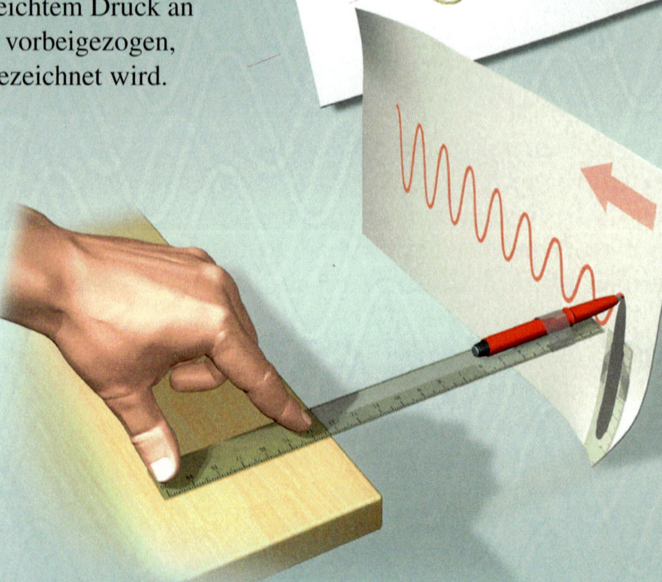

2 Experimentiere und beschreibe deine Beobachtungen.
Verändere die schwingende Lineallänge und vergleiche die entstehenden Töne sowie die entsprechenden Schreibspuren.
Wie ändert sich die Schreibspur, wenn der Ton leiser wird?

Die Höhe eines Tons wird durch seine Frequenz festgelegt. Sie wird mit der Maßeinheit Hertz (Hz) gemessen. 1 Hz bedeutet eine Schwingung pro Sekunde.

3 Zeichne ein Schwingungsbild für einen in der Lautstärke gleich bleibenden Ton von 2 Hz.
Wie muss ein Schwingungsbild eines hohen Tons im Vergleich zu einem gleich lauten tiefen Ton aussehen?

4 Nach welcher Zeit beginnt bei einem 440-Hz-Ton die zweite Schwingung?

5 Informiere dich, in welchem Frequenzbereich der Mensch Töne wahrnehmen kann.

Die Leuchtspuren schwingender Stäbe erinnern an Schwingungsbilder, die der französische Mathematiker Jules Antoine Lissajous (1822–1880) durch die Überlagerung zweier zueinander senkrechter Schwingungen erzeugte.

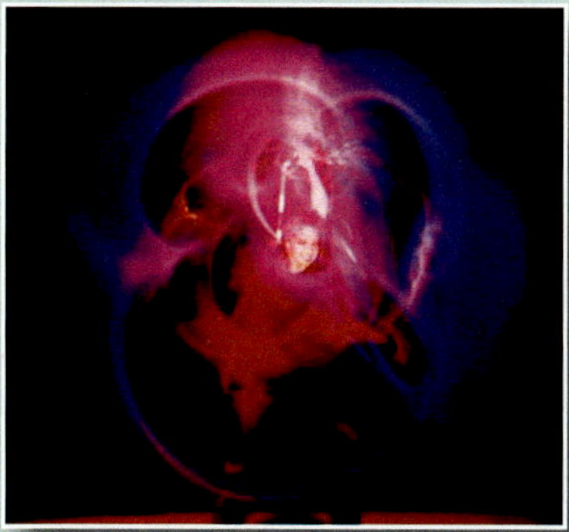

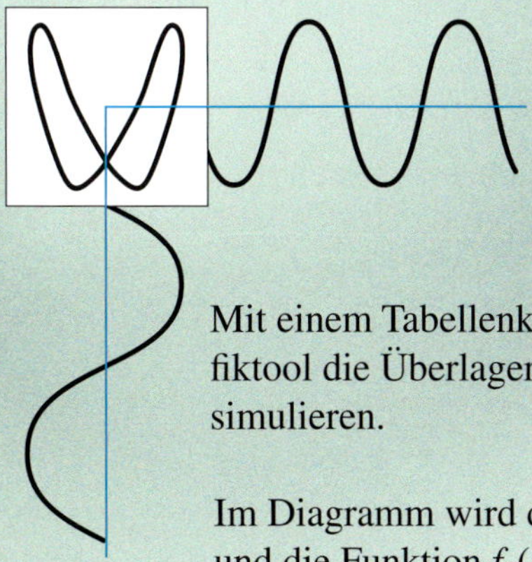

Die Zeichnung veranschaulicht dies für zwei Schwingungen mit unterschiedlichen Frequenzen.

Mit einem Tabellenkalkulationsprogramm lassen sich in Verbindung mit dem Grafiktool die Überlagerungen von zwei Sinusfunktionen der Form $y = \sin(ax + b)$ simulieren.

Im Diagramm wird die Funktion $f_1(x) = \sin(a_1x + b_1)$ von der x-Achse ausgehend und die Funktion $f_2(x) = \sin(a_2x + b_2)$ von der y-Achse ausgehend dargestellt.

Unterschiedliche Frequenzen lassen sich mit der Variable a einstellen, unterschiedliche Startpunkte mit der Variable b.

So könnte ein Tabellenkalkulationsformular aussehen.

	A	B	C	D	E	F	G	H
1		**Lissajous**						
2								
3		Funktion 1:	$y = \sin(a_1 x + b_1)$		$a_1 =$	3	$b_1 =$	1
4		Funktion 2:	$y = \sin(a_2 x + b_2)$		$a_2 =$	8	$b_2 =$	0,6
5								
6								
7	α in °	**arc α**	**Funktion 1**	**Funktion 2**				
8	0	0	0,841470985	0,564642473				
9	5	0,0872665	0,952639083	0,963056736				
10	10	0,1745329	0,998886402	0,910846049				
11	15	0,2617994	0,977061264	0,432440372				
12	20	0,3490659	0,888651015	-0,24830896				
13	25	0,4363323	0,739680668	-0,81287177				
14	30	0,5235988	0,540302306	-0,99708285				
15	35	0,6108652	0,304103234	-0,71474778				
16	40	0,6981317	0,04718003	-0,09797428				
17	45	0,7853982	-0,212958415	0,564642473				
18	50	0,8726646	-0,458584096	0,963056736				
19	55	0,9599311	-0,672958029	0,910846049				
20	60	1,0471976	-0,841470985	0,432440372				
21	65	1,134464	-0,952639083	-0,24830896				
22	70	1,2217305	-0,998886402	-0,81287177				
23	75	1,3089969	-0,977061264	-0,99708285				
24	80	1,3962634	-0,888651015	-0,71474778				
25	85	1,4835299	-0,739680668	-0,09797428				
26	90	1,5707963	-0,540302306	0,564642473				
27	95	1,6580628	-0,304103234	0,963056736				
28	100	1,7453293	-0,04718003	0,910846049				
29	105	1,8325957	0,212958415	0,432440372				
30	110	1,9198622	0,458584096	-0,24830896				
31	115	2,0071286	0,672958029	-0,81287177				
32	120	2,0943951	0,841470985	-0,997082846				

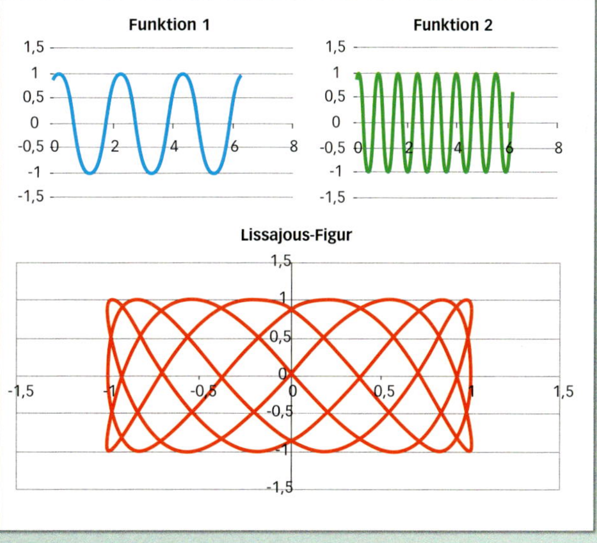

175-1

BEACHTE

Unter dem Webcode findest du eine Excel-Datei zu den Lissajous-Schwingungen.

6 Nutze ein Tabellenkalkulationsprogramm und experimentiere mit verschiedenen Werten.

7 Du kannst auch als Ausgangsfunktion für die Anwendung eines Tabellenkalkulationsprogramms eine Sinusfunktion der Form $y = k\sin(ax + b)$ verwenden. Was ändert sich durch den Faktor k am Graphen der Funktion?

Vermischte Übungen

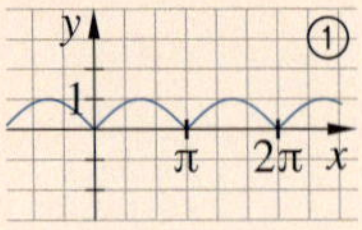

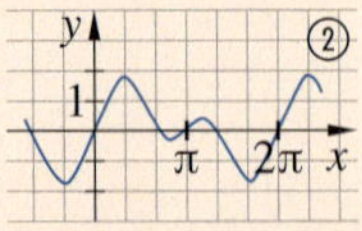

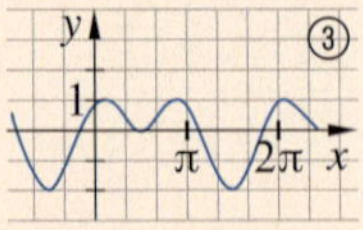

1 Ergänze die Graphen in der Randspalte periodisch. Vergleiche die Ergebnisse mit deinem Nachbarn.

2 Gib die Funktionswerte an, ohne den Taschenrechner zu benutzen.

a) $\sin 0°$ b) $\sin 180°$
c) $\sin(-360°)$ d) $\sin(-270°)$
e) $\sin(-\pi)$ f) $\sin 8\pi$
g) $\sin\frac{\pi}{2}$ h) $\sin 1{,}5\pi$

3 Ist die Aussage wahr oder falsch? Begründe, ohne den Taschenrechner zu verwenden.

a) $\sin 20° = -\sin 20°$
b) $\sin 40° = -\sin(-40°)$
c) $\sin 50° = \sin(-310°)$
d) $\sin 70° = \sin 250°$

176-1

BEACHTE

Unter dem Webcode findest du einen Link zum Bundesamt für Seeschifffahrt mit den aktuellen Pegelständen.

4 Gib für x jeweils zwei Werte im Bogenmaß und die zugehörigen Winkel an.

a) $\sin x = -1$ b) $\sin x = -0{,}5$
c) $\sin x = 0{,}9511$ d) $\sin x = 0{,}5878$
e) $\sin x = 0{,}9848$ f) $\sin x = 0{,}8660$

5 Wahr oder falsch? Begründe.

a) $\sin 30° = 0{,}5$ b) $\sin 45° \approx 0{,}8509$
c) $\sin 90° = 1$ d) $\sin\frac{\pi}{4} = 1$
e) $\frac{\sin 90°}{2} = \sin 30°$ f) $\sin 756° = \sin 36°$
g) $\sin 120° > \sin 70°$ h) $\sin 3° < \sin 183°$

6 Skizziere die fünf Funktionsgraphen im Intervall von $-\pi$ bis 2π in einem gemeinsamen Koordinatensystem. Erläutere, wie du dabei vorgehst.

a) $f(x) = 2 \cdot \sin x$
b) $f(x) = \sin(2x)$
c) $f(x) = \sin(x - \pi) - 1$
d) $f(x) = \frac{1}{2} \cdot \sin x + 2$
e) $f(x) = -\frac{1}{2} \cdot \sin(2x + \pi) - 1$

7 Zeichne die Graphen der folgenden Funktionen im Intervall von $-\pi$ bis 2π.

a) $f(x) = \sin(2x + 1)$
b) $f(x) = \sin(\frac{1}{3}x - 2)$
c) $f(x) = -\sin(2x + 2)$

8 Welche Funktionen besitzen den gleichen Funktionsgraphen?

a) $f(x) = -\sin(\frac{1}{2}x + \pi)$ b) $f(x) = -\sin(\frac{1}{2}x)$
c) $f(x) = \sin(\frac{1}{2}x + \pi)$ d) $f(x) = \sin(\frac{1}{2}x - \pi)$
e) $f(x) = -\sin(-\frac{1}{2}x)$ f) $f(x) = \sin(\frac{1}{2}x)$

9 Gib die Funktionsvorschriften der Graphen in der Form $f(x) = a \cdot \sin(b \cdot x)$ an.

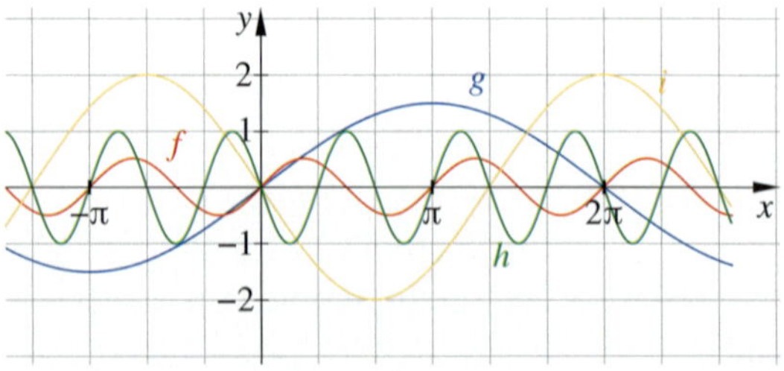

10 In Hamburg wird mehrmals täglich der Wasserstand der Elbe gemessen. Die Tabelle zeigt einige Pegelstände in m.

Zeit	Pegel	Zeit	Pegel	Zeit	Pegel
6:00	355	15:00	454	0:00	688
7:00	486	16:00	408	1:00	632
8:00	579	17:00	367	2:00	565
9:00	637	18:00	345	3:00	505
10:00	673	19:00	430	4:00	455
11:00	681	20:00	545	5:00	404
12:00	638	21:00	614	6:00	364
13:00	569	22:00	664	7:00	339
14:00	506	23:00	695	8:00	397

a) Trage die Messwerte in ein Koordinatensystem ein. Nenne charakteristische Funktionsstellen.
b) Beschreibe den Verlauf des Graphen im Vergleich zur Funktion $f(x) = \sin x$.
c) Nähere den Graphen durch eine Sinusfunktion an. Wie lautet die Funktionsvorschrift?
d) Wann ist mit dem nächsten Hoch- bzw. Niedrigwasser zu rechnen?

11 Suche im Internet nach Wetterdaten. Stelle z. B. die monatliche Durchschnittstemperatur einer Stadt grafisch dar. Nähere den Graphen mit einer Sinusfunktion an.

Teste dich!

a

1 Gib mindestens zwei Winkel an, die die Gleichung erfüllen.

a) $\sin 50° = \sin \alpha$ b) $\sin 20° = \sin \alpha$
c) $\sin 0° = \sin \alpha$ d) $\sin -90° = \sin \alpha$
e) $-\sin 5° = \sin \alpha$ f) $-\sin 240° = \sin \alpha$

b

1 Gib für den gegebenen Wert mindestens zwei Winkel an.

a) $\sin \alpha = 0{,}5$ b) $\sin \alpha = 0{,}1736$
c) $\sin \alpha = -0{,}1736$ d) $\sin \alpha = 0{,}9703$
e) $\sin \alpha = -0{,}6293$ f) $\sin \alpha = -0{,}5299$

2 Skizziere den Graphen der Sinusfunktion $f(x) = \sin x$ im Intervall von $-180°$ bis $360°$. Was verändert sich, wenn die Funktion in Abhängigkeit vom Bogenmaß betrachtet wird?

3 Beschreibe den unterschiedlichen Verlauf der Graphen der Funktionen $f(x) = \sin x - 2$ und $g(x) = \sin (x - 2)$. Überprüfe dein Ergebnis mit einer Skizze.

a

4 Erkläre, durch welche Form- und Lageänderungen die Graphen der folgenden Funktionen aus der Sinuskurve entstehen. Zeichne die Graphen im Intervall von $-\pi$ bis 2π.

a) $f(x) = \sin (x - \pi)$
b) $f(x) = \sin (2x)$
c) $f(x) = \sin x + 0{,}5$
d) $f(x) = 3 \sin x - 1$

5 Gib die Funktionsvorschriften der Graphen in der Form $f(x) = a \cdot \sin (b \cdot (x + c)) + d$ an.

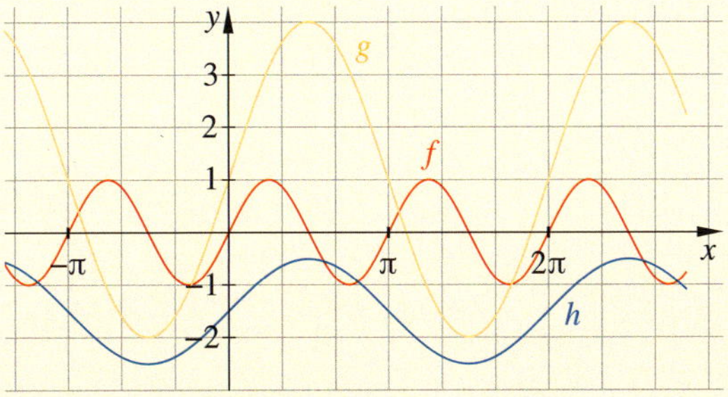

6 Dargestellt ist die sinusförmige Schwingung eines Tons. Stelle den Verlauf annähernd durch eine Sinusfunktion in der Form $f(x) = a \cdot \sin (b \cdot x)$ dar.

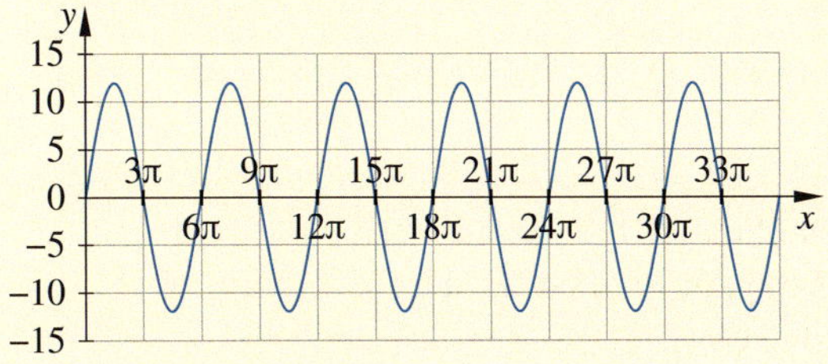

b

4 Erkläre, durch welche Form- und Lageänderungen die Graphen der folgenden Funktionen aus der Sinuskurve entstehen. Zeichne die Graphen im Intervall von $-\pi$ bis 2π.

a) $f(x) = -\sin x - 0{,}5$
b) $f(x) = 3 \sin (2x - \pi)$
c) $f(x) = -\sin (x + \frac{\pi}{3}) - 1$
d) $f(x) = \sin x + \sin (\frac{\pi}{2})$

5 Gib die Funktionsvorschriften der Graphen in der Form $f(x) = a \cdot \sin (b \cdot (x + c)) + d$ an.

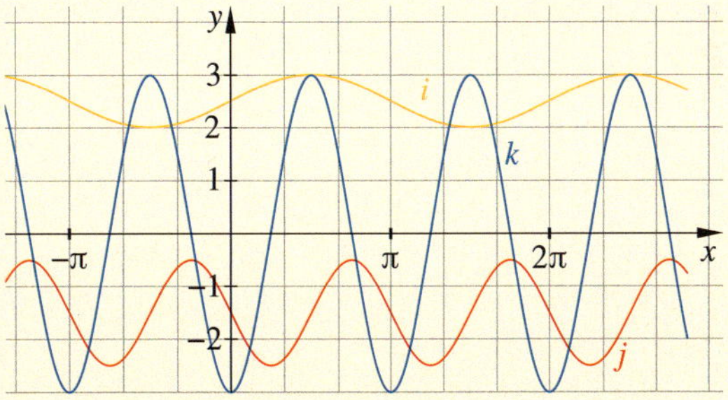

6 Dargestellt ist der Verlauf der mittleren Monatstemperaturen von Rom. Stelle den Verlauf annähernd durch eine Sinusfunktion in der Form $f(x) = a \cdot \sin (b(x + c)) + d$ dar.

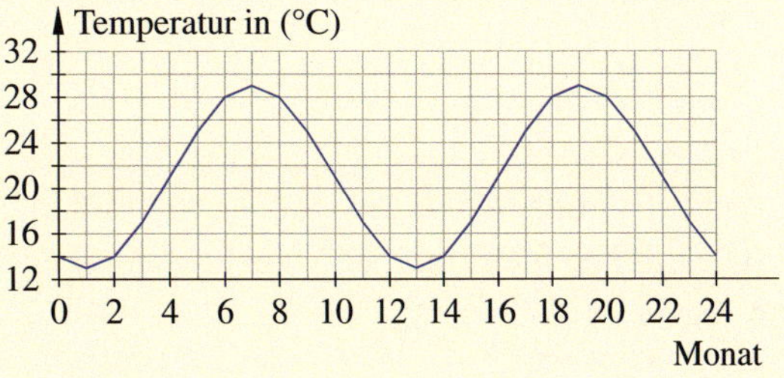

HINWEIS
Brauchst du noch Hilfe, so findest du auf den angegebenen Seiten ein Beispiel oder eine Anregung zum Lösen der Aufgaben. Überprüfe deine Ergebnisse mit den Lösungen ab Seite 220.

Aufgabe	Seite
1	166
2	166
3	170
4	170
5	170
6	170

Zusammenfassung

→ Seite 166

Die Sinusfunktion

Die Sinusfunktion ist eine **periodische** Funktion. Nach stets gleich bleibenden Abständen, den sogenannten **Perioden**, wiederholen sich ihre Funktionswerte.
Die Länge ihrer Periode beträgt im Gradmaß **360°** bzw. im Bogenmaß $\mathbf{2\pi}$.

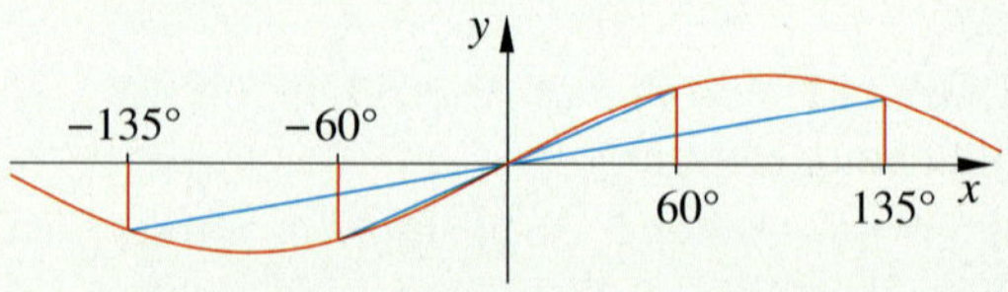

Es gilt: $\sin\alpha = \sin(\alpha + k \cdot 360°)$ bzw. $\sin x = \sin(x + k \cdot 2\pi)$, k ist eine ganze Zahl.

Der Graph der Sinusfunktion ist **punktsymmetrisch** zum Ursprung:
$\sin(-\alpha) = -\sin\alpha$ bzw. $\sin(-x) = -\sin x$

Alle Funktionswerte der Sinusfunktion liegen zwischen −1 und 1:
$-1 \leq \sin\alpha \leq 1$ bzw. $-1 \leq \sin x \leq 1$

→ Seite 170

Form- und Lageänderung der Sinusfunktion

Die Sinusfunktion $f(x) = \sin x$ kann in ihrer Form und Lage verändert werden.

Auswirkungen in Richtung der *y*-Achse

① $f(x) = a \cdot \sin x$
Der Graph der Sinusfunktion wird
- gestreckt ($a > 1$) bzw.
- gestaucht ($a < 1$).

Für negative Faktoren a erfolgt zusätzlich eine Spiegelung an der x-Achse.
Die Auslenkung wird verändert.

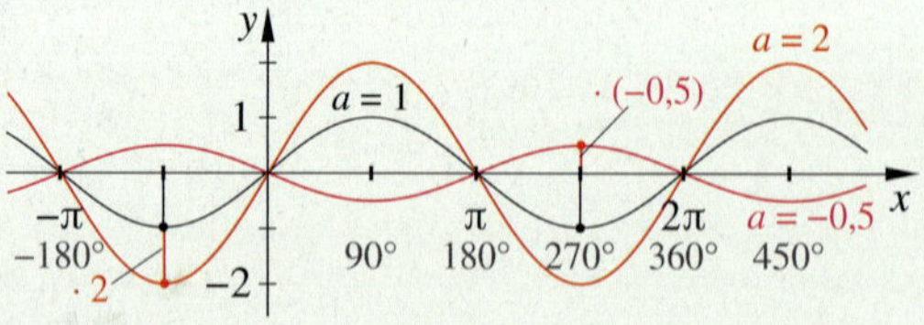

③ $f(x) = \sin x + d$
Der Graph der Sinusfunktion wird um d Einheiten verschoben:
- nach oben ($d > 0$)
- nach unten ($d < 0$)

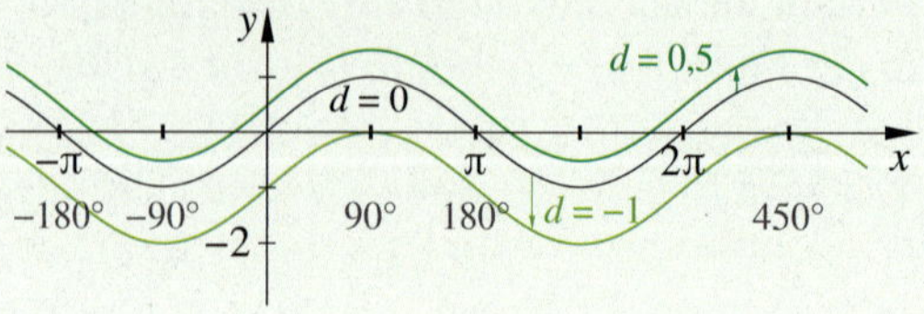

Auswirkungen in Richtung der *x*-Achse

② $f(x) = \sin(b \cdot x)$
Der Graph der Sinusfunktion wird
- gestreckt ($b < 1$) bzw.
- gestaucht ($b > 1$).

Für negative Faktoren b erfolgt zusätzlich eine Spiegelung an der y-Achse.
Die Periode wird verändert.

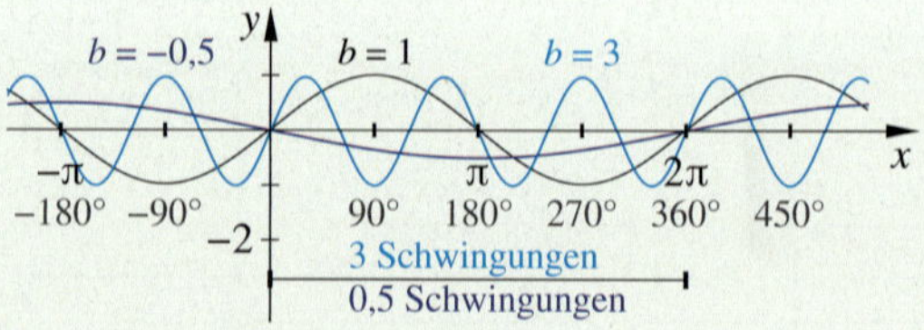

④ $f(x) = \sin(x + c)$
Der Graph der Sinusfunktion wird um c Einheiten verschoben:
- nach links ($c > 0$)
- nach rechts ($c < 0$)

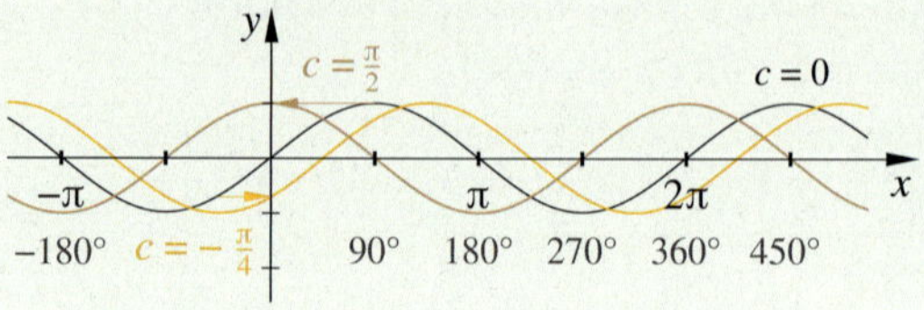

Die beschriebenen Form- und Lageänderungen können auch in Kombination auftreten.
Die allgemeine Form der Sinusfunktion lautet dann $f(x) = a \cdot \sin(b \cdot (x + c)) + d$.

Anwendungen

Optimierung

Vermessungsprobleme

Geometrische Körper in Kunst und Technik

Dynamisieren geometrischer Objekte

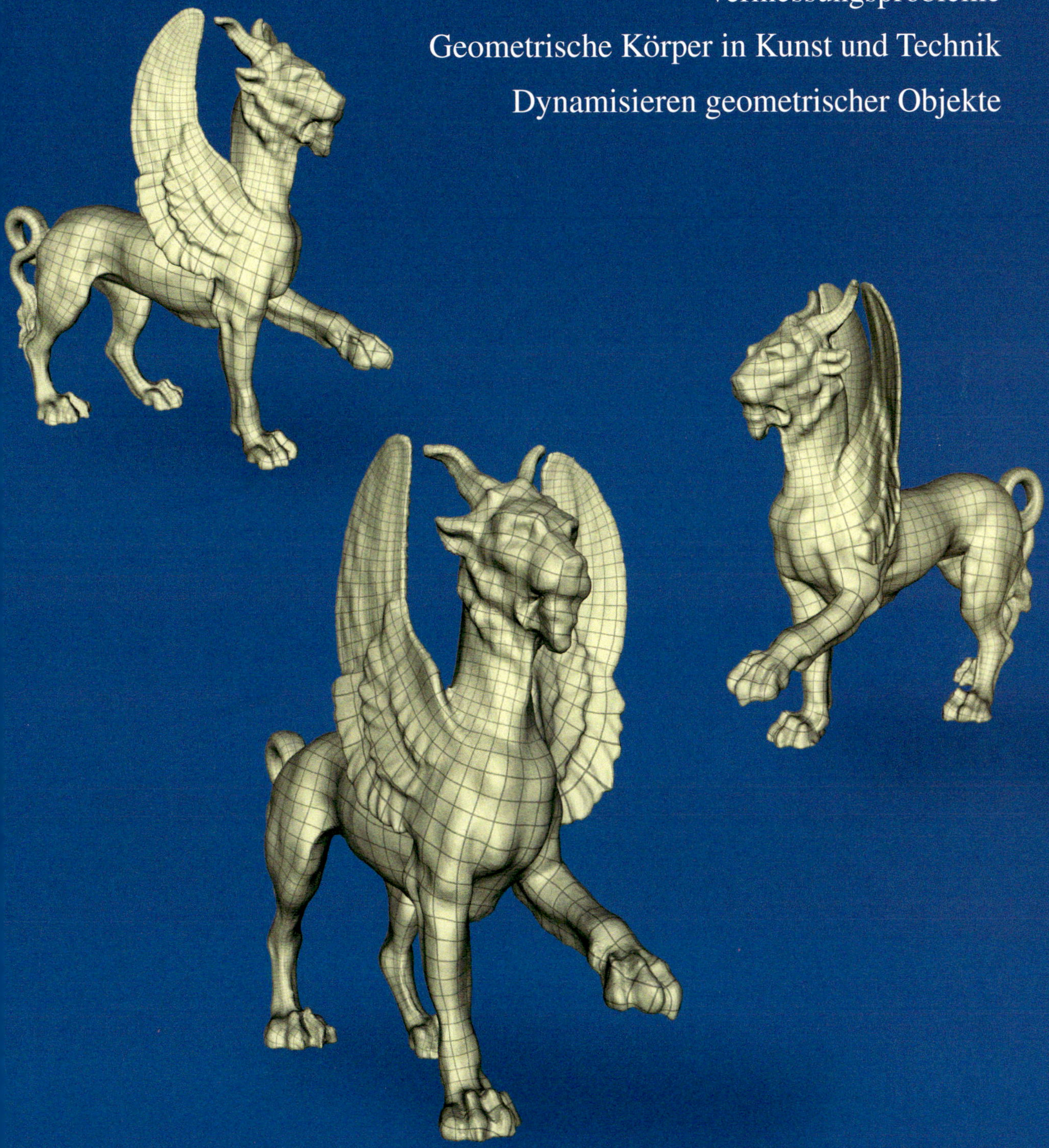

Optimierung

Für viele Probleme in Wirtschaft, Medizin, Technik, Naturwissenschaften und auch im persönlichen Leben gibt es mehr als nur eine Lösung. Aus diesen Lösungen die beste, die optimale herauszufinden ist oft nicht leicht.
In der Mathematik hat sich ein eigenständiges Gebiet entwickelt, das nach der bestmöglichen Lösung solcher Probleme sucht. Dieses Gebiet wird Optimierung genannt.

ZUR INFORMATION
Flugzeuge sollen leicht, aber stabil sein, Medikamente wirksam ohne Nebenwirkungen und Navigationssysteme die verkehrstechnisch günstigste Route berechnen.

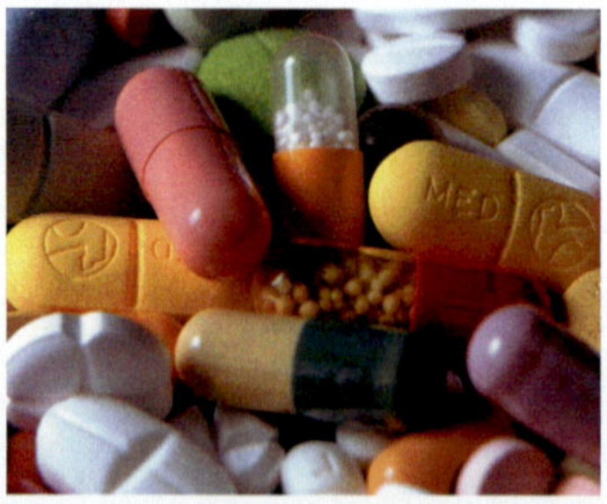

Die drei Beispiele zeigen, dass häufig ein Mittelweg gefunden werden muss.
Die beste Lösung hängt von dem jeweiligen Problem und dem gewünschten Ergebnis ab. Betrachtet wird zum Beispiel der alltägliche Fall der Suche nach dem *besten* Weg von einem Ort zum anderen. Ist der kürzeste oder der schnellste Weg besser? Vielleicht geht es auch um die landschaftlich schönste Strecke oder einfach nur darum, mit möglichst geringen Reisekosten auszukommen.
Fast immer geht es bei einem Optimierungsproblem darum, bestimmte Größen oder Werte so zu wählen, dass ein anderer, von diesen Größen abhängiger Wert maximal oder minimal wird.

Aufgaben

1 Optimierungsprobleme im Alltag
Nenne weitere Optimierungsprobleme. Orientiere dich an den Bildern.

2 Der beste Weg
Frau Müller möchte zunächst im Supermarkt und dann beim Bäcker einkaufen.

a) Wie viele unterschiedliche Wege gibt es?
b) Welchen Weg würdest du ihr empfehlen, wenn sie es eilig hat? Welchen sollte sie gehen, wenn sie den Weg zur Erholung nutzen möchte?

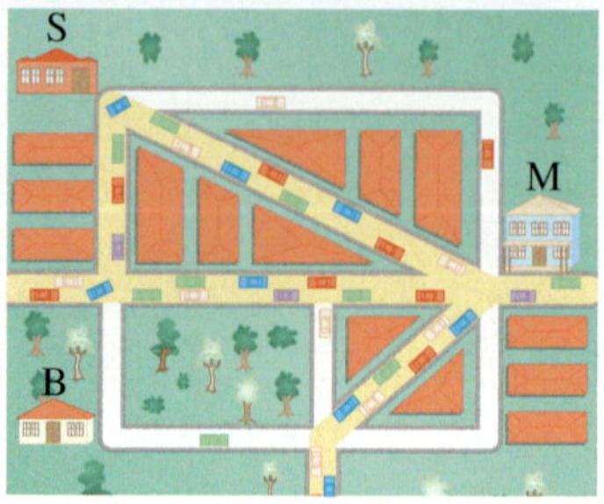

Lineare Optimierungsprobleme

BEISPIEL

Zum Kauf von Zelten stehen den Organisatoren eines Ferienlagers 1800 € zur Verfügung. Zwei Zelttypen sind im Angebot:
Von den 10-Personen-Zelten sind noch fünf Stück vorrätig, sie kosten 200 € pro Stück. Von den 15-Personen-Zelten sind vier Zelte vorrätig.
Jedes 15-Personen-Zelt kostet 400 €.
Wie viele Zelte von jeder Sorte sollte man kaufen, damit möglichst viele Jugendliche untergebracht werden?

Das Ziel bei der Lösung dieser Aufgabe ist es, möglichst viele Jugendliche in den Zelten unterzubringen:
Die Anzahl z der Plätze soll maximal werden.

Variablen definieren:
z Anzahl der Schlafplätze
x Anzahl der 10-Personen-Zelte
y Anzahl der 15-Personen-Zelte

Die Anzahl der gesamten Schlafplätze hängt von der Anzahl x und y der beiden Zelttypen ab.
Mit Hilfe der Gleichung $10x + 15y = z$ kann die Gesamtanzahl der Schlafplätze berechnet werden.
Man spricht von der **Zielfunktion** des Optimierungsproblems.

Zielfunktion: $10x + 15y = z$;
z soll maximal werden

HINWEIS
*Handelt es sich bei der Zielfunktion um eine lineare Funktion, spricht man von **linearer Optimierung**.*

Um das Ziel zu erreichen, müssen bestimmte Bedingungen berücksichtigt werden:
- Es stehen höchstens 1800 € zur Verfügung.
- Es gibt höchstens fünf 10-Personen-Zelte und vier 15-Personen-Zelte.

Diese Bedingungen werden **Nebenbedingungen** genannt.
Die Nebenbedingungen drückt man als Gleichungen bzw. Ungleichungen aus.

Nebenbedingungen:
I $x \geq 0$
II $x \leq 5$
III $y \geq 0$
IV $y \leq 4$
V $200x + 400y \leq 1800$

AUFGEPASST
Gewisse Nebenbedingungen ergeben sich häufig erst aus dem Sachzusammenhang. Z. B. ergeben negative Mengenangaben im Allgemeinem keinen Sinn. Ebenso kann man keine halben Zelte kaufen.

Grafische Lösung des Problems:
Die Menge der Lösungen, die alle fünf Ungleichungen der Nebenbedingungen erfüllen, ist im Koordinatensystem gelb markiert.
Die Ungleichung $200x + 400y \leq 1800$ wurde hierfür zunächst nach y umgeformt: $y \leq -\frac{1}{2}x + \frac{9}{2}$.
Gesucht ist der Punkt $(x \mid y)$, sodass die Organisatoren die meisten Jugendlichen unterbringen können. Um diesen Punkt zu finden, stellt man die Zielfunktion nach y um: $y = -\frac{2}{3}x + \frac{z}{15}$.
Um den optimalen Wert zu finden, zeichnet man z. B. die durch den Ursprung verlaufende Zielgerade $y = -\frac{2}{3}x$. Die Zielgerade y wird so lange parallel verschoben, bis Folgendes gilt:
(1) Die verschobene Gerade hat mindestens einen (Eck-)Punkt mit dem Lösungsbereich gemeinsam.
(2) Der y-Achsenabschnitt der verschobenen Gerade ist möglichst groß, da die Anzahl der Schlafplätze maximal sein soll.
Der Punkt, auf den beides zutrifft, ist hier der Punkt $P(5 \mid 2)$.
Somit besteht die optimale Lösung darin, fünf 10-Personen-Zelte und zwei 15-Personen-Zelte zu kaufen.

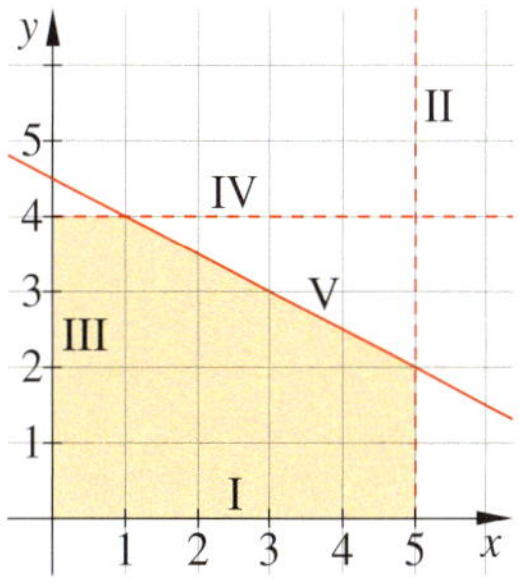

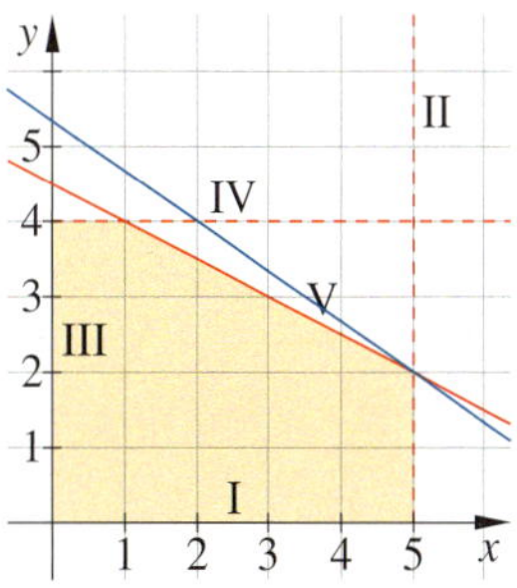

BEACHTE
Soll eine Größe minimal werden, wird ein kleiner Achsenabschnitt gesucht.

Aufgaben

3 Der optimale Wert

Die Ungleichungen $4x + y \geq 13$; $-x + 2y \geq -1$ und $2x + 5y \leq 29$ beschreiben die Nebenbedingungen einer linearen Optimierungsaufgabe.
Bestimme für die folgenden Zielfunktionen jeweils das Minimum und das Maximum.

a) $2x + y = z$　　　b) $2x + 5y = z$

4 Chemikaliengemisch

Zur Herstellung einer Chemikalie werden die Flüssigkeiten x und y in einem 8-ℓ-Behälter gemischt. Flüssigkeit x kostet 3 € pro ℓ. Sie soll mit 2 ℓ bis 6 ℓ am Gemisch beteiligt sein. Flüssigkeit y kostet 5 € pro ℓ. Sie soll mit 1 ℓ bis 4 ℓ am Gemisch beteiligt sein.
Untersuche die Kosten z des Gemischs, wenn mindestens 4 ℓ des Gemischs benötigt werden.

a) Notiere die Nebenbedingungen und ermittle grafisch den Lösungsbereich.
b) Gib die Gleichung der Zielfunktion für den Fall an, dass die Kosten 25 € betragen. Zeichne den Graphen dieser Zielfunktion in das Koordinatensystem aus b) ein.
c) Welche Punkte $(x \mid y)$ erfüllen alle Nebenbedingungen und ergeben den Preis von 25 €?
$P_1(5 \mid 2)$, $P_2(6 \mid \frac{7}{5})$, $P_3(\frac{13}{2} \mid \frac{11}{10})$, $P_4(\frac{5}{3} \mid 4)$, $P_5(3 \mid 2)$
d) Zeichne einen Graphen für $z = 20$. Vergleiche mit der Geraden aus b).
e) Ermittle den Punkt $(x \mid y)$, der alle Nebenbedingungen erfüllt und die kleinsten bzw. größten Kosten verursacht. (Hinweis: Wende die Parallelverschiebung an.)

Nichtlineare Optimierungsprobleme

BEISPIEL

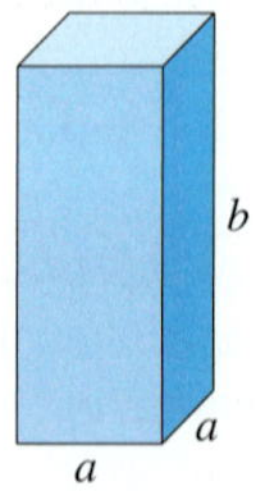

Sabine möchte für den Mathematikunterricht das Kantenmodell eines Quaders mit quadratischer Grundfläche und möglichst großem Volumen anfertigen.
Ihr stehen dafür 3 m Draht zur Verfügung.

Zielfunktion: Volumen des Quaders $V = a \cdot a \cdot b$; V soll maximal werden.

Nebenbedingungen: Die Summe aller Kantenlängen ist 3 m: $8a + 4b = 3$.

Zusammenhänge zwischen der Zielfunktion und der Nebenbedingung:
Aus der Nebenbedingungen folgt: $b = \frac{3-8a}{4}$.
Daraus ergibt sich folgende Gleichung für das Volumen V in Abhängigkeit von a:
$V = a \cdot a \cdot b = a \cdot a \cdot \frac{3-8a}{4} = a^2 \cdot \frac{3-8a}{4}$

182-1

BEACHTE
Unter dem Webcode findest du eine Linkliste zu verschiedenen Funktionenplottern.

Grafische Lösung des Problems:
Die Zuordnung $V = a^2 \cdot \frac{3-8a}{4}$ ist eine Funktion.
An dem Graphen der Funktion kann man erkennen, dass das maximale Volumen an der Stelle $a = 2{,}5\,\text{dm} = 0{,}25\,\text{m}$ liegt.
Aus diesem Wert ergeben sich folgende Maße des Modells: $a = 0{,}25\,\text{m}$ und $b = 0{,}25\,\text{m}$.
Welcher Sonderfall liegt hier vor?

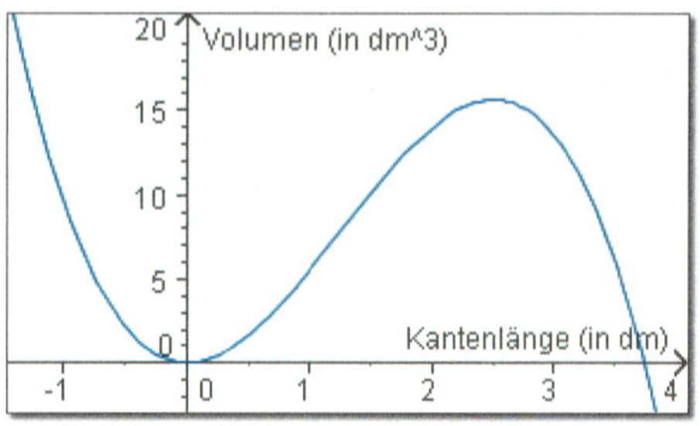

Aufgaben

5 Ziegengehege

Bauer Lindemanns Grundstück liegt direkt am Kanal. Er möchte für seine Ziege ein rechteckiges Gehege abgrenzen.
Er hat 40 Zaunstücke von je 1,5 m Länge. Das Gehege soll direkt am Kanal liegen, denn so spart er Zaunstücke ein.
Ermittle, wie der Bauer die Zaunstücke anordnen muss, damit für die Ziege ein möglichst großes Gehege entsteht.

6 Verkaufsstrategie

Eine Handyfirma verkauft im Monat durchschnittlich 1000 Geräte der E-Serie.
Die Produktionskosten für diese Serie liegen bei 110 € pro Handy, der Verkaufspreis bei 290 €.

Preissenkung pro Handy in €	Zusätzlich verkaufte Handys
5	20
10	40
15	60
…	…
50	200

a) Welchen Gesamtgewinn macht die Firma pro Monat?
b) Einer Umfrage zufolge würde eine Preissenkung den Verkauf der Geräte steigern (siehe Tabelle).
Welchen Gesamtgewinn erwirtschaftet die Firma bei einer Preissenkung von 5 €, 25 € und 50 €?
c) Gib die zugehörige Funktionsgleichung an.
d) Welche Preissenkung würdest du der Firma empfehlen, um ihren Gesamtgewinn zu maximieren?
Kontrolliere deine Empfehlung mit Hilfe eines Funktionenplotters.
e) Präsentiere deine Ergebnisse und erläutere, wie du vorgegangen bist.

7 Kakaoverpackungen

Im Supermarkt kann man Kakaopulver in zwei unterschiedlichen Verpackungsformen kaufen.
Eine Verpackung ist zylinderförmig, die andere ist quaderförmig.
Beide Verpackungen haben ein Volumen von $1280\,cm^3$.
Die zylinderförmige Verpackung hat eine Höhe von 17 cm.
Die quaderförmige Verpackung hat eine Höhe von 15 cm und eine Seite der Grundfläche ist 7 cm lang.

a) Welche der beiden Verpackungsformen benötigt weniger Verpackungsmaterial?
b) Warum werden beide Verpackungsformen verwendet, obwohl sie sich in den Materialkosten unterscheiden?
c) Können die Maße der zylinderförmigen Verpackung noch verbessert werden, um möglichst geringe Materialkosten zu haben?

Vermessungsprobleme

Trigonometrische Punkte im Gelände

Möchte man z. B. den Standort von Bauwerken oder den Verlauf von Grenzen und Straßen im Gelände bestimmen, denkt man sich das Gebiet mit einem Koordinatensystem überdeckt. Aus den bekannten Koordinaten einiger Geländepunkte lassen sich die Standorte weiterer Punkte ermitteln.
Nach dieser Idee hat 1816 der Astronom und Mathematiker Carl Friedrich Gauß (1777–1855) begonnen, das damalige Königreich Hannover zu vermessen. Ein Ausschnitt der Gauß'schen Landesvermessung war auf dem 10-DM-Schein der Bundesrepublik Deutschland abgebildet.

184-1
BEACHTE
Unter dem Webcode kannst du dir Orte zu geografischen Koordinaten anzeigen lassen.

Zunächst setzte Gauß trigonometrische Punkte erster Ordnung auf erhöhten Stellen der Landschaft fest. Der Abstand der Punkte zueinander betrug 20 km bis 50 km.
Verbindet man die Punkte, so entsteht ein grobmaschiges Netz, in dessen Innerem weitere Punkte für feinere Messungen ermittelt werden.

BEACHTE
Auf zu großen Flächen beeinflusst die Krümmung der Erde die Genauigkeit der Messungen.

Die mathematische Grundlage für die Lösung von Vermessungsaufgaben bildet die Trigonometrie. Sie ist ein Teilgebiet der Geometrie, das sich mit der Berechnung von Dreiecken befasst. Die Trigonometrie wurde seit der Antike schrittweise weiterentwickelt, um Abstände zwischen Punkten auf der Erde oder Himmelskörpern zu vermessen.
Fortschritte bei der Vermessung waren abhängig von der Entwicklung geeigneter Messgeräte, denn mit den Geräten muss man Winkel und Entfernungen sehr genau messen können.

Auf der Rückseite des 10-DM-Scheins ist ein Winkelmesser dargestellt. Ein solches Messgerät heißt Sextant und wurde von Gauß für seine Landesvermessung benutzt. Auch heute noch werden Sextanten in der Schifffahrt eingesetzt: Falls die elektronischen Messgeräte an Bord ausfallen, kann die Position des Schiffs mit Hilfe eines Sextanten bestimmt werden.

Aufgaben

1 Präsentation
Sammle Informationen zu einem der folgenden Themen, arbeite sie zu einem Kurzreferat aus und präsentiere sie in deiner Klasse:
- Beruf des Vermessungstechnikers
- Funktionsweise eines Sextanten
- Geschichte der Landesvermessung in Deutschland
- Rangfolge der Vermessungspunkte

184-2
BEACHTE
Unter dem Link findet man Informationen zu den Referatsthemen und eine DGS-Datei.

2 Landesvermessung
Ermittle die Koordinaten einzelner Städte mit Hilfe einer dynamischen Geometrie-Software.

Höhen und Entfernungen mit einfachen Geräten messen

Schon sehr früh hat man begonnen, Höhen und Entfernungen mit einfachen Mitteln ungefähr zu messen. Die Hilfsmittel bei der Schätzung von Höhen und Weiten beruhen sehr häufig auf der Anwendung der Strahlensätze und den Eigenschaften ähnlicher Dreiecke.

SCHON GEWUSST?
Ein Obelisk ist ein vierkantiger Steinpfeiler mit einer pyramidenförmigen Spitze.

Aufgaben

3 Die Daumen-Methode
Das George-Washington-Monument ist ein Obelisk, der an den ersten amerikanischen Präsidenten erinnert. Vom Obelisken zum Parlament führt eine ca. 2,5 km lange Grünanlage.

a) Schätze, ob es in der Grünanlage einen Punkt gibt, von dem aus du bei gestrecktem Arm das Monument vollständig mit deinem Daumen verdecken kannst?
b) Berechne, in welcher Entfernung vom Obelisken solch ein Punkt liegt.

4 Der Jakobsstab
Dieses Längen- und Winkelmessgerät nutzten früher z. B. Seefahrer. Der Peilstab $\overline{CD}$ wird auf einer Achse $\overline{AB}$ so lange verschoben, bis er bei der Peilung das Objekt gerade verdeckt. Eine Insel wird von einem Schiff aus angepeilt: $a = 22\,\text{cm}$, $\overline{CD} = 32\,\text{cm}$ und $e = 5{,}5\,\text{km}$. Berechne die Inselbreite.

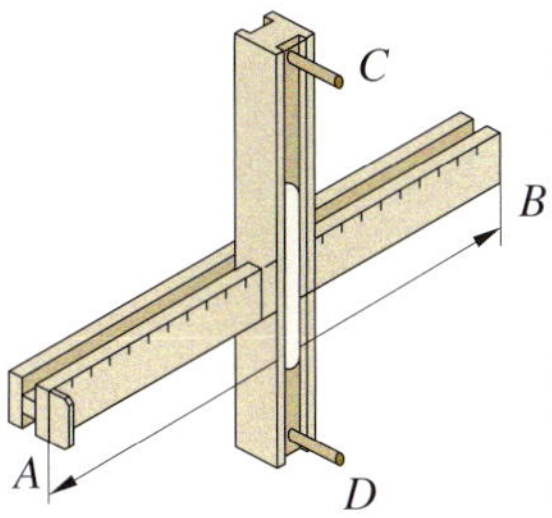

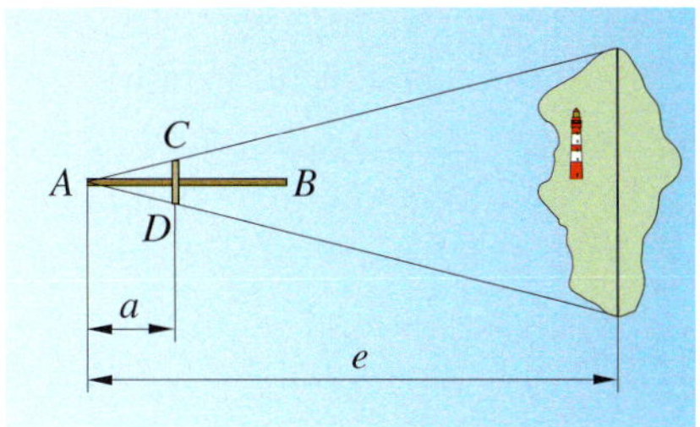

5 Das Försterdreieck
Förster messen die Höhe eines Baumes mit einem gleichschenklig-rechtwinkligen Dreieck. Sie peilen entlang der Hypotenuse in Richtung der Baumspitze. Dabei verändern sie so lange ihre Entfernung zum Baum, bis sie die Baumspitze in Verlängerung der Hypotenuse sehen.

a) Fertige ein Försterdreieck an und mache dich mit seiner Funktionsweise vertraut.
b) Mit einem Försterdreieck (Schenkellänge 30 cm) wird die Spitze eines Baumes in 11,50 m Entfernung angepeilt. Das Dreieck wird auf Augenhöhe, etwa 1,50 m über dem Boden gehalten.
Erstelle eine maßstabsgetreue Skizze und berechne die Höhe des Baumes.
c) Begründe, weshalb das Försterdreieck einen Faden mit einem Lot benötigt.
d) Diskutiert, ob das Försterdreieck auch zur Entfernungsmessung benutzt werden kann.

BEISPIEL
Hier siehst du ein Beispiel für ein einfaches Försterdreieck.

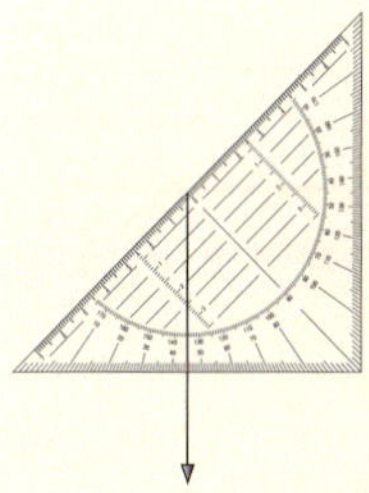

6 Messung nach Leonardo da Vinci
Leonardo da Vinci (1452–1519) stellte zur Vermessung eines Flusses eine Messlatte an ein Ufer. Aus 1 m Entfernung zur Messlatte peilte er einen Punkt am anderen Ufer an und markierte auf der Messlatte die Peilmarke und seine Augenhöhe.
Berechne die Breite des Flusses zu folgenden Messwerten:
$\overline{AB} = 25\,\text{cm}$ und $\overline{AD} = 1{,}40\,\text{m}$.

Trigonometrische Höhen- und Entfernungsmessung

Bei der Landesvermessung setzt man zur Bestimmung von Winkeln einen Theodoliten ein. Kernstück dieses Winkelmessinstruments ist ein bewegliches Fernrohr, mit dem man auf einen Punkt zielt. Dabei dreht man es in horizontaler Richtung nach links oder rechts und kann es in vertikaler Richtung heben oder senken. Den jeweiligen Drehwinkel kann man auf einer horizontalen und einer vertikalen Kreisscheibe ablesen. Moderne Theodoliten können mit Hilfe der Reflexion eines Infrarot- oder Laserstrahls auch Entfernungen messen.

Aufgaben

BEACHTE

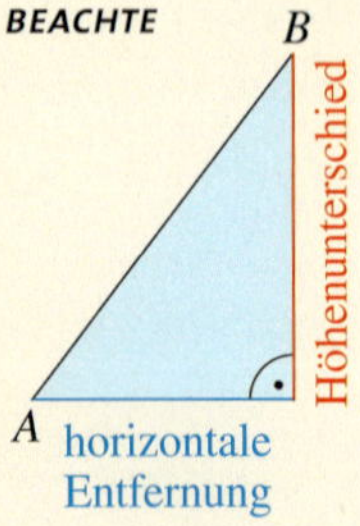

7 In einem Skigebiet

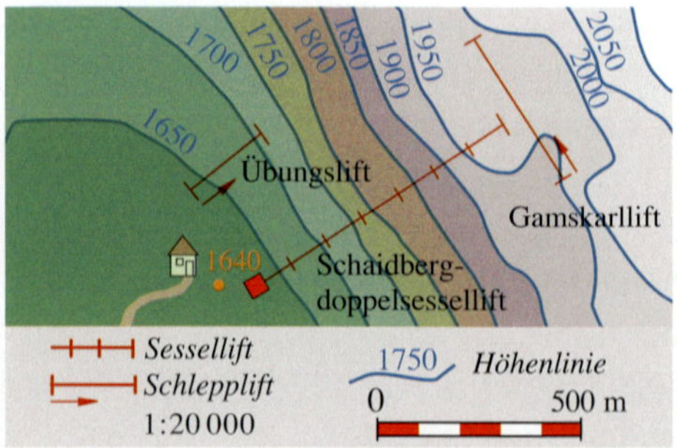

a) Ermittle anhand des Maßstabs jeweils die horizontale Entfernung zwischen der Talstation und der Bergstation der Lifte.
b) Lies den Höhenunterschied zwischen Tal- und Bergstation an den Höhenlinien ab.
c) Unter welchem Winkel steigt das Gelände im Durchschnitt je Liftstrecke an?
d) Berechne die Länge der Liftstrecke.

8 Anstieg im Gelände

Aus einer Wanderkarte liest man ab, dass die Orte A und B eine horizontale Entfernung von 3,2 km haben. Ihr Höhenunterschied beträgt 122 m.
a) Fertige eine maßstäbliche Skizze an.
b) Berechne den durchschnittlichen Steigungswinkel zwischen den beiden Orten. Vergleiche Skizze und Berechnung.

HINWEIS
Der Theodolit befindet sich 1,5 m über dem Boden.

9 Ein Wetterballon steigt auf

An einer Wetterwarte steigt bei völliger Windstille ein Wetterballon senkrecht auf. In einer Entfernung von 650 m zur Wetterwarte peilt ein Beobachter den Ballon mit Hilfe eines Theodoliten an. Die Messung des Höhenwinkels ergibt einen Wert von $\alpha = 24°$.
a) Wie weit war der Ballon zum Zeitpunkt der Messung vom Beobachter entfernt?
b) In welcher Höhe befand sich der Ballon zum Messzeitpunkt?

BEACHTE
Ein Marathon-Lauf hat eine Länge von 42,195 km.

10 Ein Stadtviertel in Berlin

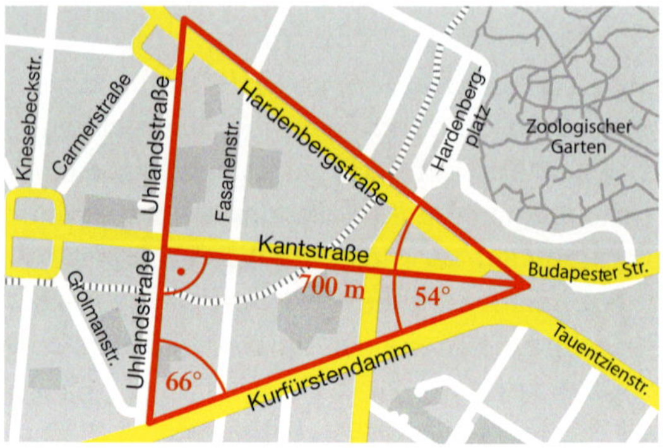

Die Hardenbergstraße, die Uhlandstraße und der Kurfürstendamm beschreiben annähernd ein dreieckiges Gebiet. Das darin liegende Teilstück der Kantstraße ist 700 m lang.
a) Berechne die Länge der Uhlandstraße und beschreibe, wie du dabei vorgehst.
b) Um das Gebiet soll ein Halbmarathon-Lauf stattfinden.
Ist diese Überlegung sinnvoll? Begründe.

11 Vermessung einer Baustelle

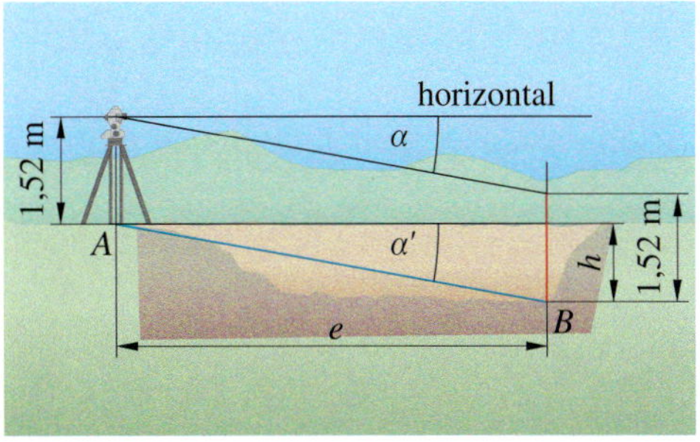

Theodoliten werden auch bei der Vermessung von Baustellen und Gebäuden eingesetzt: Um den Höhenunterschied der Punkte A und B in einer Baugrube zu bestimmen, peilt man die Messlatte über B in Standhöhe des Theodoliten über A an.

a) Berechne den Höhenunterschied h zwischen den Punkten A und B für folgende Messwerte: Tiefenwinkel $\alpha = 3{,}1°$, Peillänge $e = 20{,}50\,\text{m}$.

b) Beschreibe ein Verfahren, nach dem man die Höhe des fertigen Gebäudes berechnen kann.

12 Höhe des Vesuvs

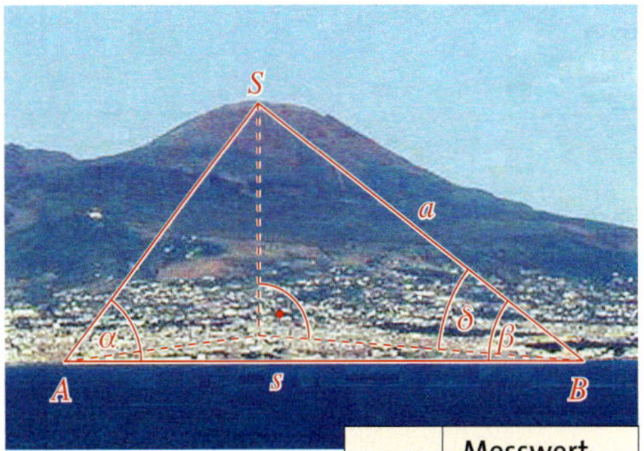

Die Höhe des Vesuvs lässt sich mit Hilfe der Trigonometrie berechnen:
In der Nähe des Vulkanes wird eine horizontale Standlinie mit den Endpunkten A und B abgesteckt und ihre Länge vermessen. Anschließend wird von beiden Endpunkten aus die Spitze S des Vesuvs angepeilt. Bei der Peilung können sowohl die Winkel α und β als auch der Höhenwinkel δ abgelesen werden.
Die Tabelle rechts listet alle Messergebnisse auf.

	Messwert
$\overline{AB}$	2960,7 m
α	52,6°
β	37,4°
δ	33,0°

a) Betrachte zunächst das Dreieck ABS und berechne die Länge der Seite a.

b) Berechne nun die Höhe h des Vesuvs.

c) Vergleiche das berechnete Ergebnis mit Angaben zur Höhe des Vesuvs aus dem Lexikon oder Internet.

SCHON GEWUSST?
Bei der Lösung von Vermessungsaufgaben wird häufig der Sinus- bzw. Kosinussatz benutzt.

Während früher Höhenmessungen aufwändig mit Hilfe von Theodoliten oder gar durch Luftdruckmessungen durchgeführt wurden, bietet heute die Navigation mit Hilfe eines **GPS**-Geräts (**G**lobal **P**ositioning **S**ystem) die Möglichkeit, Positionen viel einfacher zu bestimmen.
Weiter verbreitet ist die Anwendung eines Navigationssystems, das die schnellste Route von einem beliebigen Startpunkt zu einem Ziel berechnet. Auto- und Radfahrer, aber auch Wanderer lassen sich von ihren Navigationsgeräten leiten.

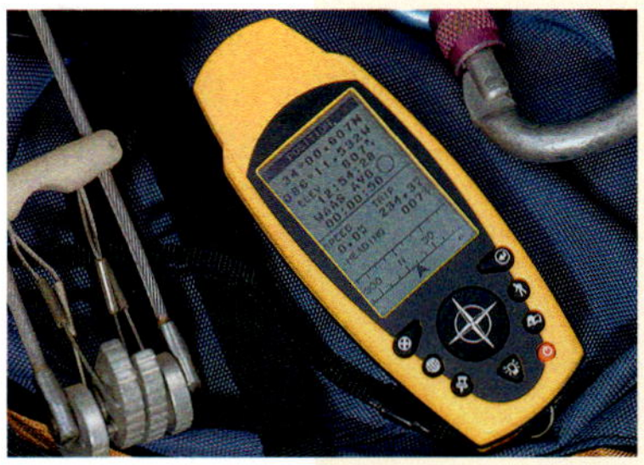

Projekt

Vermessung der Schule

a) Baut in kleinen Gruppen einen Theodoliten und schreibt zu dem Messgerät eine Bedienungsanleitung. Darin sollen sein Aufbau und die Methode zur Messung von Höhen und Entfernungen mit Hilfe des Theodoliten erklärt werden.

b) Vermesst mit euren Theodoliten z. B. das Schulgebäude, den Sportplatz, einen in der Nähe gelegenen Kirchturm oder ein anderes Gebäude.

c) Vergleicht eure Messergebnisse untereinander und diskutiert über die Ursachen eventueller Abweichungen.

www 187-1

BEACHTE
Unter dem Webcode befindet sich eine Bauanleitung für einen Theodoliten.

Geometrische Körper in Kunst und Technik

Viele Bauten haben als Grundlage bekannte geometrische Körper. Oftmals sind sie aus solchen zusammengesetzt oder sie lassen sich zu diesen ergänzen.

Djoser-Pyramide, Sakkara

Petersdom, Rom

Pantheon, Rom

Biosphere, Oracle

Mercedes-Benz-Center, Stuttgart

Louvre, Paris

Häufig nutzen Architekten zur Darstellung von Gebäuden Schrägbilder und zur Angabe von Maßen das Dreitafelbild. Dargestellt ist das Dreitafelbild von zwei Treppenstufen.

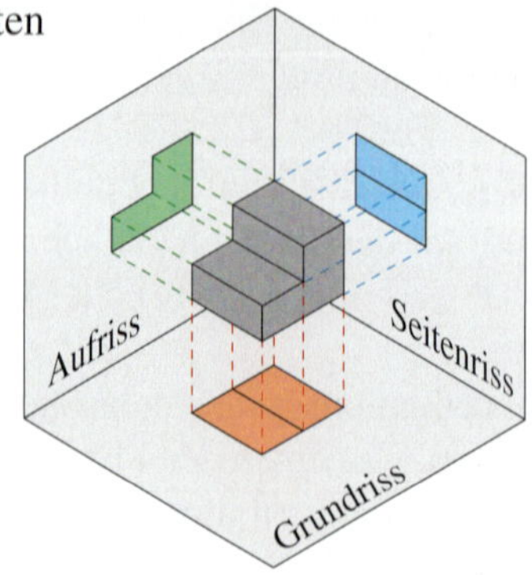

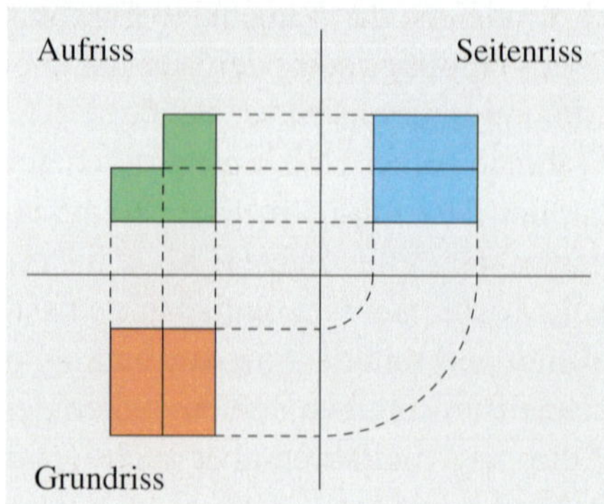

Aufgaben

1 Körper in der Architektur
Welche geometrischen Körper erkennst du oben auf den Fotos?

2 Präsentation
Sammle Informationen zu einem der folgenden Themen, bereite sie zu einem Kurzreferat auf und präsentiere sie in deiner Klasse:
- Gebäude in verschiedenen Kunstepochen
- Zweitafel- und Dreitafelbild
- Dreitafelbild eines Hauses

3 Körper darstellen

Stelle die geraden Körper zunächst in einer Freihandskizze dar. Zeichne sie anschließend in der Kavalierperspektive.

a) quadratische Pyramide: Grundkante $a = 5\,\text{cm}$; Raumhöhe $h = 7$ cm

b) Rechteckpyramide: Grundkante $a = 4\,\text{cm}$; Grundkante $b = 6\,\text{cm}$; Raumhöhe $h = 8\,\text{cm}$

c) Kreiskegel: Durchmesser des Grundkreises $d = 7\,\text{cm}$; Raumhöhe $h = 8\,\text{cm}$

ERINNERE DICH
In der Kavalierperspektive werden alle in die Tiefe verlaufenden Kanten im Winkel von 45° um die Hälfte verkürzt angetragen.

4 Berechnungen an Körpern

Berechne die Körper aus Aufgabe 3. Ermittle zunächst die Länge aller verwendeten Hilfslinien. Benutze, falls nötig, eine Formelsammlung.

a) Welches Volumen haben die drei Körper?

b) Wie groß ist der Flächeninhalt von Grund-, Mantel- und Oberfläche der drei Körper?

5 Dreitafelbild eines Körpers

Das Dreitafelbild zeigt den Grundriss, Seitenriss und Aufriss eines Körpers.

a) Welcher Körper ist im Dreitafelbild dargestellt?

b) Entnimm der Abbildung alle notwendigen Längen und zeichne den Körper im Schrägbild.

c) Berechne das Volumen und den Oberflächeninhalt. Beachte den Maßstab.

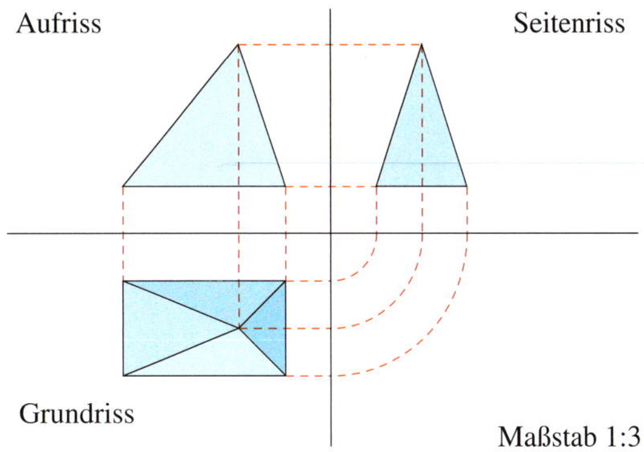

6 Ein Werkstück aus Aluminium

Die Abbildung rechts zeigt ein Netz eines Werkstücks aus Aluminium im Maßstab 1 : 10.

a) Aus welchen Teilkörpern setzt sich das Werkstück zusammen?

b) Skizziere das Werkstück in der Kavalierperspektive und zeichne es im Dreitafelbild.

c) Ermittle den Oberflächeninhalt des Werkstücks.

d) Berechne das Volumen und die Masse des Werkstücks.

e) Der jährliche Stromverbrauch eines 4-Personen-Haushalts liegt durchschnittlich bei 4500 kWh. Wie viele Tage kommt ein 4-Personen-Haushalt mit der Strommenge aus, der bei der Produktion von 1 t Aluminium verbraucht wird? Beachte die Angaben im Kasten und die Randspalte.

f) Welche Strommenge wird für ein einziges Werkstück benötigt? Berechne, wie viele Stunden ein 4-Personen-Haushalt mit dieser Strommenge auskommt.

www 189-1

HINWEIS
Unter dem Webcode findest du den aktuellen Umrechnungskurs für $ und den Arbeitsbetrag von Stromversorgern.

> Die Produktionskosten für Aluminium betrugen im Jahr 2007 weltweit durchschnittlich 1600 US-$/t. Davon wurden 28 % durch Kosten für elektrischen Strom verursacht.

> Aluminium hat eine Dichte von $2{,}7\,\frac{\text{g}}{\text{cm}^3}$.

Wenn eine Pyramide parallel zur Grundfläche durchgeschnitten wird, so entstehen ein Pyramidenstumpf und eine Ergänzungspyramide. Geschieht dies bei einem Kegel, spricht man von einem Kegelstumpf und einem Ergänzungskegel.

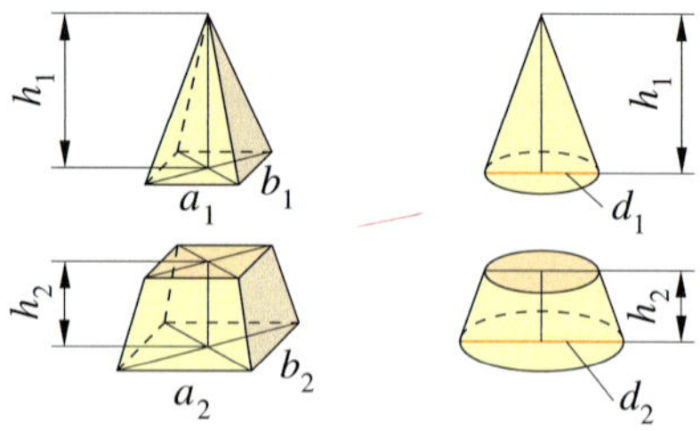

Aufgaben

190-1

BEACHTE
Unter dem Webcode findest du einen Link zum Bastelbogen.

7 Bastelbogen

Dies ist die verkleinerte Darstellung eines Bastelbogens für einen quadratischen Pyramidenstumpf. Der Maßstab beträgt 1 : 3.

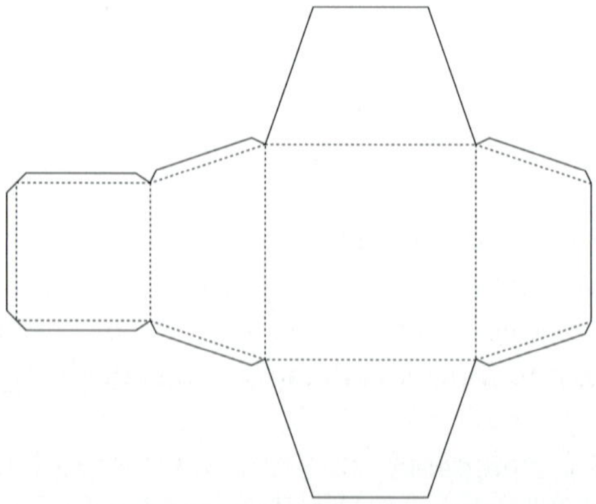

a) Übertrage das Körpernetz ins Heft oder drucke den Bastelbogen aus. Markiere Grund-, Deck- und Mantelfläche.

HINWEIS
Eine Formelsammlung hilft bei den Berechnungen.

b) Stelle eine Formel zur Berechnung von Mantelflächen- und Oberflächeninhalt auf. Diskutiere dein Ergebnis mit deinem Sitznachbarn und vergleiche mit dem Eintrag in der Formelsammlung.

c) Berechne Oberflächeninhalt und Volumen.

8 Pyramiden-Brunnen

HINWEIS
Granit hat eine Dichte von 2,8 $\frac{kg}{dm^3}$.

Aus dem Spalt unterhalb der quadratischen Ergänzungspyramide fließt Wasser über die Granitflächen des Brunnens. Alle Kanten der Pyramide sind 2,5 m lang, alle Kanten der Ergänzungspyramide 0,5 m.

a) Zeichne ein Netz des Brunnens und stelle ihn im Dreitafelbild dar.

b) Berechne den Mantelflächeninhalt des Brunnens.

c) Schätze, ob der Brunnen mit einem 12-Tonnen-Lkw transportiert werden kann.

d) Berechne die Masse der gesamten Pyramide und des einzelnen Pyramidenstumpfes.

9 Ähnlichkeit bei Körpern

Nicht nur Flächen, sondern auch Körper können unter bestimmten Bedingungen ähnlich sein.

a) Begründet zu zweit die folgende Aussage:
Eine Ergänzungspyramide ist zur ursprünglichen Pyramide ähnlich.
Nutzt die Zeichnung, um ähnliche Flächen zu finden.

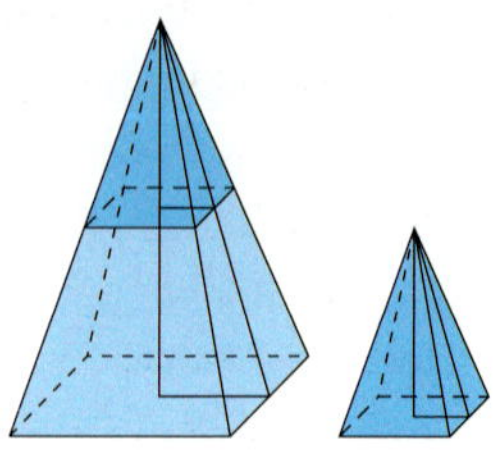

b) Zeichnet das Schrägbild eines Kegels mit seinem Ergänzungskegel. Tragt Strecken ein, mit deren Hilfe man beweisen kann, dass Kegel und Ergänzungskegel ähnlich sind. Führt den Beweis.

c) Wie verhalten sich Grundfläche, Mantelfläche und Volumen von ähnlichen Körpern?

10 Volumen eines quadratischen Pyramidenstumpfes

Das Volumen des Pyramidenstumpfes kann wie folgt berechnet werden.

$$V_{Pyramidenstumpf} = V_{Pyramide} - V_{Ergänzungspyramide}$$
$$V_{Pyramidenstumpf} = \frac{1}{3} \cdot a_2^2 \cdot (h_1 + h_2) - \frac{1}{3} \cdot a_1^2 \cdot h_1$$
$$V_{Pyramidenstumpf} = \frac{1}{3} \cdot (a_2^2 \cdot (h_1 + h_2) - a_1^2 \cdot h_1)$$
$$V_{Pyramidenstumpf} = \frac{1}{3} \cdot (a_2^2 \cdot h_1 + a_2^2 \cdot h_2 - a_1^2 \cdot h_1)$$
$$V_{Pyramidenstumpf} = \frac{1}{3} \cdot ((a_2^2 - a_1^2) \cdot h_1 + a_2^2 \cdot h_2)$$

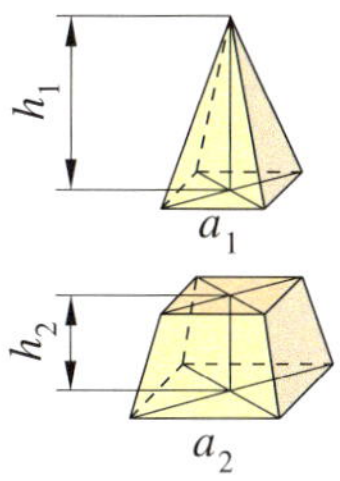

a) Beschreibe die einzelnen Schritte der Herleitung.
b) In einer Formelsammlung findet man zum Volumen eines quadratischen Pyramidenstumpfes diese beiden Formeln:
① $V = \frac{1}{3} \cdot h \cdot (a_1^2 + a_1 a_2 + a_2^2)$ ② $V = \frac{h}{3} \cdot (A_1 + \sqrt{A_1 \cdot A_2} + A_2)$
Wie wird eine Formel aus der anderen hergeleitet? Präsentiere deine Lösung.

11 Blumenkübel

Der Kübel soll mit Blumenerde gefüllt werden. Er hat eine quadratische Grundfläche und eine quadratische Öffnung. Die Grundkante ist innen 38,5 cm lang, die Oberkante innen 52,5 cm. Die innere Füllhöhe beträgt 55 cm. Wie viel Liter fasst der Kübel?

12 Volumenformel von Kegelstümpfen

Leite eine Formel zur Berechnung des Volumens von Kegelstümpfen her. Beachte die Herleitung zum Volumen von Pyramidenstümpfen in Aufgabe 10.

13 Apollo 11

Mit Apollo 11 flogen 1969 die ersten Menschen auf den Mond. Die drei Astronauten saßen während des Fluges in einer Kommandokapsel, die die Form eines Kegelstumpfes hatte. Der untere Durchmesser betrug 3,9 m, der obere 0,9 m. Insgesamt hatte die Kapsel eine Höhe von 3,2 m. Berechne Oberflächeninhalt und Volumen der Kapsel.

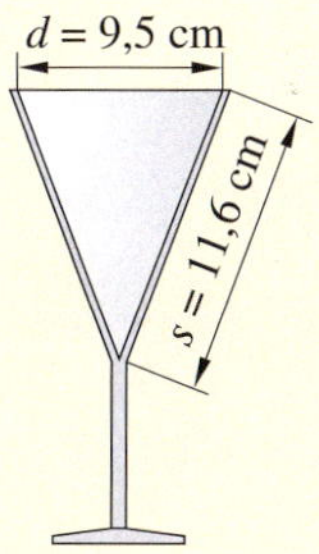

14 Kelchglas-Rätsel

Ein kegelförmiges Kelchglas mit einem inneren Randdurchmesser von 5,5 cm und einer inneren Kelchhöhe von 15,0 cm wird bis zur halben Höhe gefüllt.
Wie viel Prozent des höchstens in das Glas einzufüllenden Volumens wurden gefüllt?

15 Vergoldung der Kuppel des Petersdoms

Goldbarren, die bei Zentralbanken gelagert werden, wiegen 400 Feinunzen. Aus solchen Goldbarren kann durch mehrfaches Walzen Blattgold hergestellt werden. Jede Goldfolie hat dann nur noch eine Dicke von 100 nm.
Wie viele Goldbarren werden benötigt, wenn die Kuppel des Pertersdoms in Rom (siehe S. 188) von innen mit Blattgold verkleidet werden soll? Die Kuppel hat die Form einer Halbkugel mit einem Innendurchmesser von ca. 42 m.

HINWEIS
Eine Feinunze entspricht 31,1 g.
Gold hat eine Dichte von 19,32 $\frac{g}{cm^3}$.
Ein nm entspricht 10^{-9} m.

Dynamisieren geometrischer Objekte

Die Zentralperspektive

Zur räumlichen Darstellung eines Körpers wird oftmals ein Schrägbild des Körpers erstellt. Dabei wird hauptsächlich die sogenannte Kavalierperspektive angewandt, bei der alle in die Tiefe verlaufenden Kanten im Winkel von 45° und um die Hälfte verkürzt angetragen werden.
Das Schrägbild ist eine **parallelperspektivische Darstellung**.
Alle in der Wirklichkeit parallel verlaufenden Körperkanten sind auch in der Abbildung parallel.

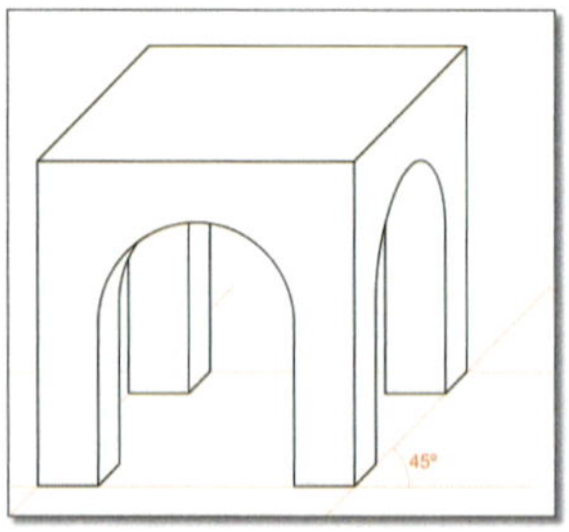

Diese Art der Darstellung entspricht jedoch nicht unserem **natürlichen Sehen**. Wir sind daran gewöhnt, dass entfernte Gegenstände kleiner erscheinen als näher liegende.

ZUM WEITERARBEITEN
Informiere dich über den Aufbau des menschlichen Auges. Vergleiche den Aufbau mit dem einer Kamera.

Auf einem **Foto** wird die Wirklichkeit weitestgehend so dargestellt, wie wir sie sehen. Das liegt daran, dass das menschliche Auge und eine Kamera einen ähnlichen Aufbau haben.

BEACHTE
Dieses Gemälde zeigt eine Darstellung Otto III. aus dem Mittelalter.

In der **Malerei** wurde die Nachahmung des natürlichen Sehempfindens über lange Zeit hinweg eher vernachlässigt. Im Mittelalter war eine flächige, von Farben dominierte Malweise vorherrschend. Die Größe von Gegenständen wurde eher von ihrer Bedeutung als von ihrem räumlichen Abstand zum Bildbetrachter bestimmt.

Erst in der Renaissance, um 1420 in Italien, wurde die **Zentralperspektive** in Anlehnung an das natürliche Sehen entwickelt und seitdem konsequent angewandt.

Die wesentlichen **Prinzipien der Zentralperspektive** sind einerseits die **perspektivische Verkürzung**, d. h. alle Längen werden entsprechend der Entfernung zum Auge verkürzt. Zusätzlich laufen alle in die Tiefe führenden, parallelen Linien in einem Punkt zusammen. Diesen Punkt nennt man **Fluchtpunkt**.

So entsteht auf zweidimensionaler Fläche die Illusion eines dreidimensionalen Bildraumes.

Merkmale einer zentralperspektivischen Darstellung

1. Alle in die Tiefe parallel zueinander verlaufenden Linien treffen sich im Bild in einem Fluchtpunkt. Dieser liegt auf der Horizontlinie des Bildes.
2. Alle Senkrechten bleiben im Bild senkrecht.
3. In einem Bild kann es sogar mehrere Fluchtpunkte geben. In solch einem Bild verlaufen zwei oder drei Linienbündel in die Tiefe.

Ein Beispiel für eine zentralperspektivische Darstellung mit zwei Fluchtpunkten ist in der Grafik unten dargestellt. Diese Technik vermittelt einen optimalen räumlichen Eindruck des Objektes. Die **Zentralperspektive mit zwei Fluchtpunkten** nennt man auch Übereckperspektive.

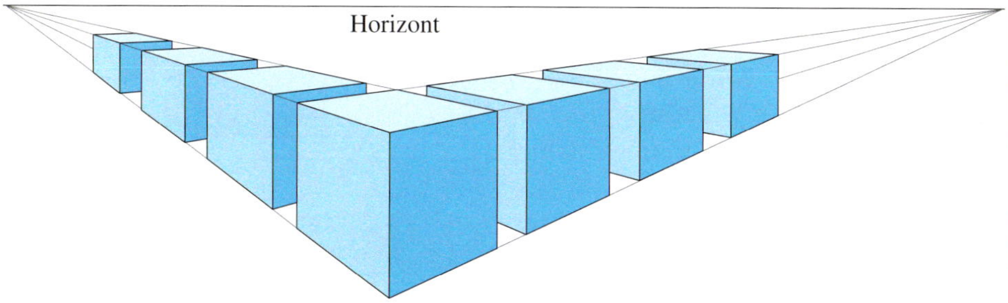

Aufgaben

1 Betrachte die Allee und den Säulengang auf den Fotos auf der vorigen Seite.
a) Kannst du die Prinzipien der Zentralperspektive darin wiederfinden? Begründe.
b) Nenne Beispiele für weitere Motive, von denen man Fotos dieser Art machen könnte.
c) Mache selbst Fotos dieser Art und stelle sie in der Klasse aus.

2 Vergleiche die Grafik zur Zentralperspektive mit zwei Fluchtpunkten und das Foto vom Bauhaus rechts daneben. Wo befinden sich die Fluchtpunkte des Gebäudes?

3 Drucke dir ein Gemälde aus, das in der Zentralperspektive gezeichnet wurde. Beachte dazu den Webcode in der Randspalte.
a) Finde den Fluchtpunkt im Bild. Zeichne dazu alle in die Tiefe verlaufenden Linien farbig ein. Verlängere die Linien zum Horizont hin, ähnlich wie in der Abbildung oben rechts auf dieser Seite.
b) Sind in dem Bild alle Merkmale einer zentralperspektivischen Darstellung zu finden? Begründe.

4 Skizziere einen Körper in der Zentralperspektive. Stelle den Körper zunächst mit nur einem Fluchtpunkt dar. Skizziere denselben Körper anschließend mit zwei Fluchtpunkten und vergleiche die Skizzen.

WWW 193-1
BEACHTE
Unter diesem Webcode kannst du dir ein Arbeitsblatt mit Gemälden ausdrucken.

Zentralperspektive mit Hilfe einer Dynamischen Geometrie-Software erzeugen

HINWEIS
Für die Beispiele in diesem Buch wird das Programm Euklid DynaGeo verwendet. Gebräuchlich sind außerdem die Programme GEONExT und GeoGebra.

Ein Haus soll in der Zentralperspektive mit einem Fluchtpunkt dargestellt werden.

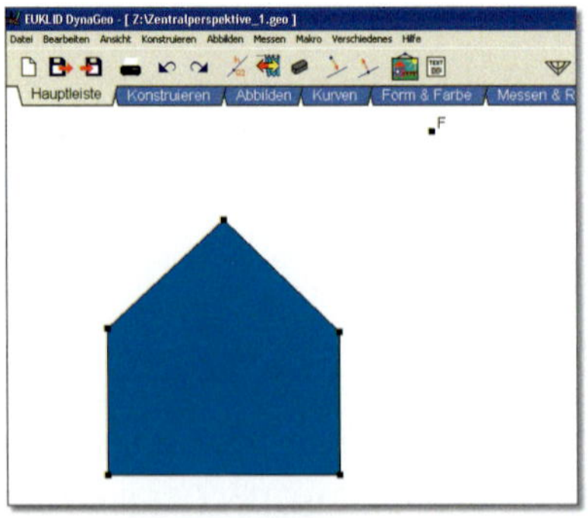

1. Setze einen Fluchtpunkt im oberen Teil der Zeichenfläche.

2. Konstruiere nun die Seitenfläche eines einfachen Hauses mit Giebel. Klicke dazu im Menü **Konstruieren** auf die Funktion ***n*-Eck**.

3. Die Rückwand des Hauses kannst du nun durch **zentrische Streckung** erzeugen. Der Fluchtpunkt ist dabei das Streckungszentrum *k*.
   Um den Streckungsfaktor anzugeben, benötigst du zunächst ein sogenanntes **Termobjekt**. Wähle **Messen → Termobjekt erstellen** in der Menüleiste und gib z. B. den Wert **0,7** ein.
   Wähle nun **Abbilden → Objekt zentrisch strecken** und klicke nacheinander auf dein zu streckendes **Objekt** (die Hauswand), das **Streckungszentrum** (den Fluchtpunkt) und den **Streckungsfaktor** (das Termobjekt).

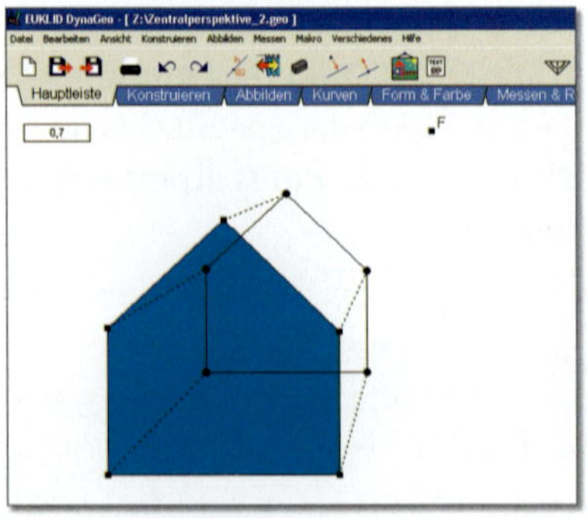

4. Du kannst nun die Wände und das Dach beliebig einfärben. Benutze dazu den Reiter **Form und Farbe.** Stelle nun die Fluchtlinien dar. Verbinde dazu alle Eckpunkte des Hauses mit dem Fluchtpunkt durch jeweils eine **Strecke**.

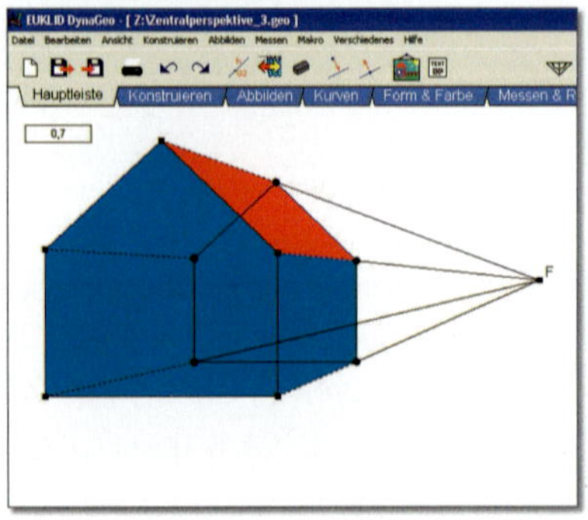

5. Bewege nun den Fluchtpunkt über die Zeichenfläche. Die zentralperspektivische Darstellung des Hauses wird dabei von der Software dynamisch angepasst.

Aufgaben

5 Konstruiere ein Haus wie oben beschrieben. Erweitere dann deine Konstruktion zu einer Straßenszene: Das Haus kann z. B. an einer Straße stehen, die zum Horizont führt. Konstruiere mindestens ein weiteres Haus auf der gegenüberliegenden Straßenseite.

HINWEIS
Für die beiden Streckungszentren können auch zwei verschiedene Streckungsfaktoren gewählt werden.

6 Erzeuge eine Hochhausdarstellung in Übereckperspektive mit Hilfe einer dynamischen Geometrie-Software.
Bestimme dazu zwei Fluchtpunkte auf der Zeichenfläche. Beide Fluchtpunkte liegen auf der Horizontlinie. Beginne die Konstruktion des Hauses mit einer senkrechten Strecke, der vorderen Hauskante. Mit Hilfe eines Termobjektes kann nun die Strecke jeweils in Richtung der Fluchtpunkte gestreckt werden. Wiederhole die zentrische Streckung bei den weiteren Hauskanten.

Zeichnen von Ortskurven

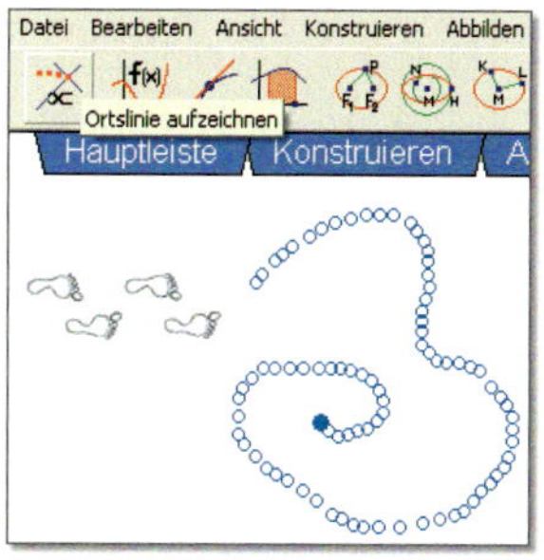

Im Zugmodus kann jeder freie Punkt beliebig auf der Zeichenfläche bewegt werden. Dabei verändert sich sein Ort. Der zurückgelegte Weg des Punktes kann von einer dynamischen Geometrie-Software sichtbar gemacht werden: Wie eine Spur aus Fußabdrücken entsteht eine sogenannte Ortskurve oder Ortslinie.

BEACHTE
Bei GEONExT heißen die Ortskurven Spur.

Aufgaben

7 Erzeuge einen Punkt auf der Zeichenfläche. Um seine Ortskurve aufzuzeichnen, wähle im Menü **Zeichnen** den Unterpunkt **Ortslinie eines Punktes aufzeichnen**. Markiere den Punkt und bewege ihn über die Zeichenfläche.
Schreibt euch gegenseitig mit Hilfe einer Ortskurve kurze Nachrichten.

8 Erzeuge einen Punkt M auf der Zeichenfläche. Befestige ihn dort (**Bearbeiten → Punkt fixieren**). Trage an M eine Strecke mit einer festen Länge an. Zeichne die Ortskurve des freien Punktes auf. Wie verläuft die Ortskurve, wenn M nicht fixiert wird?

9 Untersuche die folgende Ortskurve.

a) Zeichne eine Strecke AB. Konstruiere die Ortskurve aller Punkte, die den gleichen Abstand von den Punkten A und B haben. Führe dazu die folgenden Konstruktionsschritte aus:
① Erzeuge einen Punkt P. Zeichne um A einen Kreis durch P.
② Zeichne um B einen Kreis mit dem Radius AP. Benutze den Hinweis in der Randspalte.
③ Erzeuge die Schnittpunkte der beiden Kreise.
④ Zeichne nun nacheinander die Ortskurve der beiden Schnittpunkte auf, wenn der Punkt P bewegt wird.

b) Welche besondere Eigenschaft hat diese Kurve?

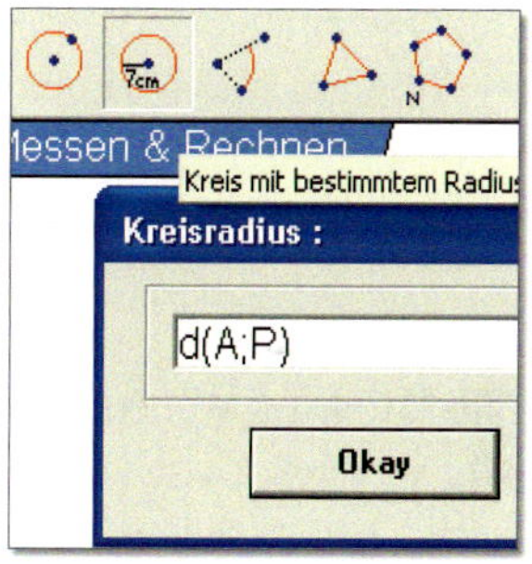

HINWEIS
Klicke mit der rechten Maustaste auf die Punkte und benenne sie.

HINWEIS
d (A; P) ist der Abstand zwischen den Punkten A und P.

10 Konstruiere ein rechtwinkliges Dreieck ABC mit dem rechten Winkel bei C.

a) Welche Ortskurve entsteht von C, wenn der Punkt A bzw. der Punkt B bewegt wird?

b) Wo liegt der Umkreismittelpunkt in einem rechtwinkligen Dreieck?

11 Der Höhenschnittpunkt eines Dreiecks hat eine besondere Ortskurve.

a) Führe die folgende Konstruktion durch:
① Zeichne eine Strecke AB.
② Konstruiere eine Parallele g zu AB.
③ Markiere auf g einen Punkt C.
④ Zeichne das Dreieck ABC.
⑤ Konstruiere die drei Höhen des Dreiecks ABC.
⑥ Benenne den Schnittpunkt der Höhen mit S.

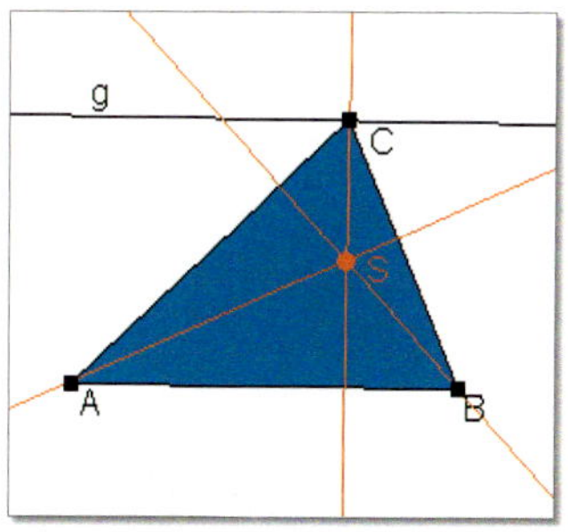

b) Zeichne die Ortskurve des Höhenschnittpunkts S. Wie verändert sich die Lage von S, wenn der Punkt C entlang der Geraden g bewegt wird?

c) Beschreibe die Form der Ortskurve von S.

ZUM WEITERARBEITEN
Wer war Thales? Was ist der nach ihm benannte Thales-Kreis?

Verwenden von Makros

BEACHTE
Bei GEONExT ist das Verwenden von Makros nicht möglich.

Mit einem Makro kann eine Folge von mehreren Konstruktionsschritten zu einem einzigen Befehl zusammengefasst werden. Damit erspart man sich das wiederholte Ausführen aller Teilschritte einer Konstruktion.

Die Verwendung von Makros in DynaGeo wird nun an einem Beispiel beschrieben.

ERINNERE DICH
Der Umkreismittelpunkt ist der Schnittpunkt der Mittelsenkrechten des Dreiecks.

1. Konstruktion durchführen

Zeichne ein beliebiges Dreieck. Führe die vollständige Konstruktion des Umkreises zu diesem Dreieck durch.

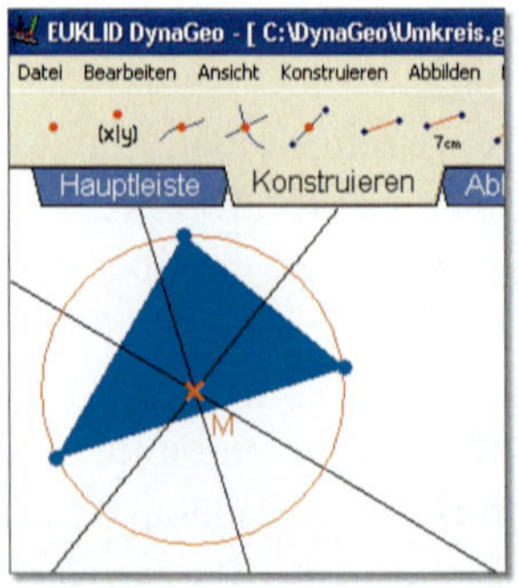

2. Makro erstellen

Jetzt werden alle Konstruktionsschritte zu einem Makro zusammengefasst. Klicke dazu im Menü **Makro** auf **Neues Makro erstellen**.

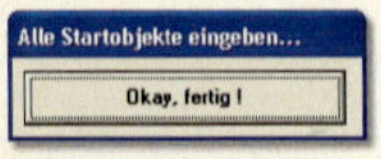

- Markiere in der Konstruktionszeichnung alle **Startobjekte**. Das sind die Objekte, die das Programm zur Konstruktion benötigt. Im Beispiel sind die Startobjekte die Eckpunkte des Dreiecks. Bestätige die Eingabe mit der Schaltfläche *Okay, fertig*.

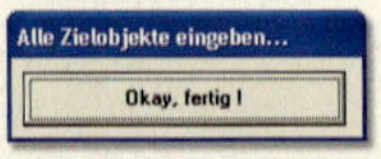

- Klicke nun alle **Zielobjekte** in der Zeichnung an. Zielobjekte, wie hier das Dreieck und der Umkreis mit seinem Mittelpunkt, werden später vom Programm angezeigt. Bestätige erneut deine Eingabe.
- Gib dem Makro einen **Namen,** z. B. Umkreis. Zusätzlich kannst du es beschreiben.
- Speichere das Makro dauerhaft in einem beliebigen Ordner ab. Klicke dazu im Menü **Makro** auf **Makro exportieren**.

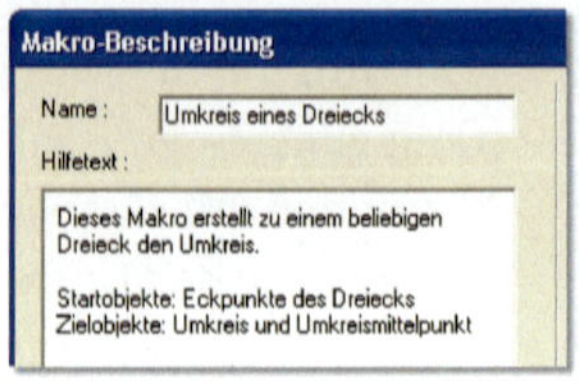

3. Makro verwenden

Ohne viel Aufwand lassen sich nun Umkreise zu Dreiecken konstruieren. Damit das Makro in einem neuen Arbeitsblatt verwendet werden kann, muss das Makro zunächst geladen werden (**Makro → Makro importieren**). Anschließend wird das Makro im Menü angezeigt.

TIPP
Makros können über das Menü Makro oder die Schaltfläche mit der Klappe ausgeführt werden.

Wähle das Makro an. Erzeuge auf der Zeichenfläche drei Punkte als Startobjekte. Als Ergebnis zeichnet das Programm zu den drei Punkten ein Dreieck, seinen Umkreis und den Umkreismittelpunkt.

Aufgaben

12 Welche Makros gibt es bereits im Konstruktionsmenü von DynaGeo? Nenne mehrere Beispiele und beschreibe ihre Funktion.

13 Erstelle ein Makro zum Erzeugen eines rechtwinkligen Dreiecks *ABC*.

14 Schreibe ein Makro zum Zeichnen eines Quadrats aus einer Seite *AB*.

HINWEIS
Informationen zum Inkreis findest du z. B. in einer Formelsammlung oder im Internet.

15 Erstelle ein Makro, welches zu jedem Dreieck seinen Inkreis konstruiert.

Anhang

Pyramide, Kegel, Kugel

In deiner Umwelt findest du viele Gegenstände, die die Form eines geometrischen Körpers haben. Die drei Lichttürme befinden sich auf dem Dach der Bundeskunsthalle in Bonn. Sie haben die Form eines Kegels.

Quadratische Funktionen

Ein Vulkanausbruch! Glühendheiße Lava schießt aus dem Krater und wird in einem parabelförmigen Bogen ausgeworfen. Später erstarrt sie zu besonders fruchtbarer Erde.

Quadratische Gleichungen

Die Flugkurve des Skifahrers beschreibt unter dem Einfluss seiner Anfangsgeschwindigkeit und der Fallbeschleunigung einen Parabelbogen, den Graphen einer quadratischen Funktion. Mit der zugehörigen quadratischen Gleichung können z. B. Höhe und Weite des Sprunges berechnet werden.

Datenerhebungen hinterfragen

In Deutschland gibt es etwa 350 Tageszeitungen, dazu kommen viele Wochenzeitungen und unzählige Zeitschriften für jede Altersgruppe und für jedes Thema. Diese Medien informieren über aktuelles Geschehen. Die Informationen werden aber nicht immer neutral präsentiert. Gerade in Diagrammen und statistischen Auswertungen gibt es die Möglichkeit, Ergebnisse gezielt hervorzuheben und falsche Eindrücke zu erwecken.

Potenzen und Zehnerpotenzen

Betrachtet man Sand unter einem Mikroskop, erkennt man filigrane Gebilde. Sand besteht aus den Gehäusen von einzelligen Meeresbewohnern, den Foraminiferen. Seit ca. 56 Millionen Jahren besiedeln diese Lebewesen den Meeresboden. Das sind $5{,}6 \cdot 10^7$ Jahre. Die kleinsten dieser Tiere haben eine Größe von etwa 40 Mikrometer. Das sind $4 \cdot 10^{-5}$ m.

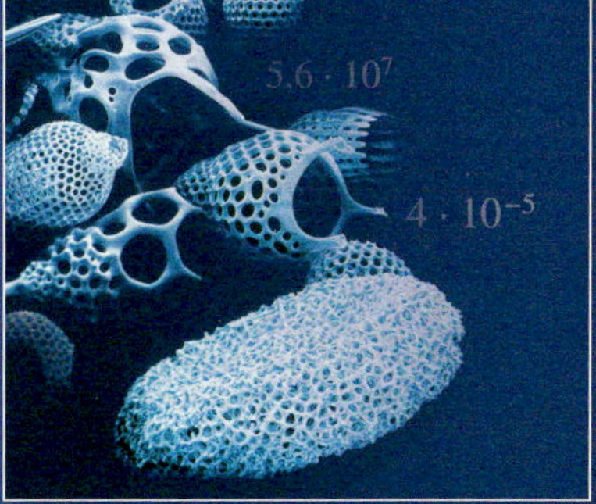

Wachstum

Jedes Leben beginnt mit einer einzigen Zelle, die sich nach und nach immer wieder teilt. Beim Menschen beginnt die Zellteilung sofort nach der Befruchtung der Eizelle. Nach ca. 30 Stunden ist die erste Teilung abgeschlossen. Aus den zwei Zellen entstehen vier, nach ca. drei Tagen sind es bereits 16 Zellen. So wächst das neu entstandene Leben immer weiter …

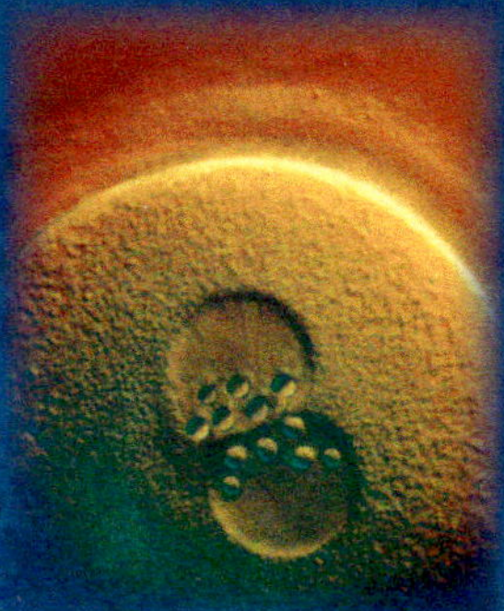

Trigonometrie

Im Mittelalter zogen Seefahrer aus, um die Welt zu entdecken. Sie orientierten sich an den Sternen und bestimmten durch Winkelberechnungen ihre Position auf See.

Die Sinusfunktion

Das Finale in der Disziplin 400-m-Kraul der Herren beginnt mit einem Kopfsprung vom Startblock. Alle Schwimmer sind noch gleich auf. Schnell nähern sich die Schwimmer der ersten Wende. Bis zum letzten Anschlag werden sie 7-mal die Richtung ändern. Nach jeweils drei Zügen holen sie Luft und werden unzählige Male den Arm ins Wasser eintauchen, durchziehen und wieder heben. Immer dieselbe, sich wiederholende Bewegung. Eingeübt bis zur Perfektion. Nach 3:41 min reißt der Sieger die Arme in die Luft.

Anwendungen

Optimierung
Vermessungsprobleme
Geometrische Körper in Kunst und Technik
Dynamisieren geometrischer Objekte

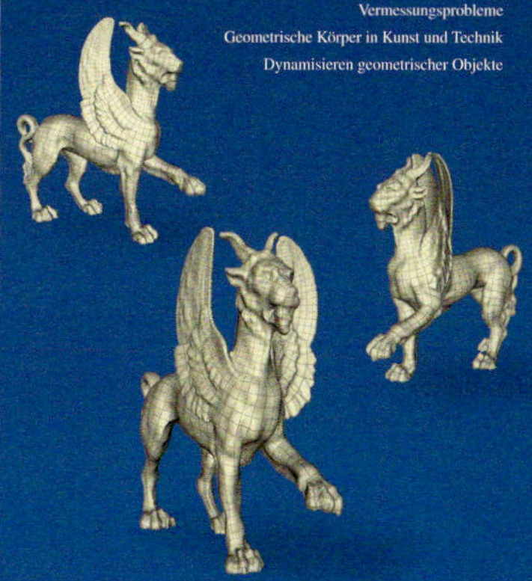

Training

Pyramide, Kegel, Kugel

1 Berechne die fehlenden Strecken. Runde die Ergebnisse auf Millimeter.

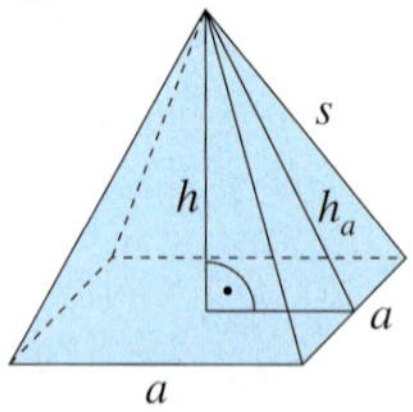

	a	s	h	h_a
a)	6 cm	12 cm		
b)			10,2 cm	12,9 cm
c)		11,4 cm		9,9 cm
d)	15 cm			28 cm

2 Berechne das Volumen der geraden Pyramide aus den Angaben zur Grundfläche und der gegebenen Körperhöhe.
a) Die Grundfläche ist ein Quadrat mit $a = 4{,}3$ m. Die Körperhöhe ist $h = 2{,}5$ m.
b) Die Grundfläche ist ein Rechteck mit $a = 1{,}9$ dm und $b = 18$ cm. Die Körperhöhe ist $h = 2{,}2$ dm.
c) Die Grundfläche ist ein rechtwinkliges Dreieck mit $\alpha = 90°$, $c = 10$ cm, $b = 8$ cm. Die Körperhöhe ist $h = 12$ cm.

3 Berechne den Mantel- und den Oberflächeninhalt einer quadratischen Pyramide mit Grundkante a, Seitenkante s, Körperhöhe h und Seitenhöhe h_a.
a) $a = 8{,}9$ cm; $h_a = 15{,}2$ cm
b) $a = 14{,}4$ m; $s = 16{,}8$ m
c) $h = 12$ cm; $h_a = 19$ cm
d) $h_a = 8$ cm; $s = 12{,}81$ cm

4 Eine gerade Pyramide hat eine rechteckige Grundfläche. Berechne die fehlende Größe.

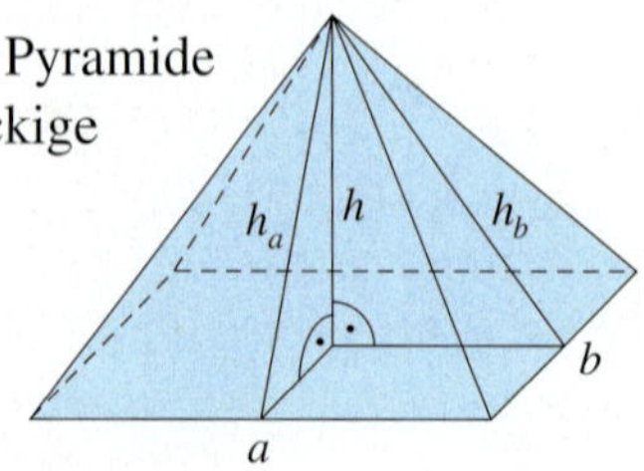

	a	b	h	V
a)	58 mm	93 mm	26 mm	
b)	125 cm	244 cm		140 000 cm^3
c)		12 m	12 m	600 m^3
d)	138 dm		167 dm	625 824 dm^3

5 Berechne das Volumen des Kegels.

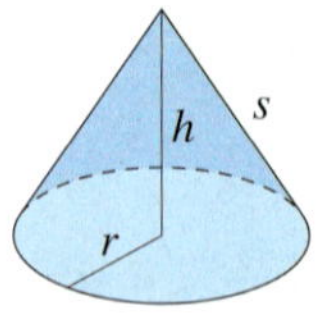

a) $r = 6{,}4$ cm; $h = 13{,}6$ cm
b) $r = 5$ cm; $s = 10$ cm
c) $s = 15$ mm; $h = 10$ mm
d) $d = 28$ m; $s = 35$ m

6 Berechne den Mantelflächeninhalt A_M, den Oberflächeninhalt A_O und das Volumen V des Kegels.
a) $h = 17$ cm; $r = 5$ cm
b) $h = 20$ mm; $d = 30$ mm
c) $h = 10$ cm; $s = 15$ cm
d) $s = 9$ cm; $r = 40$ mm

7 Berechne das Volumen und den Oberflächeninhalt der Kugel.
a) $r = 3{,}7$ cm
b) $d = 12{,}8$ dm

8 Berechne den Durchmesser der Kugel.
a) $A_O = 2875\,cm^2$
b) $A_O = 8{,}22\,m^2$
c) $V = 28{,}75\,cm^3$
d) $V = 822\,m^3$

9 Der Radius einer Kugel beträgt $r = 4$ cm.
a) Berechne den Oberflächeninhalt der Kugel.
b) Welchen Radius hat eine Kugel, deren Oberflächeninhalt nur halb so groß ist?
c) Welchen Radius hat eine Kugel, deren Oberflächeninhalt doppelt so groß ist?

10 Ordne die folgenden Körper nach ihrem Volumen.
① quadratische Pyramide mit $a = 10$ cm und $h = 10$ cm
② Kegel mit $d = 10$ cm und $h = 10$ cm
③ Kugel mit $r = 10$ cm

11 ➡ Ein Kegel aus Plexiglas hat einen Radius von $r = 5$ cm und ist 10 cm hoch. Der Kegel ist mit Metallkugeln gefüllt, die einen Durchmesser von 3 mm besitzen. Wie viele Metallkugeln können höchstens in dem Kegel sein? Schätze zunächst und berechne dann.

Quadratische Funktionen

1 Beschreibe den Funktionsgraphen und gib den Scheitelpunkt der Parabeln an.

a) $f(x) = x^2 - 1$
b) $f(x) = -x^2 + 4$
c) $f(x) = -2{,}5x^2 + 5{,}5$
d) $f(x) = \frac{2}{3}x^2 - \frac{1}{2}$
e) $f(x) = (x-4)^2 + 3$
f) $f(x) = 1{,}5(x-1)^2$
g) $f(x) = -\frac{1}{2}(x+4)^2 - 2$
h) $f(x) = 2(x-4)^2$
i) $f(x) = 0{,}8(x-2)^2 + 1$
j) $f(x) = -(x+8)^2$

2 Forme die Funktionsgleichungen in die Scheitelpunktform um. Beschreibe jeweils den Funktionsgraphen und gib den Scheitelpunkt an.

a) $f(x) = x^2 + 14x + 49$
b) $f(x) = x^2 - 6x + 9$
c) $f(x) = x^2 + 18x + 81$
d) $f(x) = x^2 - 4x + 6$
e) $f(x) = x^2 + 3x + 3$
f) $f(x) = -x^2 - 6x + 10$
g) $f(x) = 3x^2 - 9x - 12$
h) $f(x) = -2x^2 + 4x + 30$

3 **WANTED!**
Gesucht wird die Gleichung einer Parabel mit den folgenden Eigenschaften.

a) Scheitelpunkt $S(2\,|\,1)$ und Stauchungsfaktor $\frac{1}{3}$
b) Scheitelpunkt $S(-3\,|\,4)$ und Streckungsfaktor -2
c) Scheitelpunkt $S(3\,|\,0)$ und Punkt $P(4\,|\,2)$
d) Scheitelpunkt $S(1\,|\,4)$ und y-Achsenabschnitt $n = 5$
e) Scheitelpunkt im Ursprung und Punkt $P(2\,|\,5)$

4 Ein Architekt plant eine Brücke mit einem Parabelbogen entsprechend der angegebenen Skizze.

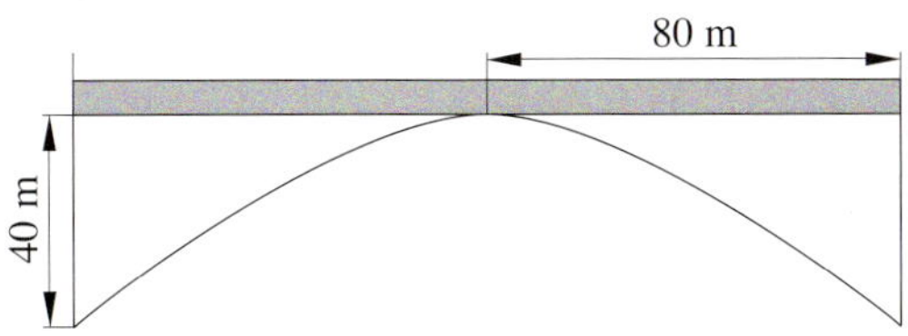

Ermittle den Streckungsfaktor a aus der Gleichung $f(x) = ax^2$ und stelle die Funktionsgleichung auf.

5 In einem Park soll eine Wasserfontäne 10 m weit und 4 m hoch spritzen.
Überprüfe, ob die Höhe h des Wasserstahls mit der Gleichung $h(x) = -0{,}16x^2 + 1{,}6x$ beschrieben werden kann.

6 Beschreibe den Graphen der Funktion und begründe, ob die Funktion keine, eine oder zwei Nullstellen besitzt.

a) $f(x) = x^2 - 8x + 16$
b) $f(x) = -x^2 - 2x - 3$
c) $f(x) = 3x^2 + 3x - 6$
d) $f(x) = 2x^2 + 8x + 3$

7 Das „Tor zum Westen", der Gateway Arch in St. Louis (USA), kann näherungsweise durch den Graphen einer quadratischen Funktion der Form $f(x) = ax^2$ beschrieben werden. Der äußere Begrenzungsbogen hat eine Basislänge von 192 m und die gleiche Höhe. Der innere Begrenzungsbogen hat eine Basislänge von 161,5 m und eine Höhe von 187,5 m.
Bestimme für beide Bögen jeweils die Funktionsgleichung. Wähle den Koordinatenursprung im Scheitelpunkt.

8 Eine Kugel wird senkrecht nach oben geschossen. Ihre Höhe über der Abschussstelle wird durch die Funktion $h(x) = -5x^2 + 45x$ berechnet. Dabei steht x für die Zeit nach dem Abschuss in s, h für die Höhe in m.

a) In welcher Höhe befindet sich die Kugel nach zwei Sekunden?
b) Nach wie vielen Sekunden erreicht die Kugel ihre maximale Höhe? Wie hoch ist sie dann?
c) Wann trifft die Kugel auf dem Boden auf?
d) Zu welchen Zeiten erreicht die Kugel eine Höhe von 90 m?

Quadratische Gleichungen

1 Löse die quadratischen Gleichungen. Welche Gleichungen haben keine Lösung?

a) $x^2 = 9801$ b) $x^2 = 2025$
c) $3x^2 = 2028$ d) $x^2 + 27 = 9$
e) $x^2 - 157 = 932$ f) $16x^2 = 0$
g) $x^2 + 27 = 556$ h) $2x^2 + 16 = 0$

2 Multipliziert man eine natürliche Zahl mit ihrem Fünffachen, so erhält man 180. Bestimme die Zahl.

3 Eine quadratische Tischplatte hat eine …

a) … Seitenlänge von 80 cm. Wie lang ist die Diagonale des Tisches?
b) … Diagonale mit einer Länge von 80 cm. Welche Seitenlängen hat der Tisch?

4 Löse die quadratischen Gleichungen.

a) $x^2 + 8x - 9 = 0$ b) $x^2 + 4x - 96 = 0$
c) $x^2 - 3x - 18 = 0$ d) $x^2 + 12{,}5x + 25 = 0$
e) $x^2 + x - 20 = 0$ f) $x^2 + 20x + 96 = 0$

5 Löse die quadratischen Gleichungen. Forme falls nötig in die Normalform um.

a) $x^2 - 8x + 15 = 0$ b) $2x^2 - 18x + 40 = 0$
c) $-\frac{1}{2}x^2 + 2x + 16 = 0$ d) $3x^2 = -6x + 9$
e) $0{,}48x^2 = 9{,}6x$ f) $-4x^2 + 16x = 16$
g) $9x^2 + 3x = 20$ h) $0{,}5x^2 - 3x + 4 = 0$

6 Ein rechteckiges Grundstück ist 1575 m² groß. Die eine Seite ist 10 m länger als die andere. Wie lang und wie breit ist das Grundstück?

7 Ein Rechteck hat einen Umfang von 96 cm und einen Flächeninhalt $A = 432\,\text{cm}^2$. Bestimme die Länge und Breite des Rechtecks.

8 Um einen rechteckigen Spielplatz soll eine Rasenfläche angelegt werden, die an allen Seiten gleich breit ist. Der Spielplatz hat die Maße 25 m × 15 m. Die Rasenfläche ist fünfmal so groß wie der Spielplatz. Welche Außenmaße hat die Rasenfläche?

9 Eine quadratische Säule ist 7 m hoch. Ihr Oberflächeninhalt beträgt 64 m².

a) Berechne die Seitenlänge der quadratischen Grundfläche.
b) Welches Volumen hat die Säule?

10 Karina ist vier Jahre jünger als ihr Freund Tom. Multipliziert man das Alter der beiden miteinander, so erhält man 357. Wie alt sind die beiden?

11 Die Hypotenuse eines rechtwinkligen Dreiecks ist 15 cm lang. Die Katheten unterscheiden sich um 3 cm.

a) Wie lang sind die Katheten?
b) Berechne den Flächeninhalt des Dreiecks.

12 Verlängert man den Radius eines Kreises um 15 cm, dann verdoppelt sich der Flächeninhalt des Kreises.

a) Wie lang war der ursprüngliche Radius?
b) Um wie viel Prozent wurde der Radius vergrößert?

13 Eine rechteckige Wiese wird durch einen 400 m langen Zaun begrenzt. Läuft man von einer Ecke zur diagonal gegenüberliegenden Ecke, so legt man 143 m zurück. Wie lang und wie breit ist die Wiese?

14 Der Bogen einer Brücke kann annähernd durch die Funktion $f(x) = -0{,}5x^2 + 3x$ beschrieben werden. Höhe und Breite der Brücke haben die Einheit Meter.

a) Wie breit ist die Brücke?
b) Gib die maximale Höhe der Brücke an.

15 Gegeben sind die beiden Funktionen $f(x) = \frac{1}{2}x^2 - 2x + 4$ und $g(x) = -2x^2 + 6x + 4$.

a) Forme die Funktionsgleichungen in die Scheitelpunktform um und gib jeweils den Scheitelpunkt an.
b) Berechne die Nullstellen von f und g.
c) Berechne die Schnittpunkte der beiden Graphen f und g.

Datenerhebungen hinterfragen

1 In der Wochenzeitung „DIE ZEIT“ findet sich in der Ausgabe vom 8. Oktober 2009 das folgende Diagramm.

a) Nimm dazu kritisch Stellung. Betrachte dabei die gesamte Darstellung inklusive der Überschrift.

b) Zeichne ein korrektes Diagramm. Dabei reicht es, den Verlauf der Kurve in etwa zu übertragen. Welche Überschrift würdest du wählen?

2 Die Tabelle enthält Angaben über die Zusammensetzung des jährlichen Hausmüllaufkommens in Deutschland.

Abfallart	Restabfall	Sperrmüll	Bioabfall	Sonstiges
Kilotonnen	16 466	2676	3753	13 364

Entscheide, welches der beiden Piktogramme die Daten aus der Tabelle richtig wiedergibt. Begründe.

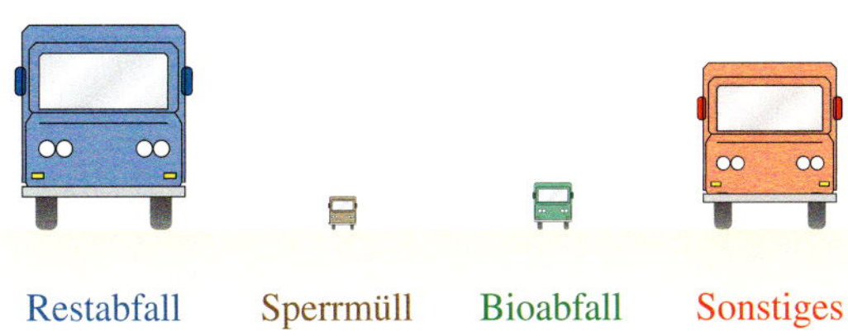

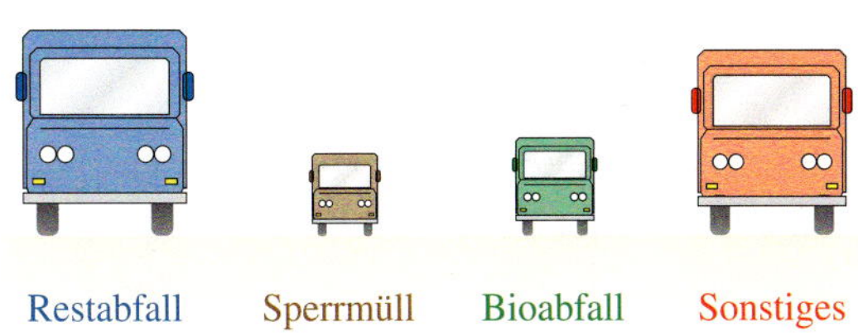

3 Schülerinnen und Schüler eines 10. Jahrgangs haben einen manipulativen Fragebogen zur Qualität ihrer Schule entwickelt. Zwei Fragen daraus sind hier abgebildet.

Qualität der Lehrerinnen und Lehrer

Die Internetseite „schulradar.de“ weist die Qualität der Lehrerinnen und Lehrer an unserer Schule als überdurchschnittlich gut aus.

Wie bewertest du deren Qualität?

❑ sehr gut ❑ gut ❑ eher gut
❑ sehr schlecht ❑ k. A.

Fächer- und AG-Angebot

Die Lehrerinnen und Lehrer unserer Schule bieten in Kooperation mit vielen Vereinen ein großes Angebot an AGs an. Die Anzahl der Fächer im Wahlpflichtbereich ist deutlich höher als an anderen Schulen.

Bist du mit dem Angebot an AGs und dem Wahlpflichtbereich zufrieden?

❑ sehr zufrieden ❑ zufrieden
❑ absolut unzufrieden ❑ k. A.

a) Bewerte die Fragen und erläutere, worin die Manipulation besteht.

b) Verändere die beiden abgebildeten Fragen dahingehend, dass alle Manipulationen wegfallen und somit neutral gefragt wird.

4 Erstelle ein korrektes Kreisdiagramm zu den angegebenen Daten. Zeichne ein weiteres Kreisdiagramm, bei dem der Bereich „keine Angabe“ nicht mit abgetragen wird.

Das politische Geschehen …

… interessiert mich nicht	38 %
… interessiert mich bei bestimmten Themen	17 %
… verfolge ich regelmäßig	23 %
keine Angabe	22 %

a) Beschreibe die unterschiedliche Wirkung der beiden Diagramme.

b) Wer könnte Interesse an der manipulierten Darstellung haben?

Potenzen und Zehnerpotenzen

BEACHTE
1 µm = 10^{-3} mm
1 nm = 10^{-6} mm

1 Wie schnell kommst du über 1 000 000? Starte bei 2 (3, 4; …; 10) und multipliziere mit Hilfe des Taschenrechners so oft mit der Ausgangszahl, bis das Ergebnis größer ist als 1 000 000. Schreibe anschließend als Potenz.

2 Berechne den Wert der Potenz a^n für

a) $a = 7, n = 4$ $\quad a = -7; n = 4$
$\quad a = 7; n = -4$ $\quad a = -7; n = -4$

b) $a = 3; n = 5$ $\quad a = -3; n = 5$
$\quad a = 3; n = -5$ $\quad a = -3; n = -5$

c) $a = 6; n = 3$ $\quad a = \frac{1}{6}; n = 3$
$\quad a = 6; n = \frac{1}{3}$ $\quad a = \frac{1}{6}; n = \frac{1}{3}$

3 Wende die Potenzgesetze an und berechne anschließend.

a) $2^4 \cdot 2^5$ b) $3^5 : 3^2$ c) 5^{-2}
d) $\frac{8^3}{2^3}$ e) $5^4 \cdot 2^4$ f) $(5^3)^2$
g) $\sqrt[4]{16 \cdot 256}$ h) $\sqrt[5]{3^{10}}$ i) $5^0 \cdot 4^7$

4 Berechne und setze das richtige Zeichen (<; >; =) in die Lücke.

a) $25^4 \cdot 4^4$ __ 1000^3
b) $\sqrt[15]{8^5}$ __ 1
c) $(5^3 \cdot 7^3)^{\frac{1}{3}}$ __ 100
d) 43^5 __ $1{,}47 \cdot 10^8$
e) $5^{-4} \cdot 5^4$ __ 2135^0

5 Lies den Text und gib alle Werte in wissenschaftlicher Schreibweise an. Ergänze die Werte für den Erddurchmesser sowie die Entfernung zwischen Erde und Alpha Centauri C in Lichtjahren.

> Die Sonne ist ca. 150 Mio. km von der Erde entfernt. Ihr Durchmesser beträgt 1,4 Mrd. m, das entspricht etwa dem 107,7-fachen des Erddurchmessers. Der zentrale Stern unseres nächsten Sonnensystems, Alpha Centauri C, ist ca. 40 Billionen km von der Erde entfernt. Für Entfernungen dieser Größenordnung wurde das Lichtjahr eingeführt, welches einen Wert von etwa 9,46 Billionen km hat. Somit ist Alpha Centauri C etwa ________ Lichtjahre von uns entfernt.

6 Rechne in mm um und gib die Werte in Dezimalschreibweise an.

a) Der Durchmesser eines Regentropfens beträgt 10^{-3} m.
b) Das Bakterium *Escherichia coli* hat einen Durchmesser von 0,6 µm.
c) Der Einzeller *Colpoda inflata* kommt in vielen Böden vor. Sein Durchmesser beträgt ca. 25 µm.

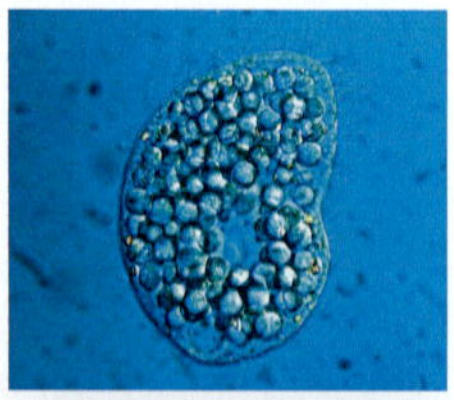

d) Die elektronenmikroskopische Aufnahme des Blauzungenvirus zeigt eine Markierung, die einer Länge von 50 nm entspricht.

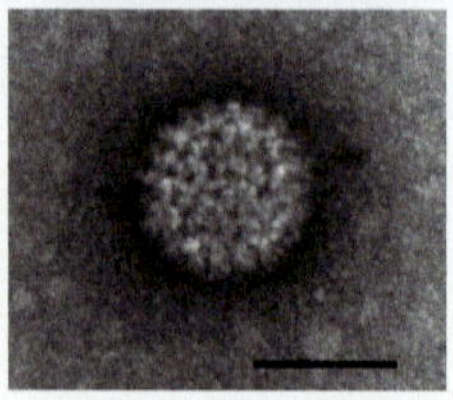

7 Richtig oder falsch?

a) Ist der Exponent positiv, so ist der Wert der Potenz immer positiv.
b) Ist der Exponent ein Bruch der Form $\frac{1}{n}$, so ist der Wert der Potenz immer kleiner als eins.
c) Ist die Basis ein Bruch der Form $\frac{1}{n}$ und der Exponent eine natürliche Zahl, so ist auch die Potenz ein Bruch der Form $\frac{1}{m}$.
d) Ist der Wert der Potenz positiv, kann die Basis dennoch negativ sein.

8 Berechne aus den Angaben aus Aufgabe 5 den Umfang der Sonne.
Gib das Ergebnis in km an.

9 Übersetze und berechne.

a) Ziehe die dritte Wurzel aus der sechsten Potenz von fünf.
b) Multipliziere vier Milliarden mit dem Quadrat von acht.
c) Teile sechs hoch acht durch neun hoch drei.
d) Potenziere acht hoch ein Drittel mit fünf.
e) Berechne die Summe aus einem Fünftel hoch sieben und der dritten Wurzel aus acht.
f) Quadriere die vierte Wurzel aus zwei.
g) Teile acht hoch vier durch zwei hoch vier.

Wachstum

1 Verzinse 25 000 Euro mit 3,2 % pro Jahr.
a) für ein Jahr
b) für fünf Jahre

2 Nach einer guten Werbekampagne erhöhte ein Tennisverein im Jahr 2010 die Zahl seiner Mitglieder um 135. Der Verein zählte zuvor 784 Mitglieder.
a) Gib den Zuwachs in Prozent an.
b) Ermittle den Wachstumsfaktor für dieses eine Jahr.
c) Wie viele Mitglieder hätte der Verein im Jahr 2020, wenn die Wachstumsrate konstant bliebe?

3 Zwischen 1960 und 1990 ging die Zahl der Farmen in den USA um jährlich 2,1 % zurück. 1960 gab es etwa 4 Mio. Farmen. Wie viele gab es noch 1990?

4 Im Jahr 2008 lebt erstmals in der Geschichte die Mehrheit der Menschen in Städten. Über drei Viertel des gesamten Weltbevölkerungswachstums findet heute in den Städten der Entwicklungsländer statt. Innerhalb der nächsten zwei Jahrzehnte wird sich die städtische Bevölkerung dort voraussichtlich nahezu verdoppeln: von 2,4 Mrd. Menschen im Jahr 2010 auf 3,93 Mrd. im Jahr 2030.
Welche jährliche Wachstumsrate liegt dieser Berechnung zugrunde?

5 Ergänze im Heft die fehlenden Daten aus der Tabelle.

Jahr	Bevölkerung in Mrd.	durchschnittliche Zuwachsrate pro Jahr in %
1804	1	0,565
1927	2	
1960	3	
1974	4	
1987	5	
1999	6	
2012	7	
2024	8	

6 Entscheide, ob die Werte in den Tabellen exponentielles Wachstum beschreiben.

a)

x	0	1	2	3
y	100	180	324	583,2

b)

x	0	1	2	4
y	24	28,8	34,56	41,472

7 Zeichne ein Diagramm, das den Anstieg der Weltbevölkerung zeigt. Nutze dazu die Daten aus Aufgabe 5. Beginne auf der x-Achse im Jahr 1700. Schätze anhand deines Kurvenverlaufs ab, wie viele Menschen etwa im Jahr 1700 gelebt haben. Darüber gibt es keine gesicherten Erkenntnisse.

8 Die Verdopplungszeit von Salmonellen beträgt ca. 20 Minuten. In einer Fleischprobe werden 80 Salmonellen gefunden.
a) Stelle das Anwachsen der Salmonellenzahl von vier Verdopplungszeiten vor bis fünf Verdopplungszeiten nach Untersuchungsbeginn in einer Tabelle dar.
b) Wie viele Salmonellen enthält die Probe 90 Minuten nach Untersuchungsbeginn?
c) Wie viele Erreger enthielt die Probe eine halbe Stunde vor Untersuchungsbeginn?

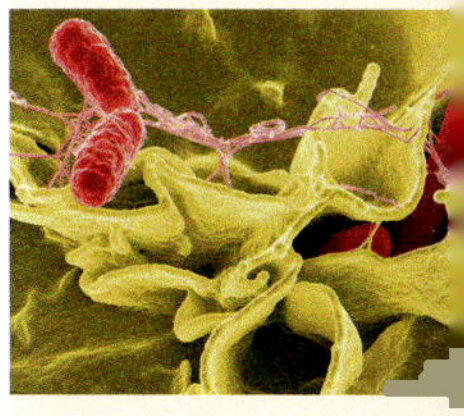

9 Im Bild ist die älteste bekannte Höhlenmalerei zu sehen. Ihr Alter wurde mit Hilfe der Radiocarbon-Methode auf 31 500 Jahre datiert.
Wie viel Prozent des ursprünglichen radioaktiven Kohlenstoffisotops ^{14}C fanden Archäologen in der Wandmalerei? Beachte, dass ^{14}C eine Halbwertszeit von 5730 Jahre hat.

10 Im Jahr 2009 lebten in Nigeria 155,17 Mio. Menschen. In den letzten zehn Jahren betrug die durchschnittliche jährliche Wachstumsrate etwa 3,6 %.
a) Wie viele Menschen lebten demnach 1999 in Nigeria?
b) Wie viele wären es bei gleicher Wachstumsrate im Jahr 2020?

Trigonometrie

1 Gib jeweils den sin, cos und tan der Winkel α und β als Verhältnis an.

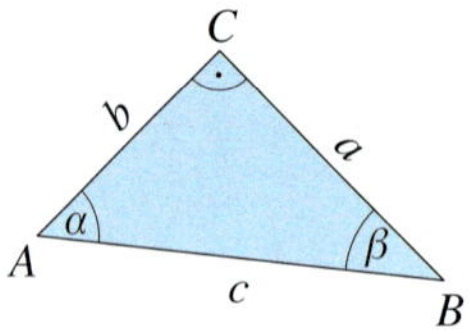

2 Wie groß ist der Steigungswinkel α?

a) Eine anspruchsvolle Skipiste hat ein durchschnittliches Gefälle von 40 %.

b) Eine Pistenraupe arbeitet auf Hängen mit einer Steigung bis 55 %.

3 Gib jeweils die durchschnittliche Steigung in Prozent an.

a) Ein Sessellift überwindet auf einer horizontalen Strecke von 1,3 km einen Höhenunterschied von 600 m.

b) Mit einem Schlepplift können Skifahrer 500 m bergan fahren. Der Höhenunterschied zwischen Anfang und Ende beträgt 113,9 m.

4 Berechne die Länge der roten Seiten und die Größe der fehlenden Winkel.

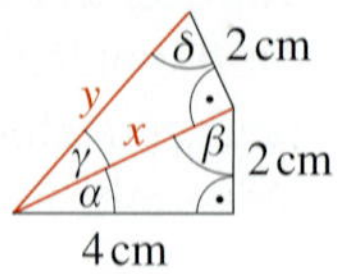

5 In einem rechtwinkligen Dreieck hat der Tangens eines Winkels den Wert eins.

a) Fertige eine passende Skizze an.

b) Gib die Längen von drei möglichen Seitenpaaren a und b an.

c) Berechne jeweils die Länge der Hypotenuse zu den Seitenlängen aus Aufgabenteil b).

6 Ein Schiff fährt in 9 km Entfernung an einem Leuchtturm vorbei. Der Peilwinkel zwischen der Fahrtrichtung und dem Schiff beträgt 90°. Nach einer halben Stunde beträgt der Peilwinkel 122°.

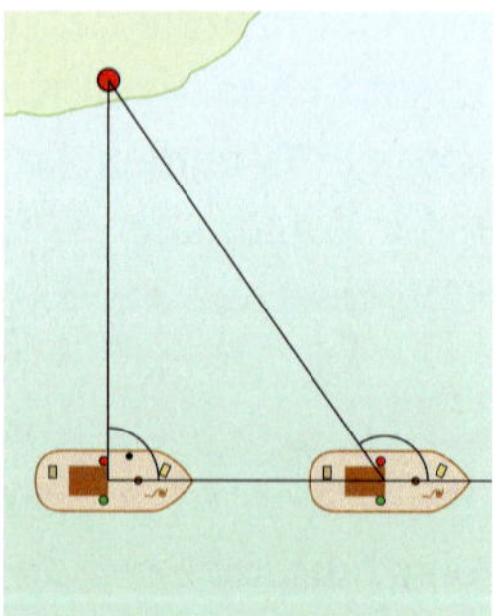

a) Wie weit ist das Schiff in der halben Stunde gefahren?

b) Mit welcher durchschnittlichen Geschwindigkeit ist das Schiff gefahren?

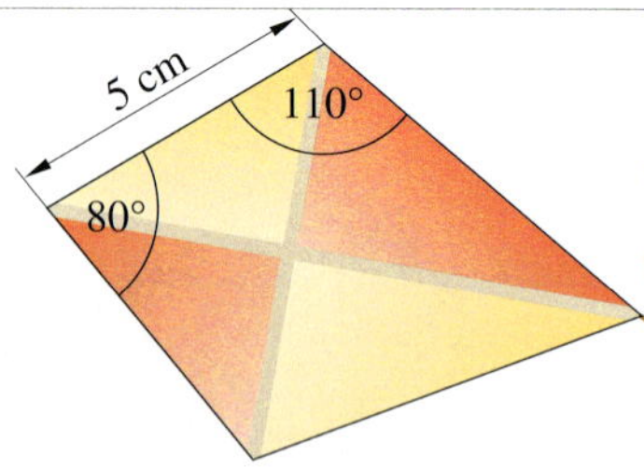

7 Berechne die Länge der Diagonalen des Drachens. Beschreibe, wie du dabei vorgehst.

8 Ein Rechteck hat die Seitenlängen $a = 5\,\text{cm}$ und $b = 8\,\text{cm}$. Erstelle eine Übersichtsskizze. Unter welchem Winkel schneiden sich die beiden Diagonalen? Gib den größeren der beiden möglichen Winkel an.

9 Der Schatten eines Baumes hat eine Länge von 5,3 m. Zum Zeitpunkt der Messung hatte der Einfallswinkel der Sonnenstrahlen eine Größe von 47°. Berechne die Höhe des Baumes.

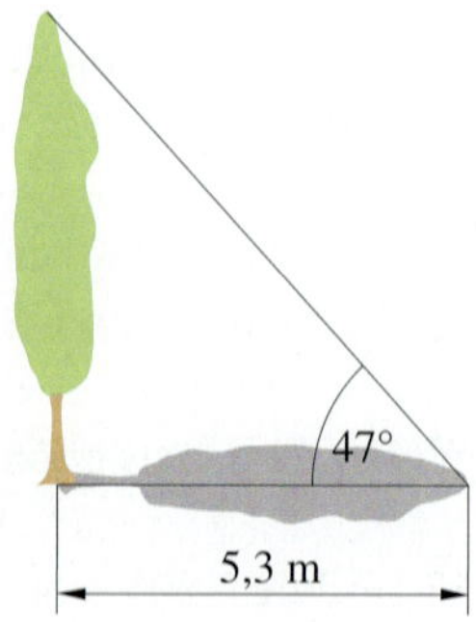

10 Von einem rechtwinkligen Dreieck ($\gamma = 90°$) sind jeweils zwei Größen bekannt. Ergänze die Tabelle im Heft, runde jeweils auf eine Nachkommastelle.

	a	b	c	α	β
a)	3 cm		8 cm		
b)		30 cm		45°	
c)		12 cm			11°
d)	4 cm	5 cm			
e)			22 m	9°	
f)	7 mm				37°

11 Berechne die Winkel einer Raute mit einer Seitenlänge von 30 cm. Die Länge der kürzeren Diagonale beträgt 20 cm.

12 Berechne den Flächeninhalt des Dreiecks mit $\alpha = 33°$ und $b = 14{,}8\,\text{cm}$.

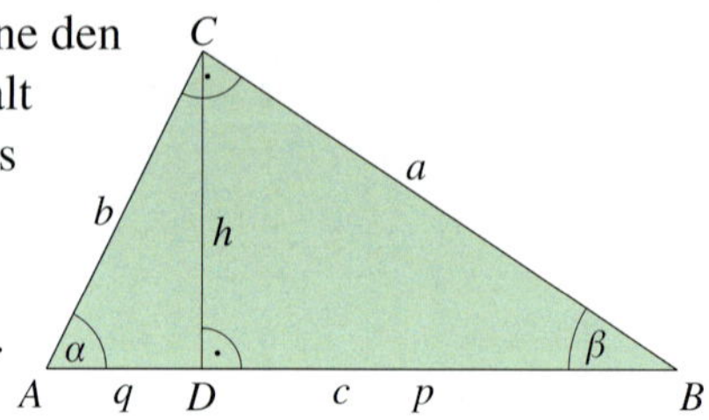

Die Sinusfunktion

1 Gib jeweils alle Winkel α aus dem Intervall von $-360°$ bis $360°$ an, die die Gleichung erfüllen.

a) $\sin \alpha = 0{,}5$
b) $\sin \alpha = 0{,}7$
c) $\sin \alpha = -0{,}85$
d) $\sin \alpha = 1{,}38$
e) $\sin \alpha = -1$
f) $\sin \alpha = 0{,}3795$

2 Berechne das Bogenmaß (am Einheitskreis) für die gegebenen Winkel.

a) $45°$
b) $180°$
c) $60°$
d) $5°$
e) $225°$
f) $420°$

3 Rechne die gegeben Winkel vom Bogenmaß in das Gradmaß um.

a) $\frac{1}{2}\pi$
b) $\frac{1}{4}\pi$
c) $\frac{1}{5}\pi$
d) π
e) $1{,}5\,\pi$
f) 0

4 Beschreibe die Form- und Lageänderung der Funktionen im Vergleich zur Standard-Sinusfunktion.
Skizziere die Funktionsgraphen im Intervall von $-180°$ bis $360°$ in einem gemeinsamen Koordinatensystem.

a) $f(x) = \sin x - 0{,}5$
b) $g(x) = \sin x + 2$
c) $h(x) = \sin\left(x + \frac{\pi}{4}\right)$
d) $i(x) = \sin\left(x - \frac{\pi}{3}\right) + 1$
e) $j(x) = \frac{1}{2}\sin x$
f) $k(x) = \sin(-x)$
g) $l(x) = -2\sin(0{,}5x) + 0{,}5$

5 Führe die folgenden Veränderungen am Graphen der Standard-Sinusfunktion durch und gib die Funktionsvorschrift des neuen Graphen an.

a) Verschiebung um $\frac{\pi}{2}$ nach rechts
b) Verschiebung um 0,5 nach unten
c) Streckung in Richtung der y-Achse mit dem Faktor 3
d) Streckung in Richtung der y-Achse mit dem Faktor $\frac{1}{4}$
e) Streckung in Richtung der x-Achse mit dem Faktor 2
f) Spiegelung an der y-Achse
g) Spiegelung an der x-Achse

6 Gib die Funktionsvorschriften der folgenden Funktionsgraphen in der Form $f(x) = a \cdot \sin(b \cdot (x + c)) + d$ an.

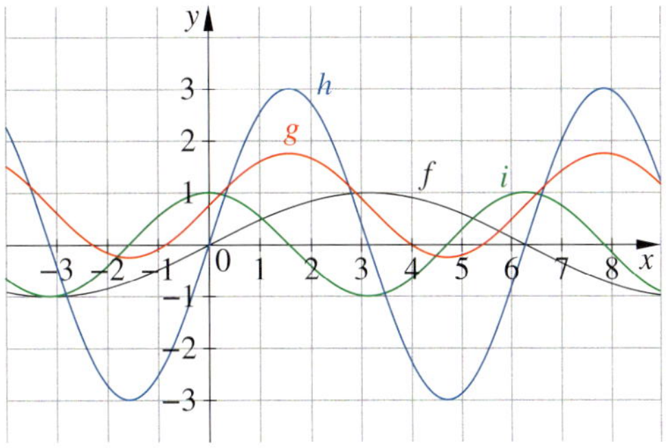

7 Sind die folgenden Aussagen richtig? Korrigiere falsche Aussagen.

a) Der Graph der Sinusfunktion ist achsensymmetrisch zur y-Achse.
b) Ist $f(x) = \sin x + d$, so wird der Graph der Sinusfunktion um d Einheiten nach oben verschoben, wenn $d > 0$ ist.
c) Ist $f(x) = \sin(x + c)$, so wird der Graph der Sinusfunktion um c Einheiten nach rechts verschoben, wenn $c > 0$ ist.
d) $f(x) = \sin x$ und $g(x) = 2\sin x$ besitzen dieselben Nullstellen.
e) $f(x) = \sin x$ und $g(x) = 2\sin x$ haben dieselbe Periode.

8 Die Abbildung zeigt die durchschnittliche Wasser- und Lufttemperatur, sowie die Anzahl der Sonnenstunden pro Tag auf der Insel Mallorca.

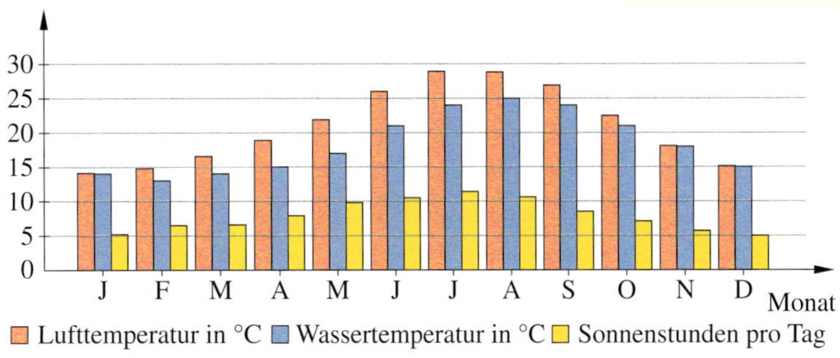

Nähere die Kurven möglichst genau durch eine Sinusfunktion an. Beschreibe deine Vorgehensweise und vergleiche die Werte der Modellfunktion mit den Messwerten.

Vorbereitung auf die zentrale Prüfung

206-1
BEACHTE
Unter dem Webcode findest du weitere Informationen über den genauen Ablauf der zentralen Prüfung.

Was erwartet mich in der zentralen Prüfung?
Am Ende der Jahrgangsstufe 10 erfolgt in einigen Fächern eine zentrale Abschlussprüfung. Diese Prüfung kann mit einer Landesmeisterschaft im Sport verglichen werden, bei der sich die Sportler gezielt auf die einzelnen Disziplinen vorbereiten müssen. Damit jeder die gleichen Chancen hat, bearbeiten alle Schülerinnen und Schüler der zehnten Klassen dieselben Aufgaben. Auch ihre Leistungen werden an denselben Maßstäben gemessen, schließlich gilt für die zentrale Prüfung wie auch im Sport „Fair Play".

Eine gut geplante Vorbereitung ist sehr sinnvoll, da sich die zentrale Prüfung von einer normalen Klassenarbeit unterscheidet. Zum Beispiel werden mehr Aufgaben gestellt, für deren Bearbeitung aber auch mehr Zeit zur Verfügung steht als sonst. In der Mathematikprüfung sind es 240 Minuten. Außerdem beziehen sich die Aufgaben inhaltlich auf Themen aus verschiedenen Jahrgangsstufen.

Wie bereite ich mich am besten darauf vor?
Hilfreich ist ein kontinuierliches Training unter ähnlichen Bedingungen wie in der Prüfung selbst. Die folgenden Aufgaben können dir dabei helfen. Es ist nicht zwingend notwendig, sie der Reihe nach zu bearbeiten.
Bevor du die Ergebnisse einer Aufgabe mit den Lösungen am Ende des Buches vergleichst, solltest du die Aufgabe vollständig bearbeitet haben.

Wie in der zentralen Prüfung sind die Aufgaben in zwei Bereiche gegliedert:

- Beim Lösen der Aufgaben aus **Bereich A** zeigst du, dass du über grundlegende mathematische Fähigkeiten und Fertigkeiten verfügst. Bei der Bearbeitung sollte auf den Einsatz von Taschenrechner und Formelsammlung verzichtet werden, da sie in der zentralen Prüfung in diesem Teilbereich nicht erlaubt sind.

- **Bereich B** enthält komplexere Aufgaben.
  Bei der Lösung der Aufgaben darfst du neben Zeichengeräten wie Zirkel und Geodreieck auch nicht programmierbare Taschenrechner und eine Formelsammlung benutzen.

206-2
HINWEIS
Unter dem Webcode findest du eine Linkliste zu zusätzlichen Übungsaufgaben.

Möchtest du weiter trainieren, so findest du zusätzliche Aufgabenbeispiele im Internet. Beachte den Webcode in der Randspalte.

A Grundlegende Aufgaben

Die folgenden Aufgaben solltest du ohne Taschenrechner oder Formelsammlung bearbeiten. Für jede Aufgabe gibt es genau eine richtige Lösung. Finde sie heraus und notiere den Lösungsbuchstaben in deinem Heft.
Die Auflösung des Tests findest du ab S. 139.

1 Subtrahiere: $-26 - 34$
a) -60 b) -8
c) 8 d) 60

2 Berechne: $7 + 3 \cdot 5$
a) 50 b) 22
c) 20 d) 2

3 Welcher der folgenden Brüche liegt zwischen $\frac{1}{3}$ und $\frac{1}{2}$?
a) $\frac{7}{12}$ b) $\frac{4}{7}$
c) $\frac{1}{4}$ d) $\frac{2}{5}$

4 Multipliziere: $\frac{3}{8} \cdot 2$
a) $\frac{6}{16}$ b) $\frac{3}{16}$
c) $\frac{3}{4}$ d) $\frac{3}{8}$

5 Addiere: $\frac{3}{4} + \frac{5}{6}$
a) $\frac{8}{10}$ b) $1\frac{7}{12}$
c) $\frac{15}{24}$ d) $1\frac{2}{6}$

6 Mulitpliziere: $0{,}05 \cdot 20$
a) 0,1 b) 1
c) 10 d) 100

7 Rechne 0,08 km um.
a) 800 mm b) 800 cm
c) 800 dm d) 800 m

8 Wie viel sind 3 kg und 50 g?
a) 350 g b) 3050 g
c) 3500 g d) 3,50 kg

9 Rechne $1\frac{1}{4}$ h in Minuten um.
a) 125 min b) 115 min
c) 85 min d) 75 min

10 Welche Breite hat das geschlossene Mathematikbuch?
a) 2 mm b) 2 cm
c) 2 dm d) 2 m

11 Wie groß ist ungefähr die Fläche eines Fußballplatzes?
a) 70 000 dm^2 b) 7000 m^2
c) 70 ha d) 7 km^2

12 Wie viel Prozent sind 2 von 5 CDs?
a) 2 % b) 20 %
c) 25 % d) 40 %

13 Wie viel € sind 8 % von 500 €?
a) 40 € b) 50 €
c) 800 € d) 4000 €

14 Max kauft eine Jeans im Angebot für 40 €. Gegenüber dem alten Preis spart er 10 €. Um wie viel Prozent wurde der Preis für die Jeans gesenkt?
a) 10 % b) 20 %
c) 25 % d) 40 %

15 Vereinfache den Term: $6x - (3x + 9)$
a) $3x + 9$ b) $3x - 9$
c) $9x + 9$ d) $9x - 9$

16 Löse die Klammer auf: $4(3x + 8)$
a) $44x$ b) $20x$
c) $12x + 8$ d) $12x + 32$

17 Multipliziere aus: $(2x - 6)^2$
a) $4x^2 + 36$ b) $4x^2 - 36$
c) $4x^2 - 24x + 36$ d) $4x^2 - 12x + 36$

18 Drei Brötchen kosten 0,72 €. Wie viel kosten dann zwei Brötchen?
a) 0,36 € b) 0,48 €
c) 0,52 € d) 1,08 €

19 Ein Futtervorrat für 3 Pferde reicht 8 Tage. Wie lange reicht er für vier Pferde?
a) 3 Tage b) 6 Tage
c) 16 Tage d) 24 Tage

BEACHTE
Löse die Aufgaben wirklich eigenständig und ohne in den Lösungen nachzuschauen. Schummeln hilft dir für die Prüfung nicht weiter, du würdest dich nur fälschlicherweise in Sicherheit wiegen.

20 Welche Größe hat der Winkel α?

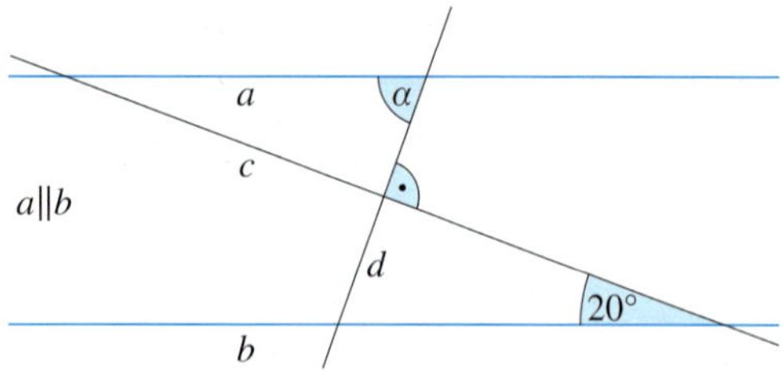

a) 20° b) 40°
c) 70° d) 90°

21 Eine Pyramide hat eine quadratische Grundfläche mit einer Seitenlänge von 10 cm. Die Pyramide ist 12 cm hoch. Wie groß ist ihr Volumen?

a) $40\,\text{cm}^3$ b) $120\,\text{cm}^3$
c) $400\,\text{cm}^3$ d) $1200\,\text{cm}^3$

22 Wie lang ist die Diagonale eines Rechtecks mit den Seitenlängen $a = 6\,\text{cm}$ und $b = 8\,\text{cm}$?

a) 7 cm b) 8 cm
c) 9 cm d) 10 cm

23 Wie groß ist der Flächeninhalt A eines Parallelogramms mit den Maßen $a = 5\,\text{cm}$, $b = 3\,\text{cm}$ und $h = 2\,\text{cm}$?

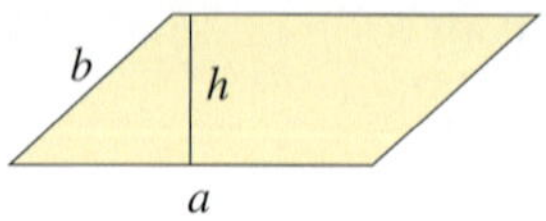

a) $A = 6\,\text{cm}^3$ b) $A = 5\,\text{cm}^2$
c) $A = 10\,\text{cm}^2$ d) $A = 15\,\text{cm}^2$

24 Wie lautet der Achsenabschnitt der Funktion $y = 3x^2$?

a) 3 b) $\frac{1}{3}$
c) 0 d) 2

25 Durch welchen Punkt verläuft der Graph der Funktion $y = \frac{3}{4}x - 1$?

a) $A(-1\,|\,0)$ b) $B(0\,|\,-1)$
c) $C(0\,|\,\frac{3}{4})$ d) $D(\frac{3}{4}\,|\,0)$

26 Der Graph einer linearen Funktion verläuft durch die Punkte $P(-2\,|\,0)$ und $Q(4\,|\,3)$. Wie groß ist die Steigung m der Geraden?

a) $m = -2$ b) $m = -\frac{1}{2}$
c) $m = \frac{1}{2}$ d) $m = 2$

27 Welcher der folgenden Funktionsgraphen hat die Funktionsvorschrift $y = (x-1)^2 - 2$?

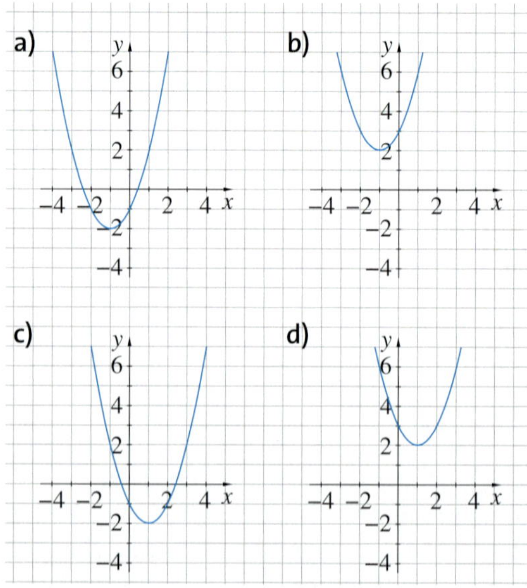

28 Schreibe in wissenschaftlicher Schreibweise: 0,000 041 2

a) $412 \cdot 10^{-4}$ b) $4{,}12 \cdot 10^{-5}$
c) $4 \cdot 10^{-5}$ d) $0{,}412 \cdot 10^{4}$

29 Berechne: $1{,}2 \cdot 10^{-3}$

a) 0,0012 b) 0,12
c) 12 d) 1200

30 Löse das Gleichungssystem $x - 3y = 4$ und $x + y = 0$.

a) $x = 1$ und $y = -1$ b) $x = -1$ und $y = 1$
c) $x_1 = 1$ und $y_1 = -1$, $x_2 = -1$ und $y_2 = 1$ d) Es gibt keine Lösung.

31 In einer Urne befinden sich 4 rote und 2 schwarze Kugeln.
Wie groß ist die Wahrscheinlichkeit, eine rote Kugel zu ziehen?

a) 2 b) $\frac{1}{2}$
c) $\frac{2}{3}$ d) $\frac{2}{4}$

32 Ein Würfel wird insgesamt zweimal geworfen. Wie groß ist die Wahrscheinlichkeit, zwei ungerade Zahlen zu werfen?

a) 2 % b) 25 %
c) 50 % d) 75 %

B Komplexere Aufgaben

1 Sitzplätze im Zirkus

In einem Zirkus sind die Sitze in Kreisen rund um die Manege angeordnet. Der erste Kreis, direkt an der Manege, hat 37 Sitze. Alle folgenden Sitzreihen haben jeweils vier Plätze mehr als die Reihe davor: Der zweite Kreis hat also 41 Sitze, der dritte 45 usw. Insgesamt gibt es 10 Reihen.

a) Begründe, warum es keine Sitzreihe mit einer geraden Anzahl an Sitzplätzen geben kann. Argumentiere, ob die Gesamtanzahl aller Sitzplätze auch ungerade sein muss.

b) Überprüfe dein Ergebnis aus Teil a), indem du die Anzahl aller Sitzplätze berechnest.

c) Die Anzahl der Sitze in der Reihe n ($n = 1, 2, \dots, 10$) kann man als Term angeben. Welcher der folgenden Terme gibt die Anzahl der Sitzplätze in der n-ten Reihe an?
① $4 + 37n$ ② $4n + 37n$ ③ $37 + 4(n - 1)$ ④ $(37 + 4) \cdot (n - 1)$

d) Die Karten in den ersten fünf Reihen kosten 19 € pro Person, alle anderen 14,50 € pro Person. Berechne die Einnahmen einer ausverkauften Vorstellung.

e) Die Tageseinnahmen belaufen sich auf 5007 €. Insgesamt wurden 300 Eintrittskarten verkauft. Wie viele Personen saßen in den Reihen 1 bis 5, wie viele in den Reihen 6 bis 10?

2 Ausbildungsvergütung

Alexandra hat nach ihrem Schulabschluss eine Lehre als Hotelfachfrau begonnen. Im Diagramm ist ihre monatliche Ausbildungsvergütung in den drei Lehrjahren dargestellt.

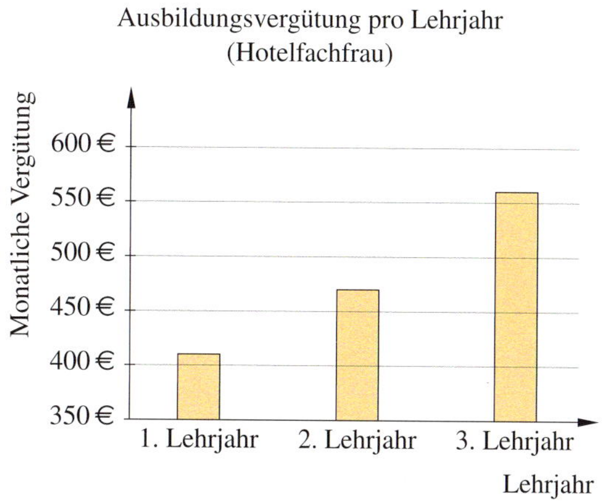

a) Gib Alexandras monatliche Vergütung im ersten Lehrjahr an.

b) Alexandra ist begeistert: „Im zweiten Lehrjahr verdiene ich doppelt so viel wie im ersten Lehrjahr!“
Nimm Stellung zu Alexandras Aussage.

c) Berechne Alexandras durchschnittliche Vergütung pro Monat während der gesamten Ausbildungszeit.

3 Abzüge vom Gesamtbrutto

Alexandra erhält von ihrem Ausbildungsbetrieb die erste Gehaltsabrechnung.

a) Wie viel € werden Alexandra insgesamt vom Bruttoverdienst abgezogen?

b) Wie viel Prozent des Bruttoverdienstes bekommt Alexandra ausgezahlt?

c) Die Abzüge für die Krankenversicherung betragen bei Alexandra 8,4 % vom Bruttogehalt. Wie hoch sind Alexandras monatliche Krankenversicherungsbeiträge, wenn sie im dritten Lehrjahr monatlich 560 € verdient?

Verdienstabrechnung

Gesamtbrutto:	410 €
abzgl.	
Krankenversicherung:	–34,44 €
Pflegeversicherung:	–3,49 €
Rentenversicherung:	–38,19 €
Arbeitslosenversicherung:	–11,83 €
Gesetzliches Netto:	322,05 €

4 Pizzeria Bella Italia

Die Pizzeria Bella Italia bietet Pizzas in drei Größen mit vielen verschiedenen Belägen an. Die preiswerteste Pizza ist eine kleine Pizza Margherita, belegt mit Tomaten und Mozzarella-Käse. Sie hat einen Durchmesser von 24 cm und kostet 5,40 €.

a) Wie groß ist die Fläche einer kleinen Pizza Margherita und welchen Umfang hat sie?

b) Die Fläche einer großen Pizza ist doppelt so groß wie die Fläche einer kleinen Pizza. Berechne den Durchmesser einer großen Pizza.

c) Wenn man zu einer kleinen Pizza Margherita zusätzlich Salami und Champignons bestellt, erhöht sich ihr Preis um 16 %. Berechne den Preis für die Pizza mit den extra Belägen. Runde dabei sinnvoll.

d) Jede Pizza hat einen etwa 1,5 cm breiten Rand, der nicht belegt ist. Berechne die belegte und unbelegte Fläche einer großen Pizza.

e) Für Familien gibt es eine extra große Pizza. Sie hat den doppelten Durchmesser, aber auch den dreifachen Preis einer großen Pizza. Bewerte das Preis-Leistungs-Verhältnis einer Familienpizza.

f) Die Steigerung der Lebensmittel- und Energiekosten soll an die Kunden weitergegeben werden. Deshalb wird der Preis für eine kleine Pizza Margherita um 10 % angehoben. Zu welchem Preis wird die Pizza nun verkauft?

5 Neuordnung einer Fläche

Eine Fläche von 200 m mal 400 m wird neu geordnet. Die Abbildung zeigt, welche Teilgebiete gleich bleiben und welche zukünftig anderweitig genutzt werden.

Eine solche Neuordnung ist mit Kosten verbunden. Die Höhe der Kosten richtet sich nach der Art der Fläche. Die Tabelle zeigt die durchschnittlich anfallenden Kosten der Neuordnung.

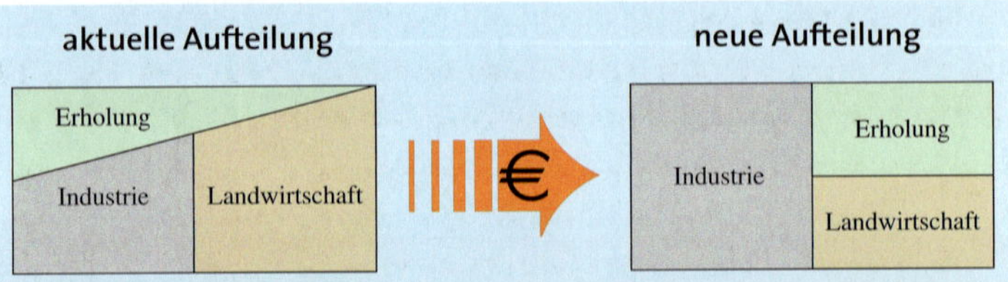

von \ zu	Erholung	Landwirtschaft	Industrie
Erholung	–	25 € pro m²	15 € pro m²
Landwirtschaft	20 € pro m²	–	20 € pro m²
Industrie	40 € pro m²	35 € pro m²	–

a) Berechne die Größe der Erholungsfläche, der Industriefläche und der Landwirtschaftsfläche jeweils für die aktuelle und die neue Aufteilung.

b) Zeichne eine „Kostenkarte“: Markiere die Teilgebiete, die nach der Neuordnung in anderer Weise genutzt werden, und berechne ihre Flächeninhalte in m².

c) Berechne die Kosten, die bei der Neuordnung der Flächen anfallen. Benutze die Angaben in der Tabelle.

d) Vergleiche den Anteil der drei Flächentypen an der Gesamtfläche vor und nach der Neuordnung. Stelle die prozentualen Anteile jeweils grafisch dar.

6 Handytarife

Ingo möchte sich ein neues Handy kaufen. Ihm werden Verträge mit drei unterschiedlichen Tarifen angeboten:

Tarif	monatlicher Grundpreis	Minutenpreis *
Smart	7,95 €	0,15 €
Vario	0,00 €	0,28 €
Flat	19,95 €	0,00 €

* minutengenaue Abrechnung

a) Die Diagramme skizzieren die Zuordnung *Gesprächszeit* → *Preis*.
Ordne jedem Tarif das passende Diagramm zu und begründe deine Entscheidung.

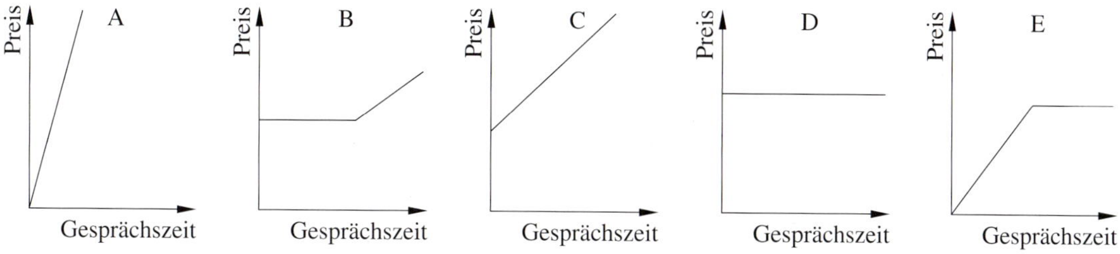

b) Stelle jeweils die Funktionsgleichung für die drei Tarife Smart, Vario und Flat auf und zeichne ihre Graphen in ein gemeinsames Koordinatensystem.
c) Welche Bedeutung haben die Schnittpunkte der drei Graphen?
d) Ingo telefoniert pro Monat durchschnittlich eine Stunde mit dem Handy. Für welchen Tarif sollte er sich entscheiden? Begründe deine Wahl.

7 Autovermietung

Herr Fedinger möchte einen PKW mieten. In der Tabelle sind die Konditionen der beiden Tarife aufgelistet, die ihm zur Auswahl stehen.

Tarif City	Tarif Regio
Grundpreis: 25 €	Grundpreis: 40 €
zusätzlich 0,60 € pro gefahrenen km	zusätzlich 0,40 € pro gefahrenen km

a) Ergänze im Heft die Wertetabelle für den Tarif City und den Tarif Regio:

	km	0	10	25	30			80	100
Miet-kosten	Tarif City					46 €	55 €		
	Tarif Regio								

b) Stelle für beide Tarife jeweils einen Term auf, mit dem sich die Mietkosten in Abhängigkeit der gefahrenen km berechnen lassen.

c) Zeichne jeweils den Funktionsgraphen zu der Vorschrift *gefahrene Strecke* → *Mietkosten* für die Tarife City und Regio in ein gemeinsames Koordinatensystem.
d) Welchen Tarif kannst du Herrn Fedinger empfehlen, wenn er mit dem Mietwagen eine Strecke von 70 km zurücklegen möchte? Begründe deine Empfehlung.
e) Berechne den prozentualen Anteil des Grundpreises für beide Tarife, wenn Herr Fedinger 70 km fährt.

8 Kundenstatistik einer Autovermietung

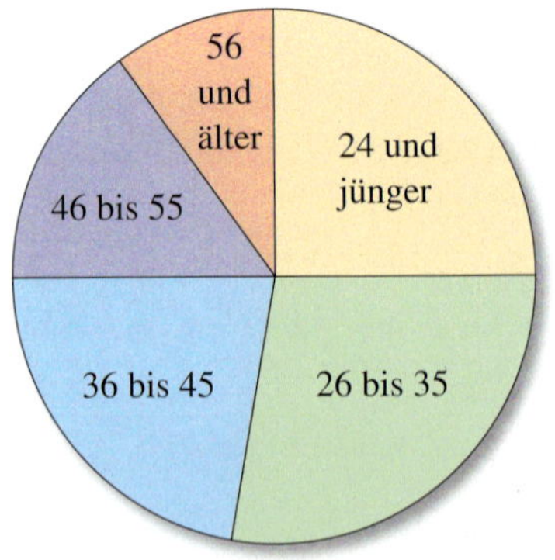

Eine Autovermietung hat Daten von 240 Kunden gesammelt, um eine Statistik zu erstellen.

a) Entnimm dem Kreisdiagramm rechts, wie viel Prozent der Kunden 24 Jahre alt oder jünger waren.

b) Wie viele Kunden waren 56 Jahre alt oder älter?

c) 35 % der 240 Kunden mieteten einen Minibus, 90 Kunden mieteten ein Modell der Standard-Klasse, alle anderen ein Luxusmodell. Stelle die Angaben in einem Kreis- und in einem Säulendiagramm dar.

9 Getränkeverpackungen

In einer zylinderförmigen Getränkedose mit einem Durchmesser von 5,4 cm und einer Höhe von 15,5 cm soll Saft verkauft werden.

a) Mit welchem Volumen wird die Getränkefirma die Dose befüllen?

b) Die Dose wird aus Weißblech hergestellt. Bei der Produktion rechnet man mit einem Mehrverbrauch für Falzstellen und Verschnitt von 15 %. Berechne, wie viel cm^2 Weißblech für eine Dose benötigt werden.

c) Gib die Mindestlänge eines Trinkhalms an, der nicht in die Dose rutschen kann. Beschreibe, wie du dein Ergebnis ermittelst.

d) Als alternative Verpackung für den Saft ist ein quaderförmiger Tetrapak im Gespräch. Seine Grundfläche hat die Seitenlängen $a = 5$ cm und $b = 7$ cm. Berechne die Höhe des Tetrapaks, wenn er dasselbe Saftvolumen beinhalten soll wie die Dose.

e) Vergleiche den Materialverbrauch für eine Dose mit dem für einen Tetrapak.
Bei beiden Verpackungsarten rechnet man mit einem Mehrverbrauch von 15 % für Falzstellen und Verschnitt.
Für welche Verpackungsart würdest du dich entscheiden?

10 Wasserbecher

In vielen Einzelhandelsgeschäften werden für Kunden Wasserspender aufgestellt. Um zu verhindern, dass volle Becher in den Regalen abgestellt werden, verwendet man kegelförmige Becher aus Papier. Ein Becher mit einem Durchmesser von 8 cm fasst maximal 0,15 ℓ Wasser.

a) Berechne die Höhe eines Bechers.

b) Ein großer Wasserbehälter hat ein Volumen von 18,9 ℓ. Berechne, wie viele Becher insgesamt mit dem Inhalt dieses Behälters zu jeweils 90 % gefüllt werden können.

c) Schätze, wie viel Papier zur Herstellung eines Bechers benötigt wird.

d) Überprüfe dein Ergebnis aus c) mit einer Rechnung. Plane zusätzlich 15 % für Überlappung und Verschnitt in deine Rechnung mit ein.

e) Welche der drei Abbildungen stellt die Füllhöhe h des Bechers im zeitlichen Verlauf bei konstantem Wasserzulauf dar? Begründe deine Entscheidung.

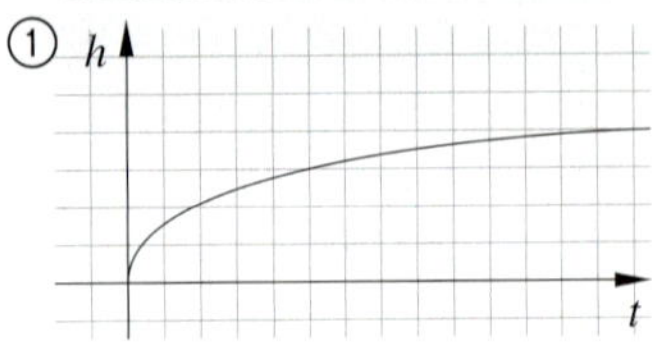

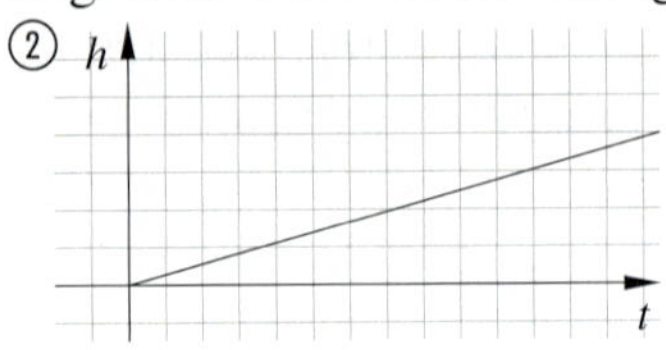

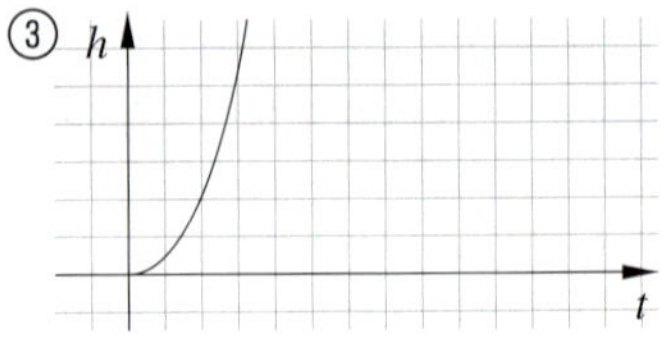

11 Hohe Brücken

Fynn möchte wissen, wie hoch die Steinerne Brücke in Regensburg über der Donau gebaut wurde. Daher lässt er einen Stein von der Fußgängerbrücke in den Fluss fallen und stoppt die Zeit bis zum Aufprall auf der Wasseroberfläche. Zur ungefähren Berechnung der Höhe der Brücke benutzt er folgende Faustregel: Quadriere die Fallzeit und multipliziere mit fünf.

a) Gib zu diesem Text eine passende Funktionsgleichung an.

b) Bestimme die Höhe der Steinernen Brücke, wenn die Zeit bis zum Aufprall 2 s beträgt.

c) In den Pyrenäen überquert das Viaduc de Millau in 270 m Höhe den kleinen Fluss Tarn. Sie gilt damit als höchste Autobahnbrücke der Welt. Wie lange fällt ein Stein, der von der Brücke geworfen wird, bis er das Wasser erreicht?

12 Flugparabel eines Golfballs

Die Flugbahn eines Golfballs kann annähernd durch eine Parabel beschrieben werden. Die Abbildung zeigt eine solche parabelförmige Flugbahn.

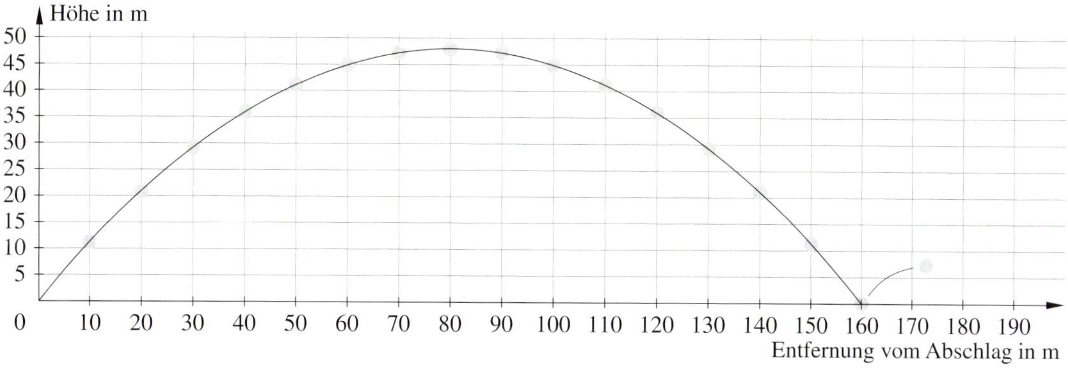

a) Lies anhand der Flugkurve die maximale Höhe des Golfballs ab.

b) In welcher Entfernung vom Abschlag trifft der Golfball auf dem Boden auf?

c) Finde heraus, welche der folgenden Funktionsgleichungen zu der Flugparabel des Golfballs gehört. Begründe, weshalb alle anderen Funktionsgleichungen nicht zum dargestellten Graphen passen können.

① $f(x) = 0{,}05\,x^2$ ② $f(x) = -\,0{,}05\,x^2$

③ $f(x) = -\,0{,}0075\,x^2 + 1{,}2\,x$ ④ $f(x) = 0{,}0075\,x^2 - 1{,}2\,x$

13 Anfänger beim Golfsport

Ein Golf-Anfänger muss das Abschlagen erst trainieren. Zu Beginn seines Trainings kann die Flugbahn seines Golfballs durch die Gleichung $f(x) = (1{,}2 - 0{,}015\,x) \cdot x$ beschrieben werden.

a) In welcher Höhe befindet sich der Golfball in einer Entfernung von 30 m vom Abschlag?

b) Berechne, wie weit ein Anfänger einen Golfball schlägt.

c) Forme die Funktionsgleichung mit Hilfe der quadratischen Ergänzung in die Scheitelpunktform $f(x) = a\,(x - x_s)^2 + y_s$ um. Lies anhand der Scheitelpunktform die maximale Höhe des Golfballs während des Fluges ab und gib an, in welcher Entfernung vom Abschlag der Golfball die maximale Höhe erreicht.

14 MP3-Player

Herr Nieser möchte seinem Sohn Paul einen Zuschuss für einen neuen MP3-Player geben. Er macht ihm die folgenden zwei Angebote:

Angebot 1: Paul bekommt 15 € sofort und an 7 folgenden Tagen erhält er jeweils 5 € dazu.

Angebot 2: Paul erhält sofort einen Umschlag mit 0,50 €. An den 7 darauffolgenden Tagen verdoppelt sein Vater jeweils das Geld, das sich im Umschlag befindet. Am ersten Tag werden also weitere 0,50 € in den Umschlag gelegt, danach 1 € usw.

a) Berechne für beide Angebote Pauls Guthaben nach 7 Tagen. Für welches Angebot sollte sich Paul entscheiden?

b) Wähle aus den Koordinatensystemen dasjenige aus, in dem Pauls Guthaben nach x Tagen für die Angebote 1 und 2 dargestellt wird. Beschreibe, woran man erkennen kann, dass die anderen Graphen nicht zu den oben beschriebenen Angeboten passen.

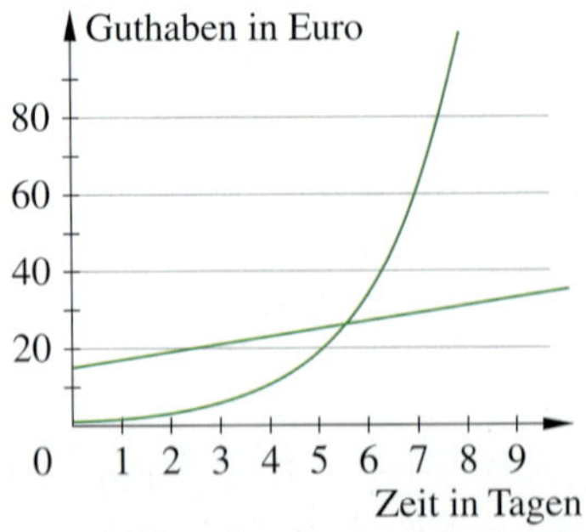

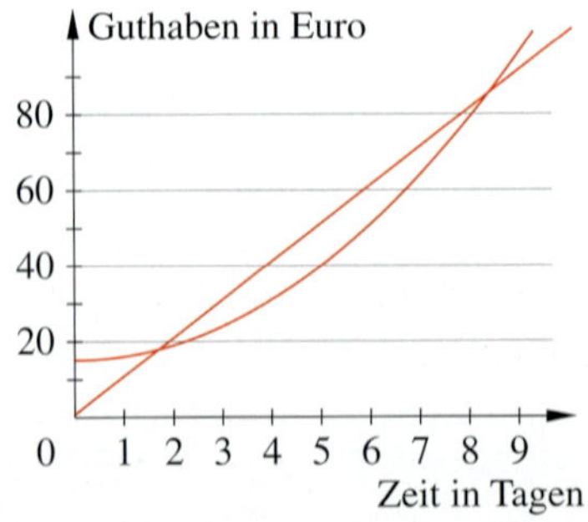

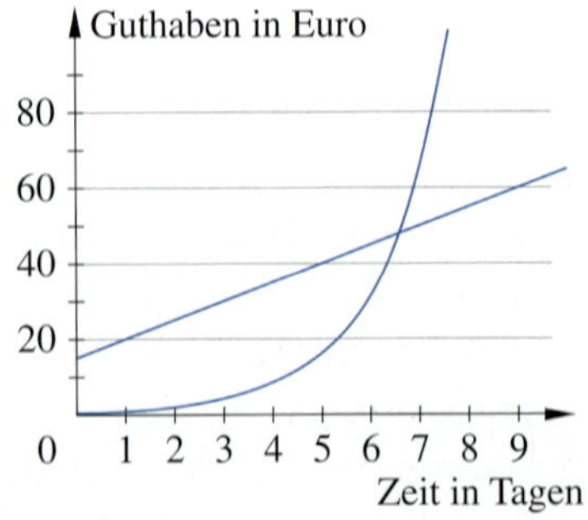

c) Erkläre die Bedeutung des Schnittpunkts der beiden Funktionsgraphen.

d) Gib für beide Angebote jeweils eine Funktionsgleichung an.

15 Luftdruck

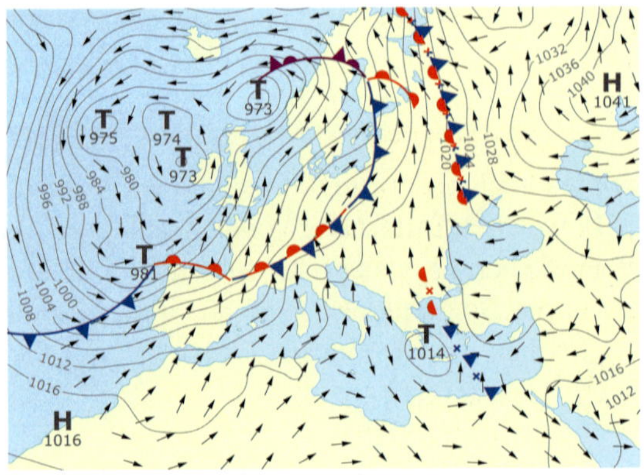

Der Luftdruck ist nicht an jedem Ort auf der Erde gleich (siehe Wetterkarte), z. B. nimmt er mit steigender Höhe rasch ab.
Dieser Zusammenhang kann annähernd durch die Formel $p(x) = p_0 \cdot 0{,}88^x$ beschrieben werden. Dabei ist p_0 der Luftdruck auf Meereshöhe in Hektopascal (hPa), x die Höhe über Meeresniveau in km und $p(x)$ der Luftdruck in der Höhe x.

a) Um wie viel Prozent sinkt der Luftdruck alle 1000 m? Erkläre, wie man diesen Wert aus der Formel entnehmen kann.

b) Auf Meereshöhe herrscht ein mittlerer Luftdruck p_0 von 1013 hPa. Berechne den Luftdruck in einer Höhe von 1 km (2 km; 2,5 km).

c) Bei einem Luftdruck von 1013 hPa hat die Luftsäule, die auf einen m² Boden drückt, eine Masse von etwa $1{,}013 \cdot 10^7$ g. Rechne die Angabe in kg und in t um.

d) Der Mount Everest ist mit einer Höhe von 8848 m der höchste Berg der Erde. Mit welchem Luftdruck kann man auf seiner Spitze rechnen?

e) Ein Wanderer liest auf seinem Druckmessgerät einen Wert von 690 hPa ab. In welcher Höhe über dem Meeresspiegel befindet sich der Wanderer?

f) Schätze ab, in welcher Höhe der Luftdruck etwa halb so groß ist wie auf Meereshöhe.

HINWEIS
Die Aufgaben aus e) und f) lassen sich durch Probieren lösen.

16 Mit Quadern würfeln

Bei vielen Spielen werden regelmäßige Würfel benutzt. Es gibt aber auch Würfel mit unterschiedlich großen Seitenflächen. Die Abbildung zeigt ein solches Beispiel.

a) Handelt es sich beim Werfen eines quaderförmigen Würfels um ein Laplace-Experiment? Begründe deine Entscheidung.

b) Die Tabelle listet auf, wie oft eine Augenzahl mit dem quaderförmigen Würfel geworfen wurde. Berechne die relative Häufigkeit für jedes der sechs Ergebnisse.

Augenzahl	1	2	3	4	5	6
Anzahl der Würfe	192	78	207	214	90	219

c) Welche Würfelseite liegt vermutlich der „2“ gegenüber? Worauf stützt du deine Vermutung?

d) Hältst du es für sinnvoll, mit folgenden Wahrscheinlichkeiten zu rechnen? Begründe.

Augenzahl	1	2	3	4	5	6
Wahrscheinlichkeit	20 %	10 %	20 %	20 %	10 %	20 %

e) Prüfe, ob die Wahrscheinlichkeiten für die einzelnen Ergebnisse proportional sind zur Größe der Seitenflächen des Quaders. Beschreibe, wie du dabei vorgehst.

f) Zeichne das Baumdiagramm für einen zweimaligen Wurf mit dem Quaderwürfel. Berechne mit Hilfe des Baumdiagramms die Wahrscheinlichkeit für das Ereignis „Werfen eines Paschs“.

g) Schätze, welches der Ereignisse „Es werden genau 7 Augen geworfen“ und „Es wird ein Pasch geworfen“ wahrscheinlicher ist. Überprüfe deine Schätzung mit Hilfe eines Baumdiagramms.

17 Kreuzworträtselspiel

In einem englischsprachigen Kreuzworträtselspiel wird versucht, aus einzelnen Buchstaben lange Wörter zu legen. Dabei sind die 26 Großbuchstaben des Alphabets auf Plättchen gedruckt, die jeder Spieler aus einem Säckchen zieht. Die Tabelle informiert darüber, wie oft die einzelnen Buchstabenplättchen im Spiel vorhanden sind.

Buchstabe	Joker	E	A, I	O	N, R, T	D, L, S, U	G	B, C, F, H, M, P, V, W, Y	J, K, Q, X, Z
Anzahl	2	12	9	8	6	4	3	2	1

a) Zeige, dass das Spiel insgesamt 100 Plättchen enthält.

b) Gib die Wahrscheinlichkeit an für das einmalige Ziehen eines Buchstabenplättchens mit:
① einem E ② einem N ③ einem Vokal ④ einem Konsonanten

c) Berechne die Wahrscheinlichkeit bei zweimaligem Ziehen eines Buchstabenplättchens ohne Zurücklegen für die folgenden Ereignisse.
① Zwei Vokale werden gezogen.
② Zwei Konsonanten werden gezogen.
③ Erst wird ein Vokal gezogen und danach ein Konsonant.
④ Es werden Vokal und ein Konsonant in beliebiger Reihenfolge gezogen.
⑤ Das Wort „IT“ wird gezogen.

18 Überbuchte Flüge

Im Jahr 2006 haben 4,7 Mio. Passagiere einer deutschen Fluggesellschaft ihren Flug nicht angetreten. Das entspricht einem Anteil von ungefähr 8,2 %. Um eine größtmögliche Auslastung der Flugzeuge zu gewährleisten, können daher bei den meisten Airlines mehr Flugtickets gebucht werden, als Sitzplätze tatsächlich vorhanden sind. Im Fall, dass ein Fluggast aufgrund von Überbuchung keinen Platz in der Maschine erhält, zahlt ihm die Fluggesellschaft eine Entschädigung in Höhe von 250 €.

a) Wie viele Fluggäste hatte die Fluggesellschaft im Jahr 2006 insgesamt?

b) Aus Erfahrung weiß man, dass im Durchschnitt elf von 10 000 Passagieren keinen Platz im Flugzeug bekommen, obwohl sie rechtzeitig vor dem Flug ein Ticket gebucht haben. Berechne den prozentualen Anteil dieser Passagiere.

c) Welcher finanzielle Schaden entsteht der Fluggesellschaft, wenn eine Maschine mit 390 Sitzplätzen zu 4,1 % überbucht wird und tatsächlich alle Passagiere rechtzeitig am Flughafen erscheinen?

d) Eine Fluggesellschaft hat eine Maschine mit 390 Sitzplätzen zu ungefähr 5,9 % überbucht. Tatsächlich treten aber 8,2 % der Passagiere den Flug nicht an. Berechne die Mehreinnahmen, die die Fluggesellschaft bei einem Ticketpreis von 100 € (150 €, 400 €) durch die Überbuchung erzielt.
Wie viele Plätze bleiben bei diesem Flug frei?

e) Nimm Stellung zum Vorgehen der Fluggesellschaft. Stelle Vor- und Nachteile dar.

19 Berechnungen an einem Trapez

Von einem gleichschenkligen Trapez sind die folgenden Eigenschaften bekannt:
Die Länge von a ist um 6 cm größer als die Länge von c. Addiert man beide Längen, so erhält man als Ergebnis eine Länge von 20 cm.
Die Höhe des Trapezes beträgt 4 cm.

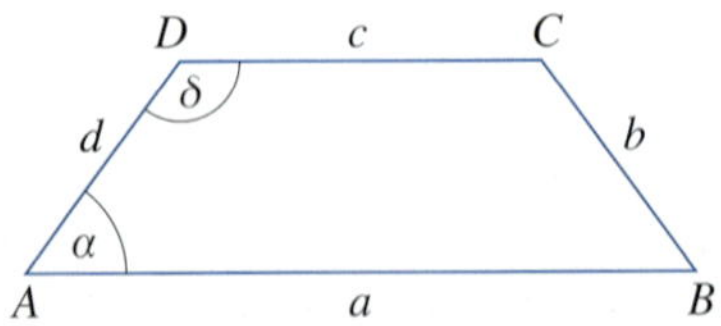

a) Stelle ein Gleichungssystem auf, mit dem sich die Längen der Seiten a und c berechnen lassen. Löse das Gleichungssystem.

b) Gib den Flächeninhalt des Trapezes an. Welche Seitenlängen hat ein flächengleiches Quadrat? Nenne zwei Beispiele für die Seitenlängen eines flächengleichen Rechtecks.

c) Berechne den Umfang des Trapezes. Beschreibe, wie man die Länge der Seiten b und d ermitteln kann.

d) Konstruiere mit Hilfe von Zirkel und Lineal das Trapez. Verfasse dazu eine stichpunktartige Konstruktionsbeschreibung.

e) Berechne die Größe der Winkel α und δ. Vergleiche deine Lösung mit dem Messergebnis der Winkel deines konstruierten Trapezes.

f) Das Trapez kann in einem Koordinatensystem dargestellt werden. Gib die Koordinaten der Punkte A, B und C an, wenn der Punkt D die Koordinaten $(3|4)$ hat und eine Längeneinheit 1 cm entspricht.

20 Parktarife

Die Tabelle zeigt die Tarife eines Parkhauses am Flughafen Leipzig/Halle.

Parkdauer	Parktarif
bis 20 min	frei
bis 1 Stunde	1,50 €
bis 2 Stunden	3,00 €
jede weitere Stunde	+ 2,00 €
1 Tag	17 €

a) Herr Franke hat 4,50 € in Münzen bei sich. Wie lange kann er sein Auto für 4,50 € in dem Parkhaus abstellen?

b) Stell die Zuordnung *Parkdauer* → *Parktarif* in einem Diagramm dar.

c) Handelt es sich bei der Zuordnung *Parkdauer* → *Parktarif* um eine Funktion? Begründe, wie man das an dem Diagramm ablesen kann.

d) Ab wie viel Stunden muss der Tagestarif gezahlt werden?

e) Welchen Tarif könnten die Betreiber des Parkhauses für zwei Tage verlangen? Begründe.

21 Ähnliche Dreiecke

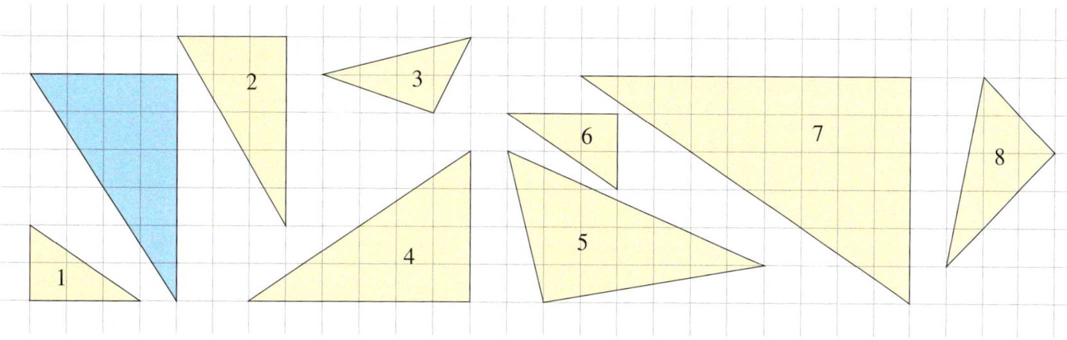

a) Finde in der Abbildung alle Dreiecke, die zum blauen Dreieck ähnlich sind.

b) Berechne den Flächeninhalt des blauen Dreiecks.

c) Zeichne das blaue Dreieck in ein Koordinatensystem mit den Punkten $A(0|0)$, $B(3|0)$ und $C(0|2)$. Zeichne ein dazu ähnliches Dreieck ADE mit vierfachem Flächeninhalt. Gib die Koordinaten der Punkte D und E an.

22 Vergrößern und Verkleinern

In der Abbildung rechts sind die Maße für einen Bogen Papier im Format DIN-A 0 angegeben. Beim Halbieren der Seitenlängen wird immer auf volle mm abgerundet.

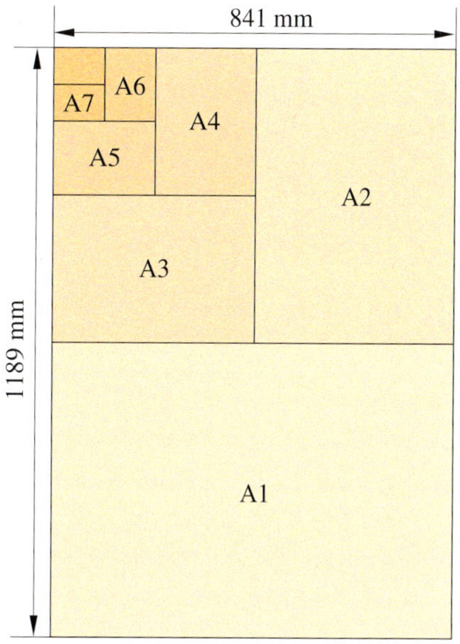

a) Die meisten Fotokopierer drucken auf Papier im Format DIN-A 3 oder DIN-A 4. Gib jeweils die Maße für einen Bogen Papier im Format DIN-A 4 und DIN-A 3 an.

b) Dem wievielten Teil eines DIN-A 0-Blattes entspricht ein Blatt im Format DIN-A 4. Gib das Ergebnis als Bruch an.

c) Ein Passbild hat die Maße 35 mm × 45 mm. In welcher Größe kann es maximal auf einem DIN-A 4-Blatt ausgedruckt werden, wenn es nicht verzerrt wird?

d) Standardformate für Fotos haben eine Seitenlänge von 9 cm, 11 cm, 13 cm, 15 cm oder 18 cm. Gib für jedes Format die zweite, größere Seitenlänge an, sodass die Fotos ähnlich zu einem Passbild sind. Runde sinnvoll.

23 Der Berliner Dom mit neuem Kuppelkreuz

Das Kuppelkreuz des Berliner Doms setzt sich aus der Bekrönung, einer Kugel und einem Kreuz zusammen. Zur Sanierung von Rostschäden wurde es mit einem Kran von der Kuppel gehoben.

a) Tim behauptet: „Auf dem Bild sieht man, dass das Kuppelkreuz genauso hoch ist wie zehn Etagen des Hochhauses. Wenn man davon ausgeht, dass eine Etage ca. 3 m hoch ist, dann hat das Kuppelkreuz eine Höhe von ca. 30 m.“ Überprüfe und bewerte die Aussage von Tim.

b) Die Höhe der Gesamtkonstruktion wird im Internet mit ca. 15 m angegeben. Berechne den maximalen Radius der Bekrönung, den Durchmesser der Kugel sowie Höhe und Breite des Kreuzes.

c) Die Kugel des Kuppelkreuzes ist mit Zeitzeugnissen gefüllt. Bestimme das maximale Volumen der Kugel. Wovon hängt das tatsächliche Volumen des Hohlraums ab?

d) Für die Sanierung wurden 900 000 € eingeplant. Tatsächlich mussten insgesamt 1,42 Mio. € aufgebracht werden, davon 700 000 € für das neue Kreuz. Um wie viel Prozent wurden die geplanten Kosten überschritten?

e) Welchen Anteil an den Gesamtkosten haben die Kosten für das Kreuz?

24 Fallschirmspringen

Fallschirmspringer erreichen mit einem Flugzeug ihre Absprunghöhe von ca. 3 km bis 4 km. Das Diagramm zeigt, mit welcher Geschwindigkeit ein Fallschirmspringer sich zu einem bestimmten Zeitpunkt nach dem Absprung der Erde nähert.

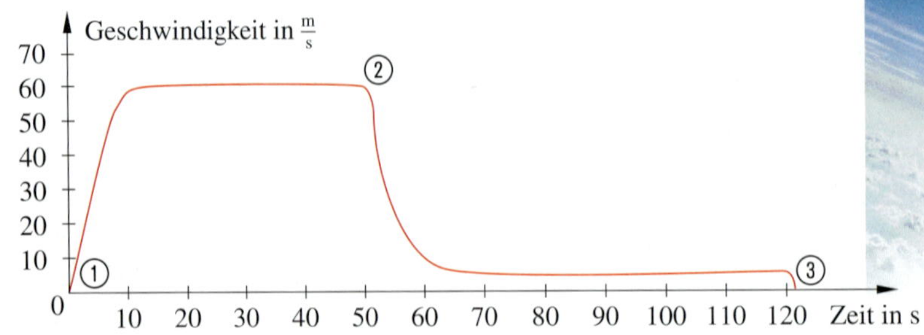

a) Gib die maximale Geschwindigkeit des Fallschirmspringers in $\frac{km}{h}$ an.

b) Lies im Diagramm ab, wie lange der Fallschirmsprung insgesamt gedauert hat.

c) Was passiert an den Punkten ① bis ③? In welcher Phase befindet sich der Fallschirmspringer?

d) Beschreibe, den Verlauf der Geschwindigkeit des Fallschirmspringers.

e) Wie viele Höhenmeter verliert der Fallschirmspringer zwischen 10 s und 50 s nach dem Absprung?

f) Wie viele Minuten dauert ein Sprung aus 3,6 km Höhe, wenn ein Fallschirmspringer mit konstanter Geschwindigkeit von 18 $\frac{km}{h}$ sinkt.

25 Schulden der Royals

Im Jahr 1651 hatte König Karl II. bei den Tuchmachern von Worcester Uniformen für seine Soldaten in Auftrag gegeben, aber die Rechnung in Höhe von 453,15 Pfund (umgerechnet ca. 572,52 €) nie bezahlt. Kürzlich beglich Prinz Charles nach 357 Jahren die Schulden seines Ur-Ahns.

a) In welchem Jahr beglich Prinz Charles die Schulden?

b) Laut BBC-Internet wären mit Zins und Zinseszins 47 500 Pfund zu zahlen gewesen.
Sarah hält den Betrag für zu hoch und begründet ihre Meinung wie folgt: „Ich gehe von einem durchschnittlichen Zinssatz von 5 % pro Jahr aus. 5 % von 453,15 Pfund sind 22,66 Pfund. Also kommen in jedem Jahr 22,66 Pfund zur Rechnung hinzu. In 357 Jahren summiert sich das auf 8089,62 Pfund. Zuzüglich der Rechnungssumme von 453,15 Pfund hätte Prinz Charles also 8542,77 Pfund zu zahlen.“ Nimm Stellung zu Saras Aussage.

c) Anke hält den Betrag für zu gering. Auch sie geht von einem durchschnittlichen Zinssatz von 5 % pro Jahr aus. Den zu zahlenden Betrag möchte sie mit dem Term $453{,}15 \cdot 1{,}05^x$ berechnen. Auf welchen Betrag kommt Anke mit ihrer Rechnung?

d) Führt ein doppelt so hoher Zinssatz zu doppelt so hohen Zinsen? Begründe.

e) Angenommen der vom BBC-Internet angegebene Betrag wäre korrekt. Mit welchem durchschnittlichen Zinssatz pro Jahr wurde dann gerechnet? Hältst Du diesen Zinssatz für realistisch?

f) Welche Aspekte, die die Höhe des zu zahlenden Betrags auch beeinflussen, bleiben in den mathematischen Berechnungen unberücksichtigt? Nenne Beispiele.

26 Holzfiguren für ein Brettspiel

Für ein Brettspiel sollen vier verschiedene Figuren aus Holz hergestellt werden. Die Abbildung enthält alle Maße in cm.

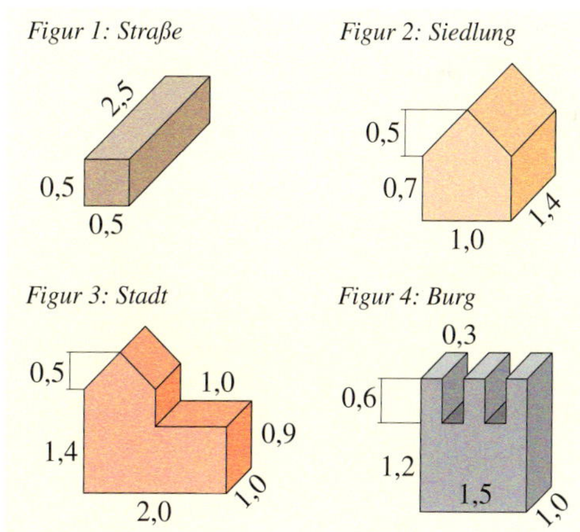

a) Jedes Spiel enthält insgesamt 85 Figuren. Es gibt dreimal so viele Städte wie Burgen, viermal so viele Siedlungen wie Burgen und dreimal so viele Straßen wie Städte. Gib die Anzahl der einzelnen Figuren pro Spiel an.

b) Berechne jeweils das Volumen der einzelnen Spielfiguren. Welches Volumen haben alle 85 Spielfiguren zusammen?

c) Welche Masse haben alle Figuren zusammen, wenn sie aus Eichenholz gefertigt werden? Eichenholz hat eine Dichte von $670\,\frac{kg}{m^3}$.

d) Um wie viel Prozent erhöht sich die Masse der 85 Figuren, wenn die Figuren aus Kunststoff mit einer Dichte von $1200\,\frac{kg}{m^3}$ hergestellt werden.

e) Berechne den Oberflächeninhalt von Figur 3.

f) Berechne die markierten Winkel innerhalb von Figur 3 (rechts).

g) Mit welcher Wahrscheinlichkeit zieht man aus einem Beutel mit allen 85 Figuren eine Burg und eine Stadt? Die Reihenfolge ist dabei nicht wichtig.

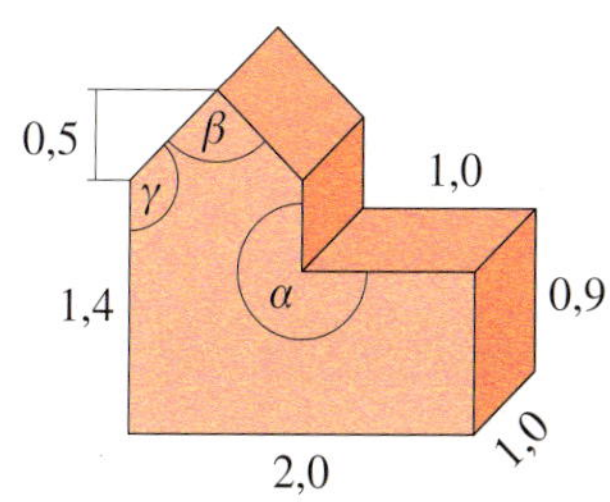

Pyramide, Kegel, Kugel

a

1
Der Oberflächeninhalt beträgt 65 cm², die Höhe etwa 3,1 cm und das Volumen beträgt etwa 26 cm³.

2
Der Oberflächeninhalt beträgt etwa 35,34 dm², das Volumen beträgt etwa 13,69 dm³.

3
Der Oberflächeninhalt beträgt etwa 17 203,36 mm², das Volumen beträgt etwa 212 174,8 mm³.

4
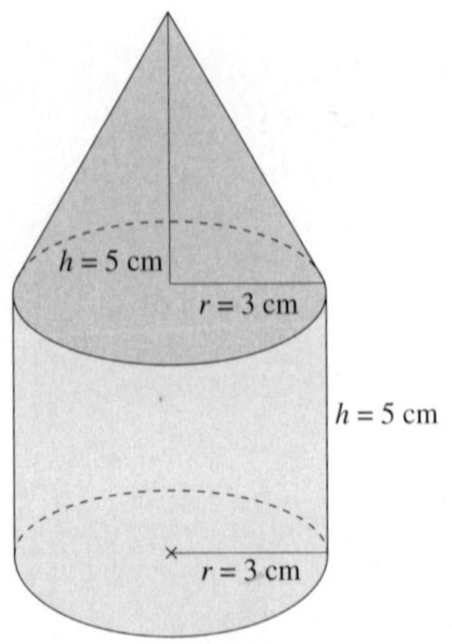

5
a) Das Volumen beträgt 276 cm³.
b) Die Mantelfläche beträgt etwa 69,97 cm².

6
a) Der Radius beträgt etwa 2,31 cm.
b) Der Radius würde etwa 1,84 cm betragen.

7
$V \approx 8181{,}23\,\text{cm}^3$
$m \approx 22\,089\,\text{g} \approx 22\,\text{kg}$

b

1
Der Oberflächeninhalt beträgt etwa 52,66 cm², h_a ist etwa 4,58 cm lang, h_K etwa 4,12 cm und das Volumen beträgt etwa 21,99 cm³.

2
Der Oberflächeninhalt beträgt etwa 46,40 cm², das Volumen etwa 20,94 cm³.

3
Der Radius beträgt etwa 4,15 cm, der Oberflächeninhalt beträgt 216,72 cm².

4
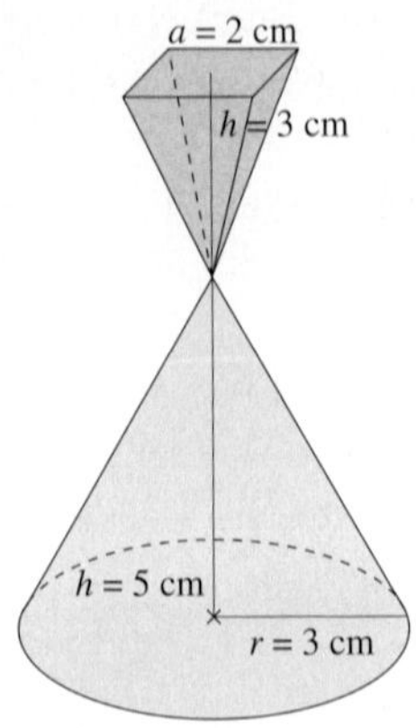

5
Der Körper besteht aus einem Kreiskegel und einem Prisma.
$V = 10{,}28\,\text{cm}^3$
$A_O = 39{,}06\,\text{cm}^2$

Quadratische Funktionen

a | b

a

1

	Scheitelpunkt	Öffnung	Form	Anzahl Nullstellen
a) $f(x) = (x-3)^2 + 2$	$(3 \mid 2)$	oben	normal	keine
b) $f(x) = (x+2)^2$	$(-2 \mid 0)$	oben	normal	eine
c) $f(x) = -x^2 + 4$	$(0 \mid 4)$	unten	normal	2
d) $f(x) = -(x+1{,}5)^2 - 1$	$(-1{,}5 \mid -1)$	unten	normal	keine
e) $f(x) = 2x^2 - 5$	$(0 \mid -5)$	oben	gestreckt	2
f) $f(x) = 0{,}75(x-2)^2 + 3$	$(2 \mid 3)$	oben	gestaucht	keine

2

$f(x) = (x-3)^2$
$g(x) = -x^2 + 4$
$h(x) = (x+2)^2 - 1$
$i(x) = (x-1)^2 - 2$

3

a) $S(-2 \mid -3)$ b) $S(3 \mid -6)$
c) $S(6 \mid -32)$ d) $S(-4 \mid -18)$

4

a) keine Nullstellen
b) 2 Nullstellen: $x_1 = 2$; $x_2 = -2$
c) 2 Nullstellen: $x_1 = 0$; $x_2 = -5$

5

a) $S(0 \mid 10)$, $x_1 = -\sqrt{90} \approx -9{,}49$;
$x_2 = \sqrt{90} \approx 9{,}49$
Höhe: 10 (m)
Länge: $2 \cdot \sqrt{90}$ (m) $\approx 18{,}97$ m
b) $A = 2 \cdot \sqrt{90}\,\text{m} \cdot \frac{2}{3} \cdot 2 \cdot \sqrt{90}\,\text{m} = 240\,\text{m}^2$

b

2

$j(x) = (x-4)^2 + 2$
$k(x) = \frac{1}{2} \cdot (x+2)^2$
$l(x) = -2x^2 + 3$
$m(x) = \frac{3}{16}(x-2)^2 - 3$

3

a) $S(\frac{1}{4} \mid \frac{31}{16})$ b) $S(2 \mid -12)$
c) $S(5 \mid -10{,}5)$ d) $S(-1{,}5 \mid 18{,}75)$

4

a) 2 Nullstellen: $x_1 = 4$; $x_2 = 2$
b) 2 Nullstellen: $x_1 = -1{,}5$; $x_2 = 2{,}5$
c) 2 Nullstellen: $x_1 = -4$; $x_2 = 2{,}5$

5

a) $f(1) = 21{,}75$; $f(4) = 21{,}75$
Nach 1 s und nach 4 s befindet sich der Stein in einer Höhe von 21,75 m.
b) Nach 2,5 s erreicht der Stein seine Maximalhöhe von 33 m.
c) $x_1 \approx -0{,}07$, $x_2 \approx 5{,}07$
Nach ca. 5 s trifft der Stein am Boden auf.

Quadratische Gleichungen

a

1

a) $x_1 = 2{,}5$; $x_2 = -2{,}5$ b) $x_1 = 3{,}5$; $x_2 = -3{,}5$

e) $x_1 = 0{,}5$; $x_2 = -2$ f) $x_1 = \frac{1}{3}$; $x_2 = \frac{1}{2}$

2

a) z. B. $(x + 12) \cdot (x - 12) = x^2 - 144 = 0$

b) z. B. $x \cdot (x - 7) = x^2 - 7x = 0$

c) z. B. $(x - 8)^2 = x^2 - 16x + 64 = 0$

d) z. B. $x^2 = -1$

3

a) $D = (\frac{1}{2})^2 + 12 = 12\frac{1}{4}$

b) Da $D > 0$, gibt es zwei Lösungen.

4

a) $a^2 + a^2 = 128^2$
$a_1 = 64\sqrt{2}$; $a_2 = -64\sqrt{2}$
Eine Seite ist etwa 90,51 cm lang.

b) $6a^2 = 121{,}5$
Die Seiten sind 4,5 cm lang.

5

a) x = Breite des Zuschauerraums
$(120 - 2x)(80 - 2x) = 0$
$x_1 \approx 10{,}76$; $(x_2 \approx 89{,}24)$

b) Das Spielfeld ist etwa 98,5 m lang und 58,5 m breit.

6

a) $-5t^2 + 5t + 3 = 0$
$t_1 \approx 1{,}4$; $(t_2 \approx -0{,}4)$
Nach etwa 1,4 Sekunden taucht er ins Wasser ein.

b) $f(0{,}5) = 4{,}25$
Der höchste Punkt liegt bei 4,25 m.

b

1

c) $x_1 = 0$; $x_2 = 4{,}5$ d) $x_1 = 3$; $x_2 = -6$

g) $x_1 = 8$; $x_2 = 5$ h) $x_1 = 2$; $x_2 = 4$

2

a) z. B. $(x - 9) \cdot (x - 12) = x^2 - 21x + 108 = 0$

b) z. B. $x \cdot (x - 9) = x^2 - 9x = 0$

c) z. B. $(x - 12)^2 = x^2 - 24x + 144 = 0$

d) z. B. $(x - 2) \cdot (x - 4) = x^2 - 6x + 8 = 0$

3

a) $D = \frac{1}{4} - \frac{8}{a}$

b) Für $a = 32$ gibt es eine Lösung, für $a > 32$ gibt es zwei Lösungen und für $a < 32$ gibt es keine Lösung.

4

a) $a \cdot (23 - a) = 120$
Die Seiten sind 8 cm und 15 cm lang.

b) $\frac{(h+1) \cdot h}{2} = 120$; $g = h + 1$
Die Grundseite ist 16 cm lang.

5

a) $\pi \cdot (r + 50)^2 = 2 \cdot \pi \cdot r^2$
$r_1 \approx 120{,}7$; $(r_2 \approx -20{,}7)$
Der Radius war zuvor etwa 120,7 cm lang.

b) Der Radius wurde um etwa 41,4 % verlängert.

6

a) $t_1 \approx 1{,}87$ s; $t_2 \approx -1{,}07$ s
Sie taucht nach etwa 1,87 s ins Wasser ein.

b) $-5(t - \frac{2}{5})^2 + \frac{54}{5} = 10{,}8$
$t = 0{,}4$
Nach 0,4 s erreicht sie den höchsten Punkt.

Datenerhebungen hinterfragen

a

b

1

a) Die Grafik erweckt den Anschein, dass bis 2013 der Anteil vireninfizierter E-Mails sehr stark sinken wird.

b) Bei genauerem Hinsehen, wird deutlich, dass der Anteil vireninfizierter E-Mails von $\frac{1}{1400} \approx 0{,}07\ \%$ sehr stark auf $\frac{1}{2} = 50\ \%$ ansteigen wird. Ein Diagramm mit steigenden Säulen stellt den Sachverhalt sachlicher dar.

2

a) Fehler: Die y-Achse fängt bereits bei 1,250 an und nicht bei 0. Dadurch entsteht der Eindruck, dass der Wert von Juni bis April viel stärker angestiegen ist.

b) Berichtigt: y-Achse beginnt bei 0.

3

a) Die Münzsäulendarstellung gibt das Verhältnis richtig wieder, da das Volumen der einen Säule tatsächlich 1,5-mal größer ist als das der anderen.

b) Die Darstellung der Goldbarren ist am eindrucksvollsten, da sowohl Breite als auch Höhe und Tiefe um das 1,5-fache vergrößert wurden.

c) Die Geldscheindarstellung empfiehlt sich bei Darstellungen, bei denen der Unterschied sehr klein aussehen soll; die Goldbarrendarstellung im Gegenteil.

3

a)

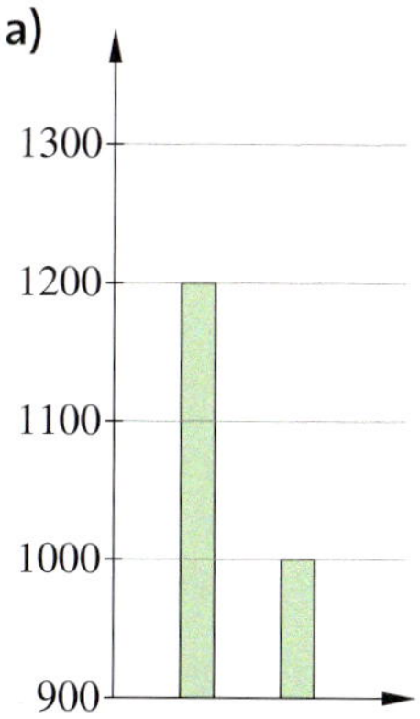

b)

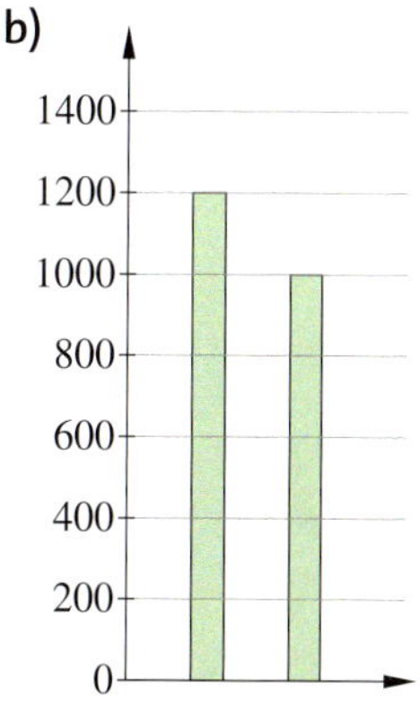

c) Das erste Diagramm sieht so aus, als bestünde ein sehr großer Unterschied zwischen den Beträgen; das zweite versucht diesen Unterschied möglichst klein darzustellen.

4

Bei einer Befragung kann man Einfluss auf das Ergebnis nehmen:
- durch einseitige Informationen
- durch eingeschränkte Auswahl von Antwortmöglichkeiten
- durch Suggestivfragen; das sind Fragen, die eine bestimmte Antwort nahelegen

Potenzen und Zehnerpotenzen

a

1
a) $3^5 = 243$ b) $2{,}5^3 = 15{,}625$
c) $(-1{,}8)^4 = 10{,}4976$

2
a) 81 b) 8 c) 7,593 75 d) −8
e) $\frac{1}{9} = 0{,}\overline{1}$ f) 10 g) 3 h) 32

b

1
a) $(\frac{1}{3})^3 = \frac{1}{27}$ b) $x^5 \cdot \frac{1}{x} = x^4$
c) $(4\,v)^4 \cdot 6^4 = 331\,776\,v$

2
a) 61,4656 b) $-\frac{1}{27}$ c) $\frac{1}{1024}$ d) $-\frac{1}{36}$
e) −13 f) $\frac{1}{2}$ g) $-\frac{1}{4}$ h) $\frac{1}{100\,000} = 0{,}000\,01$

3
a) $8^2 = (2^3)^2 = 2^6$ b) 5^3 c) 2^{10} d) 11^2 e) 10^6 f) $4^2 = (2^2)^2 = 2^4$
g) $25^2 = (5^2)^2 = 5^4$ h) 2^8 i) 3^6 j) -10^5 k) 14^2 l) -6^3

4
a) 400 000 000 000 b) 280 000 000 c) 12 860 000 d) 0,000 001 5 e) 0,000 027 4

5
a) $9 \cdot 10^9$ b) $7{,}000\,051 \cdot 10^9$ c) $10{,}4 \cdot 10^{15}$

6
a) 219 000 000
b) 600 000

7
a) a^{m+n} b) $\frac{a^m}{a^n}$ c) $a^{m \cdot n}$
d) $a^m \cdot b^m$ e) $\frac{a^m}{b^m}$ f) $a^{\frac{1}{n}}$

8 (a)
a) $16^3 \cdot 16^{-3} = 16^{3-3} = 16^0 = 1$
b) $10^8 \cdot 10^{-3} = 10^{8-3} = 10^5 = 100\,000$
c) $\sqrt{49}^4 = 49^{\frac{1}{2} \cdot 4} = 49^2 = 2401$
d) $1{,}4 \cdot 10^5 \cdot 10^{-3} = 1{,}4 \cdot 10^{5-3} = 1{,}4 \cdot 10^2 = 140$

8 (b)
a) $\frac{4{,}2 \cdot 10^7}{2{,}1 \cdot 10^3} = 2 \cdot 10^4 = 20\,000$
b) $25^4 \cdot 25^{-5} = 25^{-1} = \frac{1}{25} = 0{,}04$
c) $\sqrt[4]{49^2} = 49^{\frac{1}{4} \cdot 2} = 49^{\frac{1}{2}} = 7$
d) $\frac{9^4}{3^8} = \frac{9^4}{(3^2)^4} = \frac{9^4}{9^4} = 1$

Wachstum

a

1

Beim Luftdruck liegt negatives exponentielles Wachstum vor, beim Wasserdruck positives lineares Wachstum.

2

a) $q = 1{,}0375$

b) Umsatz 2010: 3 631 250 €
Umsatz 2020: ca. 5 247 316 €
$f(x) = 3\,500\,000 \cdot 1{,}0375^x$

3

a) Anzahl Menschen 2018: ca. 101 254 687
b) Anzahl Menschen 1998: ca. 61 792 794
c) $f(x) = 79\,100\,000 \cdot 1{,}025^x$

4

$72\,000\,000 = 62\,000\,000 \cdot q^{42}$ $\quad |: 62\,000\,000$

$q^{42} = \frac{36}{31}$ $\quad |\sqrt[42]{}$

$q \approx 1{,}0036$

5

1,7692 7,69

a) ~~$q \approx 1{,}0587$~~; $p \approx$ ~~5,9~~ %

b) Exportzahlen 2010: ca. 412,453 Mrd.
Exportzahlen 2020: ca. 729,701 Mrd.

b

3

a) Anzahl Menschen 2018: ca. 137 700 012
b) Anzahl Menschen 1998: ca. 146 228 092
c) $f(x) = 141\,900\,000 \cdot 0{,}997^x$

4

a) $w_x = w_0 \cdot q^x$ $\quad |: q^x$

$w_0 = \frac{w_x}{q^x}$

b) $q^x = \frac{w_x}{w_0}$ $\quad |: \sqrt[x]{}$

$q = \sqrt[x]{\frac{w_x}{w_0}}$

5

a) $q \approx 1{,}0587$; $p \approx 5{,}9\,\%$

b) Die Grenze von einer Billion wird Mitte der 20er Jahre (genau 2026) überschritten.

6

Anzahl der Bakterien bei einer Verdopplungszeit von vier Stunden:

- nach einem Tag: $f(6) = 23 \cdot 2^6 = 1472$
- nach zwei Tagen: $f(12) = 23 \cdot 2^{12} = 94\,208$
- nach drei Tagen: $f(18) = 23 \cdot 2^{18} = 6\,029\,312$

Anzahl der Bakterien bei einer Verdopplungszeit von 18 Stunden:

- nach einem Tag: $f(\frac{4}{3}) = 23 \cdot 2^{\frac{4}{3}} \approx 58$
- nach zwei Tagen: $f(\frac{8}{3}) = 23 \cdot 2^{\frac{8}{3}} \approx 146$
- nach drei Tagen: $f(4) = 23 \cdot 2^4 = 368$

Trigonometrie

a | b

1

	α	β	γ	a	b	c
a)	45°	45°	90°	4 cm	4 cm	5,66 cm
b)	52°	38°	90°	4,48 cm	3,5 cm	5,68 cm
c)	50°	40°	90°	4,5 cm	3,78 cm	5,87 cm
d)	50°	40°	90°	6,91 cm	5,8 cm	9,02 cm
e)	49°	41°	90°	3,77 cm	3,28 cm	5 cm
f)	61°	29°	90°	6,12 cm	3,39 cm	7 cm

2

a) Dreieck ABC: $\sin\alpha_1 = \frac{b}{g}$, Dreieck CDE: $\sin\alpha_2 = \frac{d}{f}$, Dreieck CEA: $\sin\alpha_3 = \frac{g}{e}$
Dreieck ABC: $\sin\beta_1 = \frac{a}{g}$, Dreieck CDE: $\sin\beta_2 = \frac{c}{f}$, Dreieck CEA: $\sin\beta_3 = \frac{f}{e}$

b) Dreieck ABC: $\cos\alpha_1 = \frac{a}{g}$, Dreieck CDE: $\cos\alpha_2 = \frac{c}{f}$, Dreieck CEA: $\cos\alpha_3 = \frac{f}{e}$
Dreieck ABC: $\cos\beta_1 = \frac{b}{g}$, Dreieck CDE: $\cos\beta_2 = \frac{d}{f}$, Dreieck CEA: $\cos\beta_3 = \frac{g}{e}$

3 (a)

α_1: $\cos\alpha_1 = \frac{a}{e}$ $\quad \alpha_1 \approx 31°$.

γ_1: $\sin\gamma_1 = \frac{a}{e}$ $\quad \gamma_1 \approx 59°$.

3 (b)

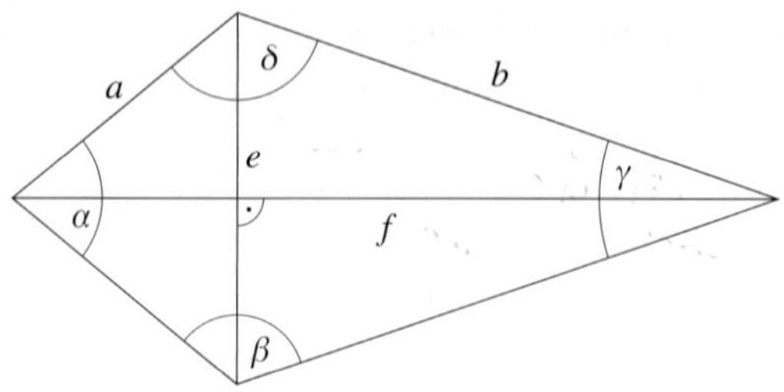

a) $\alpha \approx 100{,}1°$ $\quad \beta \approx 107{,}4°$
$\gamma \approx 45{,}1°$ $\quad \delta \approx 107{,}4°$

b) $f \approx 7{,}47$ cm

4 (a)

Der Steigungswinkel liegt bei etwa 1,925°.

4 (b)

Der Steigungswinkel liegt bei etwa 13,25°.

5

a) Das Zimmer hat eine Grundfläche von 44,5 m².

b) Das Regal muss ca. 18 cm von der Wand entfernt stehen, damit es unter die Dachschräge passt.

Die Sinusfunktion

a

1 z.B.

a) $\alpha = -310°$; $\alpha = 410°$
b) $\alpha = -340°$; $\alpha = 380°$
c) $\alpha = -360°$; $\alpha = 360°$
d) $\alpha = -450°$; $\alpha = 270°$
e) $\alpha = -365°$; $\alpha = 355°$
f) $\alpha = -600°$; $\alpha = 120°$

b

1 z.B.

a) $\alpha = -330°$; $\alpha = 30°$
b) $\alpha = -350°$; $\alpha = 10°$
c) $\alpha = -10°$; $\alpha = 350°$
d) $\alpha = -284°$; $\alpha = 76°$
e) $\alpha = -39°$; $\alpha = 321°$
f) $\alpha = -32°$; $\alpha = 328°$

2

Individuelle Skizze.
Es ändert sich die Beschriftung der x-Achse. So wird z.B. $\frac{\pi}{2}$ zu 90°, π zu 180°, $\frac{3\pi}{2}$ zu 270° und 2π zu 360°.

3

Der Graph der Funktion $f(x) = \sin x - 2$ geht aus der Sinuskurve durch Verschiebung um zwei Einheiten nach unten hervor. Der Graph der Funktion $f(x) = \sin(x - 2)$ geht aus der Sinuskurve durch Verschiebung um zwei Einheiten nach rechts hervor.

a) 4

Individuelle Zeichnungen.

a) Verschiebung um π nach rechts
b) Stauchung in Richtung der x-Achse mit dem Faktor 2
c) Verschiebung um 0,5 nach oben
d) Verschiebung um 1 nach unten und Streckung in Richtung der y-Achse mit dem Faktor 3

a) 5

$f(x) = \sin(2x)$
$g(x) = 3\sin x + 1$
$h(x) = \sin x - 1{,}5$

a) 6

$f(x) = 12\sin(\frac{1}{3}x)$

b) 4

Individuelle Zeichnungen.

a) Verschiebung um 0,5 nach unten und Spiegelung an der x-Achse
b) Verschiebung um $\frac{\pi}{2}$ nach rechts, Stauchung in Richtung der x-Achse mit dem Faktor 2 und Streckung in Richtung der y-Achse mit dem Faktor 3
c) Verschiebung um 1 nach unten, Verschiebung um $\frac{\pi}{3}$ nach links und Spiegelung an der x-Achse
d) Verschiebung um $\sin(\frac{\pi}{2}) = 1$ nach oben

b) 5

$i(x) = \frac{1}{2}\sin x + 2{,}5$
$j(x) = -\sin(2x) - 1{,}5$
$k(x) = 3\sin(2(x - \frac{\pi}{4}))$

b) 6

$f(x) = 8\sin(\frac{\pi}{6}(x + 8)) + 21$

Lösungen zum Training

Seite 198 Pyramide, Kegel, Kugel

1

	a	s	h	h_a
a)	6 cm	12 cm	**11,2 cm**	**11,6 cm**
b)	**15,8 cm**	**15,1 cm**	10,2 cm	12,9 cm
c)	**11,3 cm**	11,4 cm	**8,1 cm**	9,9 cm
d)	15 cm	**29,0 cm**	**27,0 cm**	28 cm

2 a) $V = 15{,}4\,m^3$
b) $V = 2508\,cm^3 = 2{,}508\,dm^3$
c) $V = 160\,cm^3$

3 a) $A_M = 270{,}56\,cm^2$, $A_O = 349{,}77\,cm^2$
b) $h_a \approx 15{,}18\,m$, $A_M \approx 437{,}15\,m^2$, $A_O \approx 644{,}51\,m^2$
c) $a \approx 29{,}46\,cm$, $A_M \approx 1119{,}55\,cm^2$, $A_O \approx 1987{,}55\,cm^2$
d) $a \approx 20\,cm$, $A_M \approx 320{,}15\,cm^2$, $A_O \approx 720{,}54\,cm^2$

4

	a	b	h	V
a)	58 mm	93 mm	26 mm	**46 748 mm³**
b)	125 cm	244 cm	**13,8 cm**	140 000 cm³
c)	**12,5 m**	12 m	12 m	600 m³
d)	138 dm	**81,5 dm**	167 dm	625 824 dm³

5 a) $V = 583{,}3\,cm^3$
b) $h \approx 8{,}7\,cm$, $V \approx 226{,}7\,cm^3$
c) $r \approx 11{,}2\,mm$, $V \approx 1309{,}0\,mm^3$
d) $h \approx 32{,}1\,m$, $V \approx 6584{,}0\,m^3$

6 a) $s \approx 17{,}7\,cm$, $A_M \approx 278{,}3\,cm^2$, $A_O \approx 356{,}9\,cm^2$, $V \approx 445{,}1\,cm^3$
b) $r = 15\,mm$, $s = 25\,mm$, $A_M \approx 1178{,}1\,mm^2$, $A_O \approx 1885{,}0\,mm^2$, $V \approx 4712{,}4\,mm^3$
c) $r \approx 11{,}2\,cm$, $A_M \approx 526{,}9\,cm^2$, $A_O \approx 919{,}6\,cm^2$, $V \approx 1309{,}0\,cm^3$
d) $r = 4\,cm$, $A_M \approx 113{,}1\,cm^2$, $A_O \approx 163{,}4\,cm^2$, $h \approx 8{,}1\,cm$, $V \approx 135{,}1\,cm^3$

7 a) $V \approx 212{,}2\,cm^3$, $A_O \approx 172{,}0\,cm^2$
b) $V \approx 1098{,}1\,dm^3$, $A_O \approx 514{,}7\,dm^2$

8 a) $d \approx 30{,}3\,cm$ b) $d \approx 1{,}6\,m$
c) $d \approx 3{,}8\,cm$ d) $d \approx 11{,}6\,m$

9 a) $A_O \approx 201{,}1\,cm^2$
b) $r \approx 2{,}8\,cm$
c) $r \approx 5{,}7\,cm$

10 $V_{Kugel} \approx 4189\,cm^3 > V_{Pyramide} \approx 333\,cm^3 > V_{Kegel} \approx 262\,cm^3$

11 $\frac{V_{Kegel}}{V_{Kugel}} = \frac{\frac{1}{3} \cdot \pi \cdot (50\,mm)^2 \cdot 100\,mm}{\frac{4}{3} \cdot \pi\,(1{,}5\,mm)^3} \approx 18\,518{,}5$
Vom reinen Volumen her würden maximal 18 518 Kugeln hineinpassen, durch Hohlräume sind es aber deutlich weniger Kugeln.

Seite 199 Quadratische Funktionen

1 a) nach oben geöffnet; um 1 nach unten verschoben; $S(0|-1)$
b) nach unten geöffnet; um 4 nach oben verschoben; $S(0|4)$
c) nach unten geöffnet; gestreckt mit Faktor 2,5; um 5,5 nach oben verschoben; $S(0|5{,}5)$
d) nach oben geöffnet; gestaucht mit Faktor $\frac{2}{3}$; nach unten um $\frac{1}{2}$ verschoben; $S(0|-\frac{1}{2})$
e) nach oben geöffnet; um 4 nach rechts und um 3 nach oben verschoben; $S(4|3)$
f) nach oben geöffnet; gestreckt mit Faktor 1,5; um 1 nach rechts verschoben; $S(1|0)$
g) nach unten geöffnet; gestaucht um Faktor $\frac{1}{2}$; um 4 nach links und um 2 nach unten verschoben; $S(-4|-2)$
h) nach oben geöffnet; gestreckt mit Faktor 2; um 4 nach rechts verschoben; $S(4|0)$
i) nach oben geöffnet; gestaucht mit Faktor 0,8; um 2 nach rechts und um 1 nach oben verschoben; $S(2|1)$
j) nach unten geöffnet; um 8 nach links verschoben; $S(-8|-1)$

2 a) $f(x) = (x + 7)^2$; $S(-7|0)$ b) $f(x) = (x - 3)^2$; $S(3|0)$
c) $f(x) = (x + 9)^2$; $S(-9|0)$ d) $f(x) = (x - 2)^2 + 2$; $S(2|2)$
e) $f(x) = (x + 1{,}5)^2 + 0{,}75$; $S(-1{,}5|0{,}75)$
f) $f(x) = -(x + 3)^2 + 19$; um 3 nach links und um 19 nach oben verschoben; $S(-3|19)$
g) $f(x) = 3\,(x - 1{,}5)^2 - 18{,}75$; nach oben geöffnet; gestreckt mit dem Faktor 3; um 1,5 nach rechts und um 18,75 nach unten verschoben; $S(1{,}5|-18{,}75)$
h) $f(x) = -2\,(x - 1)^2 + 32$; nach unten geöffnet; gestreckt mit dem Faktor 2; um 1 nach rechts und um 32 nach oben verschoben; $S(1|32)$

3 a) $f(x) = \frac{1}{3}(x - 2)^2 + 1$ b) $f(x) = -2\,(x + 3)^2 + 4$
c) $f(x) = 2\,(x - 3)^2$ d) $f(x) = (x - 1)^2 + 4$
e) $f(x) = 1{,}25\,x^2$

4 $a = -\frac{1}{160}$, $f(x) = -\frac{1}{160}x^2$

5 Die Gleichung beschreibt den Wasserstrahl.
Nullstellen: $x_1 = 0$ und $x_2 = 10$; Scheitelpunkt $S(5|4)$

6 a) $f(x) = (x - 4)^2$; Scheitelpunkt bei $S(4|0)$; nach oben geöffnet; eine Nullstelle
b) $f(x) = -(x + 1)^2 - 2$; Scheitelpunkt bei $S(-1|-2)$; nach unten geöffnet; keine Nullstelle
c) $f(x) = 3\,(x + 0{,}5)^2 - 6{,}75$; Scheitelpunkt bei $S(-0{,}5|-6{,}75)$; nach oben geöffnet; zwei Nullstellen
d) $f(x) = 2\,(x + 2)^2 - 5$; Scheitelpunkt bei $S(-2|-5)$; nach oben geöffnet; zwei Nullstellen

7 äußerer Bogen: $f(x) = -\frac{1}{48}x^2$
innerer Bogen: $f(x) = -0{,}028\,755\,x^2$

8 a) $f(2) = 70$, also befindet sie sich in 70 m Höhe.
b) Der Scheitelpunkt liegt bei $S(4{,}5|101{,}25)$.
Nach 4,5 s ist die Kugel in einer Höhe von 101,25 m.
c) Nach 9 s trifft sie auf dem Boden auf.
d) Nach 3 s oder nach 6 s befindet sie sich in einer Höhe von 90 m.

Seite 200 Quadratische Gleichungen

1 a) $x_1 = 99$ und $x_2 = -99$ b) $x_1 = 45$ und $x_2 = -45$
c) $x_1 = 26$ und $x_2 = -26$ d) keine Lösung
e) $x_1 = 33$ und $x_2 = -33$ f) $x = 0$
g) $x_1 = 23$ und $x_2 = -23$ h) keine Lösung

2 $x \cdot 5x = 180$: Die Zahl ist 6.

3 a) Die Diagonale ist ca. 113,1 cm lang.
b) Die Seitenlänge beträgt ca. 56,6 cm.

4 a) $x_1 = 1$ und $x_2 = -9$ b) $x_1 = 8$ und $x_2 = -12$
c) $x_1 = 6$ und $x_2 = -3$ d) $x_1 = -2{,}5$ und $x_2 = -10$
e) $x_1 = 4$ und $x_2 = -5$ f) $x_1 = -8$ und $x_2 = -12$

5 a) $x_1 = 5$ und $x_2 = 3$ b) $x_1 = 5$ und $x_2 = 4$
c) $x_1 = 8$ und $x_2 = -4$ d) $x_1 = 1$ und $x_2 = -3$
e) $x_1 = 20$ und $x_2 = 0$ f) $x = 2$
g) $x_1 = \frac{4}{3}$ und $x_2 = -\frac{5}{3}$ h) $x_1 = 4$ und $x_2 = 2$

6 I: $x = y + 10$ und II: $1575\,\text{m}^2 = x \cdot y$
I in II einsetzen: $(y + 10) \cdot y = 1575$
Das Grundstück ist 45 m lang und 35 m breit.

7 I: $2a + 2b = 96\,\text{cm}$; nach Umformen folgt $a = 48\,\text{cm} - b$
II: $a \cdot b = 432\,\text{cm}^2$ I in II einsetzen
$b_1 = 36\,\text{cm} \Rightarrow a_1 = 12\,\text{cm}$ und
$b_2 = 12\,\text{cm} \Rightarrow a_2 = 36\,\text{cm}$
Das Rechteck ist 36 cm lang und 12 cm breit.

8 $(25\,\text{m} + 2x) \cdot (15\,\text{m} + 2x) = 6 \cdot 25\,\text{m} \cdot 15\,\text{m}$;
Zusammenfassen und Anwenden der p-q-Formel auf die Normalform ergibt: $x \approx 13{,}85\,\text{m}$
Länge: 52,70 m; Breite: 42,70 m

9 $2x^2 + 4 \cdot 7x = 64x = 2$
a) Seitenlänge: 2 m b) Volumen: $28\,\text{m}^3$

10 $x(x - 4) = 357 \Leftrightarrow x = 21$
Karina ist 17 und ihr Freund Tom ist 21 Jahre alt.

11 a) $a^2 + b^2 = 15^2$ mit $b = a - 3\,\text{cm}$
$a = 12\,\text{cm} \Rightarrow b = 9\,\text{cm}$
Eine Kathete ist 12 cm, die andere 9 cm lang.
b) Der Flächeninhalt beträgt $54\,\text{cm}^2$.

12 a) $2 \cdot \pi r^2 = \pi(r + 15)^2 \Leftrightarrow r \approx 36{,}21$
Der ursprüngliche Radius war 36,21 cm.
b) Der Radius wurde um ca. 41,4 % vergrößert.

13 $x^2 + (200 - x)^2 = 143^2$; $x_1 = 114{,}98$ und $x_2 = 85{,}02$
Die Wiese ist ca. 155 m lang und 85 m breit.

14 Die Brücke ist 6 m breit und 4,5 m hoch.

15 a) $f(x) = 0{,}5(x - 2)^2 + 2$; $S_f(2\,|\,2)$
$g(x) = -2(x - 1{,}5)^2 + 8{,}5$; $S_g(1{,}5\,|\,8{,}5)$
b) f: keine Nullstellen
g: $x_1 = 3{,}56$ und $x_2 = -0{,}56$
c) $f(x) = g(x)$ gilt für $x_1 = 3{,}2$ und $x_2 = 0$.
Schnittpunkte: $S_1(3{,}2\,|\,2{,}72)$ und $S_2(0\,|\,4)$.

Seite 201 Datenerhebungen hinterfragen

1 a) Die y-Achse beginnt nicht bei null, daher ergibt sich optisch ein stärkeres Wachstum, als es in Wirklichkeit vorhanden ist. Die Überschrift „Titelrausch" verstärkt diesen Eindruck noch einmal, ebenso der Bücherstapel.
b) Die Überschrift sollte neutral sein, z. B. „Jährliche Neuerscheinungen auf dem Buchmarkt".

2 Im ersten Piktogramm wurde das Abfallaufkommen in der Höhe der Müllwagen abgetragen. Passend zu der Höhe wurde der Müllwagen ergänzt, dabei wurde auch die Breite des Wagens verändert. Die erste Darstellung gibt also die Daten aus der Tabelle falsch wieder.
Im zweiten Piktogramm stellt die Fläche der Müllwagen die Daten aus der Tabelle richtig dar.

3 a) In der Fragestellung werden zunächst die Vorzüge der Schule vorgestellt. Des Weiteren werden eingeschränkte Antwortmöglichkeiten gegeben: es gibt mehr Möglichkeiten, sich positiv zu äußern, außerdem sind die negativen Antwortmöglichkeiten sehr extrem formuliert.
b) Z. B.
Wie benotest du die Qualität der Lehrerinnen und Lehrer an unserer Schule?
Wie findest du das Fächer- und AG-Angebot an unserer Schule?
Als Antwortmöglichkeiten sind die Notenstufen von 1 bis 6 und k. A. angegeben.

4 richtige Darstellung:

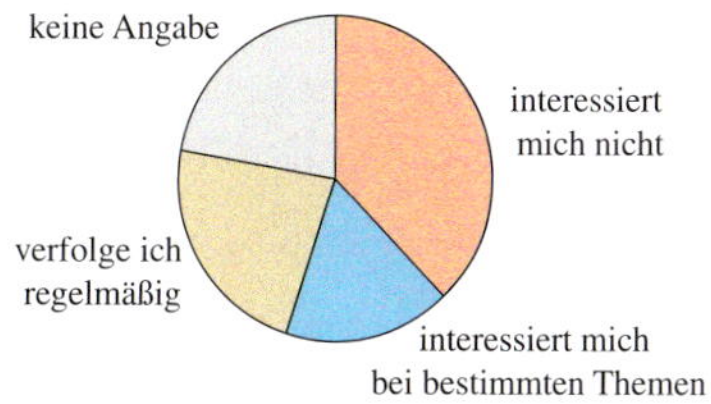

falsche Darstellung:

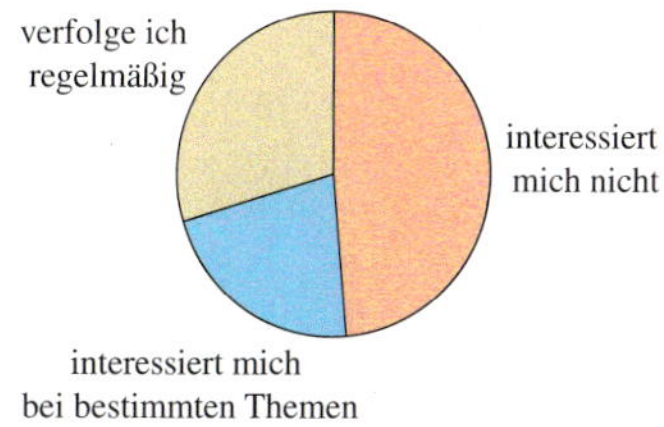

a) Das manipulierte Diagramm suggeriert, dass annähernd die Hälfte der Befragten kein Interesse am politischen Geschehen hat.
b) So ein Diagramm könnte im Zusammenhang mit der so genannten „Wahlmüdigkeit" ganz nützlich sein, bestärkt es doch diejenigen, die der Meinung sind, dass die Politiker zu wenig bürgernah sind oder die Bevölkerung zu uninteressiert ist.

Seite 202 Potenzen und Zehnerpotenzen

1 $2^{20} = 1048576$; $3^{13} = 1594323$ $4^{10} = 1048576$
$5^9 = 1953125$ $6^8 = 1679616$ $7^8 = 5764801$
$8^7 = 2097152$ $9^7 = 4782969$ $10^7 = 10000000$

2 a) $7^4 = (-7)^4 = 2401$;
$7^{-4} = (-7)^{-4} = \frac{1}{2401} \approx 0{,}000416493$
b) $3^5 = 243$; $(-3)^5 = -243$;
$3^{-5} = \frac{1}{243} \approx 0{,}004115226$;
$(-3)^{-5} = \frac{1}{-243} \approx -0{,}004115226$
c) $6^3 = 216$; $(\frac{1}{6})^3 = \frac{1}{216} \approx 0{,}004629629$;
$6^{1/3} = \sqrt[3]{6} \approx 1{,}817120593$;
$(\frac{1}{6})^{\frac{1}{3}} = \sqrt[3]{\frac{1}{6}} \approx 0{,}550321208$

3 a) $2^4 \cdot 2^5 = 2^{4+5} = 2^9 = 512$
b) $3^5 : 3^2 = 3^{5-2} = 3^3 = 27$
c) $5^{-2} = \frac{1}{5^2} = 0{,}04$
d) $\frac{8^3}{2^3} = (\frac{8}{2})^3 = 4^3 = 64$
e) $5^4 \cdot 2^4 = (5 \cdot 2)^4 = 10^4 = 10000$
f) $(5^3)^2 = 5^{3 \cdot 2} = 5^6 = 15625$
g) $\sqrt[4]{16 \cdot 256} = \sqrt[4]{16} \cdot \sqrt[4]{256} = 2 \cdot 4 = 8$
h) $\sqrt[5]{3^{10}} = 3^{\frac{10}{5}} = 3^2 = 9$
i) $5^0 \cdot 4^7 = 1 \cdot 4^7 = 16384$

4 a) $25^4 \cdot 4^4 = 108 < 1000^3$
b) $\sqrt[15]{8^5} = 2 > 1$
c) $(5^3 \cdot 7^3)^{\frac{1}{3}} = 35 < 100$
d) $43^5 = 1{,}47008443 \cdot 10^8 > 1{,}47 \cdot 10^8$
e) $5^{-4} \cdot 5^4 = 1 = 2135^0$

5 $1{,}5 \cdot 10^8$ km; $1{,}4 \cdot 10^9$ m; $4 \cdot 10^{13}$ km; $9{,}46 \cdot 10^{12}$ km
Erddurchmesser: ca. $1{,}3 \cdot 10^7$ m
Entfernung Erde – Alpha Centauri C: ca. 4,23 Lichtjahre

Die Sonne ist ca. ***1,5 · 10⁸ km*** *von der Erde entfernt. Ihr Durchmesser beträgt* ***1,4 ·10⁹ m****, das entspricht dem etwa 107,7-fachen des Erddurchmessers. Dieser beträgt also ca.* ***1,3 · 10⁷ m****.*
Der zentrale Stern unseres nächsten Sonnensystems Alpha Centauri C, ist ca. ***4 · 10¹³ km*** *von der Erde entfernt. Für Entfernungen dieser Größenordnung wurde das Lichtjahr eingeführt, welches einen Wert von etwa* ***9,46 · 10¹² km*** *hat. Somit ist Alpha Centauri C etwa* ***4,23 Lichtjahre*** *von uns entfernt.*

6 a) 1 mm b) 0,0006 mm
c) 0,025 mm d) 0,00005 mm

7 a) falsch, denn z. B. $(-3)^3 = -27$
b) falsch, denn z. B. $(\frac{1}{4})^{-2} = 16$
c) richtig; z. B. $(\frac{1}{3})^3 = \frac{1}{27}$
d) richtig; z. B. $(-6)^2 = 36$

8 Der Umfang beträgt 4398229715 m ≈ $4{,}4 \cdot 10^6$ km.

9 a) $\sqrt[3]{5^6} = 25$
b) $4 \cdot 10^9 \cdot 8^2 = 2{,}56 \cdot 10^{11}$
c) $\frac{6^8}{9^3} = 2304$
d) $(8^{\frac{1}{3}})^5 = 32$
e) $(\frac{1}{5})^7 + \sqrt[3]{8} = 0{,}0000128 + 2 = 2{,}0000128$
f) $(\sqrt[4]{2})^2 = \sqrt{2}$
g) $\frac{8^4}{2^4} = (\frac{8}{2})^4 = 4^4 = 256$

Seite 203 Wachstum

1 a) 25000 € · 1,032 = 25800 €
b) 25000 € · $1{,}032^5 \approx$ 29264,32 €

2 a) Die Zuwachsrate beträgt ca. 17,22 %.
b) $q = 1{,}1722$
c) $919 \cdot 1{,}1722^{10} \cong 4501$

3 4 Mio. · $0{,}979^{30} \approx 2{,}116$ Mio.

4 $2{,}4 \cdot q^{20} = 3{,}93$ | : 2,4
$q^{20} = \frac{3{,}93}{2{,}4}$ | 20. Wurzel ziehen
$q = \sqrt[20]{\frac{3{,}93}{2{,}4}} \approx 1{,}02497$
Mit $q = 1 + p\,\%$ folgt eine Wachstumsrate von ca. 2,5 %.

5

Jahr	Bevölkerung in Mrd.	durchschnittliche Zuwachsrate pro Jahr in %
1804	1	**0,565**
1927	2	**1,236**
1960	3	**2,076**
1974	4	**1,731**
1987	5	**1,531**
1999	6	**1,193**
2012	7	**1,119**
2024	8	…

6 a) Es liegt exponentielles Wachstum vor ($q = 1{,}8$).
b) Es liegt kein exponentielles Wachstum vor, da bei einem konstanten Wachstumsfaktor an der Stelle $x = 4$ der Wert 49,7664 hätte stehen müssen.

7 Zeichnung individuell, um 1700 wäre eine Bevölkerungszahl von z. B. 0,6 Mrd. möglich.

8 a)

Zeit in min	−80	−60	−40	−20	0
Anzahl der Verdopplungszeiten	−4	−3	−2	−1	0
Anzahl der Salmonellen	5	10	20	40	80

Zeit in min	20	40	60	80	100
Anzahl der Verdopplungszeiten	1	2	3	4	5
Anzahl der Salmonellen	160	320	640	1280	2560

b) 90 Minuten nach Untersuchungsbeginn befinden sich $80 \cdot 2^{\frac{90}{20}} \approx 1810$ Salmonellen in der Probe.
c) Eine halbe Stunde vor Untersuchungsbeginn befinden sich $80 \cdot 2^{-\frac{30}{20}} \approx 28$ Erreger in der Probe.

9 $f(\frac{31500}{5730}) = 100\,\% \cdot 0{,}5^{\frac{31500}{5730}} \approx 2{,}2\,\%$

10 a) $f(-10) = 155{,}17$ Mio. $\cdot\, 1{,}036^{-10} \approx 108{,}946$ Mio.
b) $f(11) = 155{,}17$ Mio. $\cdot\, 1{,}036^{11} = 228{,}963$ Mio.

Seite 204 Trigonometrie

1 $\sin\alpha = \frac{a}{c}$ $\sin\beta = \frac{b}{c}$
$\cos\alpha = \frac{b}{c}$ $\cos\beta = \frac{a}{c}$
$\tan\alpha = \frac{a}{b}$ $\tan\beta = \frac{b}{c}$

2 a) $\tan\alpha = \frac{40}{100} = 0{,}4$; $\alpha \approx 21{,}8°$
Der Steigungswinkel beträgt ca. 21,8°.
b) $\tan\alpha = \frac{55}{100} = 0{,}55$; $\alpha \approx 28{,}8°$
Der Steigungswinkel beträgt ca. 28,8°.

3 a) $m = \frac{0{,}6\,\text{km}}{1{,}3\,\text{km}} \approx \frac{46{,}2}{100}$
Die Steigung beträgt ca. 46,2 %.
b) $\frac{113{,}9\,\text{m}}{500\,\text{m}} = \sin\alpha$; $\alpha \approx 13{,}2°$
$\tan\alpha = \frac{113{,}9\,\text{m}}{x}$; $x \approx 486{,}9\,\text{m}$;
$m \approx \frac{113{,}9\,\text{m}}{486{,}9\,\text{m}} \approx 23{,}4\,\%$
Die Steigung beträgt ca. 23,4 %.

4 $\alpha \approx 26{,}6°$; $\beta \approx 63{,}4°$; $x = \sqrt{20} \approx 4{,}5\,\text{cm}$;
$\gamma \approx 24{,}1°$; $\delta \approx 65{,}9°$; $y = \sqrt{24} \approx 4{,}9\,\text{cm}$

5 a) Skizze
b) individuell; $a = b$
c) Z. B.: $a = b = 1\,\text{cm}$, $c = \sqrt{2}$

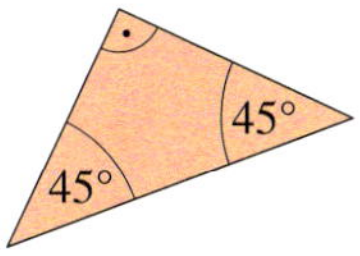

6 a) Das Schiff hat nach einer halben Stunde eine Strecke von ca. 5,6 km zurückgelegt.
b) Das ergibt eine Geschwindigkeit von ca. 10,6 $\frac{\text{km}}{\text{h}}$.

7 $e \approx 87{,}4\,\text{cm}$; $f \approx 59{,}8\,\text{cm}$

8 Die beiden Diagonalen schneiden sich unter einem Winkel von ca. 116°.

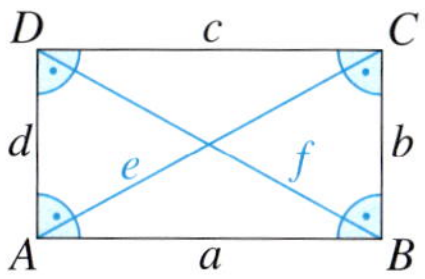

9 Der Baum hat eine Höhe von ca. 5,7 m.

10

	a	b	c	α	β
a)	3 cm	**7,4 cm**	8 cm	**22,0°**	**68,0°**
b)	**30,0 cm**	30 cm	**42,4 cm**	45°	**45°**
c)	**61,7 cm**	12 cm	**62,9 cm**	**79,0°**	11°
d)	4 cm	5 cm	**6,4 cm**	**38,7°**	**51,3°**
e)	**3,4 m**	**21,7 m**	22 m	9°	**81,0°**
f)	7 mm	**5,3 mm**	**8,8 mm**	**53,0°**	37°

11 Die Winkel haben eine ungefähre Größe von 38,9° und 141,1°.

12 $h = \sin 33° \cdot 14{,}8\,\text{cm} \approx 8{,}06\,\text{cm}$
$q = \frac{h}{\tan 33°} \approx 12{,}41\,\text{cm}$
$h^2 = p \cdot q$, also $p = \frac{h^2}{q} \approx 5{,}23\,\text{cm}$
$A = \frac{1}{2} \cdot (p + q) \cdot h \approx 71{,}1\,\text{cm}^2$

Seite 205 Die Sinusfunktion

1 a) $\alpha = 30°$; $\alpha = 150°$; $\alpha = -210°$; $\alpha = -330°$
b) $\alpha \approx 44{,}4°$; $\alpha \approx 135{,}6°$; $\alpha \approx -224{,}4°$; $\alpha \approx -315{,}6°$
c) $\alpha \approx -58{,}2°$; $\alpha \approx -121{,}8°$; $\alpha \approx 238{,}2°$ $\alpha \approx 301{,}8°$
d) keine Lösung
e) $\alpha = -90°$; $\alpha = 270°$
f) $\alpha \approx 22{,}3°$; $\alpha \approx 157{,}7°$; $\alpha \approx -337{,}7°$; $\alpha \approx -202{,}3°$

2 a) $\frac{\pi}{4} \approx 0{,}785$ b) $\pi \approx 3{,}141$
c) $\frac{\pi}{3} \approx 1{,}047$ d) $\frac{\pi}{36} \approx 0{,}087$
e) $1{,}25 \cdot \pi \approx 3{,}927$ f) $\frac{7}{3}\pi \approx 7{,}330$

3 a) 90° b) 45° c) 36°
d) 180° e) 270° f) 0°

4 Der Graph der Sinusfunktion wird
a) um eine halbe Einheit nach unten verschoben
b) um zwei Einheiten nach oben verschoben
c) um $\frac{\pi}{4}$ Einheiten nach links verschoben
d) um $\frac{\pi}{3}$ Einheiten nach rechts und eine Einheit nach oben verschoben
e) um den Faktor $\frac{1}{2}$ in Richtung der y-Achse gestaucht
f) an der y-Achse gespiegelt
g) an der x-Achse gespiegelt, um den Faktor zwei in Richtung der y-Achse gestreckt, um den Faktor 0,5 in Richtung der x-Achse gestreckt und um 0,5 Einheiten nach oben verschoben

5 a) Verschiebung um $\frac{\pi}{2}$ nach rechts: $f(x) = \sin(x - \frac{\pi}{2})$
b) Verschiebung um 0,5 nach unten: $f(x) = \sin x - 0{,}5$
c) Streckung in Richtung der y-Achse mit dem Faktor 3: $f(x) = 3\sin x$
d) Streckung in Richtung der y-Achse mit dem Faktor $\frac{1}{4}$: $f(x) = \frac{1}{4}\sin x$
e) Streckung in Richtung der x-Achse mit dem Faktor 2: $f(x) = \sin(0{,}5 \cdot x)$
f) Spiegelung an der y-Achse: $f(x) = \sin(-x)$
g) Spiegelung an der x-Achse. $f(x) = -\sin x$

6 $f(x) = \sin(\frac{1}{2} \cdot x)$
$g(x) = \sin x + 0{,}75$
$h(x) = 3 \cdot \sin x$
$i(x) = \sin(x + \frac{\pi}{2})$

7 a) falsch: Der Graph der Sinusfunktion ist punktsymmetrisch zum Ursprung.
b) richtig
c) falsch: Ist $f(x) = \sin(x + c)$, so wird der Graph der Sinusfunktion um c Einheiten nach links verschoben, wenn $c > 0$ ist.
d) richtig
e) richtig

8 Lufttemperatur: z. B. $f(x) = 7{,}5 \cdot \sin(\frac{\pi}{6} \cdot (x - 4)) + 21{,}5$
Wassertemperatur: z. B. $f(x) = 6 \cdot \sin(\frac{\pi}{6} \cdot (x - 5)) + 19$
Sonnenstunden: z. B. $f(x) = 3{,}2 \cdot \sin(\frac{\pi}{6} \cdot (x - 4)) + 8{,}2$

Lösungen zu „Vorbereitung auf die zentrale Prüfung“

Seite 207 A Grundlegende Aufgaben

1 a
2 b
3 d
4 c
5 b
6 b
7 c
8 b
9 d
10 c
11 b
12 d
13 a
14 b
15 b
16 d
17 c
18 b
19 b
20 c
21 c
22 d
23 c
24 c
25 b
26 c
27 c
28 b
29 a
30 a
31 c
32 b

Seite 209 B Komplexere Aufgaben

1 a) Für die Addition von Zahlen gilt:
1) gerade + ungerade = ungerade
2) ungerade + ungerade = gerade
3) gerade + gerade = gerade
In jeder Reihe kommt zu einer ungeraden Anzahl an Sitzen eine gerade Anzahl hinzu. Also hat jede Reihe eine ungerade Anzahl an Sitzen. Die Gesamtanzahl der Sitze ist gerade. Bei zehn Reihen werden fünfmal zwei ungerade Zahlen addiert. Das ergibt fünf gerade Zahlen. Diese addiert ergeben eine gerade Zahl.

b) Gesamtzahl der Sitze:
$37 + 41 + 45 + 49 + 53 + 57 + 61 + 65 + 69 + 73 = 550$

c) ③ gibt die Zahl der Sitze in Reihe n an.

d) $19€ \cdot (37 + 41 + 45 + 49 + 53) +$
$14{,}50€ \cdot (57 + 61 + 65 + 69 + 73) = 8987{,}50€$

e) x: Anzahl der Personen in den Reihen 1–5
y: Anzahl der Personen in den Reihen 6–10
I $x + y = 300$, **II** $19 \cdot x + 14{,}5 \cdot y = 5007$
I nach y auflösen und in **II** einsetzen:
$x \cdot 19€ + (300 - x) \cdot 14{,}50€ = 5007€;\ x = 146$
$y = 300 - 146 = 154$
146 Personen saßen in den Reihen 1–5 (2774 €) und 154 Personen saßen in den Reihen 6–10 (2233 €).

2 a) Im 1. Lehrjahr bekommt sie monatlich 410 €.

b) Das stimmt nicht, sie verdient nur 60 € mehr. Das Diagramm täuscht, da es bei 350 € statt bei 0 € beginnt.

c) $\frac{410€ + 470€ + 560€}{3} = 480€$
Sie verdient durchschnittlich 480 € pro Monat.

3 a) $-34{,}44€ - 3{,}49€ - 38{,}19€ - 11{,}83€ = -87{,}95€$
Ihr werden 87,95 € vom Bruttoverdienst abgezogen.

b) $\frac{322{,}05€}{410€} \approx 0{,}78549 \approx 78{,}549\,\%$
Sie bekommt etwa 78,5 % des Bruttoverdienstes ausgezahlt.

c) Dreisatz: 100 % entsprechen 560 €, dann entspricht 1 % 5,60 € und 8,4 % entsprechen 47,04 €.
Der monatliche Krankenversicherungsbeitrag im dritten Lehrjahr liegt bei 47,04 €.

4 a) $A = \pi \cdot (12\,cm)^2 \approx 452{,}4\,cm^2$, $u = 2\pi \cdot 12\,cm \approx 75{,}4\,cm$

b) $r^2 = 2 \cdot (452{,}4\,cm^2) : \pi;\ d \approx 34\,cm$

c) 5,40 € entsprechen 100 %, der erhöhte Preis entspricht 116 %, also $5{,}40€ \cdot 1{,}16 = 6{,}264€$.
Die Pizza mit extra Belägen kostet gerundet 6,30 €.

d) $A_{gesamt} = \pi \cdot (17\,cm)^2$
$A_{belegt} = \pi \cdot (17\,cm - 1{,}5\,cm)^2 \approx 754{,}77\,cm^2$
$A_{unbelegt} = A_{gesamt} - A_{belegt} \approx 153{,}15\,cm^2$

e) $A_{Familie} = \pi \cdot (34\,cm)^2 \approx 3631{,}68\,cm^2$
Die Fläche der Familienpizza ist etwa viermal so groß wie die der großen. Der dreifache Preis ist also fair.

f) 5,40 € entsprechen 100 %, der erhöhte Preis entspricht 110 %, also $5{,}40€ \cdot 1{,}10 = 5{,}94€$.
Der Pizzapreis sollte bei 5,95 € oder 6,00 € liegen.

5 a) E aktuell: $\frac{100\,\text{m} \cdot 400\,\text{m}}{2} = 20\,000\,\text{m}^2$
E neu: $100\,\text{m} \cdot 200\,\text{m} = 20\,000\,\text{m}^2$
I aktuell: $\frac{100\,\text{m} + 150\,\text{m}}{2} \cdot 200\,\text{m} = 25\,000\,\text{m}^2$
I neu: $200\,\text{m} \cdot 200\,\text{m} = 40\,000\,\text{m}^2$
L aktuell: $\frac{200\,\text{m} + 150\,\text{m}}{2} \cdot 200\,\text{m} = 35\,000\,\text{m}^2$
L neu: $100\,\text{m} \cdot 200\,\text{m} = 20\,000\,\text{m}^2$

b)

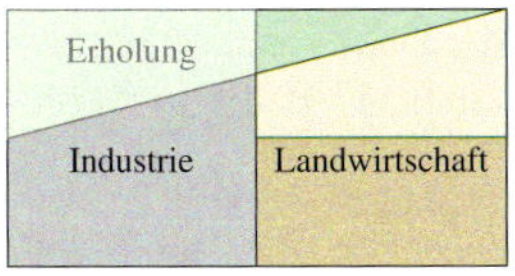

E → I: $\frac{100\,\text{m} + 50\,\text{m}}{2} \cdot 200\,\text{m} = 15\,000\,\text{m}^2$
L → E: $\frac{100\,\text{m} + 50\,\text{m}}{2} \cdot 200\,\text{m} = 15\,000\,\text{m}^2$

c) E → I: $15\,000\,\text{m}^2 \cdot 15\frac{€}{\text{m}^2} = 225\,000\,€$
L → E: $15\,000\,\text{m}^2 \cdot 20\frac{€}{\text{m}^2} = 300\,000\,€$
Die Kosten für die Neuordnung betragen 525 000 €.

d) aktuell:
E: $\frac{20\,000\,\text{m}^2}{80\,000\,\text{m}^2} = 0{,}25 = 25\,\%$
I: $\frac{25\,000\,\text{m}^2}{80\,000\,\text{m}^2} = 0{,}3125 = 31{,}25\,\%$
L: $\frac{35\,000\,\text{m}^2}{80\,000\,\text{m}^2} = 0{,}4375 = 43{,}75\,\%$

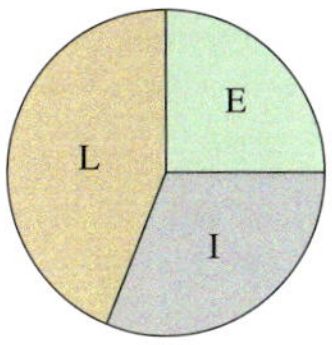

neu:
E: $\frac{20\,000\,\text{m}^2}{80\,000\,\text{m}^2} = 0{,}25 = 25\,\%$
I: $\frac{40\,000\,\text{m}^2}{80\,000\,\text{m}^2} = 0{,}50 = 50\,\%$
L: $\frac{20\,000\,\text{m}^2}{80\,000\,\text{m}^2} = 0{,}25 = 25\,\%$

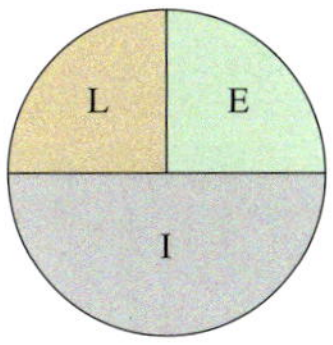

6 a) Smart: C (Der Graph beginnt beim Grundpreis und steigt in Abhängigkeit der Gesprächszeit an.)
Vario: A (Der Graph beginnt bei null, da es keinen monatlichen Grundpreis gibt, und steigt dann an.)
Flat: D (Der Graph beginnt beim Grundpreis und bleibt konstant, unabhängig von der Gesprächszeit.)

b) x: Anzahl der Gesprächsminuten
Smart: $f(x) = 7{,}95\,€ + 0{,}15\,€ \cdot x$
Vario: $f(x) = 0{,}28\,€ \cdot x$
Flat: $f(x) = 19{,}95\,€$

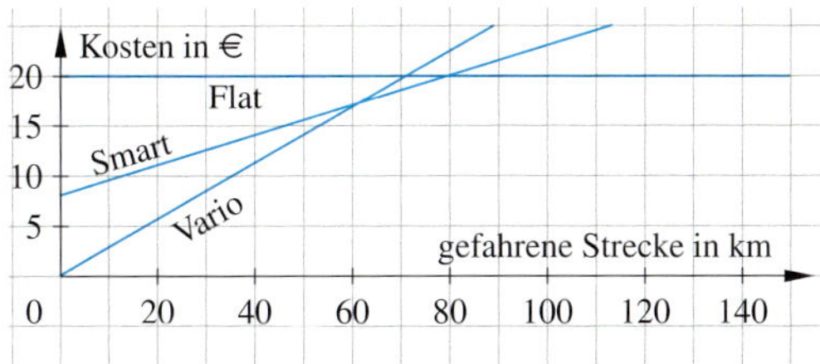

c) Ein Schnittpunkt zeigt an, bei welcher Gesprächszeit zwei Tarife zum selben Rechnungsbetrag führen.

d) Bei 60 Gesprächsminuten zahlt er beim Smart-Tarif 16,80 €, beim Vario-Tarif 16,95 € und beim Tarif Flat 19,95 €. Somit ist der Smart-Tarif für ihn am günstigsten.

7 a)

km	0	10	25	30	35	50	80	100
City (€)	25	31	40	43	46	55	73	85
Regio (€)	40	44	50	52	54	60	72	80

b) x: Anzahl der gefahrenen Kilometer
City: $f(x) = 25\,€ + 0{,}6\frac{€}{\text{km}} \cdot x$
Regio: $f(x) = 40\,€ + 0{,}4\frac{€}{\text{km}} \cdot x$

c)

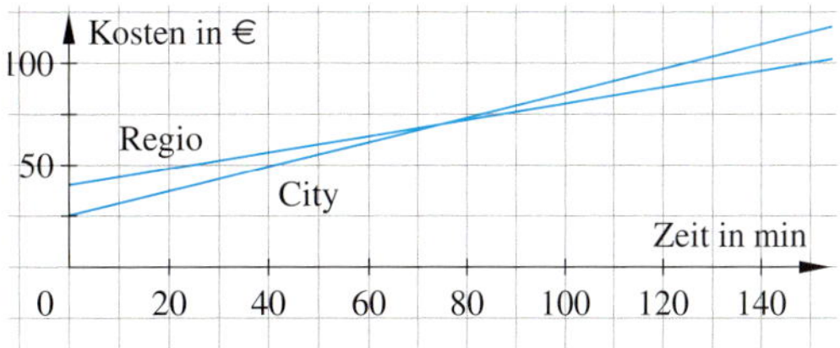

d) Herr Fedinger sollte den City-Tarif nehmen, da dieser 67 €, der Regio-Tarif aber 68 € kostet.

e) City-Tarif: $p = \frac{25\,€ \cdot 100}{67\,€} \approx 37{,}3\,\%$
Regio-Tarif: $p = \frac{40\,€ \cdot 100}{68\,€} \approx 58{,}8\,\%$

8 a) 25 % sind 24 Jahre oder jünger.

b) 10 %, also 24 Kunden, sind 56 Jahre und älter.

c)

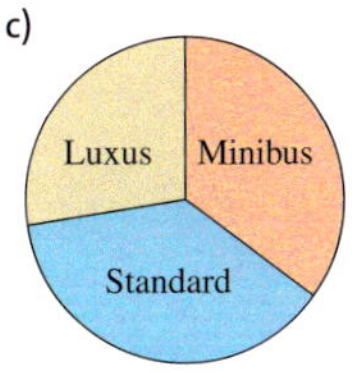

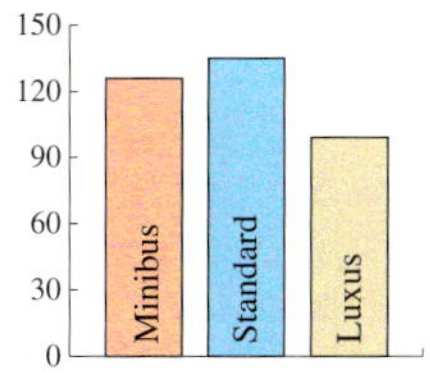

9 a) Die Dose hat ein Volumen von ca. 355 cm³. Die Getränkefirma wird die Dose mit 350 ml befüllen.

b) $A_O = 2 \cdot A_G + A_M = 2 \cdot \pi \cdot r^2 + u \cdot h$
$= 2 \cdot (\pi \cdot (2{,}7\,\text{cm})^2) + 2 \cdot \pi \cdot 2{,}7\,\text{cm} \cdot 15{,}5\,\text{cm}$
$\approx 308{,}8\,\text{cm}^2$
A_O inklusive 15 % Mehrverbrauch:
$308{,}8\,\text{cm}^2 \cdot 1{,}15 \approx 355{,}12\,\text{cm}^2$
Es werden ca. 355,12 cm² Weißblech benötigt.

c) d: Diagonale im Inneren der Dose
$d = \sqrt{(5{,}4\,\text{cm})^2 + (15{,}5\,\text{cm})^2} \approx 16{,}41\,\text{cm}$
Der Trinkhalm muss länger sein als 16,41 cm.

d) $V = 350\,\text{cm}^3 = a \cdot b \cdot h = 35\,\text{cm}^2 \cdot h$
$h = \frac{350\,\text{cm}^3}{35\,\text{cm}^2} = 10\,\text{cm}$
Das Tetrapak muss mindestens 10 cm hoch sein.

e) $A_O = 2 \cdot A_G + A_M$
$= 2 \cdot 70\,\text{cm}^2 + (24\,\text{cm}) \cdot 10\,\text{cm} = 310\,\text{cm}^2$
A_O inklusive 15 % Mehrverbrauch:
$310\,\text{cm}^2 \cdot 1{,}15 = 356{,}5\,\text{cm}^2$
Es werden 356,5 cm² Karton benötigt.
Der Materialverbrauch ist fast gleich, daher sollte man sich aus anderen Gründen für eine der beiden Verpackungsarten entscheiden.

10 **a)** $V = \frac{1}{3} \cdot G \cdot h \Leftrightarrow h = \frac{3 \cdot V}{G}$
$h = \frac{3 \cdot 150\,\text{cm}^3}{G} = \frac{450\,\text{cm}^3}{\pi \cdot (4\,\text{cm})^2} \approx 9\,\text{cm}$
Die Höhe des Bechers beträgt ca. 9 cm.

b) $150\,\text{ml} \cdot 0{,}9 = 135\,\text{ml}$
Ein zu 90 % gefüllter Becher beinhaltet 135 ml.
$\frac{18\,900\,\text{ml}}{135\,\text{ml}} = 140$
Es können 140 Becher zu 90 % gefüllt werden.

c) individuelle Schätzung

d) $A_M = \pi \cdot r \cdot s$ mit $s = \sqrt{h^2 + r^2} = \sqrt{97}$ also
$A_M = \pi \cdot 4\,\text{cm} \cdot \sqrt{97} \approx 123{,}8\,\text{cm}^2$
A_M inklusive 15 % Mehrverbrauch
$A_M \cdot 1{,}15 \approx 142{,}3\,\text{cm}^2$
Pro Becher werden ca. $142{,}3\,\text{cm}^2$ Papier benötigt.

e) Abb. ①: Anfangs füllt sich der Becher sehr schnell, mit zunehmender Höhe vergrößert sich der Querschnitt des Bechers und er wird immer langsamer gefüllt.

11 **a)** t: Fallzeit (in Sekunden)
$h(t) = t^2 \cdot 5$ (eigentlich: $h(t) = t^2 \cdot 5\,\frac{\text{m}}{\text{s}^2}$)

b) $h(t) = (2\,\text{s})^2 \cdot 5\,\frac{\text{m}}{\text{s}^2} = 4\,\text{s}^2 \cdot 5\,\frac{\text{m}}{\text{s}^2} = 20\,\text{m}$
Die Brücke hat eine Höhe von ca. 20 m.

c) $h(t) = 270\,\text{m} = t^2 \cdot 5\,\frac{\text{m}}{\text{s}^2}$ umstellen nach t ergibt
$t = \sqrt{\frac{270\,\text{m}}{5\,\frac{\text{m}}{\text{s}^2}}} \approx 7{,}3\,\text{s}$
Der Stein fällt ca. 7,3 s lang.

12 **a)** Die maximale Höhe beträgt 48 m.

b) Der Ball trifft in 160 m vom Abschlag auf.

c) Funktion ③ beschreibt die Flugbahn des Golfballs. Die Graphen der Funktionen ① und ④ wären nach oben geöffnet. Der Graph von Funktion ② läge unterhalb der x-Achse.

13 **a)** $f(30) = (1{,}2 - 0{,}015 \cdot 30) \cdot 30 = 22{,}5$
Nach 30 m hat der Ball eine Höhe von 22,5 m.

b) Setze $f(x) = 0$ und löse. $x_1 = 0$ (Abschlag); $x_2 = 80$
Nach 80 m hat der Ball eine Höhe von 0 m, trifft also auf den Boden auf.

c) $f(x) = 1{,}2x - 0{,}015x^2$
$f(x) = -0{,}015 \cdot (x^2 - 80x)$
$f(x) = -0{,}015 \cdot (x^2 - 80x + 1600 - 1600)$
$f(x) = -0{,}015 \cdot ((x - 40)^2 - 1600)$
$f(x) = -0{,}015 \cdot (x - 40)^2 - 24 \qquad S(40|24)$
Der Ball erreicht 40 m nach Abschlag seine maximale Höhe von 24 m.

14 **a)** Angebot 1: 50 € nach 7 Tagen
Angebot 2: 64 € nach 7 Tagen
Paul sollte Angebot 2 wählen.

b) ③ passt zu beiden Angeboten. Bei ① ist die Steigung der Geraden zu klein, bei ② schneidet die Gerade die y-Achse bei 0.

c) Der Schnittpunkt zeigt an, nach wie vielen Tagen beide Angebote zur selben Sparsumme führen.

d) x: Anzahl der Tage
Angebot 1: $f(x) = 15\,€ + 5\,€ \cdot x$
Angebot 2: $f(x) = 0{,}5\,€ \cdot 2x$

15 **a)** Nach jeweils 1000 m herrschen nur noch 0,88 = 88 % des vorherigen Luftdruckwertes vor. Der Luftdruck sinkt also alle 1000 m um 12 %.

b) 1 km: $p(1) = 1013\,\text{hPa} \cdot 0{,}88^1 \approx 891{,}4\,\text{hPa}$
2 km: $p(2) = 1013\,\text{hPa} \cdot 0{,}88^2 \approx 784{,}5\,\text{hPa}$
2,5 km: $p(2{,}5) = 1013\,\text{hPa} \cdot 0{,}88^{2{,}5} \approx 735{,}9\,\text{hPa}$

c) $1{,}013 \cdot 10^7\,\text{g} = 1{,}013 \cdot 10^4\,\text{kg} = 10\,130\,\text{kg} = 10{,}13\,\text{t}$

d) $p(8{,}848) = 1013\,\text{hPa} \cdot 0{,}88^{8{,}845} \approx 327\,\text{hPa}$
Der Luftdruck beträgt auf der Spitze in etwa 327 hPa.

e)

Höhe (in km)	1	2	3
Luftdruck (in hPa)	891,4	784,5	690,3

Der Wanderer befindet sich in ca. 3 km Höhe.

f)

Höhe (in km)	4	5	6
Luftdruck (in hPa)	607,5	534,6	470,4

Zwischen 5000 m und 6000 m ist der Luftdruck halb so groß wie auf Meereshöhe: $p(5{,}5) \approx 501{,}5\,\text{hPa}$.

16 **a)** Es ist kein Laplace-Experiment. Aufgrund der Form des Würfels sind nicht alle Ergebnisse gleich wahrscheinlich.

b) Anzahl n aller Würfe: $n = 1000$

Augenzahl	1	2	3	4	5	6
rel. Häuf.	0,192	0,078	0,207	0,214	0,090	0,219

c) 2 und 5 liegen sich wohl gegenüber, da sie am wenigsten häufig gewürfelt wurden.

d) **Pro:** Die Summe der Wahrscheinlichkeiten ergibt 100 %. Außerdem haben kongruente Flächen dieselbe Wahrscheinlichkeit, gewürfelt zu werden.
Contra: Die Werte wurden großzügig gerundet.

e) A_{klein}: Flächeninhalt der Seiten „2" und „5"
$A_{\text{groß}}$: Flächeninhalt der Seiten „1", „3", „4" und „6"
$A_{\text{klein}} = 2\,\text{cm} \cdot 2\,\text{cm} = 4\,\text{cm}^2$
$A_{\text{groß}} = 2\,\text{cm} \cdot 2{,}5\,\text{cm} = 5\,\text{cm}^2$
$A_O = 4 \cdot 5\,\text{cm}^2 + 2 \cdot 4\,\text{cm}^2 = 28\,\text{cm}^2$
Es gilt: $\frac{A_{\text{klein}}}{A_O} \approx 0{,}143 \neq \frac{P(2)}{1} \approx 0{,}1$
Die Wahrscheinlichkeit der Ereignisse ist nicht proportional zur Größe der Seitenflächen.

f) Es gilt: $P(1) = P(3) = P(4) = P(6) = 0{,}2$;
$P(2) = P(5) = 0{,}1$

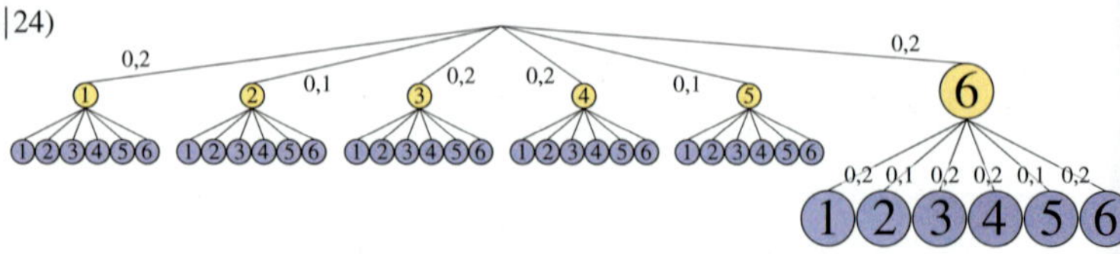

$P(\text{Pasch}) = P(1;\,1) + P(2;\,2) + P(3;\,3) + P(4;\,4)$
$+ P(5;\,5) + P(6;\,6)$
$= 0{,}2^2 + 0{,}1^2 + 0{,}2^2 + 0{,}2^2 + 0{,}1^2 + 0{,}2^2 = 0{,}18$

g) individuelle Schätzung
„AS = 7": Augensumme bei zweimaligem Würfeln ist 7
Mit Hilfe des Baumdiagramms aus f) ermitteln wir:
$P(\text{AS} = 7) = P(1;\,6) + P(2;\,5) + P(3;\,4) + P(4;\,3)$
$+ P(5;\,2) + P(6;\,1) = 4 \cdot 0{,}2^2 + 2 \cdot 0{,}1^2 = 0{,}18$
Die Ereignisse „Augensumme ist 7" und „Pasch" haben die gleiche statistische Wahrscheinlichkeit.

17 a) $2 + 12 + 2 \cdot 9 + 8 + 3 \cdot 6 + 4 \cdot 4 + 3 + 9 \cdot 2 + 5 = 100$

b) $P(\text{E}) = \frac{12}{100} = 0{,}12$, $P(\text{N}) = \frac{6}{100} = 0{,}06$

$P(\text{Vok}) = P(\text{A}) + P(\text{E}) + P(\text{I}) + P(\text{O}) + P(\text{U})$
$= 0{,}09 + 0{,}12 + 0{,}09 + 0{,}08 + 0{,}04 = 0{,}42$

$P(\text{Kon}) = 1 - (P(\text{Vokal}) + P(\text{Joker}))$
$= 1 - (0{,}42 + 0{,}02) = 1 - 0{,}44 = 0{,}56$

c) $P(\text{Vok; Vok}) = \frac{42}{100} \cdot \frac{41}{99} \approx 0{,}174$

$P(\text{Kon; Kon}) = \frac{56}{100} \cdot \frac{55}{99} \approx 0{,}311$

$P(\text{Vok; Kon}) = \frac{42}{100} \cdot \frac{56}{99} \approx 0{,}238$

$P((\text{Vok; Kon}); (\text{Kon; Vok})) = 0{,}42 \cdot \frac{56}{99} + 0{,}56 \cdot \frac{42}{99}$
$\approx 0{,}475$

$P(\text{I; T}) = \frac{9}{100} \cdot \frac{6}{99} \approx 0{,}005$

18 a) $\frac{4\,700\,000}{8{,}2} \cdot 100 \approx 57\,317\,073$

Die Fluggesellschaft hatte ca. 57,3 Mio. Fluggäste.

b) $\frac{11}{10\,000} = 0{,}0011 = 0{,}11\,\%$

c) $390 \cdot 0{,}041 = 15{,}99 \approx 16$

Es müssen 16 Personen entschädigt werden:
$16 \cdot 250\,€ = 4000\,€$

d) $390 \cdot 0{,}059 = 23{,}01$ 23 Passagiere wurden überbucht.

Ticketpreis (in €)	100	150	400
Mehreinnahmen (in €)	2300	3450	9200

$8{,}2\,\% - 5{,}9\,\% = 2{,}3\,\%$

$390 \cdot 0{,}023 = 8{,}97$ Es bleiben neun Plätze frei.

e) individuell

19 a) I $c + 6\,\text{cm} = a$; II $a + c = 20\,\text{cm}$

I einsetzen in II: $c + 6\,\text{cm} + c = 20\,\text{cm}$; $c = 7\,\text{cm}$,
c einsetzen in I: $a = 7\,\text{cm} + 6\,\text{cm} = 13\,\text{cm}$

b) $A = \frac{7\,\text{cm} + 13\,\text{cm}}{2} \cdot 4\,\text{cm} = 40\,\text{cm}^2$

Quadrat: $a = \sqrt{40\,\text{cm}^2} \approx 6{,}3\,\text{cm}$

Rechteck: z. B. $a = 4\,\text{cm}$, $b = 10\,\text{cm}$

c) $b = d$; Berechnung von b mit dem Satz des Pythagoras:
$b^2 = h^2 + \left(\frac{a-c}{2}\right)^2 = 16\,\text{cm}^2 + 9\,\text{cm}^2 = 25\,\text{cm}^2$; $b = 5\,\text{cm}$,
$u = 13\,\text{cm} + 5\,\text{cm} + 7\,\text{cm} + 5\,\text{cm} = 30\,\text{cm}$

d)

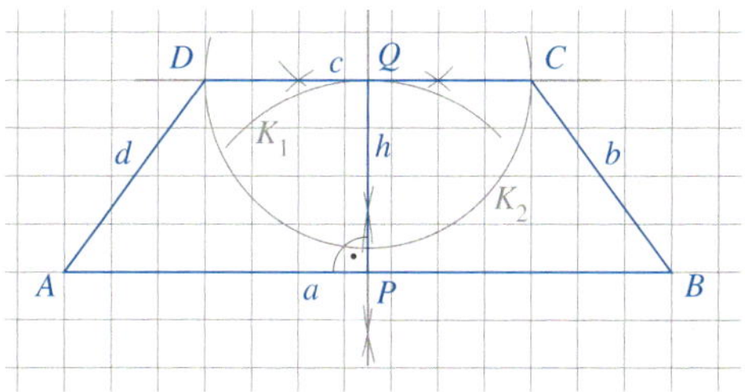

Konstruktionsbeschreibung (Beispiel):
① zeichne a mit $a = 13\,\text{cm}$
② ermittle P als Mittelpunkt von a
③ errichte durch P eine Senkrechte h zu a
④ schlage um P einen Kreis K_1 mit $r = 4\,\text{cm}$, Q ist der Schnittpunkt von K_1 und h
⑤ schlage um Q einen Kreis K_2 mit $r = 3{,}5\,\text{cm}$
⑥ errichte durch Q eine Senkrechte zu h
⑦ C und D sind die Schnittpunkte von K_2 und der Senkrechten
⑧ verbinde die Punkte A, B, C und D

e) Z. B. $A(0|0)$, $B(13|0)$, $C(10|4)$

f) $\sin \alpha = \frac{4\,\text{cm}}{5\,\text{cm}}$, also $\alpha \approx 53{,}1°$

Es gilt: $360° = 2 \cdot \alpha + 2 \cdot \delta$, also $180° - \alpha = \delta$
daraus folgt: $\delta \approx 180° - 53{,}1° = 126{,}9°$

20 a) Herr Franke kann das Auto für 4,50 € bis zu zwei Stunden abstellen.

b)

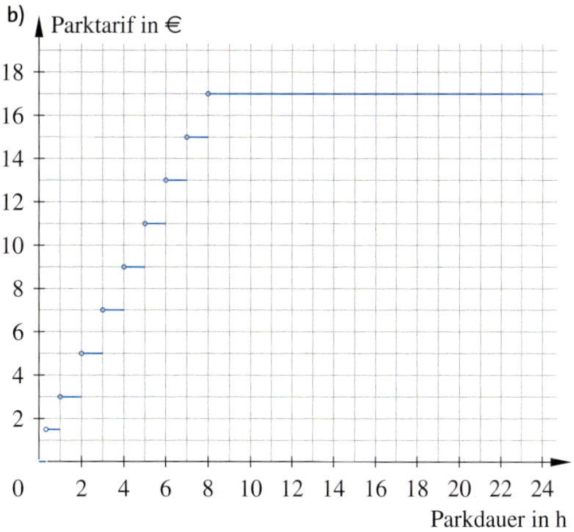

c) Es handelt sich um eine Funktion, da jedem x-Wert genau ein y-Wert zugeordnet wird.

d) Ab einer Parkdauer von acht Stunden muss der Tagestarif gezahlt werden.

e) individuell

21 a) Die Dreiecke 1, 4, 6, 7 und 8 sind zum blauen Dreieck ähnlich.

b) $\frac{1}{2} \cdot 2\,\text{cm} \cdot 3\,\text{cm} = 3\,\text{cm}^2$

c)

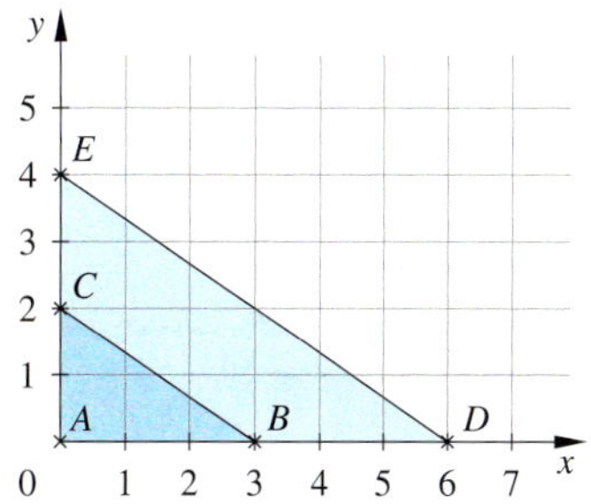

z. B. $D(6|0)$, $E(0|4)$

22 a) DIN-A-3: 297 mm × 420 mm;
DIN-A-4: 297 mm × 210 mm

b) Ein DIN-A-4-Bogen entspricht ungefähr $\frac{1}{16}$ eines DIN-A-0-Bogens.

c) Ein Passbild kann ohne Verzerrung in der Größe 270 mm × 210 mm ausgedruckt werden.

d) $\frac{35\,\text{mm}}{45\,\text{mm}}$ ist ungefähr ähnlich zu $\frac{11{,}6\,\text{cm}}{9{,}0\,\text{cm}}$, $\frac{14{,}1\,\text{cm}}{11{,}0\,\text{cm}}$, $\frac{16{,}7\,\text{cm}}{13{,}0\,\text{cm}}$, $\frac{19{,}3\,\text{cm}}{15{,}0\,\text{cm}}$, $\frac{23{,}1\,\text{cm}}{18{,}0\,\text{cm}}$

23 a) Die Aussage von Tim ist falsch, da sich das Kuppelkreuz nicht direkt vor dem Hochhaus befindet.

b) maximaler Durchmesser der Bekrönung: ca. 5,6 m
Durchmesser der Kugel: ca. 1,2 m
Höhe des Kreuzes: ca. 4,1 m
Breite des Kreuzes: ca. 2,3 m

c) $r = 0{,}6\,\text{m}$; $V_{max} = 0{,}9\,\text{m}^3$
Das tatsächliche Volumen des Hohlraums hängt vom inneren Radius der Hohlkugel ab.

d) Die geplanten Kosten wurden um ca. 57,8 % (520 000 €) überschritten.

e) Die Kosten für das Kreuz machten ca. 49,3 % der Gesamtkosten aus.

24 a) Die maximale Geschwindigkeit des Fallschirmspringers beträgt $216\,\frac{\text{km}}{\text{h}}$ $(= 60\,\frac{\text{m}}{\text{s}})$.

b) Der Sprung dauert ca. zwei Minuten.

c) ①: Absprung aus dem Flugzeug
②: Öffnen des Fallschirms
③: Landung

d) Die Geschwindigkeit nimmt in den ersten zehn s stark zu und bleibt dann für ca. 50 s konstant. Nach dem Öffnen des Fallschirms wird der Fallschirmspringer stark gebremst, bis er gleichmäßig zu Boden sinkt. Kurz vor der Landung bremst er stark ab.

e) Er verliert ca. 2400 m an Höhe.

f) Der Sprung würde ca. zwölf Minuten dauern.

25 a) Prinz Charles hat die Rechnung 2008 beglichen.

b) Ein Jahr nach dem Kauf sind die Schulden auf 475,81 Pfund angestiegen. Die 5 % Zinsen müssen sich im Folgejahr also auf diese Summe beziehen.
Der Zinseszinseffekt bleibt demnach bei Sarahs Rechnung unberücksichtigt, sie geht von einem linearen statt exponentiellen Wachstum der Schulden aus.

c) Für $x = 357$ [Jahre] kommt Anke auf einen Rechnungsbetrag von mehr als 16,6 Mrd. Pfund.

d) Ein doppelt so hoher Zinssatz führt nur nach dem ersten Jahr zu doppelt so hohen Zinsen. Schon im zweiten Jahr unterscheidet sich das zu verzinsende Kapital und ein doppelt so hoher Zinssatz führt zu mehr als doppelt so hohen Zinsen.

e) Es wurde mit einem durchschnittlichen Zinssatz von ca. 1,3 % gerechnet.

f) Die Veränderung des Preisniveaus bleibt unberücksichtigt. Für 572,52 € wird man heute in Großbritannien keine Uniformen (Mehrzahl!) erhalten. In einem einfachen mathematischen Modell muss außerdem mit einem durchschnittlichen Zinssatz gerechnet werden. Über einen so langen Zeitraum haben sich auch die Zinssätze verändert.

26 a) $85 = 3B + 4B + 3 \cdot (3B) + B = 17B$
Das Spiel enthält fünf Burgen (B), 15 Städte, 20 Siedlungen und 45 Straßen.

b) $V_{\text{Straße}} = 0{,}625\,\text{cm}^3$
$V_{\text{Siedlung}} = 1{,}330\,\text{cm}^3$
$V_{\text{Stadt}} = 2{,}550\,\text{cm}^3$
$V_{\text{Burg}} = 2{,}340\,\text{cm}^3$
$V_{\text{gesamt}} = 104{,}675\,\text{cm}^3$

c) Die 85 Spielfiguren haben eine Masse von 104,675 g.

d) Die Masse erhöht sich um ca. 79 %.

e) Der Oberflächeninhalt beträgt ca. 12,41 cm².

f) $\alpha = 270°$
$\beta = 90°$
$\gamma = 135°$

g) Mit einer Wahrscheinlichkeit von ca. 2,1 % werden eine Burg und eine Stadt aus dem Beutel gezogen.

Stichwortverzeichnis

Bildverzeichnis

Titelbild: arturimages
5 arturimages
7/1 Fotolia
7/2 Fotolia
7/3 Cornelsen Verlagsarchiv
7/4 www.offenes-presseportal.de
7/5 Fotolia
8 Axel Seedorf/Creative Commons
9/1 dpa; Frankfurt/Main
9/2 Hans Börner GmbH. Nauheim
9/3 Axel Seedorf/Creative Commons
9/4 www.buetrido.de
9/5 www.uhr-uhren.de
10/1, 2 Burg Ludwigstein, Witzenhausen
12 artur/Dirk Robbers
14 www.vanglas.nl
16 Kunst- und Ausstellungshalle der Bundesrepublik Deutschland; Bonn: (Peter Oszvald)
17 RMB Dieter Hauck
19/1–4 Udo Wennekers, Goch
19/5–6 Matthias Hamel, Berlin
20 Axel Seedorf/Creative Commons
20/2–5 Matthias Hamel, Berlin
22/1 Tetra Pak Deutschland GmbH
22/2 Matthias Felsch, Berlin
23 Räthgloben 1917 Verlags GmbH, Markranstädt
24 NASA.JPL.Gov.
25 Cornelsen Verlagsarchiv
26 Mauritius/Rossenbach
27/1 Mauritius/Vidler – c/o Key Photos
27/2 Mauritius/Vidler
27/3 Mauritius/Phototake
28/1 Cornelsen Verlagsarchiv
28/2 Corel Library
29 Cornelsen Verlagsarchiv
30/1 Herbert Strohmeyer, Aachen
30/2 Patrick Merz, Mühlhausen/Kraichgau
31 NASA.Alexander Chernov
32/1 Tropical Islands/Pressebild
32/2 Helga Lade Fotoagentur, Frankfurt am Main
35 Corbis/Roger Ressmeyer
37 Cornelsen Verlag/Peter Hartmann
41/1 Köln Touristik Office, Günther Ventur
41/2 Cornelsen Verlagsarchiv
43 wikipedia, Tone Rosbach Jensen
46/1–3 T. Feltes, Berlin
49 Blickwinkekl/M. Haddenhorst
52 artur/Görner
53 ullstein bild/Imagebroker.net
54 Jens Schacht, Düsseldorf
56 Daimler Chrysler, Stuttgart
57 ullstein bile/imagebroker.net
58 Redaktionsbüro Jahr der Mathematik
59 Cornelsen Verlagsarchiv
62/1 BRT Architekten/Alexander von Heyer, Hamburg
62/2–3 Matthias Hamel, Berlin
65 Bildagentur-online/Gerard Vanystadt
67/1 Wikipedia/GNU/Henry Mühlpferdt, Königstein Ts.
67/2 www.pozun.de
71 Wikipedia
77 Jens Schacht, Düsseldorf
78/1 Getty Images/Stone/Edward Holub
78/2 picture alliance/dpa/Frank Rumpenhorst
79/1 Wirtschaftsförderung Halle (Saale)
79/2 Getty Images
79/3 Getty Images/Image Bank
80 Getty Images/Photographers Choice/ Christopher Thomas
81 akg-images, Berlin
85 Getty Images/Andrew Hatherington
90/1 Goldmedia GmbH/Agentur Typisch 2007
90/2 www.boerse-frankfurt.de
94/1 Felix Scheinberger/Büchergilde Gutenberg 2007
94/2 Martina Verhoeven, Uedem
95/1 Martina Verhoeven, Uedem
95/2 Cornelsen Verlagsarchiv
99 Der Spiegel, Hamburg
101 OKAPIA, Frankfurt a.M./Kage
102 www.holzschuppen.de
103 Cornelsen Verlag/Kerstin Nolte
104 Bauverlag BV GmbH
106/1 Kindernothilfe e. V., Duisburg/ Multimedia
106/2 Cornelsen Verlagsarchiv
106/3 Christoph Berens/Martina Verhoeven
108 OKAPIA
110 Cornelsen Verlag/Kerstin Nolte
111 Rohdich
112 © Ken Crosswell, Berkeley, CA (USA)
113/1 Astrofoto/ESA
113/2 mauritius images, Mittenwald/ Photothek
113/3 mauritius images/Photothek
113/4 OKAPIA/Murti/CNRI
114 Wikipedia/GNU/Hugo Keikenwaelde
119 Cornelsen Verlagsarchiv/Rad. Biologie
121/1 (Bitkom)
121/2 www.nestle.ch/Pressebild
123 Cornelsen Verlag/Kerstin Nolte
125 picture-alliance/dpa
127 Superbild/Marco Andreas Est.
129/1 Cornelsen Verlagsarchiv/ EU-Kommision
129/2 StockFood/Klaus Arras
129/3 Reinhard-Tierfoto, Heiligenkreuzsteinach
131 mauritius images/Hicker
132 akg-images
133/1 KNA-Bild, Bonn
133/2 LVR-Amt für Bodendenkmalpflege im Rheinland/Außenstelle Nideggen-Wollersheim
133/3 action press, Hamburg
133/4 a.e.r.fossilien/Andreas E. Richter, Augsburg
134/1 picture-alliance/dpa/imageinchina
134/2 Gebr. Kemmerich GmbH, Attendorn
135/1 Fotolia/Torsten Schon
135/2 Agentur LMP, Henrik Pohl
136 picture-alliance/dpa/Zhang heping
139 IFA Bilderteam
141 Audi AG, Ingolstadt
142 Alitalia
146 Wikipedia/GNU/Timperwind
148/1 Cornelsen Verlagsarchiv
148/2 Cornelsen Verlagsarchiv
148/3 Cornelsen Verlagsarchiv
149/1 Wikipedia/GNU/Jendrik Schmidt
149/2 picture-alliance/Bildagentur Huber
152/1 Cornelsen Verlagsarchiv
152/2 Wikipedia/GNU/Bjarte Soerensen
152/3 Visum/A. Vossberg
152/4 Konrad-Zuse-Institut Berlin/Baumann
152/5 Odenwald Wikipedia/GNU/AK-GS
152/6 Rainer Sielker
154/1 L'Aeroclub, Rennes (Frankreich)
154/2 Blickwinkel, Schmidtbauer
154/3 WILDLIFE, Usher
154/4 LOOK: Wothe
155/1 Philip Preindl
155/2 Infochart Diehl, München
156 Novespace/ESA
157/1 Wikipedia/GNU/Dabbelju
157/2 Wikipedia/GNU/Anton
158 Kässbohrer Gländefahrzeuge AG/ Pressebild
159 Cornelsen Verlagsarchiv
160 arturimages
163 picture-alliance/dpa/epa/Julian Wainwright
165 Cornelsen Verlag/Kerstin Nolte
169 Transglobe Agency, Hamburg/T. Krüger
171 Cornelsen Verlag/Kerstin Nolte
174 www. uhr-uhren.de
175 www. rhythmarts.com
179 Felix Kälberer/Caltech Multi-Res Modelling Group/www.javaview.de
180/1 picture-alliance/dpa/epa/Maisonneuve
180/2 corbis/zefa, Düsseldorf
180/3 vario-images, Bonn/Baumgarten
180/4 mauritius images/Mollenhauer
180/5 Christoph Patsch, Bonn
180/6 Duales System Deutschland
180/7 Deutsche Post/Mediabank
181 picture-alliance/ZB/Thieme
182 Fotolia/Hemera
183/1 Fair Trade, Köln/Pressebild
183/2 Cadbury's
184/1 Geobildungszentrum Markdorf
184/2, 3 Deutsche Bundesbank/Pressebild
185 Washington Tourist's Board, Washington D.C.
186 Optisches Museum Zeiss, Oberkochen
187/1 Immagini Luca Cestaro, Neapel
187/2 Avenue Images, Hamburg/Index Stock//Jeff Randell
188/1 Wikipedia/GNU/Thomas
188/2 Wikipedia/GNU/Björn Sörensen
188/3 akg-images
188/4 Biosphere 2 Oracle/Werkfoto, AZ (USA)
188/5 Daimler Pressefoto
188/6 Bridgeman Art Library, Berlin/London
189 Wikipedia/CC/alchimist-hp
190 Meiwa Springbrunnenbau, Extertal
191/1 Jens Schacht, Düsseldorf
191/2 NASA/JPL/Gov.
191/3 www.goldundsilberkontor.com
192/1 Wikipedia/GNU/Alexander Menk
192/2 Wikipedia/CC/Hofres
192/3 Wikipedia/CC/Manuel M. Vicente
192/4 Bayerische Staatsbibliothek, München
192/5 akg-images/Rabatti-Domingie
193/1 Cornelsen Verlagsarchiv
193/2 Wikipedia/CC/Mewes
199 Avenue Images GmbH, Hamburg
201 Die Zeit, Hamburg
202/1 Wikipedia/GNU/Dr. Eugen Lehle
202/2 wikipedia
203/1 akg-images
203/2 wikipedia
211/1 Fotolia/Roman Minarov
211/2 Cornelsen Verlagsarchiv
212/1 Fotolia/Bertold Werkman
212/2 AQUATREND2200, Bramsche
213/1 Wikipedia/GNU/DL/Hytrion
213/2 Wikipedia/CC/Fabien1309
214 Corbis
215/1 Cornelsen Verlag/Kerstin Nolte
215/2 Hasbro/Mattel Inc.
216 Fotolia/Klaus Eppele
218/1 picture-alliance/dpa/Rainer Jensen
218/2 Cornelsen Verlagsarchiv
219 picture-alliance/dpa/ NEWS_TEAM_International_NTI
237 Cornelsen Verlagsarchiv

Trotz intensiver Bemühungen konnten möglicherweise nicht alle Rechteinhaber ausfindig gemacht werden. Bei begründeten Ansprüchen wenden sich Rechteinhaber bitte an den Verlag.

Graphen verschiedener Funktionstypen

Lineare Funktionen

- Funktionsgleichung: $f(x) = m \cdot x + n$
- Gerade durch den Punkt $P\,(0\,|\,n)$, mit der Steigung m
- Nullstelle: genau eine für $m \neq 0$, $x_0 = -\frac{n}{m}$

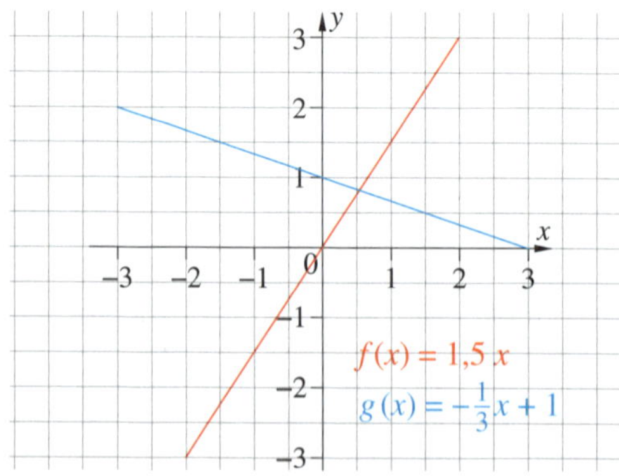

Exponentialfunktionen

- Funktionsgleichung: $f(x) = w_0 \cdot q^x$
  w_0 ist der Anfangswert eines Wachstumsprozesses,
  q ist der Wachstumsfaktor, $q > 0$
- für $q > 1$ erfolgt exponentielle Zunahme
- für $0 < q < 1$ erfolgt exponentielle Abnahme
- Nullstellen: gibt es nicht

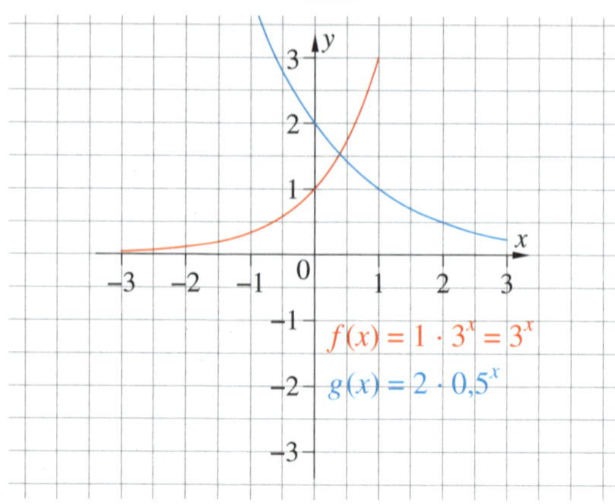